百种农作物病虫害绿色防控技术模式

全国农业技术推广服务中心 ◎ 组编

中国农业出版社
北　京

图书在版编目（CIP）数据

百种农作物病虫害绿色防控技术模式 / 全国农业技术推广服务中心组编. -- 北京 ：中国农业出版社，2024. 12. -- ISBN 978-7-109-32913-3

Ⅰ. S435

中国国家版本馆 CIP 数据核字第 202488M44W 号

百种农作物病虫害绿色防控技术模式

BAIZHONG NONGZUOWU BINGCHONGHAI LÜSE FANGKONG JISHU MOSHI

中国农业出版社出版

地址：北京市朝阳区麦子店街 18 号楼

邮编：100125

责任编辑：谢志新 郭晨茜

版式设计：王 晨 责任校对：吴丽婷

印刷：北京中科印刷有限公司

版次：2024 年 12 月第 1 版

印次：2024 年 12 月北京第 1 次印刷

发行：新华书店北京发行所

开本：787mm×1092mm 1/16

印张：27

字数：638 千字

定价：268.00 元

编撰委员会

主　编： 刘　慧　李　萍

副主编： 郭永旺　朱晓明　卓富彦　李　跃

编　委（按姓名笔画排序）：

马江锋　王帅宇　王亚红　牛小慧　朱秀秀　朱晓明
刘　媛　刘　慧　刘万才　孙作文　李　娜　李　涛
李　萍　李　跃　李　鹏　杨立国　吴剑飞　邱　坤
张万民　张求东　陈　勇　陈立玲　武向文　林　锌
林宇丰　卓富彦　罗　嵘　郑卫锋　郑静君　赵文新
侯峥嵘　徐　翔　徐淑华　殷　琛　郭永旺　曹申文
彭　红　普　琼　谢义灵　雷　强　褚姝频

PREFACE 序言

2006年，农业部提出“公共植保，绿色植保”。2011年，农业部办公厅印发《关于推进农作物病虫害绿色防控的意见》。2024年7月，中共中央、国务院出台《关于加快经济社会发展全面绿色转型的意见》，在中央层面首次对加快经济社会发展全面绿色转型进行系统部署。“推进农药等农业投入品减量增效”是推动农业农村绿色发展的题中之义、重要内容，而开展病虫害绿色防控则是推进农药减量增效的关键措施。

近年来，全国植保体系切实贯彻落实农业绿色发展要求，牢固树立“公共植保、绿色植保”理念，积极转变病虫防控方式，大力研发推广农业防治、生态调控、生物防治、理化诱控、科学用药等绿色防控措施，集成推广一批以生态区域为单元、作物生长全程为主线，可复制、可推广、经济实用的绿色防控技术，不断提高绿色防控覆盖率，促进农药减量增效和农产品质量安全。据统计，2023年全国农作物病虫害绿色防控覆盖率达54.1%，是2012年的4.5倍。

为加大绿色防控技术推广应用，持续推进绿色防控高质量发展，全国农业技术推广服务中心于2023年在全国组织开展了农作物病虫害绿色防控技术模式筛选工作。各地植保机构高度重视，以水稻、小麦、玉米、大豆、马铃薯等粮食作物和油菜、花生、棉花等油料作物，蔬菜、果树、茶叶等园艺作物及中药材为对象，在其全生育期采用综合配套技术，并在生产实践中推广应用，取得良好效果。在此基础上编写了全程绿色防控技术模式。我们依据技术模式的区域适应性、先进性、经济性等原则，筛选了100套绿色防控技术模式，汇编成册，以供各地学习参考，推动绿色防控高质量发展。

由于时间仓促，书中难免出现疏漏和偏颇之处，恳请读者批评指正。

编　者

2024年11月

CONTENTS 目录

小麦条锈病跨区域全周期绿色防控技术模式

小麦条锈病是我国小麦生产上影响产量最严重的大区流行性气传病害，大流行年可造成产量损失40%以上，甚至绝收。近年来，由于气候变化、种植结构改变，条锈病流行频率上升，危害损失加重，对小麦生产造成严重威胁。为推进小麦条锈病可持续治理，切实控制病害流行，减轻损失，保障国家粮食安全，特制定本方案。

一、基本定义

小麦条锈病是一种跨区域流行的重大病害，受条锈菌越夏、越冬条件和菌源关系的影响，小麦条锈病在各个流行区之间相互依从，关系密切。推进小麦条锈病的可持续治理，必须实施跨区域全周期绿色防控技术策略，从整体上提高病害的防控效果。所谓“跨区域”，就是“跨区域联防联控”，即将全国小麦条锈病的宏观治理放在一个层面，通盘考虑、联防联控，通过加强越夏易变区的防控，降低发病菌源基数，减小向冬繁区和关键越冬区传播菌源的压力，推迟冬繁区和关键越冬区的发病时间，减轻发病程度，进而减少向春季流行区传播菌源，最终达到减轻全国病害流行的目的。所谓“全周期”，就是“全过程周期管理”，即着眼小麦条锈病全年大区发生流行规律，从全国病害流行的每一个周期开始至该周期结束，即从小麦播前、播种到收获，以及收获后全过程实施病害管控，在病害流行的各个关键环节，采取针对性强的措施，尤其是加强以往病害流行管理相对薄弱的越夏阶段、有性阶段的防控，提高病害整体治理水平。所谓“绿色防控”，就是“减药控害、绿色高效”，即以铲除越夏区自生麦苗、合理布局抗病品种、加强秋播药剂拌种等预防控制措施为基础，在病害流行前期薄弱环节，将发病基数控制在较低水平，减轻越夏区向冬繁区和越冬区、冬繁区和越冬区向春季流行区等传播菌源的压力，后期以精准测报为依托，实施科学用药、精准防控和统防统治，提高病害大区联合防治效果，不断提升小麦条锈病可持续治理水平。

二、防控策略与目标

1. 防控策略

贯彻“预防为主，综合防治”的植保工作方针，坚持“长短结合、标本兼治、分区治理、综合防治”的策略，以绿色防控为基础，以全周期管理为重点，以跨区域联防联控为保障，集成构建跨区域全周期绿色防控技术体系，建立小麦条锈病可持续治理机制，统筹规划，全面推进。

2. 防控目标

到 2030 年，全国小麦条锈病流行频率和强度显著降低，一般年份发生面积控制在 3 000 万亩* 以下，发生区平均危害损失率控制在 5%以下。条锈病绿色防控覆盖率在 60%以上，专业化统防统治率 60%以上，实现减量控害、节本增效、稳粮增收的可持续治理目标。

三、关键技术

1. 精准监测和预报技术

充分利用遥感技术、孢子捕捉技术和大数据技术建立条锈病自动化监测体系，完善监测预警网络，对条锈菌菌源量和田间发病程度进行实时监测。开发应用早期诊断和预测技术，及时发布预报，指导开展防治工作。

2. 条锈菌毒性变异监控技术

小檗作为重要的条锈菌转主寄主，是条锈菌发生有性繁殖、产生变异的重要场所。冬孢子是条锈菌从小麦转到小檗的主要形态。通过在西北关键越夏区和越冬区遮盖小麦秸秆堆垛、春夏季铲除小麦田周边小檗或对染病小檗喷施农药等措施阻断条锈菌的传播路线，降低条锈菌变异率，减缓或阻止新的毒性小种产生，从而减轻对抗病品种的压力，延长抗病品种使用年限。

3. 早期菌源控制技术

病菌数量在传播流行中起着重要的作用。通过调整越夏区种植结构，提高秋播药剂拌种比例，铲除自生麦苗或耕翻减少自生麦苗数量，减少向外传播的初始菌源量。越冬区和冬繁区，通过加强早期诊断和监测，及时发现和控制传入菌源，开展秋冬季和早春“带药侦查”，发现一点防治一片，并开展重点区域药剂防控，减少发病面积，降低外传菌源数量。

4. 抗病品种合理布局技术

根据条锈病不同流行区生态特点和条锈病流行传播路线，在不同区域合理布局不同抗病小麦品种。其中，越冬区和冬繁区重点种植全生育期抗病品种；春季流行区可以种植成株期抗病品种。从而建立生物屏障，阻遏病菌跨区传播。

5. 应急防控技术

根据小麦条锈病大区流行特点，对条锈病流行快、发生危害重的区域，采取应急防控措施，开展统防统治。在小麦穗期结合“一喷三防”措施应用，选用针对性的杀菌剂、杀

---

* 亩为非法定计量单位，1 亩≈667 米^2。

虫剂和叶面肥等，对条锈病和其他病虫害进行全面防控，提高防治效果，保障小麦生产安全。

四、分区治理技术

我国小麦条锈病的流行区划可分为越夏易变区（秋季菌源基地）、冬季繁殖区（春季菌源基地）、关键越冬区和春季流行区，其在病害流行中的作用和防控要点各有侧重。

1. 越夏易变区

西北、西南地区的甘肃东南部及中部、宁夏南部、四川西北部和青海海东，以及云南、贵州等高海拔冬麦区，是小麦条锈菌菌源基地和变异的关键区，其治理的核心是压低菌源数量、防止包括变异菌源在内的条锈菌向外传播。技术要点如下：

（1）调整作物种植结构。在西北、西南越夏关键区调整种植结构，种植油菜、大豆、薯类、中药材、蔬菜、青稞等，既可以增加经济收入，也可以在一定程度上减少越夏区小麦种植面积，降低菌源基数。

（2）阻遏条锈菌有性变异。在西北关键越夏区，小麦田周边小檗生长比较密集的区域，通过采取遮盖小麦秸秆堆垛、铲除小麦田周边小檗或对染病小檗喷施农药等措施阻断条锈菌的有性繁殖，降低条锈菌变异率，减缓条锈菌新的毒性小种产生速度，延长抗病品种使用年限。

（3）铲除夏秋季自生麦苗。在7～9月，对关键越夏区小麦田及周边自生麦苗采取深翻深耕、机械铲除或除草剂杀灭等技术，减少条锈菌寄主，减轻当地秋苗发病程度，减少越夏区秋冬季菌源，降低外传菌源数量。

（4）优化抗病品种布局。充分利用品种抗性，推广种植全生育期抗病品种。加强抗病品种布局规划，采取多抗源品种布局，并注意选择与其他麦区遗传背景差异大的小麦品种，减缓病菌变异。

（5）推广小麦秋播药剂拌种。在关键越夏区，实施小麦秋播药剂拌种全覆盖，杜绝白籽下种。应用具内吸传导性的高效低毒杀菌剂，进行小麦种子包衣或拌种。

（6）推行适期晚播。根据当年气候等因素，因地制宜地推广适期晚播，降低秋苗感染率，减少早期菌源量，控制发病面积和程度，有效减少外传菌源量。

（7）实施秋苗期防治。加强条锈病发生动态监测和预警预报，及早发现，及时开展越夏区秋苗防治，压低菌源基数，减少菌源外传。加强病情信息共享，指导冬繁区防控。

（8）实施后期病害统防统治。春季小麦返青后，关注田间病情发生情况，当病情达到防治指标时，应及时采用化学药剂开展统防统治，防止病害流行危害。

2. 冬繁区与关键越冬区

冬繁区主要包括西南盆地、云贵低山河谷、豫鄂汉水流域等麦区；关键越冬区主要包括西北、华北的低纬度、低海拔地区等麦区，以陕西关中西部灌区、渭北旱塬麦区为重点。这两个区域是当地和黄淮广大冬麦区小麦条锈病春季流行的重要菌源地，也是降低小麦条锈病大面积流行强度的关键治理区域。其治理的核心是压低菌源基数、防止菌源外传，控制后期流行。技术要点如下：

（1）合理利用抗病品种，推广间套作。加强多抗源品种布局，增加抗病品种遗传多样性，防止抗病基因单一化。种植与越夏区和春季流行区不同抗源的品种，条件允许时尽量种植全生育期抗病品种。在冬繁区推广小麦与大麦、蚕豆、蔬菜、玉米、马铃薯等其他作物间作或套作。

（2）加强秋播药剂拌种。对于苗期不抗病的品种，结合防治小麦土传病害和地下害虫，选择戊唑醇、吡虫啉和芸苔素内酯等高效内吸传导性杀菌剂或小麦种衣剂包衣或拌种，达到包衣或拌种全覆盖。同时，根据当年气候条件适期晚播，避开或缩短病菌侵染时段，推迟秋季发病时间，降低冬繁菌源基数。

（3）秋苗监测及防治。加强田间病情调查，掌握病害发生动态，发现病情时，及时选择高效低毒的三唑类杀菌剂等，开展“带药侦察，打点保面”防治，减轻对当地秋苗的危害，压低春前菌源基数。

（4）春季应急防控。早春依据田间病害发生情况，尽早进行防控，做到“防早、防小、防了”。做好重点区域应急防控和病源阻截工作，以降低后期病害流行风险，压低外传菌源量；在小麦生长中后期，田间条锈病病情达到防治指标时，全面开展普防。

3. 春季流行区

黄淮海平原、长江中下游，以及河套春麦区等大部麦区，是小麦条锈病春季防控的重点区域。其治理的核心是早发现、早防治，严防病害大面积流行。技术要点如下：

（1）推广抗病品种。在兼顾小麦产量和品质的基础上，尽可能种植成株期抗病性强的品种，同时推广种植周麦 22、周麦 28、郑麦 379、郑麦 1860、郑麦 7698、郑麦 366、西农 511、伟隆 169、郑麦 101、郑麦 136 等与越夏区、关键越冬区和冬繁区抗源不同的抗病品种。

（2）加强早期监测。采用早期诊断、实时监测等先进监测手段，充分发挥信息共享机制的作用，及时掌握跨区域越夏区、越冬区和冬繁区病情动态，加强本区监测，早发现、早预警。

（3）开展科学防治。在黄淮海南部靠近条锈菌冬繁区麦区，苗期采取“带药侦察，打点保面”等措施，控制条锈病早发病田，防止病害大面积迅速扩散蔓延。小麦生长中后期当病情达到防治指标时，应及时开展统防统治和应急防控，防止小麦条锈病大面积流行。

五、推广机制

1. 加强组织领导

积极争取当地政府支持，将小麦条锈病的防控工作纳入乡镇以上各级政府的绩效考核指标。强化行政推动，压实属地责任，确保防控资金，制定防控方案，落实关键措施，提升保障能力。

2. 提升监控能力

充分利用动植物保护能力提升工程等基础设施建设项目，完善小麦条锈病监测防控体系，在重点发生区建立小麦条锈病田间系统监测点和区域应急防控分中心，提高病情测报的准确性和时效性，为实施小麦条锈病可持续治理提供技术保障。

3. 做好技术示范

在病害常发重发区分区域建立小麦条锈病跨区域全周期绿色防控示范基地。开展当地主栽品种抗病性的监测与评价，制定当地品种引进与淘汰及种植布局规划；开展条锈病防治新药剂、新技术试验，集成推广条锈病全周期绿色防控技术模式，形成适合当地的防控技术方案，指导所在区域防控工作。

4. 强化宣传培训

加强对小麦条锈病防控意义、防控意识、防控理念和防控技术等方面的宣传力度，树立防病保粮安民意识。加强对基层植保技术人员和广大农户的培训，广泛宣传采用跨区域全周期绿色防控技术的先进性。在小麦条锈病防治的关键季节，组织广大农业植保人员等深入一线，开展防治技术指导工作，提高技术到位率。

5. 加强技术协作

完善农科教协作机制，研究明确小麦条锈病可持续防控关键技术、关键区域、关键环节。结合实际，细化技术措施，明确主推技术，强化技术落地，提高防控效果；推进区域联防和统防统治，达到控制源头区、保护主产区、降低损失率的目的，不断提高小麦条锈病可持续治理技术水平。

六、技术依托单位

全国农业技术推广服务中心

联系地址：北京市朝阳区麦子店街20号楼
联系人：刘万才、李跃
联系电话：010-59194542

小麦条锈病关键越冬区绿色防控技术模式

小麦条锈病是我国小麦生产上重要的大区流行性病害，病原菌可随高空气流跨区域远距离传播，引起整个小麦产区病害大流行，造成小麦重大产量损失。陕西省关中灌区和渭北旱塬麦区是小麦条锈病关键越冬区，同时也是小麦条锈病东西部菌源交流的“桥梁”地带。该区域小麦条锈病的发生不仅危害本地小麦安全生产，同时病原菌还可传播至广大黄淮冬小麦主产区，引起全国小麦条锈病大流行。集成小麦条锈病关键越冬区绿色防控技术体系并示范推广，对有效防控小麦条锈病流行和保障广大冬麦区粮食安全具有重要意义。

一、防控策略

贯彻“预防为主，综合防治”的植保方针，采取“阻遏菌源、压减基数，防早防小、应急防控”的条锈病防控策略，结合小麦其他主要病虫害发生特点，开展全程绿色防控，达到持续有效控制小麦主要病虫害的目的。

二、防控目标

一般年份发生区平均危害损失率控制在5%以下，绿色防控覆盖率在60%以上，化学农药减量10%～20%，减轻条锈病危害，确保粮食安全。

三、技术要点

小麦条锈病关键越冬区主要包括陕西关中灌区麦区和渭北旱塬麦区等，是秋苗和早春小麦条锈病防控的重点地区。其治理的核心是压低秋苗和早春菌源基数，防止菌源向东部冬麦区传播，并在小麦抽穗—扬花初期结合其他病虫害开展统防统治。

1. 播种期

主要防治对象以条锈病和地下害虫为主，兼治茎基腐病、全蚀病等土传、种传病害。

防治技术要点：①选用抗（耐）病品种，关中灌区推荐种植西农511、伟隆169、西农226、西农3517、西农979、陕农33等品种，渭北旱塬麦区推荐种植长旱58、西农928、渭麦9号、铜麦6号等品种；②药剂拌种，种植感病品种的，建议在播种前选用戊唑·吡虫啉或苯醚·咯·噻虫或吡唑醚·灭菌唑等悬浮种衣剂按推荐用量进行种子包衣；③适时晚播，在气候条件许可的条件下，较正常播期晚播5～7天；④控制早期菌源，加强秋苗病害调查，发现病点，及时控制。

2. 返青拔节期

主要防治小麦条锈病，兼治白粉病、茎基腐病等苗期病害。

防治技术要点：①条锈病实施"带药侦查，打点保面"措施，发现零星病叶或发病中心，按照发现一点控制一片，发现一片防治全田的原则，立即封锁扑灭。如条锈病扩展较快，应组织开展专业化应急防控，控制病原菌向东部下游地带扩散、蔓延，达到"压西防东控流行"。药剂可选用1 000亿芽孢/克枯草芽孢杆菌可湿性粉剂喷雾，也可用三唑酮、戊唑醇等化学药剂进行防治。

②渭北旱塬麦区，小麦茎基腐病发病严重田块，按照"一拌一喷"主控技术要点，可用氰烯·己唑醇、丙硫菌唑、氟唑菌酰羟胺等药剂，按推荐用量喷淋麦株茎基部。防治病害时还可混配入氨基寡糖素、维大力等免疫诱抗剂，提高小麦抗逆性。

3. 抽穗扬花期

主要控制条锈病流行，兼治赤霉病、白粉病和穗蚜等，实施小麦"一喷三防"。

防治技术要点：①条锈病病叶率达0.5%时，选用戊唑醇、苯醚甲环唑等三唑类杀菌剂任意一种，如天气预报在小麦齐穗扬花初期遇雨，应选用丙唑·戊唑醇或氰烯·戊唑醇悬浮剂，与吡虫啉，或啶虫脒，或吡蚜酮，或噻虫嗪+磷酸二氢钾，或氨基寡糖素，或芸苔素内酯，按各自推荐用量，兑水混配，全田喷雾，统防统治。②植保无人机作业亩施药液量为1.5升以上，并添加沉降剂；喷杆喷雾机作业亩施药液量为15～20升。③小麦生长中后期病情达防治指标时，及时开展应急防治，防止小麦条锈病大面积流行。

四、推广机制

1. 加强组织领导

要积极争取当地政府重视和财政部门支持，强化行政推动，压实防控责任，充实技术力量，将条锈病防控经费纳入财政预算，强化防控资金保障。提前制定小麦条锈病防控方案和应急预案，将其纳入当地乡镇以上政府部门的绩效考核指标，提高技术推广保障能力。

2. 强化病害监测

要完善小麦条锈病监测预警体系，在重点发生区建立小麦条锈病系统调查田、定点观测圃，增加大面积普查频次，提高病情测报的准确性和时效性，为实施小麦条锈病可持续治理提供技术保障。

3. 做好技术示范

在病害常发重发区分区域建立条锈病全程绿色防控示范基地。开展当地小麦主栽品种抗病性的监测与评价，制定品种引进与淘汰以及种植布局规划；集成推广条锈病跨区域全程绿色防控技术模式，构建科学防控技术体系，指导所在区域防控工作开展。

4. 加强技术培训

加强基层植保技术人员培训，加强对合作社和种植大户等经营主体、农资经销商的条锈病危害和防治要点等技术培训，加强专业化防治人员新技术、新知识培训，尤其是对无人机和高杆喷雾等高效施药器械的操作技能培训。加大对小麦条锈病防控意义、防治意识、防控理念和防控技术等方面的宣传力度，树立防病保粮安民意识。防治关键时期，组织广大农业植保人员深入一线，开展防治技术指导，提高技术到位率。

五、技术依托单位

1. 西北农林科技大学

联系人：王保通

2. 陕西省植物保护工作总站

联系人：冯小军

四川盆地冬繁区小麦条锈病绿色防控技术模式

四川盆地是我国小麦条锈病病原菌从越夏菌源基地向东部麦区流行传播的关键冬繁区域，做好四川盆地冬繁区小麦条锈病防控工作对全国小麦安全生产具有重要意义。针对四川盆地冬繁区秋苗发病重且冬季持续繁殖的特点，以压低冬春菌源量为目标，集成创新出秋苗菌源控制+春季早期防控的冬繁区全周期绿色防控技术体系。

一、防控策略

贯彻“预防为主，综合防治”的植保工作方针，落实“加强早期监测、压低秋苗菌源、减轻菌源外传、控制危害损失”的防控策略，有效控制小麦条锈病发生。

二、防控目标

示范区绿色防控率提升到60%以上，化学农药使用量减少10%～20%。

三、技术要点

持续开展小麦条锈病病原菌毒性和品种抗性监测，大力推广高抗条锈病，兼抗白粉病、赤霉病和蚜虫的小麦品种，结合适期播种等高产栽培措施，辅以科学合理用药，控制小麦条锈病发生流行。

1. 营造有利生态条件，减少病原菌来源

小麦条锈菌越夏阶段至秋播前，以减少田间菌源为目标，防除麦田周边田埂、沟渠、山坡的小蘖，种植三叶草、紫花苜蓿等多年生豆科作物，减少自生麦苗产生。

2. 播种期

此期主要防治对象为条锈病，兼治其他病虫害。防治要点：①根据小麦条锈病病原菌毒性和品种抗性监测结果，选择川麦104、绵麦902、川麦98、川农30、科成麦6号等抗病高产品种；②药剂拌种，针对中抗条锈病或不抗白粉病、蚜虫品种，可选用吡唑醚菌酯、苯醚·咯·噻虫、戊唑醇+丙硫唑或吡·咯·苯醚等进行包衣；③适时晚播，根据田间墒情，最适播种期为10月25日至11月5日；④提高播种质量，每亩播种量控制在12～15千克，基本苗15万～20万即可，过低或过高均不利于获得高产。推广带旋播种技术，简化耕整播种程序，若田面高低不平，可先用浅旋机械旋耕耙平，再进行免耕带旋播

种；⑤播后推广封闭除草。

3. 返青拔节期

此期主要防治小麦条锈病，兼治白粉病和蚜虫。防治要点：①加强监测预警，根据秋季菌源区秋苗发病程度，普查盆地北部历年早发地区发病点数，结合天气情况，评估盆地冬繁区发病程度；②实施“带药侦查，打点保面”措施，对发现的小麦条锈病零星病叶或发病中心，按照“发现一点控制一片，发现一片防治全田”的原则，立即封锁发病田块，减少菌源外传，可选用戊唑醇、丙环唑、苯醚唑酰胺等药剂兼治条锈病和白粉病，蚜虫严重的田块可添加吡蚜酮、抗蚜威或高效氯氟氰菊酯等兼治。

4. 抽穗扬花期

此期主要防治赤霉病，兼治条锈病和白粉病。防治要点：①在小麦抽穗扬花期抢晴及时用药，用药后遇雨应及时补喷，赤霉病重发地区应用药 2 次；②选择对条锈病高效的戊唑醇、丙硫唑、苯醚唑酰胺，并加入对赤霉病高效的氰烯菌酯或氟唑菌酰羟胺；③植保无人机作业亩施药液量为 1.5～2.0 升；喷杆喷雾机作业亩施药液量为 15～20 升；④轮换用药，整个生育期和不同年份之间注意将戊唑醇、丙硫唑等三唑类药物与吡唑醚菌酯、苯醚唑酰胺，以及氰烯菌酯与氟唑菌酰羟胺轮换使用，穗期禁用吡唑醚菌酯，以免增强赤霉病病原菌毒素合成。

5. 灌浆期

此期主要对病虫害损失程度和防控效果进行调查，评价品种抗性、各种药剂以及绿色防控成效，组织开展观摩和总结活动，完善绿色防控技术体系。

四、推广机制

1. 强化监测预警

完善小麦条锈病监测预警体系，在盆地西北部剑阁县、东北部营山县、东南部合江县等地建立小麦条锈病系统调查田和定点观测圃，开展长期定位监测；在凉山彝族自治州宁南县和盆地内江油市、营山县、合江县建立品种抗性监测圃，为实施小麦条锈病可持续治理提供依据；发挥基层植保体系作用，通过省级重点测报站和乡村植保人员联动加大普查力度，及时掌握小麦条锈病发生发展动态。

2. 加强组织领导

提前制定年度小麦条锈病防控方案和应急防控预案，定期开展省、市两级会商，科学研判小麦条锈病发生趋势；积极争取党委政府重视和财政部门支持，压实防控责任，充实技术力量，落实防控资金，纳入粮食安全党政同责考核内容，提高技术推广保障能力。

3. 做好技术示范

建立条锈病冬繁区全周期绿色防控示范基地，选用高产抗病良种，全覆盖开展药剂拌种，适期晚播，推广带旋播种技术，科学合理用药，以点带面，推动所在区域小麦条锈病绿色防控工作顺利开展。

4. 加大宣传力度

加大对小麦条锈病防控意义、防治意识、防控理念和防控技术等方面的宣传力度，树立防病保粮安民意识。加大对基层植保技术人员和广大农户的培训，广泛宣传绿色防控技术的科学性和先进性。在小麦条锈病防治的关键季节，组织广大农业植保人员深入一线，开展防治技术指导，提高绿色防控技术到位率。

五、技术依托单位

1. 四川省农业科学院植物保护研究所

联系人：姬红丽

2. 四川省农业农村厅植物保护站

联系人：徐翔

甘肃冬麦区小麦条锈病绿色防控技术模式

小麦条锈病是我国小麦生产上影响产量最严重的大区流行性气传病害。甘肃省境内广大的冬小麦种植区域构成了我国小麦条锈病病原菌越夏易变区的主体，该区域小麦条锈病可实现周年循环，为我国小麦条锈病的发生及流行源源不断地提供菌源。通过综合应用抗病品种布局、有性生殖阻滞、病害监测预警、高效新药剂及精准施药等技术，可有效控制甘肃省的病害发生流行，保护全国主要麦区免受小麦条锈病的危害。

一、防控策略

贯彻“预防为主，综合防治”的植保方针，实施“种植结构调整、抗病品种合理布局、秋播药剂拌种、秋苗期防治和早春统防统治”等综合防控措施，抓紧、抓准、抓好防治关键时期，切实加强监测调查，做到及早发现、及时处置。核心菌源区要突出防早防小、区域联防，做到“带药侦查、发现一点、控制一片、打点保面、打南保北”，压低菌源基数，降低向黄淮海主产麦区传播扩散风险。小麦条锈病流行盛期要组织开展统防统治和应急防治，广泛宣传动员农户开展群防群治，做到应防尽防，严防大面积流行危害。

二、防控目标

小麦条锈病流行频率和强度显著降低，压低秋季菌源、阻遏菌源向外传播，发生区平均危害损失率控制在5%以下。小麦条锈病绿色防控覆盖率在55%以上，实现减量控害、节本增效、稳粮增收的可持续治理目标。

三、技术要点

甘肃冬麦区是小麦条锈病病原菌基地和变异的关键区域，其治理的核心是压低菌源、防止变异和阻遏菌源向外传播。

1. 全周期

一是调整作物种植结构。在甘肃冬麦菌源区，实施作物结构调整优化，种植地膜玉米、籽用油菜、马铃薯、蔬菜及中药材等高产高效益作物。减少菌源区小麦种植面积，降低菌源基数。二是阻滞病原菌有性变异。在小麦田周边小檗生长区域，采取遮盖小麦秸秆堆垛、铲除周边小檗或对染病小檗喷施农药等措施，阻断条锈病病原菌的有性繁殖、降低条锈病病原菌变异率，减缓条锈病病原菌毒性小种产生速率。

2. 越夏期

此期重点铲除夏秋季自生麦苗。在7～9月采取深翻深耕、机械铲除或除草剂杀灭等措施减少菌源区小麦田及周边自生麦苗，以防条锈病病原菌寄生，减轻当地秋苗发病，减少越夏区秋冬季菌源，压低外传菌源数量。

3. 播种期

①合理布局抗锈品种。在甘肃陇南条锈病越夏易变菌源区，示范推广以全生育期抗病品种为主的兰天31、中梁32、天选52、兰大211等系列丰产抗病品种；搭配种植兰天19、天选52、天选72及中梁44等抗锈基因背景多样化的品种，实施抗锈品种的合理布局。在甘肃东部条锈病越夏菌源区，示范推广陇鉴110、陇鉴111、陇鉴117、西平1号、陇育5号、普冰151和普冰322等抗锈抗旱丰产品种。②推广秋播药剂拌种。在关键越夏菌源区，实施小麦秋播药剂拌种全覆盖，应用戊唑醇、烯唑醇等具内吸传导性的高效低毒杀菌剂，进行小麦种子包衣或拌种。③因地制宜推广适期晚播措施。推迟播种到9月下旬至10月上旬，降低秋苗感染率，减少早期菌源，控制发生面积和程度，有效减少外传菌源量。

4. 秋苗期

重点实施秋苗期病害监测及早期精准防治。在关键越夏菌源区，加强秋苗条锈病发生动态监测和预警预报，及早发现、及时进行点片防治，压低菌源基数，减少外传菌源数量。同时加强病情信息共享，协调冬繁区病害的监测和防控。

5. 返青拔节期

春季小麦返青后，及时开展小麦条锈病系统监测和大田普查，陇南、天水等早发区域进行“带药侦查”，发现病叶立即喷药防治，发现一点防治一片，及时控制发病中心，落实好打点保面的预防控制措施，压低本地菌源基数，减缓病害流行速度。当田间平均病叶率达到0.5%～1%时，及时组织专业化防治组织使用植保无人机等高效植保器械采用三唑酮、烯唑醇、戊唑醇、氟环唑、丙环唑等药剂进行应急防治。

6. 抽穗扬花期

此期主要防治条锈病，兼治麦蚜和白粉病。防治要点：①条锈病病叶率达0.5%时，可选用戊唑醇、氟环唑、丙环唑、三唑酮等药剂防治条锈病和白粉病，小麦蚜虫严重的加入吡虫啉、啶虫脒、吡蚜酮或高效氯氟氰菊酯等药剂兼治蚜虫。②植保无人机作业亩施药液量为1.0～1.5升；喷杆喷雾机作业亩施药液量为15～20升。小麦生长中后期当病情达到防治指标时，应及时开展应急防治和统防统治，控制小麦条锈病蔓延流行。

7. 灌浆乳熟期

此期小麦条锈病、蚜虫和白粉病进入盛发期，主要结合小麦“一喷三防”，开展统防统治、群防群治，控制病虫害流行和危害；后期对病虫害损失程度和防控效果进行调查评估，评价品种抗性、各种药剂以及综合防控方案成效，进一步完善防控技术体系。

四、推广机制

1. 加强组织领导

要按照《农作物病虫害防治条例》规定，落实政府主导、属地管理等工作要求，强化行政推动，压实防控责任，提前制定小麦条锈病防控方案和应急预案，积极争取当地财政支持，确保防控资金，落实防控措施。同时将小麦条锈病防控工作纳入当地政府主管部门的绩效考核指标，提高技术推广保障能力。

2. 强化监测预警

充分利用植物保护能力提升工程等项目，完善小麦条锈病监测预警体系，在重点发生区建立小麦条锈病系统调查田、定点观测圃，提高病情测报的准确性和时效性，为实施小麦条锈病可持续治理提供技术保障。

3. 做好技术示范

在病害常发重发区建立条锈病全周期绿色防控示范基地。开展当地主栽品种抗病性的监测与评价，制定当地品种引进与淘汰以及种植布局规划；集成推广条锈病全周期绿色防控技术模式，形成适合当地防控技术方案，指导所在区域防控工作开展。

4. 加强宣传力度

加强对小麦条锈病防控意义、防治意识、防控理念和防控技术等方面的宣传力度，树立防病保粮安民意识。加大对基层植保技术人员和广大农户的培训，广泛宣传全周期绿色防控技术的科学性和先进性。在小麦条锈病防治的关键季节，组织广大农业植保人员深入一线，开展防治技术指导，提高技术到位率。

5. 加强技术协作

完善农科教协作推广机制，研究明确小麦条锈病可持续防控关键技术、关键区域、关键环节。结合实际，细化技术措施，明确主推技术，强化技术落实落地，提高防控效果；推进区域联防和统防统治，达到控制源头区、保护主产区、降低损失率的目的，不断提高小麦条锈病可持续治理技术水平。

五、技术依托单位

1. 甘肃省农业科学院植物保护研究所

联系地址：甘肃省兰州市安宁区农业科学院新村1号
联系人：金社林、孙振宇、李建军

2. 甘肃省植保植检站

联系地址：甘肃省兰州市城关区嘉峪关西路708号农业大厦
联系人：刘卫红、王得毓
联系电话：13359410133、15193112300

小麦条锈病越夏区综合防治技术集成示范方案

（甘肃省庆阳市宁县，2022—2023 年度）

示范区地址	庆阳市宁县中村镇	核心区面积	1.5 万亩	辐射带动面积	20 万亩
品种	普冰 151 等	播种时间	9 月 18 日至 10 月 5 日	亩播量	12.5 千克
预期目标	示范区绿色防控率提升到 50%以上，实现化学农药使用量减少 10%左右				
全生育期病害绿色防控技术					
生育期	播种前	播种期	返青拔节期	抽穗扬花期	灌浆乳熟期
主要防治对象	减少自生麦苗，降低越夏菌源	条锈病、白粉病、蚜虫、条沙叶蝉、地下害虫	白粉病、条锈病、条沙叶蝉、叶螨、蚜虫	条锈病、白粉病、蚜虫	条锈病、蚜虫、白粉病
关键技术	1. 调整种植结构，实施山地退耕还林，减少东部高海拔冷凉越夏区小麦面积。 2. 伏期深耕晒垡，铲除自生麦苗，减少田间自生麦苗数量。	1. 深翻灭茬、暴晒土壤、精细整地、测土施肥。 2. 选择抗倒伏、抗锈品种。 3. 精量播种、宽幅匀播、增强田间通风透光性。 4. 药剂拌种：选用 27%苯醚·咯·噻虫种衣剂、40%辛硫磷乳油+15%三唑酮可湿性粉剂等包衣。 5. 适时晚播，减少旺长，培育壮苗，增强抗性。	1. 土壤解冻后及时耙耱镇压，除去枯枝干叶，消灭越冬虫卵和病叶，增温保墒，促进生长。 2. 拔节前人工除草或化学除草，遇雨及时追施化肥，亩追施尿素 5～10 千克，促弱转壮，提高抗性。 3. 加强定点调查和全田普查，做好监测预警。 4. 对达到防治指标的麦田，及时喷施己唑醇、戊唑醇+吡虫啉或阿维菌素等药剂防治。	1. 增加小麦条锈病早发区、易发区调查监测力度和频次，发现一点防治一片，早发现早防控。 2. 抢抓时间，在非雨天气及时用药，选用戊唑醇+吡虫啉或氯氟·吡虫啉，用药后遇雨应及时补喷，应用药 2～3 次。 3. 叶面喷施磷酸二氢钾，预防倒伏，提高抗逆性。	1. 小麦条锈病、白粉病、蚜虫进入盛发期，做好监测调查和预报，实施“一喷三防”、统防统治、群防群治。 2. 药剂选择己唑醇、戊唑醇、氟环唑，加入吡虫啉或噻嗪酮+磷酸二氢钾或芸苔素内酯，注意轮换用药。 3. 对病虫害损失程度和防控效果进行调查评估，评价品种抗性、各种药剂以及综合防控方案成效，及时分析总结，以便进一步改善防控技术体系。
防控组织形式	发动群众，调整结构	统一包衣拌种，统一采购包衣抗病良种	带药侦察，打点保面	带药侦查，打点保面，应急防控	一喷三防，统防统治，全面防控
配套工作措施	加强宣传培训	技术指导	监测预警，应急预案	调配药械、采购药物、特事特办	加大宣传，现场测产，评估防效

湖北冬繁区小麦条锈病绿色防控技术模式

湖北是我国小麦条锈病最重要的冬繁区之一，在全国小麦条锈病大区流行中起重要桥梁作用，条锈病不但在湖北本地流行危害，还会为黄淮海等北方小麦主产区提供大量的菌源，对当地小麦生产造成严重威胁。近年来，由于气候变化、种植结构改变，该病流行频率上升，危害损失加重，对小麦生产造成较大威胁。根据小麦条锈病冬繁区病害发生流行特点，集成湖北冬繁区小麦条锈病绿色防控技术体系。

一、防控策略

坚持“预防为主、综合治理、分类指导、节本增效”的原则，树立“公共植保、绿色植保”理念，采取“药剂拌种、压减基数、加强监测、打点保面、统防统治”的防控策略，抓住重点地区重大病虫、关键时期用药，指导开展综合防治，强化科学用药、减量用药，推进统防统治和绿色防控，有效控制病害发生流行。

二、防控目标

在保障防治效果的同时，一般年份发生区平均危害损失率控制在5%以下，绿色防控覆盖率在60%以上，专业化统防统治率45%以上，示范区比农民自防区化学农药使用量减少10%～20%。

三、技术要点

治理核心：压低冬繁区菌源基数，早发现、早防治，严防病害大面积流行，打好条锈病阻击战，减少向北方和东部广大流行区扩散的菌源量，减轻防控压力。

1. 播种期

此期主要防治对象以条锈病、白粉病为主，兼顾纹枯病、全蚀病等土传、种传病害，重点狠抓药剂拌种，杜绝白籽入地。防治要点：①深翻埋茬、精细整地、平衡施肥；②选用鄂麦18、鄂麦596、鄂麦006、鄂麦DH16、襄麦25、襄麦55、襄麦62、扶麦368、西农979等抗（耐）小麦条锈病良种；③药剂拌种可选用氟环唑、戊唑醇、苯醚甲环唑，加赤・吲乙・芸苔或芸苔素内酯进行包衣或拌种；④适期晚播、机械条播。

2. 返青拔节期

此期主要防治小麦条锈病，兼治纹枯病、白粉病和叶螨等主要病虫害。重点要加强小麦大田的病情监测，全面落实“带药侦查、打点保面”，防早防小、关口前移的防控策略。防治要点：①采用孢子捕捉器等先进仪器设备结合人工踏查方式对常年条锈病发生的老病窝区进行监测；②“带药侦查，打点保面”，对发现的小麦条锈病零星病叶或发病中心，坚持“发现一点、控制一片，发现一片、防治大面”的原则，及时控制发病中心；当田间平均病叶率达到0.5%～1%时，组织开展大面积应急防控，并且做到同类区域全覆盖。防治药剂可选用戊唑醇、烯唑醇、氟环唑、丙环唑、醚菌酯、吡唑醚菌酯、嘧啶核苷类抗菌素、丙唑・戊唑醇、氰烯・戊唑醇、烯肟・戊唑醇、三唑酮等。

3. 抽穗扬花期

此期以防治赤霉病为主，兼治条锈病、白粉病等病害。防治药剂选择以对赤霉病、条锈病、白粉病有兼治效果的为主，并结合“一喷三防”，大力开展统防统治。防治要点：①小麦赤霉病必须立足预防，坚持“主动出击、见花打药”不动摇，抓住小麦齐穗至扬花初期这一关键时期，及时喷施对路药剂，做到扬花一块防治一块。对于高感品种，如天气预报报道扬花期有阴雨、结露和多雾天气，首次施药时间应提前至抽穗期。②如遇持续阴雨，第1次防治结束后，5～7天后进行第2次防治。每次施药后6小时内如遇雨，雨后应及时补施。③药剂选用15%丙唑・戊唑醇悬浮剂、40%丙硫菌唑・戊唑醇悬浮剂、48%氰烯・戊唑醇悬浮剂或40%咪铜・氟环唑悬浮剂等，可添加磷酸二氢钾或赤・吲乙・芸苔或芸苔素内酯、大丽轮枝孢激活蛋白等植物诱抗剂（或植物生长调节剂）一起喷雾，防病害、防干热风、防早衰。④植保无人机亩施液量为1.0～1.5升，新型宽臂自走式喷杆喷雾机亩施药液量为15～20升。

四、推广机制

1. 加强组织领导

按照粮食安全党政同责要求落实小麦重大病虫害防控责任，严格执行《农作物病虫害防治条例》有关规定，落实政府统筹主导、农业农村部门指导、乡镇政府抓落实的工作机制，强化行政推动，压实防控责任，充实技术力量，确保防控资金，提前制定小麦条锈病防控工作方案和应急预案。

2. 强化监测预警

完善小麦条锈病监测预警体系，在重点发生区建立小麦条锈病孢子捕捉田、系统调查田、定点观测圃，提高病情测报的准确性和时效性，为“早发现、早实施、早防治”提供技术保障。

3. 强化技术指导

各级植保机构要及时印发小麦重大病虫害防控方案和指导意见，层层建立分片包干责任制，防控关键时期选派精干力量深入生产一线，举办现场培训，面对面、手把手指导种植大户、家庭农场、合作社及农民等开展防治，确保防控技术落到实处。

4. 强化宣传引导

加大对小麦条锈病防控意义、防治意识、防控理念和防控技术等方面的宣传力度，充分利用电视、广播、报刊、网络等媒体，大力宣传好经验、好做法、好典型，为推进小麦重大病虫害持续防控营造良好的舆论氛围。

5. 强化督导检查

省、市、县各级防病指挥部在小麦病虫害防控的关键时期，深入各县市乡镇开展督办检查，发现问题及时整改；及时研判重大病虫害发生形势，指导开展防控工作；督促各地落实防控资金，力争各项防控措施落实到田，确保小麦生产稳产丰收。

五、技术依托单位

1. 湖北省农业科学院植保土肥研究所

联系人：杨立军

2. 湖北省植物保护总站

联系人：许艳云

小麦条锈病春季流行区绿色防控技术模式

小麦条锈病是我国小麦生产上影响产量最严重的大区流行性气传病害。近年来，由于气候变化、种植结构改变，该病流行频率上升，危害损失加重，对小麦生产造成较大威胁。根据春季流行区病害发生流行特点，集成推广条锈病春季流行区全周期绿色防控防治技术体系。

一、防控策略

贯彻“预防为主，综合防治”的植保方针，采取“封锁菌源、压减基数，控南保北、联防联治”的防控策略，有效控制病害发生流行。

二、防控目标

一般年份发生区平均危害损失率控制在5%以下，绿色防控覆盖率在60%以上，专业化统防统治率在60%以上，实现“三减一增”（减轻产量损失，减少防控投入，减缓环境压力，增加种粮收入）的防控目标，确保国家粮食安全。

三、技术要点

条锈病春季流行区主要包括黄淮海平原、长江中下游，以及河套春麦区等大部麦区，是小麦条锈病春季防控的重点。其治理的核心是：早发现、早防治，严防病害大面积流行。

1. 播种期

此期防治对象以条锈病为主，兼顾纹枯病等土传、种传病害。防治要点：①精细整地、合理施肥；②选用抗（耐）小麦条锈病的优良品种，如周麦22、周麦28、郑麦7698、郑麦366、西农979、郑麦101、郑麦136等；③选用戊唑·吡虫啉+赤·吲乙·芸苔或芸苔素内酯等进行包衣或拌种；④适时晚播；⑤加强秋苗条锈病查治，发现病点，及时封锁。

2. 返青拔节期

此期主要防治小麦条锈病，兼治纹枯病、茎基腐病等病害。防治要点：①早春防治小麦纹枯病，兼治条锈病，延迟发病期；②实施“带药侦查，打点保面”措施，对发现的小麦条锈病零星病叶或发病中心，按照“发现一点控制一片，发现一片防治全田”的原则，立即封锁扑灭，优先选用生物农药1 000亿芽孢/克枯草芽孢杆菌可湿性粉剂喷雾，也可用戊唑醇、三唑酮等化学药剂进行防治。

3. 抽穗扬花期

此期主要防治条锈病、赤霉病，兼治白粉病等病害。防治要点：①条锈病病叶率达0.5%时，选用15%丙唑·戊唑醇悬浮剂或者40%丙硫菌唑·戊唑醇悬浮剂或48%氰烯·戊唑醇悬浮剂喷雾进行统防统治，兼防小麦赤霉病、白粉病等。②植保无人机作业亩施药液量为1.0～1.5升；喷杆喷雾机作业亩施药液量为15～20升。小麦生长中后期当病情达到防治指标时，应及时开展统防统治和应急防治，控制小麦条锈病大面积流行。

4. 灌浆期

此期主要结合小麦“一喷三防”，根据条锈病、蚜虫、白粉病、叶枯病等病虫害发生情况，选用15%丙唑·戊唑醇悬浮剂或者40%丙硫菌唑·戊唑醇悬浮剂＋吡虫啉（或啶虫脒，或吡蚜酮，或噻虫嗪）＋磷酸二氢钾（或氨基寡糖素，或芸苔素内酯）喷雾，科学配方，综合作业，一喷多效。

四、推广机制

1. 加强组织领导

积极争取当地政府重视和财政部门支持，强化行政推动，压实防控责任，充实技术力量，保障防控资金，提前制定小麦条锈病防控方案和应急预案，将其纳入当地乡镇以上政府部门的绩效考核指标，提高技术推广保障能力。

2. 强化监测预警

完善小麦条锈病监测预警体系，在重点发生区建立小麦条锈病系统调查田、定点观测圃，提高病情测报的准确性和时效性，为实施小麦条锈病可持续治理提供技术保障。

3. 做好技术示范

在病害常发重发区分区域建立条锈病跨区域全周期绿色防控示范基地。开展当地主栽品种抗病性的监测与评价，制定当地品种引进与淘汰以及种植布局规划；集成推广条锈病春季流行区绿色防控技术模式，形成适合当地防控技术方案，指导所在区域防控工作开展。

4. 加大宣传力度

加大对小麦条锈病防控意义、防治意识、防控理念和防控技术等方面的宣传力度，树立防病保粮安民意识。加强对基层植保技术人员和广大农户的培训，广泛宣传跨区域全周期绿色防控技术的科学性和先进性。在小麦条锈病防治的关键季节，组织广大农业植保人员深入一线，开展防治技术指导，提高技术到位率。

五、技术依托单位

1. 河南省植物保护检疫站

联系人：彭红

2. 全国农业技术推广服务中心

联系人：刘万才

田间技术培训合影

小麦测产

宁夏春麦区小麦条锈病绿色防控技术模式

宁夏回族自治区固原市地处六盘山东麓，地势较高，夏季凉爽，是我国小麦条锈病病原菌西北越夏区重要的组成部分。近年来，由于气候变化、种植结构改变和毒性小种变异等，该病流行频率上升，危害损失加重，对小麦生产造成较大威胁。为有效控制小麦条锈病的流行危害，减轻灾害损失，保障小麦丰收，根据宁夏春麦区小麦条锈病发生特点，制定小麦条锈病绿色防控技术体系。

一、防控策略

贯彻“预防为主，综合防治”的植保方针，采取“封锁菌源、压减基数，达标防治、联防联控”的防控策略，有效控制病害发生流行。

二、防控目标

一般年份发生区平均危害损失率控制在3%以下，重发年份控制在5%以下，绿色防控覆盖率在60%以上，统防统治覆盖率在50%以上，实现“三减一增”（减轻产量损失，减少防控投入，减缓环境压力，增加种粮收入）的防控目标，确保国家粮食安全。

三、技术要点

依据小麦条锈病跨区传播流行规律和发生特点，立足早发现、早防治，压低基数、联防联控，严防病害大面积流行成灾。

1. 播种期

主要防治对象以预防苗期条锈病为主，兼防白粉病、散黑穗病等病害和地下害虫。防治要点：①精细整地、合理施肥；②选用抗（耐）小麦条锈病的优良品种，可选用宁春4号、宁春50、永良4号等；③药剂拌种，可选用吡虫啉+戊唑醇+芸苔素内酯进行包衣拌种；④根据天气情况，适时播种。

2. 拔节期

防治对象以小麦条锈病、白粉病等病害为主。防治要点：对发现的小麦条锈病零星病叶或发病中心，按照“发现一点控制一片，发现一片防治全田”的原则，立即进行封锁扑灭，防治方法可选用三唑酮、戊唑醇等杀菌剂进行喷雾。

3. 抽穗扬花期

主要防治小麦条锈病，兼治小麦白粉病和蚜虫等病虫害。防治要点：①当条锈病病叶率达 0.5%，田间百株蚜量达到 500 头时，选用戊唑醇、氟环唑、三唑酮等杀菌剂和啶虫脒、吡虫啉等杀虫剂进行喷雾防治。②植保无人机作业亩施药液量为 1.5 升以上；喷杆喷雾机作业亩施药液量为 15～20 升。小麦生长中后期当病情达到防治指标时（病叶率达到 5%），应及时开展统防统治和应急防治，控制小麦条锈病大面积流行。

4. 灌浆期

根据小麦条锈病，白粉病、蚜虫、棉铃虫等病虫害发生情况，结合小麦“一喷三防”措施防治，选用烯唑醇等杀菌剂＋啶虫脒等杀虫剂＋磷酸二氢钾等叶面肥＋芸苔素内酯等植物生长调节剂，科学配方，统防统治，实施“一喷三防”，全面控制小麦病虫害的发生，提高小麦抗逆抗早衰能力，延长小麦灌浆时间，促进小麦丰产丰收。

四、推广机制

1. 强化组织领导

积极争取当地政府重视和财政部门支持，强化行政推动，压实防控责任，充实技术力量，确保防控资金，提前制定小麦条锈病防控方案和应急预案，将其纳入当地乡镇以上政府部门的绩效考核指标，提高技术推广保障能力。

2. 强化监测预警

完善小麦条锈病监测预警体系，密切关注条锈病病原菌菌源地的发生情况，在重点发生区建立小麦条锈病系统调查田、定点观测圃，及时发布病害预报预警信息，提高测报的准确性和时效性，为实施小麦条锈病可持续治理提供技术保障。

3. 强化示范引领

在病害常发重发区分区域建立小麦条锈病全周期绿色防控示范基地。开展当地主栽品种抗病性的监测与评价，制定当地小麦品种引进与淘汰，以及种植布局规划，集成推广适合当地的小麦条锈病全周期绿色防控技术模式，提高防控方案的简便性、有效性和科学性。

4. 强化宣传培训

牢固树立防病保粮安民意识，加强对小麦条锈病防控意义、防治意识、防控理念和防控技术等方面的宣传力度，大力宣传小麦条锈病跨区域全周期绿色防控技术的必要性、科学性和先进性。加强对基层植保技术人员和广大农户的培训，在小麦条锈病防治的关键季节，组织广大农业植保人员深入一线，开展防治技术指导，促进技术落实落地，提高技术到位率。

五、技术依托单位

1. 宁夏回族自治区农技推广总站

联系人：刘媛

2. 全国农业技术推广服务中心

联系人：李跃

青海越夏基地小麦条锈病绿色防控技术模式

青海是我国条锈病重要越夏菌源基地，区域内大量的越夏菌源可在晚熟春麦上持续侵染至10月上旬，还可侵染不同收获期的冬、春麦收割后产生的大量自生麦苗，可以从8月持续发病至12月上旬，进而将菌源传播到秋苗，在局部冬麦区越冬完成周年循环。同时青海东部农田周围广泛分布着10种小檗，经测试所有小檗均可作为小麦条锈菌的转主寄主，在小麦条锈病的侵染循环中发挥着重要作用。小麦条锈病在青海麦区几乎隔年流行，不仅影响当地小麦生产安全，还能形成大量菌源并向东部麦区输出，使青海麦区成为我国东部麦区秋季初始菌源基地。为加强青海小麦条锈病的防控，从源头抑制小麦条锈病发生、变异与危害，保障东部主产麦区的安全生产，特制定本技术体系。

一、防控策略

贯彻“预防为主，综合防治”的植保方针，采取“阻遏菌源、压减基数，防早防小、应急防控”的条锈病防控策略，采取“种植抗病品种＋合理轮作＋适期播种＋有性生殖阻滞＋早期监测预警，指导统防统治＋压低秋季自生麦苗数量”的防控技术体系，抓重点地区、重大病虫、关键时期用药，指导开展综合防治，强化科学用药、减量用药，推进统防统治和绿色防控，有效控制病害发生流行。

二、防控目标

一般年份发生区平均危害损失率控制在5%以下，绿色防控覆盖率在60%以上，化学农药减量20%以上，减轻病害，确保粮食安全。

三、冬小麦种植区条锈病防控技术要点

冬小麦种植区主要分布在海东市的民和县、化隆县、循化县、乐都区，海南州的贵德县，黄南州的尖扎县等，是秋苗和春季小麦条锈病防控的重点。其治理的核心是压低秋苗和春季菌源基数，减少秋苗菌源向东部冬麦区传播、减少春季流行菌源向晚熟春麦区传播，在小麦抽穗—灌浆初期结合其他病虫害开展统防统治。

1. 播前阶段

此阶段主要从以下两方面防治。

①铲除自生麦苗和杂草：在播种前采取深翻深耕、机械铲除或除草剂杀灭等技术，铲

除田间或者麦田周边的秋季自生麦苗及杂草［唐松草（*Thalictrum aquilegiifolium*）、臭草（*Melica scabrosa*）、早熟禾（*Poa annua*）、赖草（*Leymus secalinus*）、披碱草（*Elymus dahuricus*）、冰草（*Agropyron* spp.）］，减少或防止条锈病病原菌寄生，减轻当地秋苗发病。②避免冬、春麦间作：在冬春麦交错区要做好统筹规划，尽量避免冬麦和春麦邻近种植。

2. 播种阶段

此期主要防治对象以条锈病为主，兼顾茎基腐病等土传、种传病虫害。主要防治措施如下：

①选择抗病品种：选择抗条锈病的小麦良种种植，如青麦 4 号等。②药剂拌种：种植感病品种的，播种实施药剂拌种全覆盖，杜绝白籽下种，在播种前用具内吸传导性的高效低毒杀菌剂，进行小麦种子包衣或拌种，按 50 克 6%戊唑醇悬浮种衣剂拌 100 千克种子的比例进行包衣，一般三唑酮用量为干种子重量的 0.03%有效成分，用拌种机对种子进行干拌，充分拌匀，以免发生药害。③适时晚播：在气候条件许可的条件下，较正常播期晚播 5～7 天。④控制早期菌源：加强秋苗病害调查，发现病点，及时控制。

3. 拔节期至孕穗期

该时期主要防治小麦条锈病，兼治白粉病等苗期病害。

在循化撒拉族自治县（简称循化县）、化隆回族自治县（简称化隆县）、尖扎县、贵德县等沿黄河流域的小麦种植区，重点对条锈病越冬区域（如循化县查汗都斯乡、街子镇、清水乡，化隆县牙什尕镇、甘都镇、群科镇，尖扎县康扬镇、坎布拉镇，贵德县河阴镇、河西乡）实施“带药侦查，打点保面”措施，发现零星病叶或发病中心，按照“发现一点控制一片，发现一片防治全田”的原则，立即封锁扑灭。如条锈病扩展较快，应组织开展专业化应急防控，防止病原菌向周边冬小麦以及春麦区扩散、蔓延。可选用 1 000 亿芽孢/克枯草芽孢杆菌可湿性粉剂喷雾，也可用三唑酮、戊唑醇等化学药剂进行防治。

4. 抽穗至灌浆阶段

此期主要控制条锈病流行，兼顾白粉病、麦茎蜂和穗蚜等，实施小麦“一喷三防”。主要防治措施如下：

①条锈病病叶率达 0.5%时，选用戊唑醇、苯醚甲环唑等三唑类杀菌剂任意一种防治，如有蚜虫、麦茎蜂危害，与吡虫啉，或啶虫脒，或吡蚜酮，或噻虫嗪＋磷酸二氢钾，或氨基寡糖素，或芸苔素内酯，按各自推荐用量，兑水混配，全田喷雾，统防统治。②植保无人机作业亩施药液量 1.5 升以上，并添加沉降剂；喷杆喷雾机作业亩施药液量为15～20 升。③小麦生长中后期病情达防治指标时，及时开展应急防治，防止小麦条锈病大面积流行。

5. 成熟至收获阶段

此期主要控制田间自生麦苗的数量，压低自生麦苗越夏菌源基数。主要措施如下：

①小麦成熟后及时收割，避免过度成熟后收割造成大量落粒。②收获后及时深翻深耕，减少自生麦苗产生。③ 9 月中下旬，在自生麦苗密度较大且条锈病发生严重的田块（条锈病病叶率达 0.1%）选用戊唑醇、苯醚甲环唑等三唑类杀菌剂任意一种喷雾防治；自生麦苗密度小且发生条锈病田块可以采用机械铲除的方法切断传染带。

四、春小麦种植区条锈病防控技术要点

春小麦种植区是小麦条锈病越夏菌源防控的重点。其治理的核心是压低小麦条锈病越夏菌源基数，防止越夏菌源向冬麦区传播，小麦扬花至灌浆初期结合其他病虫害防治开展统防统治。

1. 播前阶段

合理轮作：做好作物和小麦品种布局规划，麦田周围分布小檗的区域要进行小麦和油菜或者马铃薯的合理轮作，在冬春麦交错区要做好统筹规划，尽量避免在冬小麦附近种植春小麦；做好药械贮备和技术培训工作。

2. 播种阶段

①选择抗病品种。选用青春 38、青麦 11、青麦 343、互麦 18 等抗病品种。②减少药剂拌种的应用。③适时早播。在气候条件许可的条件下，较正常播期早播 5～7 天。

3. 拔节期至孕穗期

加强小麦条锈病监测调查，当病情指数达到防治指标时，采用戊唑醇、氟环唑、丙硫唑等药剂进行喷雾防治。在春小麦麦田周边小檗生长比较密集的区域，重点采取遮盖小麦秸秆堆垛的措施或对染病小檗喷施烯唑醇、三唑酮等农药的措施阻断条锈病病原菌的有性繁殖。

4. 抽穗至灌浆阶段

主要控制条锈病流行，兼治白粉病、麦茎蜂和穗蚜等，实施小麦“一喷三防”。对条锈病病原菌菌源量和田间发病情况进行实时监测，及时发布预报，做好防治措施的协调应用，未达到防治指标者不进行防治。主要防治措施参照 27 页抽穗至灌浆阶段主要防治措施。

5. 成熟至收获阶段

此期主要控制田间自生麦田的数量，压低自生麦苗提供越夏菌源的基数。主要措施如下：

①小麦成熟后及时收割，避免过度成熟后收割造成大量落粒。②收获后及时深翻深耕，减少自生麦苗产生。③9 月中下旬，在早熟的春麦区（海拔高度在 2 500 米以下，收获期在 8 月中旬以前）自生麦苗密度较大且条锈病发生的田块，选用戊唑醇、苯醚甲环唑

等三唑类杀菌剂喷雾防治，自生麦苗密度小且发生条锈病的田块可以采用机械铲除的方法防治。

五、推广机制

1. 强化组织领导

积极争取当地政府重视和财政部门支持，强化行政推动，压实防控责任，充实技术力量，保障防控资金，提前制定小麦条锈病防控方案和应急预案，将其纳入当地乡镇以上政府部门的绩效考核指标，提高技术推广保障能力。

2. 强化监测预警

完善小麦条锈病监测预警体系，在重点发生区建立小麦条锈病系统调查田、定点观测圃，提高病情测报的准确性和时效性，为实施小麦条锈病可持续治理提供技术保障。

3. 强化技术示范

在病害常发重发区分区域建立条锈病跨区域全周期绿色防控示范基地。开展当地主栽品种抗病性的监测与评价，制定当地品种引进与淘汰以及种植布局规划；集成推广条锈病跨区域全周期绿色防控技术模式，形成适合当地的防控技术方案，指导所在区域防控工作开展。

4. 强化宣传培训

加大对小麦条锈病防控意义、防治意识、防控理念和防控技术等方面的宣传力度，树立防病保粮安民意识。加大对基层植保技术人员和广大农户的培训，广泛宣传跨区域全周期绿色防控技术的科学性和先进性。在小麦条锈病防治的关键季节，组织广大农业植保人员深入一线，开展防治技术指导，提高技术到位率。

六、技术依托单位

1. 青海省农林科学院

联系人：姚强

2. 青海省农业技术推广总站

联系人：张剑

小麦茎基腐病全程绿色防控技术模式

小麦是山东省重要的粮食作物之一，其中济宁市常年种植面积35.33万公顷，约占济宁市耕地面积的70%。近年来种植结构调整、栽培方式改变及气候变暖，农业病虫害种类随之发生了很大变化，给植保工作带来了新任务、新挑战，特别是大量秸秆直接还田造成小麦茎基腐病等土传病害频繁发生，并且有加重蔓延的趋势，已经上升为小麦早衰死亡的主要原因。如2018年小麦茎基腐病在山东省严重发生，有的地块病株率超过50%，枯白穗率在30%以上，对夏粮生产构成严重威胁。因此，在国家全面落实"六保"任务中保粮食安全的战略部署下，对小麦茎基腐病等土传病害进行绿色防控技术研究，形成综合治理绿色防控配套技术模式非常必要。

一、技术概述

1. 技术基本情况

自2018年以来，借助"济宁市农作物病虫害绿色防控技术研究创新团队"平台，以专业化统防统治服务组织为依托，以种粮大户、家庭农场、专业合作社为示范基地，开展了大量调查研究和防控试验示范，组建了以生态调控+健身栽培+抗病品种+药剂包衣+适期晚播+科学喷药统防统治为关键配套技术的"小麦茎基腐病全程绿色防控技术模式"。

2. 技术示范推广情况

2018—2023年先后进行了小麦不同品种茎基腐病抗性试验、种子包衣技术防治小麦茎基腐病的田间药效试验、不同种衣剂处理对小麦茎基腐病的田间防治效果评价及小麦茎基腐病全程绿色防控技术田间试验探索，通过采用生态调控、良种包衣、科学用药、统防统治等综合防控措施对小麦茎基腐病全程控制效果的试验研究，在《中国农技推广》《农学学报》《基层农技推广》期刊公开发表论文5篇，集成了以生态调控+健身栽培+抗病品种+药剂包衣+适期晚播+科学喷药统防统治为主要技术的"小麦茎基腐病全程绿色防控技术模式"。济宁市土地流转率在68%以上，规模化集中种植为推广新技术、新模式提供了有利条件。该模式紧扣农业生产实际，近年来在种粮大户、家庭农场、专业合作社等经营主体中进行示范，通过印发技术方案、发放宣传彩页、召开现场观摩会、举办培训班、开展电视专家课堂等方式大力宣传，五年累计推广应用面积120万公顷。2018年5月13～14日，"全国小麦重大病虫联合监测防控观摩考察现场会"在汶上县召开，会议观摩了小麦茎基腐病抗性品种筛选试验田和深耕土壤及种子包衣对土传病害的控制作用示范现场，在全国起到了良好的示范带头作用，全国农业技术推广服务中心、山东省农业技术推广中心及黄淮海地区的植保技术人员共40人参加了会议；2019年5月20～22日，"全国农作物病虫绿色防控发展能力提升行动现场观摩会”在济宁市兖州区召开，会议观摩了小麦茎基腐病全程防控示范现场，来自黄淮海地区的植保系统技术人员以及部分企业代表共150人参加了会议，全国农业技术推广服务中心相关专家、山东省农业农村厅相关领导到会并讲话。

3. 提质增效情况

经试验示范验证，“小麦茎基腐病全程绿色防控技术模式”对土传病害控制率在83%以上，较对照区产量增加10%～16%，五年累计推广应用面积120万公顷，获得经济效益约28亿元；贯彻“预防为主，综合防治”的植保方针，通过从整地播种的源头做好预防工作，有效减轻了土传病害的发生程度，减少了化学农药使用量20%以上，节约了成本，节省了劳动力，增加了收入，提高了农民种粮积极性；采用自走式喷杆喷雾机等新型植保机械统防统治、精准施药，淘汰跑、冒、滴、漏药的老旧施药机械，有效提高了农药利用率，减少了农药残留，农产品质量和生态环境得到改善，取得了良好的经济、社会和生态效益。同时得到上级部门的认可，济宁市农业技术推广中心2021年被农业农村部评为“全国粮食生产先进集体”称号；济宁市的邹城市、汶上县、金乡县先后被评为“全国农作物病虫害绿色防控示范县”，此外，邹城市在2022年被评为“全国农作物病虫害绿色防控示范基地”。

二、技术操作要点

1. 预期防控效果及增产情况

综合防控效果83%以上，增产10%～16%。

2. 配套技术路线

（1）生态调控。①小麦秋播期深耕土壤。间隔3年深耕1次，翻耕深达25～30厘米，秸秆充分腐熟还田，或作物收获后秸秆打捆离田，减少土壤中的病原菌积累。②轮作换茬。土传病害重发区域，进行3～5年轮作换茬，可实行小麦与大蒜、圆葱等作物轮作，与夏玉米、大豆、棉花、辣椒等换茬，切断病原菌传播链条。

（2）健身栽培。加强田间管理，合理施肥，基肥以充分腐熟的有机肥为主，配合施用氮磷钾复合肥，适期浇水，及时排水，中耕除草，保墒增温，培育壮苗，提高小麦抗病性。

（3）抗病品种。选用山农28、山农29、山农30、山农111等山农系列品种及科农2009、岱麦1号、鑫麦296、济麦229等抗病品种。

（4）药剂包衣。选用有效成分含量足的咯菌腈、戊唑醇、苯醚甲环唑等种衣剂进行包衣。27%苯醚·咯·噻虫种子处理悬浮剂，100千克种子用量200～600毫升；8%苯醚甲环唑·噻虫嗪种子处理悬浮剂，100千克种子用量1 800～3 000毫升；27.2%氟环菌·咯菌腈·噻虫嗪种子处理悬浮剂，100千克种子用量200～400毫升选用以上复合药剂中的一种及对应方法进行包衣，可兼治地下害虫和蚜虫，也可以选咯菌腈、苯醚甲环唑等单剂进行包衣。

（5）适期晚播。适期晚播能有效减少苗期土传病害侵染率，黄淮海南部地区播种以10月18～25日为宜，黄淮海北部地区播种以10月15～22日为宜。播深3～4厘米，不漏播，不重播，播后适期适时镇压，减少地中茎出现。

（6）科学喷药，统防统治。加强田间监测，小麦返青期早发现、早防治，用18.7%丙环唑·嘧菌酯悬浮剂50～60毫升/亩，或17%唑醚·氟环唑悬乳剂30～40毫升/亩，或200克/升氟唑菌酰羟胺悬浮剂50～60毫升/亩等兑水50～60千克，顺麦垄均匀喷灌小麦根颈部，重发地块间隔7～10天再喷1次。积极应用新型植保机械精准施药，统防统治，提高农药利用率，达到农药减量控害、农产品质量安全、生态环境安全的目的。

三、适宜区域

黄淮海冬小麦种植区。

四、注意事项

1. 施药时间

对于早春小麦茎基腐病等土传病害发病地块，特别是历年常发重发区域，要抓住2月中旬至3月中旬时间节点进行喷药防治，小麦一旦拔节，再防已无效果。早春气温波动大，喷药应避开“倒春寒”天气，喷药时间选择晴好无风天气9：00～16：00，阴雨天、大风天禁止用药。

2. 药剂配制

悬浮剂、水分散粒剂和可湿性粉剂需采用二次稀释法，即先把药剂用少量水搅拌溶解，再根据用药量添加到药桶中，加水后搅拌均匀。

3. 安全防护

施药期间不得饮酒、抽烟、吃东西；人工施药时应戴口罩、穿工作服或穿长衣长裤和雨鞋，施药后用肥皂洗手、洗脸，用净水漱口。

4. 中毒处理

操作人员如有头痛、头昏、恶心、呕吐等症状时，应立即离开施药现场，脱去污染的衣服，漱口，擦洗手、脸和暴露部位，及时送医院治疗。

五、技术依托单位

1. 济宁市农业技术推广中心

联系地址：山东省济宁市洸河路16号
联系人：杨迎春
联系电话：13054999164
电子邮箱：hyhzbz@163.com

2. 汶上县农业技术推广中心

联系地址：山东省济宁市汶上县圣泽大街农业大厦
联系人：朱庆荣
联系电话：13563710212
电子邮箱：wszqr2112@163.com

田间指导：秋播期深翻土壤

喷药防治小麦茎基腐病等现场

绿色防控试验播种现场

防控技术得到济宁市电视媒体的宣传

2018 年赵中华研究员在济宁市汶上县指导小麦茎基腐病田间试验

河南省小麦病虫草害全程绿色防控技术模式

一、技术概述

1. 技术研发基本情况

河南省植物保护检疫站指导全省植保系统在2010年即开展了小麦绿色防控技术研究，试验摸索各单项技术，2014—2016年在各项工作的基础上，初步进行了技术集成和示范区建设，提出要大力发展小麦绿色防控技术，2016—2018年，在18个省辖市小麦主产区建立小麦病虫害绿色防控示范区，验证改进集成的小麦病虫害绿色防控技术。

2. 技术示范推广情况

本技术2016年初级集成，2016—2018年在示范区小范围示范，2019年完善后开始在河南省范围内推广。应用该技术目前麦区生态恢复情况良好，小麦病虫害发生平稳，没有暴发和流行，用药量大大减少，特别是对小麦产量影响较大的小麦条锈病、赤霉病及纹枯病等土传病害防治效果较好，目前田间危害程度明显减轻。

3. 提质增效情况

小麦病虫害绿色防控技术为小麦病虫害的防治提供了先进实用的绿色环保技术，能够促进小麦健壮生长，提高植株抗逆性，减轻小麦病虫害发生危害程度，减少化学农药的使用量，节约防治成本，提高小麦品质和经济效益，对促进河南省优质小麦生产具有重要作用。技术使用区病虫害综合防效平均提高11.4%，平均减少化学农药使用量27.4%以上，减少了对农田生态环境的污染，提高了小麦的产量和品质，取得了显著的经济、社会和生态效益。

二、技术操作要点

1. 播种期

（1）品种。选择目前生产上主要推广的优良品种或在当地有代表性的小麦品种，要求种子纯度高，综合抗病（虫）性好，品种尽可能统一。

（2）肥料。使用有机肥或秸秆直接还田，最好深耕或深松，以利于小麦根系健壮生长，提高抗倒伏能力。

（3）综合用药防治。用苯醚甲环唑+吡虫啉，或使用苯醚·咯·噻虫拌种，综合防治小麦苗期病虫害。为了提高麦苗抗逆能力，拌种时可以加入碧护、氨基寡糖素、芸苔素内酯等。

（4）播种方式。采取宽窄行14-14-24的播种方式，即宽行行距为24厘米，窄行行距为14厘米，既增产又为后期大型植保机械喷药留下作业道。

（5）边行种植甘蓝型油菜。豫南等有条件的地方，可实行小麦与油菜间作。每隔100～200米宽的小麦种植带设置宽1～1.5米的油菜种植带，根据土地面积设置，适合机播机收即可，重复3～4次；也可用岛屿模式种植油菜，油菜作为天敌贮备植物，用于油菜蚜虫的繁殖和栖息，饲养蚜茧蜂、瓢虫等天敌昆虫，为麦田害虫控制提供天敌。油菜种植期要比小麦播期早7～10天。

2. 秋苗期

为了提高杂草防治效果，提倡冬前11月下旬至12月上旬开展化学除草。防治阔叶杂草，推广每亩使用苯磺隆＋氯氟吡氧乙酸或唑嘧磺草胺·双氟磺草胺、双氟磺草胺·氟氯酯，兑水均匀喷雾；防治野燕麦、看麦娘、棒头草等禾本科杂草，每亩用精噁唑禾草灵或炔草酸，兑水均匀喷雾；在节节麦发生严重麦田，每亩用甲基二磺隆油悬剂，兑水喷雾。

在阔叶杂草和禾本科杂草混合发生的地块，将两类除草剂各计各量，分别二次稀释，混合使用。

3. 返青后至拔节前

小麦返青后至拔节前是春季化学除草的关键时期，对于冬前没有进行化学除草的麦田，可在日均气温稳定在6℃以后，选择晴好天气于10：00～16：00，根据当地草情、草相等实际情况，选对路药剂，采用适宜剂量，科学开展麦田杂草防除。以播娘蒿、荠菜、婆婆纳、牛繁缕、麦家公、猪殃殃、泽漆等阔叶杂草为主的麦田，可选用苯磺隆＋氯氟吡氧乙酸、双氟磺草胺·氟氯酯、唑嘧磺草胺·双氟磺草胺、双氟磺草胺·唑草酮等药剂进行防除；以野燕麦、看麦娘等禾本科杂草为主的麦田，可选用炔草酸、唑啉·炔草酯、精噁唑禾草灵等药剂防除；以节节麦、蜡烛草等为主的麦田，可选用甲基二磺隆、甲基二磺隆·甲基碘磺隆钠盐等药剂防除；对于阔叶杂草和禾本科杂草混生的麦田，可根据草相，选用氟唑磺隆、啶磺草胺，或苯磺隆、氯氟吡氧乙酸和精噁唑禾草灵等按一定比例混配使用。化学除草技术性强，必须严格按照技术规范进行操作，防止除草剂药害事故的发生。

此期还是防治小麦纹枯病、锈病、根腐病，挑治叶螨的关键时期，每亩使用井冈霉素，或井冈·蜡芽菌，或1 000亿芽孢/克枯草芽孢杆菌制剂，兑水喷雾。防治叶螨可使用阿维菌素乳油或哒螨灵，尽量挑治，推迟第一次大面积使用杀虫剂的时间。

为了减少农药使用量，应当开展系统调查，在叶螨达到防治指标时进行防治，蚜虫可适当放宽防治指标，避免打保险农药，充分发挥麦田害虫天敌的自然控害作用。

4. 抽穗灌浆期

重点做好小麦赤霉病、锈病、蚜虫、吸浆虫等病虫害防治工作。

（1）预防小麦赤霉病。要在加强健身栽培的基础上，把握小麦抽穗扬花关键时期，见花打药，主动预防。对高感品种，如天气预报播报有2天以上连阴雨、露水和多雾天气，首次施药时间应提前至破口抽穗期。药剂品种可选用氰烯菌酯、戊唑醇、甲基硫菌灵、丙硫唑、四霉素、咪鲜胺、烯肟·多菌灵、枯草芽孢杆菌、井冈·蜡芽菌等，要用足药液量，施药后3～6小时遇雨，雨后应及时补施。枯草芽孢杆菌、井冈·蜡芽菌等生物农药，要提早5～7天施药。如遇病害流行，第一次防治结束后，需隔5～7天再防治1～2次，确保防治效果。每次喷雾时，可以加入氨基寡糖素，提高小麦的抗病性，刺激小麦健壮生长。

（2）早控小麦锈病、白粉病。当田间平均病叶率达到防治指标时，应组织开展区域性统一防治，防止病害大面积流行。防治药剂可选用嘧啶核苷类抗菌素、1 000亿芽孢/克枯草芽孢杆菌、三唑酮、烯唑醇、戊唑醇、氟硅唑、丙环唑、多抗霉素等，药剂浓度严格按照农药包装推荐的剂量使用。

（3）科学防治麦穗蚜。穗期田间百株蚜量达800头以上，益害比（天敌：蚜虫）低于1：150时，可选用啶虫脒、吡虫啉、抗蚜威、高效氯氟氰菊酯、苦参碱、耳霉菌等药剂喷雾防治。有条件的地区，提倡人工释放蚜茧蜂、瓢虫进行生物控制，每亩释放蚜茧蜂寄生的僵蚜5 000～8 000头，或者人工释放异色瓢虫500～1 000头。

（4）混合施药防控多种病虫害。小麦生长发育后期是白粉病、锈病、赤霉病、叶枯病、蚜虫等多种病虫发生危害高峰期，可根据病虫害发生的实际情况，大力开展“一喷多防”，将杀菌剂、杀虫剂和植物生长调节剂或叶面肥等科学配方、混合喷洒，综合控制。杀虫剂推荐品种有吡虫啉、啶虫脒、吡蚜酮、噻虫嗪、溴氰菊酯、高效氯氟氰菊酯、高效氯氰菊酯、氰戊菊酯、敌敌畏、抗蚜威、阿维菌素、苦参碱等。其中，吡虫啉和啶虫脒不宜单一使用，要与低毒有机磷农药合理混配喷施。杀菌剂推荐品种有三唑酮、烯唑醇、戊唑醇、己唑醇、丙环唑、苯醚甲环唑、咪鲜胺、氟环唑、多菌灵、甲基硫菌灵、氰烯菌酯、蜡质芽孢杆菌、井冈霉素等。

建议全程使用大型植保机械或者植保无人机进行施药，为了减少化学农药用量，提高农药利用率，喷施农药时可适当加入减量降残增效助剂。

三、适宜区域

本技术适用于河南省麦区。

四、注意事项

加强对施药人员的技术培训，准确计量农药，适当加大用水量，注意喷匀喷透，提高喷雾质量，同时加强施药安全防护。

五、技术依托单位

河南省植物保护检疫站

联系地址：河南省郑州市农业路27号

联系人：李好海、张国彦、彭红、何洋、王江蓉

联系电话：0371-65917978

深耕作业

纳雍县小麦病虫害绿色防控技术模式

小麦是纳雍县粮食和优势经济作物之一，如纳雍县百兴镇“百兴”面条，远销省外，每千克售价 20 元，小麦面粉每千克售价 8 元，每年小麦年产量达 12 500 吨，产值达 10 000万余元。纳雍县小麦常年种植面积 5 万余亩，但近年来，小麦条锈病、白粉病等病害日趋严重，其中，小麦条锈病一般病叶率为 40%以上，最高病叶率达 100%，每年投入防治成本高达 400 余万元。加之，农户用药不精准，增加了防治成本，防效还不高，又降低了农产品的安全性，增加了面源污染的潜在风险。因此，为贯彻落实农业产业高质量绿色发展要求，牢固树立“公共植保、绿色植保”理念，围绕“虫口夺粮”保丰收行动方案要求，实现两增两减目标，纳雍县集成推广应用了“以生态区域为单元，以作物生长全程为主线，经济实用的绿色防控技术模式”，促进了农药减量增效，保障了农产品质量安全和生态环境安全。主要技术集成如下：

一、技术概述

1. 技术基本情况

2020 年以来，纳雍县采取“预防为主，综合控害，统防增效，绿色安全”的策略。按照“突出重点、分区治理、因地制宜、分类指导”的原则，重点防控条锈病，兼治白粉病、蚜虫和土传病害、地下害虫等病虫害，集成了“强化病虫害监测，以选用抗（耐）病虫品种和药剂拌种为基础，采用农业防治、生态调控、生物防治、物理防治和科学防治等绿色防控措施”的技术。并在纳雍县小麦主产区推广应用，同时推进绿色防控与专业化统防统治相融合，有效控制了小麦病虫害的发生，实现了可持续治理，保障了小麦生产安全和产业的健康持续发展。

2. 技术示范推广情况

2020 年以来，纳雍县共计实施绿色防控面积 15.5 万亩，涉及百兴镇、曙光镇、阳长镇、新房乡等乡镇的 13 个村（社区）。建立核心示范区 6 个，示范面积 3.6 万亩。

3. 提质增效情况

通过调查统计，示范区病虫害总体防控效果达 85.30%，较农民自防区病虫害总体防控效果（70.12%）提高 15.18 个百分点。测产验收表明，示范区小麦平均单产 274.6 千克/亩，较农民自防区平均单产（235.0 千克/亩）增产 39.6 千克/亩，增产率为 16.85%；较完全不防治区平均单产（185.0 千克/亩）增产 89.6 千克/亩，增产率为 48.43%。示范区三年共增加产量 6 138 吨，增加产值达 4 910.4 万元。

核心示范区绿色防控关键技术到位率100%，统防统治覆盖率100%，较农民自防区化学农药使用量减少52.9%，服务对象对防控技术满意度达92%，农产品农药残留符合国家标准。

二、技术操作要点

1. 病虫监测

加强对小麦条锈病、白粉病和蚜虫等病虫害的系统调查和大田普查，及时掌握病虫害的发生时期、发生程度，在监测到病虫害达到防治指标时及时开展科学防控，提高防治效果。

2. 农业防治

（1）选用抗（耐）病虫良种。种植抗（耐）性品种是防止或减轻病虫害的根本措施，针对纳雍县是小麦条锈病常年越冬、越夏区，选择全生育期优质抗病品种，如黔麦16、丰优7号、丰优5号等。

（2）实行健身栽培。推行精细整地，适墒适量播种，加强水肥管理，避免重施氮肥，增施磷、钾肥，尽量保证苗全、苗匀、苗壮，提高植株抗病虫能力。适期晚播，尽可能缩短秋季病菌感染时间，减少初始侵染菌源。

（3）清洁田园。在播种期以前清理田间及周边的杂草，减少病虫源。

3. 拌种处理

重点防治小麦条锈病、蚜虫，播种前采用32%戊唑·吡虫啉悬浮种衣剂+0.136%赤·吲乙·芸苔可湿性粉剂处理，药效持续期较长，防控效果好。拌种方法：将选用的优质抗病良种摊在塑料薄膜上（或放在塑料盆中），将配好的包衣液倒在种子上，搅拌均匀，放在通风处摊开阴干（放置8小时左右）后播种。

4. 生态调控

采用小麦与蚕豆、豌豆等其他豆科作物按1∶1比例间作套种，充分发挥生态控病作用。

5. 生物防治

利用施用苦参碱、金龟子绿僵菌等生物农药，释放蚜茧蜂等天敌昆虫防治蚜虫。

6. 物理防治

（1）灯诱杀。安装太阳能杀虫灯或太阳能高效害虫诱捕器诱控黏虫等鳞翅目害虫成虫。

（2）昆虫性信息素诱杀。选择对应的性信息素及配套诱捕器，诱控黏虫、地老虎等害虫。

7. 科学防治

根据预测预报和田间发生实际，推行达标用药控害，在病虫害发生程度较轻时，优先选用生物制剂，发挥持续控害作用。灌浆期对蚜虫、白粉病和叶锈病等可结合小麦“一喷三防”技术措施，实施杀虫剂、杀菌剂和植物生长剂科学混用，综合控制，从而实现农药减量增效及农产品质量安全的防治目标。采用高工效低容量喷雾器或植保无人机实施统防统治，精准施药，提高农药利用率。

（1）小麦条锈病。针对纳雍县小麦条锈病发生早、发生重的特点，加强病情监测预报，实施分区防控。全面落实“带药侦查，打点保面”防治策略，减少菌源外传，延缓小麦条锈病扩散蔓延。坚持“发现一点，防治一片”，及时控制发病中心；当田间平均病叶率在 0.5%～1%时，组织开展大面积应急防控，并且做到同类区域防治全覆盖。防治药剂选用三唑酮、肟菌·戊唑醇、戊唑·醚菌酯、丙唑·戊唑醇等。

（2）白粉病。重点防控偏施氮肥、植株贪青和植株生长衰弱、抗病力低的田块。当小麦白粉病病叶率为 10%左右时，选用戊唑醇、三唑酮、丙唑·戊唑醇、肟菌·戊唑醇、戊唑·嘧菌酯等药剂进行应急防控。

（3）蚜虫。重点防控麦穗蚜。当拔节期百株蚜量在 500 头以上时，灌浆初期百穗蚜量达 800 头以上，益害比（天敌：蚜虫）低于 1：150 时，可选用啶虫脒、吡虫啉、抗蚜威、高效氯氟氰菊酯、苦参碱等药剂喷雾防治。

三、适宜区域

该小麦病虫害绿色防控技术适合纳雍县百兴镇、曙光镇、阳长镇、新房乡等小麦主产区，海拔 1 350～1 650 米的麦区。

四、注意事项

一是使用合格农药；二是科学混配农药；三是合理确定施药时间；四是禁用高毒农药；五是遵守操作规程；六是严格农药用量；七是农药交替轮换使用。

五、技术依托单位

1. 纳雍县植保植检站

联系地址：贵州省毕节市纳雍县经济开发区农业农村局
联系人：丁昭斌
联系电话：13984590006

2. 百兴镇农业服务中心

联系地址：贵州省毕节市纳雍县百兴镇人民政府

联系人：王显云
联系电话：15117693535

3. 曙光镇农业服务中心

联系地址：贵州省毕节市纳雍县曙光镇人民政府
联系人：路栋
联系电话：18798519822

农业防治

保持田园清洁

安装性诱灯

药剂拌种

精准施药

统防统治

防效对比

测产验收

田间技术培训

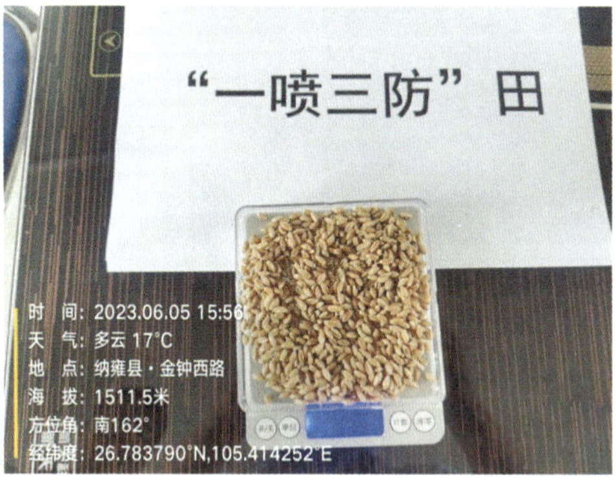

种子采收后测产

小麦吸浆虫绿色防控技术模式

小麦吸浆虫个体小，危害隐蔽，一旦暴发，产量损失惨重。小麦吸浆虫在陕西省 20 世纪 50 年代和 80 年代曾两度大发生，一般田块小麦减产 30%，重发田块减产 50%以上，甚至绝收。2011 年陕西省小麦吸浆虫进入第三轮暴发期，但前两轮暴发期采用利用高毒农药“主攻蛹期，补治成虫”的防控手段，不仅劳动强度大，而且对环境造成一定污染，不符合当前农业绿色发展的新形势、新要求。

为此，陕西省植物保护工作总站针对小麦种植密度加大，蛹期防治效果下降；高毒高残留农药禁限用，厂家停产或无市售；农村劳动力严重短缺，生产成本不断提高；地面灭蛹防治不利于机械化防治作业等生产实际问题，在摸清小麦吸浆虫分布区域、系统监测吸浆虫危害规律的基础上，明确防治时期、防治次数，筛选高效绿色防治药剂，进行新型高效航化施药器械应用研究，集成了小麦吸浆虫绿色防控技术模式，并在陕西省小麦吸浆虫发生区进行了大面积示范应用。

一、技术概述

1. 技术基本情况

本技术模式集成“系统监测、穗期保护、分级化防”的防治技术，坚持“统防重发田块、普防达标田块、兼防一般田块”的防控策略。

2. 技术示范推广情况

实施“统防引领、群防群治、统防统治”的防控组织方式。依托陕西省植保系统、专业化防治组织、专业合作社、家庭农场、种粮大户等新型经营主体，分区域建立示范区，进行了大面积应用推广，在 2012—2017 年的暴发流行期，5 年累计推广应用面积 2 600 多万亩，有效控制了小麦吸浆虫危害。

3. 提质增效情况

本技术模式示范应用后，陕西省小麦吸浆虫得到了有效控制。示范区防治效果达到 95%，陕西省吸浆虫剥穗调查综合防效达到 90%，高密度重发区挽回损失达 60%～70%，年挽回小麦产量最高达 52 万吨。经过有效防控，近年陕西省小麦吸浆虫处于低发状态，每年应用该技术模式的小麦面积均占到需防控面积的 95%以上，实现了大灾无损，有虫无灾的目标，保障了陕西省小麦丰产丰收，取得了显著的经济、社会和生态效益。主体技术成果在 2014 年获陕西省农业技术推广成果奖一等奖，在 2016 年获全国农林牧渔丰收奖二等奖。

二、技术操作要点

1. 系统监测

不同区域设立代表性系统监测点，加大监测密度和调查频次。秋冬季开展越冬基数全面普查，确定发生范围和重发区域。小麦拔节期开始定期淘土调查，查化蛹进度，结合小麦生育期及温度、湿度等条件，预测成虫羽化盛期；孕穗期开始网捕成虫，结合小麦生育期，确定防治适期，发布吸浆虫发生预报，为防治提供依据。

2. 穗期保护

通过研究明确了小麦吸浆虫化蛹和羽化的时期与小麦生长发育阶段基本吻合。一般在小麦拔节期幼虫开始破茧上升，小麦孕穗期幼虫上升到地表化蛹，小麦抽穗期成虫羽化，抽穗盛期也是成虫羽化盛期。因此，前移防治关口，穗期防治改为抽穗期防治，改高毒农药拌土撒施为药剂喷雾。实践表明，这些改进操作简便，易于掌握。

3. 分级化防

按照“突出重点、分类实施、全面防控”的原则，根据监测和虫口基数普查结果，按照虫口密度分级分类方法，决定具体施药时间和用药次数。

（1）统防重发田块。亩虫量 100 万头以上的重发田块，药剂防治 2 次。即小麦抽穗 10%～20%时第 1 次药剂防治，小麦抽穗 60%～70%时第 2 次药剂防治，第 2 次施药可结合“一喷三防”进行，混用其他杀虫剂、杀菌剂、叶面肥，兼治小麦条锈病、赤霉病、白粉病、麦穗蚜等病虫害，达到防虫、防病、防早衰的目的。宜通过专业化防治组织，集中力量统防统治，提高防治效果。

（2）普防达标田块。亩虫量在 30 万～100 万头的田块，药剂防治 1 次。一般于小麦抽穗 60%～70%时，即吸浆虫成虫羽化盛期，结合发生期预报，普防 1 次。

（3）兼防一般田块。亩虫量 30 万头以下的田块，结合“一喷三防”实施兼治。前期防效较差，失防、漏防田块应及时施药补治。通过分级分类防控，减少农药使用，节本增效、提高效益。

防治药剂品种可选用毒死蜱、辛硫磷等有机磷类杀虫剂，或氯氰菊酯、高效氯氟氰菊酯、三氟氯氰菊酯、氰戊菊酯等菊酯类杀虫剂，也可选用含上述有机磷类和菊酯类杀虫剂的复配制剂。

4. 配套技术

种植抗虫品种、翻耕土壤、轮作倒茬等农艺措施对压低虫源，控制危害具有积极作用。要用抗虫品种，一般穗型紧密、颖缘毛长而密、麦粒皮厚、浆液不易外溢的品种抗虫性好。吸浆虫重发区有条件的地区实行轮作，不进行春灌，或实行水地旱管，减少虫源化蛹率。

三、适宜区域

该技术模式在小麦吸浆虫发生区域均可推广应用。

四、注意事项

不同小麦产区立地条件、气候条件不同，小麦生育期和吸浆虫发生规律可能会有差异，可根据区域实际，结合小麦吸浆虫监测结果，确定本地最佳防治时期和防治次数等。

五、技术依托单位

陕西省植物保护工作总站

联系地址：陕西省西安市莲湖区习武园27号
联系人：冯小军、魏会新、王亚红、郭海鹏
联系电话：029-87321497、13891988501
电子邮箱：xabjwhx@163.com

小麦吸浆虫幼虫（左）及危害状（右）

塔城市小麦病虫害绿色防控协同减量控害技术模式

贯彻落实农业绿色发展要求，牢固树立“公共植保、绿色植保”理念，积极转变病虫害防控措施，融合推行病虫害绿色防控和综合防治、可持续治理，促进农药减量化和农业绿色发展，提升小麦优势品种的产量、品质，使小麦病虫危害损失控制在5%以下。

一、技术概述

1. 技术基本情况

重点推广昆虫性诱智能监测、理化诱控、生物防治、生态控制、科学用药等绿色防控技术，集成一批以生态区域为单元的小麦赤霉病、条锈病和麦茎蜂等重大病虫害全程绿色防控技术模式，减少农药使用量和使用次数。

绿色技术模式为：播前深松旋耕+精选优种+药剂拌种+春季防治病虫害（以昆虫性诱智能监测技术和理化诱控技术为主）+孕穗期“一喷三防”（高效、低毒、低残留农药）。

2. 技术示范推广情况

在塔城市恰夏镇恩喀德克村和阿布都拉乡巴斯阿布都拉西村建立核心防控示范区，面积0.04万亩，辐射带动面积6.6万亩。

3. 提质增效情况

病虫害防治效果明显，危害损失明显减少。通过综合应用播前深松、药剂拌种、早春防控（以昆虫性诱智能监测技术和理化诱控技术为主）、病虫害“一喷三防”等技术，病虫害发生程度明显减轻。绿色防控主推技术到位率达85%以上，综合防治效果达90%以上，减少农药施用量50%以上，防治成本平均降低10%，危害损失控制在5%以内。

恰夏镇小麦病虫害绿色防控协同减量控害技术推广应用面积4.8万亩，每亩减少农药施药次数2次，累计节约开支115.2万元。

阿布都拉乡小麦病虫害绿色防控协同减量控害技术推广应用面积1.8万亩，每亩减少农药施药次数2次，累计节约开支43.2万元。

二、技术操作要点

1. 绿色防控技术

（1）农业措施。重点推广抗病品种和适期晚播、深翻、冬灌等农业措施。

①农业防控技术。统一实行秸秆还田、机械耕深20～25 厘米，耙细整实；整地前亩施有机肥 50 千克，科学使用配方肥，亩增施 1 千克微肥；适时冬灌，早春浇水，返青拔节期根据苗情追施尿素 7～8 千克。

②推广抗（耐）病虫品种。因地制宜选用抗（耐）雪腐病、雪霉病、锈病、白粉病、蚜虫等主要病虫害的品种，如新冬 18、新冬 53、新春 37、新春 44、新春 26 等。

（2）生态控制和物理防治相结合。小麦病虫害绿色防控技术，每 60 亩麦田设置 1 台昆虫性诱智能监测设备，诱杀麦田各种夜蛾类害虫，降低害虫虫口基数，使害虫的密度和落卵量大幅度降低，从而减轻对农作物的直接危害或减少其传播。

①采用黄板加强对小麦穗期蚜虫的监测。黄板诱杀技术是利用一些害虫的趋黄性诱杀农业害虫的一种物理防治技术。全年应用可大大减少用药次数，有效降低虫口密度。

②采用蓝板加强对小麦皮蓟马的监测。使用蓝板可以有效防治蓟马，减少农药使用量，节省成本，而且粘虫板属于物理防控技术，无毒无公害，可满足当前生产绿色农产品的要求。

③采用诱捕器＋性诱剂对草地螟等进行实时监测。

性诱剂的优势：选择性高，每一种昆虫需要独特的配方和浓度，具有高度的专一性，对其他昆虫则没有引诱作用；无抗药性问题；对环境安全，不产生污染，对其他防治技术有兼容性；可显著提高农产品质量。

性诱剂应用策略：在害虫发生早期，虫口密度比较低时就开始使用；处理面积应该大于害虫的移动范围，以减少成熟雌虫再侵入，从而降低防治效果；多与其他防治方法合用，发挥综合防治的效果。

（3）小麦重大病虫害绿色防控技术。

①坚持“综合防治”的策略。协调应用农业防治、物理防治、生物防治等措施，创造有利于植物生长而不利于病原菌及害虫生长发育的环境，减轻病虫害的发生程度从而减少化学防治的次数和农药用量。

②坚持“主动出击”的策略。对可防不可治的赤霉病等，要坚持主动出击，采用积极预防的策略，在抽穗扬花时主动喷药防病，第一次用药后 5～7 天再用药一次。如果不及时喷药预防，等见到病穗后防治，将无济于事。

小麦赤霉病：在推广种植耐病品种、加强健身栽培的基础上，把握小麦抽穗扬花这一关键时期，主动用药预防，遏制病害流行。

小麦条锈病：麦区全面落实“带药侦查，打点保面”预防措施，将病情控制在萌芽状态，降低在晚熟冬麦及春麦区流行的风险。

小麦麦茎蜂：把大量成虫消灭在产卵蛀茎之前是目前麦茎蜂的防治关键。防治时期正值小麦孕穗末期到抽穗期，建议配施杀菌剂、植物生长调节剂和叶面肥，充分起到“一喷三防”的作用。

2. 穗期“一喷三防”技术

小麦抽穗至灌浆期可选用高效对路的杀菌剂、杀虫剂、微肥并科学混用，综合施药，防病虫、防早衰，达到一喷多效。

（1）坚持“一喷三防”的策略。对小麦后期（穗期）的病虫，坚持肥药混喷，应用杀虫剂、杀菌剂混用的方法，增强小麦抗逆能力、抗倒能力，做到病虫兼治，减少防治用工。

（2）坚持“统防统治”的策略。统防统治具有提高药效、减少用工、减少药量的效果，已被广大农民所接受。要大力组织专业化服务组织，使用高效机械，积极开展社会化统防统治，解决病虫防治人工不够、技术掌握不到位、防治不及时等矛盾，提高防治质量和防治效果。

3. 科学用药技术

要实现农药减量控害，达到既减少农药用量，又能控制病虫草危害的目的，坚持科学的防治策略是关键。

（1）种子包衣技术。预防蚜虫、地下害虫及锈病等病害，可选用60%吡虫啉悬浮剂种衣剂30毫升+60克/升戊唑醇种衣处理悬浮剂10毫升，兑水0.3～0.4千克，包衣15～20千克种子预防。防治小麦纹枯病、根腐病、腥黑穗病等多种病害，可选用4.8%苯醚·咯菌腈悬浮剂种衣剂，每10毫升兑水0.5～1千克，拌麦种10千克。

（2）药剂拌种技术。小麦腥黑穗病、散黑穗病、根腐病、纹枯病、全蚀病等病害，可选用60克/升戊唑醇种衣处理悬浮剂干拌或湿拌，10～15克药剂拌麦种10千克。

三、适宜区域

适用于新疆北疆塔额盆地100亩以上小麦连片种植区。

四、注意事项

按照技术要求同时结合天气情况，及时做好病虫害的防治工作，促进农药减量化和小麦产业绿色发展，使小麦病虫危害损失控制在5%以下。

五、技术依托单位

1. 塔城市农业技术推广中心站

联系地址：新疆维吾尔自治区塔城市饮马巷3号
联系人：马雪梅、李庆国
联系电话：13579791100、15909016958

2. 塔城地区农业技术推广中心

联系地址：新疆维吾尔自治区塔城市六合广场A区四楼
联系人：路国梁
联系电话：18890906508

3. 新疆维吾尔自治区植物保护站

联系地址：新疆维吾尔自治区乌鲁木齐市天山区胜利路 149 号 13 号楼
联系人：王惠卿
联系电话：0991-5508625

昆虫性诱测报系统监测数据

昆虫性诱测报监测系统田间授课

黄板诱蚜田间监测调查

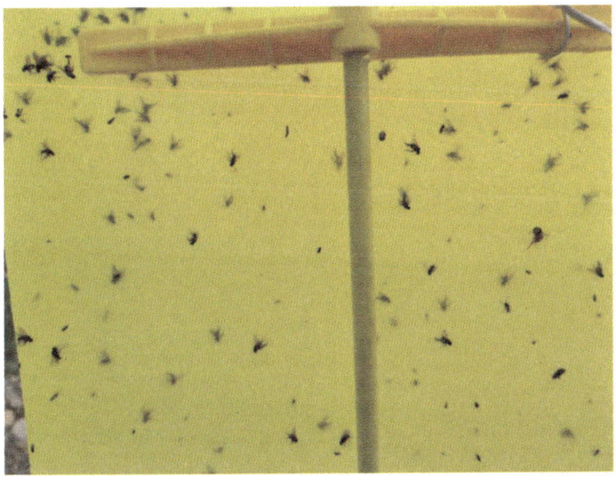

黄板诱蚜田间监测数据情况

安装蓝板

蓝板田间监测效果

田间安装诱捕器

诱捕器田间监测效果

温泉县小麦全程病虫害绿色防控技术模式

温泉县隶属于新疆维吾尔自治区博尔塔拉蒙古自治州，位于新疆西北部，博尔塔拉河上游河谷地带，天山西段北麓、准噶尔盆地西缘，这里气候冬暖夏凉，属大陆性干旱温凉气候，年平均气温5℃，无霜期141～166天，年均降水量204毫米；以小麦、玉米、油料、甜菜种植为主，年播种面积在62万亩以上，粮食种植面积45.72万亩，其中小麦年均种植7万亩。小麦病虫害主要有细菌性条斑病、白粉病、条锈病、茎基腐病、根腐病、雪腐病、雪霉病、棉铃虫和蚜虫等。

一、技术概述

1. 技术基本情况

轮作倒茬＋抗病品种＋种子处理＋雪上施肥＋化学防治＋一喷三防。

2. 技术示范推广情况

建立小麦绿色防控示范区，核心示范区面积1 000亩以上，辐射带动推广面积1万亩以上。示范区以新型农业经营主体为重点，结合病虫害调查监测、新产品试验、绿色防控技术示范、统防统治与绿色防控融合等措施，小麦绿色防控技术推广到位率达85％以上，防控效果达85％以上，病虫害损失率控制在5％以内，减少化学农药使用量10％以上。

3. 提质增效情况

（1）节本增效，经济效益好。示范区亩产量600.5千克，常规防治对照区域亩产量510千克，每亩产量增加90.5千克，按照2.6元/千克计算，每亩增收235.3元。此外减少用药量和用药次数，小麦示范区减少1～2次用药，少用20％左右的药量，投入成本每亩减少7～10元，每亩纯收益增加100元左右。

（2）综合防控，生态效益突出。示范区通过农业防治、药剂防治、物理防治、雪上施肥、“一喷三防”等技术的示范和集成，推动专业化防治组织开展统防统治，积极推广使用绿色防控产品和技术，比常规防治对照区一般减少用药1～2次，不仅减少了农药使用量，提高了绿色防控覆盖率，还保护了农业生态环境。

（3）示范引导，社会效益明显。示范区小麦病虫害发生程度明显减轻，病虫害综合防治效果显著提高。通过绿色防控示范区样板田的示范、宣传、引导，农户对绿色防控产品和技术有了新的认识，有利于今后绿色防控技术的应用推广。

二、技术操作要点

1. 农业防治技术

（1）合理轮作倒茬。开展秋翻冬灌，秸秆还田，及时清理农田及渠边田埂杂草，开展田间封锁带防控，压低越冬基数。

（2）大力推广种植抗病虫品种。选择适合当地气候条件、综合抗病虫害与抗逆性能力较强（兼顾抗小麦白粉病、锈病、细菌性条斑病）的高产、稳产性好的小麦品种，如新冬18、新冬53、九胜禾D1508、新春14、新春37、新春44、粮春1354等；同时做好种子处理，晒种2～3天，提高种子萌发力。

（3）适期播种，合理密植。冬小麦适宜播种期温度指标是当地昼夜平均气温稳定在16～18℃，适播期为9月10日至10月5日，最佳播期为9月15～25日；春小麦适宜播期是当地昼夜平均气温稳定在2～4℃，表土化冻5～6厘米（刚超过播种深度）。同时严格控制下种量，避免田间密度过大或过小，减少病害的流行，增加小麦产量。

（4）加强田间水肥管理。增加有机肥的施入，推广测土配方施肥和氮肥后移技术，合理运筹水肥，确保氮磷钾的均衡施用。同时科学选择植物生长调节剂，增强小麦自身的抗逆能力。

2. 化学防治技术

（1）种子处理技术。防治雪腐病、雪霉病，每千克种子用五氯硝苯或9%氟环·咯·苯甲（健壮）种衣剂悬浮剂2毫升拌种，每100千克种子用水2千克；防治根腐病，每千克种子用10%咯菌腈·戊唑醇种衣剂2毫升拌种，每100千克种子用水2千克；或者每100千克种子用3%苯醚甲环唑200毫升，加少许水拌匀晾干后即可装袋播种；或采用拌种双拌种，每100千克种子用拌种双160～180克（干拌），在充分拌匀的情况下，堆闷4～6小时后即进行播种，提高拌种效果。

（2）雪上施肥技术。当积雪即将融化时，在雪层厚度5～8厘米时，采用无人机亩施尿素5～8千克，并拌20%三唑酮乳油50克+50%多菌灵80克，兑水喷雾，可有效防治返青初期雪腐病、雪霉病、根腐病的危害，促进早返青、早生快发。

（3）“一喷三防”技术。小麦抽穗扬花前后是病虫害防治关键期，防治时期为5月底至6月初，亩选用22%高效氯氟氰菊酯·噻虫嗪10克+0.01%芸苔素内酯20克+吡唑醚菌酯·戊唑醇20克+磷酸二氢钾20克混合喷雾，抓住小麦“一喷三防”关键时期，防治条锈病、赤霉病、吸浆虫及抗干热风，延迟灌浆时间，增加粒重。

（4）重点病害防控。温泉县小麦主要病害为条锈病。防治该病坚持“发现一点，防治一片”的防治策略，防止病害扩散蔓延。在小麦条锈病、白粉病发病初期进行防治，可选用25%丙环唑10毫升/亩+6%嘧菌酯10毫升/亩，或15%戊唑醇10毫升/亩+8%嘧菌酯10毫升/亩，兑水30千克喷雾防治。

（5）化除化控。小麦即将起身时，控制株高在75厘米，喷施50%矮壮素水剂，每亩用180毫升兑水30千克喷施；或喷施植物生长调节剂20.8%烯效·甲哌鎓1次，每亩用40毫升兑水15千克进行叶面喷施，控制第一节间长度，同时加炔草酯20克+苯磺隆2克喷雾进行化除，防除野燕麦、狗尾草、稗草等杂草（打大不打小，打密不打稀，打湿不打干）；在小麦拔节前，进行第二次化控，控制第二节间长度。

3. **生物防治技术**

（1）以虫治虫。科学合理使用农药，保护天敌，利用害虫天敌优势种有效防治麦田蚜虫。

（2）性诱剂诱杀。通过在小麦田边设置棉铃虫性诱捕器，可有效诱捕棉铃虫成虫，减轻一代棉铃虫幼虫危害。

三、适宜区域

本技术适宜在温泉县麦区使用。

四、技术依托单位

1. **温泉县农业技术推广站**

联系地址：新疆维吾尔自治区博尔塔拉蒙古自治州温泉县三峡东路 37 号
联系人：马婷、李娅娅
联系电话：18209097469、13565881745

2. **博尔塔拉蒙古自治州农业技术推广中心**

联系地址：新疆维吾尔自治区博尔塔拉蒙古自治州博乐市北京南路 13 号
联系人：李文磊
联系电话：13519971536

3. **新疆维吾尔自治区植物保护站**

联系地址：新疆维吾尔自治区乌鲁木齐市天山区胜利路 149 号
联系人：王惠卿
联系电话：15160886227

开展绿色防控技术宣传

建立绿色防控示范区

开展小麦雪墒施肥现场会

开展小麦“一喷三防”现场会

以虫治虫

性诱捕器诱杀成虫

小麦拌种

中稻主要病虫害全程绿色防控技术模式

安徽水稻常年播种面积约 3 400 万亩，居全国第 5 位。安徽地处南北气候过渡带，境内籼粳混种、拥有水稻和野生植物类等病虫寄主众多，加之受气候、品种、耕作模式变化等影响，纹枯病、稻飞虱等病虫害已严重制约了安徽水稻的提质增效，防控病虫害成为水稻减损保产的重要技术途径。

一、技术概述

1. 技术基本情况

针对安徽水稻病虫防控中过度依赖化学农药、测报技术滞后、技术集成度不高等关键问题，以“揭示规律、研发产品、创新方法、集成应用”为总体思路，以纹枯病、稻曲病、稻飞虱等重发病虫害为对象，研制了绿色防控新技术、新产品，结合现有技术，提出了“预防秧田期、放宽分蘖期、保护成穗期”的策略，构建了以非化学防治为基础、以“三防”为重点、以“两治”为补充的一季中稻全程绿色防控技术模式，并推广应用。该技术模式被推介为安徽省 2022 年农业主推技术。

2. 技术示范推广情况

充分利用安徽省政府推行水稻绿色增产攻关模式等契机，主动配合农业主管部门建基地、传技术，同时借助各级政府的行政推动，加速成果推广，通过规模化建设绿色防控示范基地、集约化应用绿色防控物化产品、多元化培训绿色防控配套技术，将行政主管部门、新型经营主体、高校科研单位、农资推广机构有机结合，共同推动水稻病虫害绿色防控技术的推广。核心技术、产品应用率 100%，在安徽省 13 个水稻主产市累计推广应用面积 4 000 多万亩，综合防效 85%以上，危害损失率控制在 3%以内，与非绿色防控区相比，减少化学农药使用量 25%以上。

3. 提质增效情况

本技术成果在安徽的 13 个水稻主产市示范推广，累计应用 4 403 万亩，3 年共挽回水稻损失约 179 万吨，不考虑稻米的优质优价，仅以安徽当年中晚籼稻最低收购价计算，约挽回损失 46.1 亿元；每亩减少化学农药施用次数 2 次左右，扣除增加的其他成本，以亩节本 20 元计算，共节约成本 8.8 亿元；3 年增收节支约 34.3 亿元。

二、技术操作要点

1. 以种子处理、施用“送嫁药”等为核心的“压前控后”技术

在因地制宜选择抗性品种的基础上，在移栽前2～3天施用“送嫁药”（如氯虫·噻虫嗪+苯甲·嘧菌酯等），可有效防治水稻纹枯病、叶瘟病、稻飞虱、稻蓟马、稻纵卷叶螟和螟虫，确保秧苗不带病虫，推迟大田病虫害发生时间，并促进水稻分蘖生长。这样，可实现移栽后40～50天不用施药，通过“秧田期预防”压低水稻前期病虫基数，控制后期病虫危害。

2. 以理化诱杀、生态调控、施用生物农药等为核心的化学农药替代技术

在二化螟主害代发蛾前安装二化螟性诱捕器，每亩放1套，内置诱芯1个，30天后更换一次诱芯；田间设置诱虫灯（每40～50亩一盏，从水稻分蘖盛期开始开灯，以减少对天敌的影响），在螟虫、稻飞虱、稻纵卷叶螟等害虫主害代发生期开灯，诱杀成虫，减少田间落卵量，降低虫口基数。因地制宜地在田埂种植芝麻、大豆、秋葵等显花植物，蓄养天敌，控制害虫危害；在稻田机耕道边、较宽的田埂上和沟渠土坡上种植香根草，诱杀二化螟和大螟。提倡稻田养鸭、稻渔共育、稻虾共生等综合种养技术；在纹枯病发病初期，施用10%井冈·多粘菌可湿性粉剂（研制）等生物农药，防止病株率上升；在稻瘟病发生初期，喷施春雷霉素、井冈·蜡芽菌、枯草芽孢杆菌等生物农药，此外，可喷施短稳杆菌防控螟虫和稻纵卷叶螟，喷施苦参碱、球孢白僵菌防治稻飞虱。通过这些化学农药替代技术控制病虫害，可放宽分蘖期防治指标。对于一季中稻，至少在7月前不施药或施用生物农药即可控制病虫害。

3. 以科学使用化学农药为核心的化学防治技术

首先，针对“三虫三病”，选用高效、低毒、低残留、环境友好型的对路药剂或配方。防治稻飞虱，推荐含有烯啶虫胺、醚菊酯等成分的产品和哒螨灵+仲丁威专利配方；防治二化螟、稻纵卷叶螟，推荐含有氯虫苯甲酰胺、四氯虫酰胺等成分的药剂；防治纹枯病，重点推荐含有噻呋酰胺、苯醚甲环唑等成分的药剂；预防稻曲病，推荐含有苯醚甲环唑、氟环唑等成分的药剂；防治稻瘟病，推荐含有三环唑、稻瘟灵等成分的产品；针对纹枯病与螟虫、稻纵卷叶螟等害虫混发，推荐噻呋酰胺+氯虫苯甲酰胺专利组合药剂；针对水稻螟虫和稻纵卷叶螟混发，推荐桶混专利配方球孢·苏云金·多杀；针对稻曲病和穗颈瘟等穗期病害混发，推荐肟菌·戊唑醇+三环唑和苯甲·嘧菌酯+春雷霉素等桶混配方。此外，推荐稻飞虱测报调查专用装置和改进的二化螟、褐飞虱测报方法等，以及“稻曲病测报调查技术”“大螟测报调查技术”等测报技术，进一步提高测报效率及准确率，以精准测报，为适时施药奠定基础。

4. 以非化学防治为基础、以“三防两控”为重点的全程绿色防控技术

按照“预防秧田期、放宽分蘖期、保护成穗期”的策略，结合节气和生育期，构建一

套从播种到收获，以非化学防治为基础、以“三防”为重点、以“两治”为补充、适宜安徽一季中稻的病虫害全程绿色防控技术模式。该模式一般用药3～5次，其中3次为必须用药，即“三防”（播前种子进行药剂处理、移栽前施送嫁药和破口前综合施药等预防性用药），另外2次视病虫情况决定，即“两治”（在分蘖末期和穗期根据测报，达标防治）。应用该模式在移栽后45天内不需施药，较原有模式（须在苗期、分蘖期和孕穗—齐穗期分别施1次、2次和2次，在分蘖末期、拔节—孕穗期和穗期视病虫情况施药）减少用药2～3次，减少化学农药用量25%以上，综合防效85%以上。

三、适宜区域

安徽一季中稻种植区域及周边省份相同种植模式区域。

四、注意事项

本技术推荐了一批适宜水稻病虫害绿色防控的安全药剂及配方，评价了其对稻田天敌的安全性，但长期单一使用，会增加病虫害的选择压力，产生抗药性，从而降低防治效果，应注意防治药剂品种的更新及轮换使用。

五、技术依托单位

1. 安徽省农业科学院植物保护与农产品质量安全研究所

联系地址：安徽省合肥市农科南路40号
联系人：戚仁德、胡飞
联系电话：13965113412
电子邮箱：hufly0224@163.com

2. 安徽省植物保护总站

联系地址：安徽省合肥市滨湖新区洞庭湖路3355号农业大厦
联系人：吴向辉
联系电话：18956048028
电子邮箱：wuxhui@126.com

3. 全国农业技术推广服务中心

联系地址：北京市朝阳区麦子店街20号楼
联系人：卓富彦
联系电话：18811426189
电子邮箱：zhuofuyan@agri.gov.cn

媒体报道

诱虫灯

性诱捕器

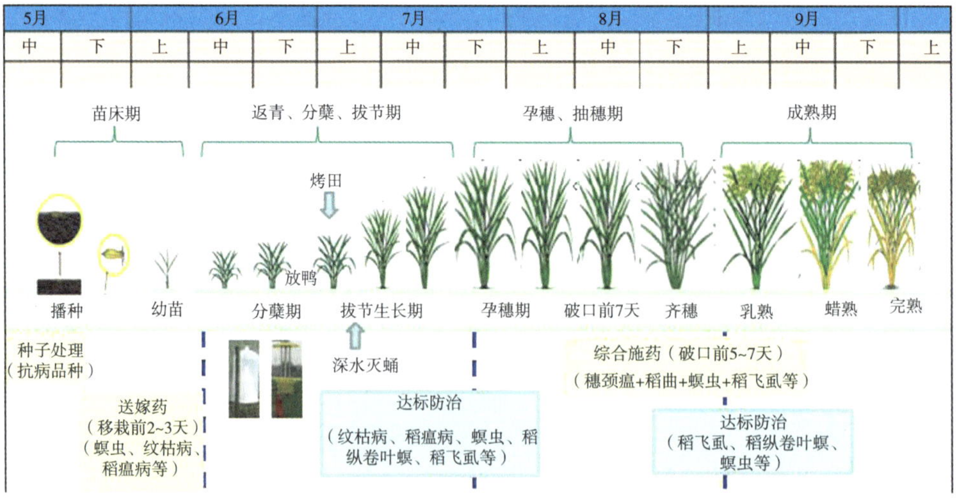

安徽一季中稻病虫害全程绿色防控技术模式

寒地水稻病虫草害全程绿色防控技术模式

黑龙江省是全国最大的寒地水稻种植省份，常年水稻种植面积 5 000 万～5 500 万亩，平均亩产 450～470 千克。水稻种植以 1、2、3 积温带为主，积温在 2 300～2 900℃范围，一年一季，种植方式以旱育苗移栽为主。由于地处高纬度，气候干燥、冷凉，水稻病虫害总体发生较轻，草害发生较为普遍。水稻主要病害有恶苗病、立枯病、纹枯病、稻曲病、稻瘟病（穗颈瘟）、穗腐病（褐变穗）、水稻细菌性褐斑病等；水稻虫害主要有水稻潜叶蝇、负泥虫、二化螟、稻水象甲等；水田草害是影响寒地水稻产量的主要生物灾害，主要种类有一年生禾本科杂草稻稗、稗草、稻李氏禾、匍茎剪股颖、杂草稻，多年生禾本科杂草芦苇、菰草（遮江稗），阔叶杂草狼把草、野慈姑、泽泻、雨久花、花蔺、宽叶谷精草等，莎草科杂草扁秆藨草、日本藨草、水葱、异型莎草、水莎草等。

一、技术概述

1. 技术基本情况

针对寒地移栽水稻生产中的主要问题，本技术模式以改善水稻根部土壤微生态，促进根系健康生长，营造良好田间生态，增强作物自身抗病、抗虫、抗逆能力，有效抵御和减轻病虫危害为目标，集成根际微生物菌剂、植物免疫诱抗剂、植物营养剂及植物生长调节剂，采取绿色种子处理、带药下田、一喷多防等轻简化施药技术，达到科学安全用药，规范减量施药，打造操作性强、可复制的水稻全程一体化绿色防控技术模式。本技术模式包括水稻种子处理绿色防控技术、苗床病害绿色防控技术、移栽本田绿色控草技术及移栽本田病虫害绿色防控技术四个关键技术环节。

2. 技术示范推广情况

该技术模式自 2017 年首先在黑龙江省哈尔滨市地区推广应用，2019 年后在黑龙江省进行了大规模的推广应用，应用规模达到 3 000 万亩次以上，全面提升了黑龙江省寒地水稻病虫草害绿色防控技术水平，有效控制了水稻病虫草害。

3. 提质增产情况

一是减量增效。根据连续 3 年的田间实际测算，应用寒地水稻病虫草害全程绿色防控技术模式平均每亩减少化学农药用量 100～150 克，节水 120～150 升。二是提质增产。2020—2022 年田间测产显示，通过应用该项技术平均每亩挽回水稻损失 30 千克，增收 39.3 元。三是保护生态环境。有效减轻作物药害的同时，通过减少化学农药用量，保护了生态环境中各类生物种群，包括天敌昆虫，减轻了生态环境中的化学农药污染。

二、技术操作要点

1. 水稻种子处理绿色防控技术

重点防控水稻恶苗病。采用多粘类芽孢杆菌＋氟唑环菌胺混合拌种，每 100 千克水稻种子用量为多粘类芽孢杆菌 1 000 毫升、氟唑环菌胺 300 毫升。包衣后的种子阴干 12 小时以上后，不再催芽，直接采用干籽播种。

2. 苗床病害绿色防控技术

重点防控寒地水稻苗床立枯病、青枯病，防病健身，培育壮苗，通过苗床带药下田预防移栽本田潜叶蝇、负泥虫、稻水象甲等虫害。

（1）生物菌剂与苗床土混土处理。可将枯草芽孢杆菌及胶冻样类芽孢杆菌与苗床土混合拌匀，一亩本田使用 6 千克混有生物菌剂的苗床土。

（2）预防水稻立枯病、青枯病。可于水稻秧苗 1 叶 1 心期选用氰霜唑＋噁霉灵、甲霜·噁霉灵或精甲·噁霉灵＋氨基寡糖素等进行防治。若秧苗 2 叶 1 心期左右发生青枯病，可使用枯草芽孢杆菌生物药剂专用型每 360 米^2 用药 300～500 克在苗床喷施，促进水稻生根。

（3）使用解淀粉芽孢杆菌。出苗后 10～15 天，每 360 米^2 苗床使用解淀粉芽孢杆菌 500～1 000 毫升喷淋。

（4）带药下田。移栽前 2～4 天，用 48%噻虫胺带药下田预防本田虫害。按照 70 毫升药液兑水 1.5 升，稀释后均匀喷施在 6 米^2 秧盘上，前一天晚上喷施后，第二天洗一遍苗。

3. 移栽本田绿色控草技术

倡导“早期治理”理念，采用“两封一补动态精准施药”防治策略，依据不同地区气象条件、土壤类型、水层管理条件以及田间杂草发生种类、叶龄等情况，合理选择药剂及用药次数。具体分解为“两次封闭”“两封一补”“一封一杀”“一次封杀”等几种模式。对灌溉水充足稻田，杂草防控采用“两封一补”策略，插秧前和插秧后各采用土壤封闭处理 1 次，以达到防控整个水稻生育期杂草的目的，插后 20 天视两次封闭后的杂草基数，合理确定是否进行后期的茎叶喷雾补防。在灌溉水紧缺稻田，杂草防控采用“一封一杀”策略，插后土壤封闭处理 1 次，插后 20 天茎叶喷雾处理 1 次。

4. 移栽本田病虫害绿色防控技术

虫害重点防控潜叶蝇、负泥虫、稻水象甲，病害重点防控纹枯病、稻曲病和稻瘟病，施药全部采取植保无人飞机航化作业。二化螟采取性诱剂或食诱剂防治。性诱剂：重点布控区的诱捕器可加密布控，平均每亩 1 个；诱捕器从 6 月初开始布控，一直持续到 8 月中旬左右。若为偶发区，则也可采用喷药防治。可于枯鞘期幼虫转株危害前航喷甲氨基阿维菌素苯甲酸盐防治。预防水稻稻瘟病、纹枯病、稻曲病、穗腐病（褐变穗），使用 6%春雷霉素＋井冈霉素＋解淀粉芽孢杆菌，用量分别为每亩 40 毫升+40 毫升+200 毫升。第一次用药为水稻破口前 5～7 天，第二次用药为水稻齐穗期。以上作业均采取植保无人机航化作业，亩喷液量 1～1.5 升。

三、适宜区域

适用于北方寒地水稻种植区。

四、注意事项

不同种植区域积温条件适宜水稻种植品种及病虫草害发生种类存在差异，在用药时期和用药量上应因地适当调整。

五、技术依托单位

1. 黑龙江省植检植保站

联系地址：黑龙江省哈尔滨市香坊区珠江路 21 号

联系人：祖英治、李鹏、李继文、郑红梅、王振、张齐凤、郑杨、李岩、朱丹、李慧、宋广悦、原晓华、沃三超

联系电话：13704519943

2. 先正达（中国）投资有限公司

联系地址：黑龙江省哈尔滨市松北区创新二路 733 号

联系人：宋万坤

联系电话：15804512116

3. 武汉科诺生物科技股份有限公司

联系地址：湖北省武汉市洪山区关南科技工业园关南园路 17 号

联系人：董峰

联系电话：13377890673

水稻病虫害绿色防控技术模式

我国是农业大国，水稻是四大主粮之一，占有重要地位。因此提高水稻品质和产量对推动社会发展和保证国家经济建设有着很大意义。病虫害频发历来是影响水稻产业长期健康发展的关键性因素。目前水稻病虫害主要通过化学农药进行防治，但化学农药防治成本高，且农药的大量使用会对农田周遭的生态环境造成一定的威胁。二化螟是水稻主要害虫之一，在实际生产过程中，种植者通过对害虫发生时间的预估使用农药进行防治，造成农药的浪费；加上其幼虫钻蛀性，导致化学农药对二化螟杀伤性不够，只能通过增加喷洒次数来控制虫口。化学农药大量使用导致生态平衡遭到破坏，天敌减少，害虫愈演愈烈，农户需要投入大量的农药进行防治，最终陷入恶性循环；同时，由于水稻特殊的生长栽培方式，杀虫剂随水流进入附近水域和土壤，严重影响土壤健康和周遭的水域生态环境安全，进而影响水稻生长及其产量和品质。因此，为探讨更加科学、安全、绿色、可持续的防控技术，集成了水稻病虫害绿色防控技术。该技术在水稻整个生长周期内进行合理的布局，在水稻前期利用植物免疫诱抗物质维大力®丰、维大力®农用助剂提高植物自身的免疫能力，抵抗外界病虫害的侵害，水稻中后期用昆虫信息素对水稻主要害虫二化螟进行监测和生物防治，同时利用寡雄腐霉菌对水稻真菌性病害进行防治，实现水稻病虫害绿色防控，达到增产、提质及实现农田生态可持续的目的，同时也保证粮食安全。

推广水稻绿色防控技术，有利于保护粮食安全，降低虫害的发生基数，减少化学农药的使用，对生态环境更加安全、绿色，更加符合我国现阶段对生态文明建设的理念和要求。

一、技术概述

1. 技术基本情况

（1）维大力®农用助剂激活水稻自身免疫。植物免疫：植物与激发子物质或微生物互作引起的植物免疫反应，称之为植物免疫，凡是能够引起植物自身抗病性提高的因子则称之为植物疫苗。植物疫苗也称为植物免疫诱抗剂，维大力®助剂就是这样的一类的物质，也可将其归类为生物刺激素。这种物质通过激发植物自身的免疫抗性，使其产生抗菌物质，从而达到抑制病原菌的目的。这种物质可以解决化学防治带来的病原菌抗药性、环境污染和对人畜的副作用等问题，从而实现农产品无害化生产。

（2）昆虫信息素防治水稻二化螟。昆虫信息素被称为第四代农药，具有高效、专一及灵敏度高等特点，昆虫信息素诱芯是基于二化螟信息素，制成二化螟信息素诱芯，模拟二化螟雌虫释放信息素吸引雄虫，再利用配套诱捕器将二化螟雄虫捕获、诱杀，大量使用可起到防治二化螟的作用。昆虫信息素迷向是利用昆虫信息素迷向散发器或微胶囊等载体大量散发昆虫信息素，覆盖自然界原有雌虫信息素，使雌雄虫无法进行交配，减小下一代虫口密度，减轻二化螟对水稻的危害。

（3）寡雄腐霉菌防治水稻真菌性病害。寡雄腐霉菌是 Image Trade 国际股份公司与捷克生物制剂股份有限公司共同研发的具有国际领先技术水平的活性广谱微生物杀真菌剂。其主要功能是通过对致病真菌的寄生和抗生作用，抑制致病真菌萌发和生长；它能产生一种与诱导抗性相关的蛋白酶——拟激发素，能诱导植物产生系统抗性。代谢产物能提高植株中吲哚乙酸含量，促进作物对磷的吸收，从而促进植物生长，提高农产品品质及产量。在水稻不同时期使用具有不同效果：①水稻 3 叶 1 心期喷施能促进根系生长，使根长和根粗明显增加。②分蘖期喷施可以促进水稻分蘖，使分蘖高峰期提前，田间封行时间有所提早。③水稻齐穗期喷施能提高结实率与千粒重。④寡雄腐霉菌生物农药对水稻真菌病害具有明显的预防及抑制（治疗）作用。

2. 技术示范推广情况

维大力®系列产品在陕西宝鸡、天津宁河、河北高邑、河北泊头、河南延津、浙江嘉兴等地的多种作物上进行了应用示范，在水稻上表现为可增加水稻分蘖数、促进水稻生根、减少水稻植物病害，相较于农户常规药剂防治，水稻在增产和品质提升方面有更加优异的表现。

二化螟信息素迷向在天津、湖南常德、浙江诸暨、浙江嘉兴、安徽全椒等地进行了应用示范，示范区域迷向率均达 85%以上，枯鞘情况明显优于农户自防，水稻枯心数减少，与农户常规防治相比，迷向区的水稻残虫数量减少，有效地降低了二化螟下一代的虫口密度和虫口基数，目前在全国各水稻示范区进行推广。

寡雄腐霉菌在黑龙江、天津等地针对水稻立枯病、稻瘟病等真菌性病害进行应用示范，平均防效达 70%以上，与农户常规药剂防治效果相比，寡雄腐霉菌的使用不仅能有效地减少水稻立枯病、稻瘟病病害的发生，而且能促进水稻根系的生长、分蘖数增加，提高水稻的结实率，改善水稻整体的农艺性状，目前在全国各水稻示范区进行推广。

3. 提质增效情况

使用二化螟信息素迷向散发器迷向率达 90%以上，减少农户使用农药 1～2 次，平均每亩新增纯收益 80～90 元，有效控制菌二化螟的发生，降低下一代二化螟的虫口密度，减少二化螟的虫卵数量。寡雄腐霉菌防治水稻立枯病、恶苗病、稻瘟病等防效均达 70%以上，减少杀菌剂使用次数 2 次以上。两种技术混合使用可增加水稻产量 5%～10%，提高水稻品质。

二、技术操作要点

1. 监测二化螟虫情

在示范区每亩放置 1 套新型蛾类诱捕器和二化螟性诱剂诱芯，利用水稻二化螟测报技术掌握二化螟虫情发生动态。

2. 规范防控技术

（1）维大力®农用助剂使用要点。先用少量水稀释溶解，然后加入肥料等产品中，混合均匀即可。

叶面喷施：推荐使用稀释倍数 1 500～3 000 倍，水稻建议每亩使用 10～20 克，可激发植物抗病抗逆能力。种子处理：可结合常规种衣剂拌种，可促进种子根系生长，增加有效分蘖数，提高抗逆能力，采用机械拌种或人工拌种。

（2）二化螟防控技术要点。二化螟信息素诱芯一般在二化螟成虫扬飞前使用，将诱芯及配套诱捕器棋盘式悬挂于田间，根据作物的生长调节诱捕装置的高度，一般高于水稻 10～20 厘米（最低高度 0.8 米）。根据诱芯持效期定期更换诱捕器内诱芯。

使用二化螟信息素迷向时，要参考前一年虫口情况，低虫口区域直接用迷向防治，中高虫口区域需配合用药防治。首次应用迷向技术，需配合施用常规防治药剂进行防治，压低前期虫口基数。使用时间：可在二化螟的整个发生时期使用，一般以二化螟越冬代成虫扬飞期前一周（以最先监测到害虫的扬飞期为准）为宜；其他时期使用，需根据实际情况配合常规药剂压低前期虫口基数。使用面积：迷向技术防治面积越大越好，通常选择 30 亩以上，相对独立，地势平坦，连片种植区为好，形状规则，以正方形为最佳。实际应用中选取连片种植区域亦可，面积越大越好的前提下，根据实际情况确定使用面积。

（3）寡雄腐霉菌防治技术操作要点。寡雄腐霉菌有效成分为活性孢子，在使用中不能与化学杀菌剂混用；在使用前，需对使用过化学杀菌剂的容器或者喷雾器进行彻底清洗，之后才可使用本产品；喷洒时间应选在上午或傍晚、多云天气或雨后，不宜在太阳暴晒下或雨前使用；寡雄腐霉菌可与肥料、杀虫剂混合使用。

3. 跟踪数据调查

（1）维大力®产品对水稻助产增收数据调查。空白对照区域水稻品种、生长环境、栽培措施与维大力®小区保持一致。在施药 1 周后，调查水稻植株的生长发育情况（株高、根长、分蘖情况、叶绿素含量、纹枯病发病情况、稻瘟病发病情况），计算田间防治效果；水稻收获前 1 周，采用理论测产法进行测产验收。

（2）水稻二化螟田间防治效果调查和测产验收。在迷向区域的上风口地块留出水稻种植空白田块，要求与迷向区域水稻品种、生长环境、栽培措施保持一致。在水稻收获前，调查水稻植株被害情况（枯梢、枯心、白穗），计算田间防治效果；采用理论测产法进行测产验收。

（3）水稻二化螟信息素诱控技术诱蛾情况调查。做好水稻二化螟信息素诱蛾情况的调查工作，并记录末代蛾结束时间和总诱蛾量。

（4）水稻寡雄腐霉菌田间防治效果调查。在迷向区域的上风口地块留出水稻种植空白田块，要求与迷向区域水稻品种、生长环境、栽培措施保持一致。在水稻收获前，调查水稻植株被害情况（立枯病、稻瘟病），计算田间防治效果。

三、适宜区域

维大力®农用助剂、昆虫信息素诱芯、昆虫信息素迷向及寡雄腐霉菌在全国范围内均可使用。

四、注意事项

(1) 昆虫信息素诱芯使用注意事项。本产品使用前应在冰箱中冷藏保存，保质期18个月，一旦打开包装，应尽快使用，未用完的诱芯应密封冷藏保存，不宜长期存放；昆虫触角具有较灵敏的嗅觉系统，所以使用诱芯前要洗手，以免污染诱芯，在诱芯储存和使用过程中避免交叉污染；本产品引诱的是雄成虫，所以诱捕应在成虫期前开始设置；本产品用完后，请将其放入垃圾桶。

(2) 昆虫信息素迷向使用注意事项。迷向区与非迷向区的边界增加迷向散发器的使用量，外围两三排作物加倍使用（悬挂），坡度较高的地方及主风方向加倍使用（悬挂）；并且在外围两三排作物加倍悬挂二化螟性诱剂诱芯及诱捕器，对外围二化螟形成监测和阻隔；迷向散发器含有迷向剂的载体部分，应置于低温冰箱冷藏或冷库中保存；避免暴晒，远离高温环境。使用前打开包装，打开包装后，需尽快使用；未使用完的放回低温条件下保存；涉及手动操作迷向散发器的过程，需佩戴手套，避免造成污染。

(3) 寡雄腐霉菌使用注意事项。寡雄腐霉菌本身是一种真菌，所以不可与广谱类化学杀菌剂混用。

(4) 维大力®产品使用注意事项。维大力®农用助剂根据使用时期及产品用量不同，先用少量水稀释溶解，然后加入农药、肥料等产品中，混合均匀即可使用。维大力®农用助剂具有促控种子发芽与出苗、激活植物抗性（抗病/抗逆）、提高产量及改善品质等功效。可与大多数农药及肥料产品配合使用，起到增效作用，可提高相关产品效果。

五、技术依托单位

天津市农业发展服务中心

联系地址：天津市河西区黑牛城道176号
联系人：陈勇
联系电话：13032291032

二化螟信息素迷向袋田间设置示范

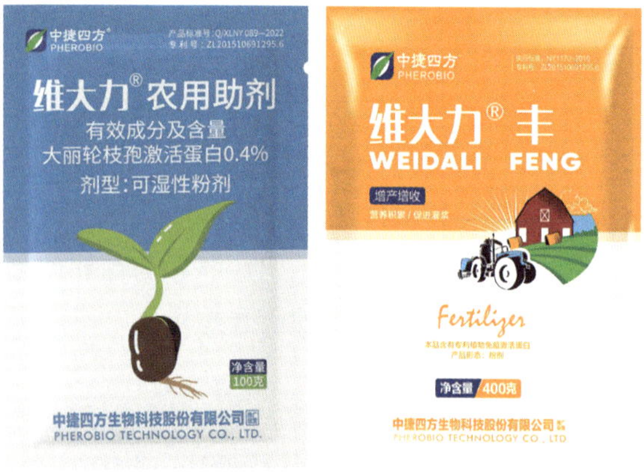

植物免疫诱抗类物质维大力®丰、维大力®农用助剂

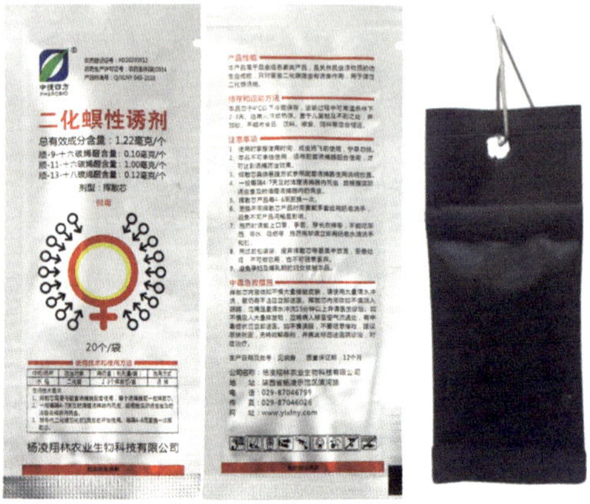

昆虫信息素诱芯产品及迷向袋

寡雄腐霉菌产品

辽宁省二化区二化螟绿色防控技术模式

辽宁省是主要粳稻生产省份，水稻也是辽宁省主要种植粮食作物，年种植面积稳定在50万公顷左右。二化螟是影响辽宁省水稻生产的重要害虫，是影响全省粮食稳产和农民增收的主要虫害，发生面积大，危害损失重，辽宁省每年因其危害造成的产量损失在4万千克以上。针对以上情况，经过多年探索，研究制定了辽宁省二化区二化螟绿色防控技术模式。

一、技术概述

1. 技术基本情况

在多年试验和实践的基础上，采用性诱剂诱集与干扰交配技术、田间设置杀虫灯、使用氯虫苯甲酰胺等各项绿色防控技术，结合无人机投放赤眼蜂等对二化螟开展防治，通过技术集成，提出了适合辽宁省的二化区二化螟绿色防控技术模式，并在辽宁省水稻种植区大范围应用，获得了良好的经济、生态、社会效益。

2. 技术示范推广与提质增效情况

2018—2020年，在实行水稻绿色防控项目的基础上在辽宁盘锦、沈阳、大连等地连续实施二化螟绿色防控，累计推广应用面积达到48万公顷，达到了降低虫口密度，减轻田间危害，防效总体达70%左右，二化螟危害损失率降低到5%以下的目标，累计挽回产量损失1 460万千克，同时，通过项目的实施，取得了生产种植大户、合作社等种植者的普遍认可，经济效益、社会效益和生态效益显著。

二、技术操作要点

1. 带药移栽技术

在水稻移栽前2～3天，集中在秧田使用氯虫苯甲酰胺或氯虫·噻虫嗪等高效低毒药剂，带药移栽，可有效预防一代二化螟危害。

2. 释放赤眼蜂防螟技术

二化螟越冬代和一代成虫始盛期释放稻螟赤眼蜂，每代放蜂2～3次，间隔3～5天，每次每亩放蜂7 500头，保证每亩总放蜂量15 000～25 000头。采用无人机定点投放技术。无人机可自动、精准投放放蜂器。采用平行线法，沿田垄方向做直线规划，每15米设1个投放点，投放行距为10米，初始投放点距离田边5米，无人机依据上述方式自动进行投放点规划，投放作业高度一般控制在10～15米。

3. 性信息素诱集与干扰交配技术

一是性信息素诱杀技术。在各代次二化螟，尤其是在越冬代二化螟成虫初期，集中连片大面积使用性诱剂诱杀成虫，通过群集诱杀二化螟雄成虫来控制害虫基数，可选用持效期2个月以上的二化螟专用诱芯和干式飞蛾诱捕器。平均每亩放置1个，放置高度以诱捕器底端距地面50～80厘米为宜。建议大面积连片使用。二是性迷向技术。田间设置迷昏剂自动释放器或投放迷向丝干扰交配，控制害虫基数。越冬代成虫羽化前设置性迷昏干扰剂，每3～5亩设置1个，盛放性迷昏干扰剂的容器底端距离地面0.2～0.5米，边行可设置迷向丝，确保迷昏剂浓度适宜，保证防治效果。迷向丝可直接悬挂在水稻植株上，每亩设置40～60根，田间采用均匀设置或者外密内疏方式设置。

4. 使用高效、低毒、低残留药剂

在水稻一代、二代二化螟幼虫发生关键时期，可优先采无人机等现代化植保施药机械，配合使用生物制剂或高效、环境友好型药剂用于重大病虫害的应急防控及专业化统防统治。尤其是稻蟹综合种养区，药剂选择尤为重要。2017—2020年多采用氯虫苯甲酰胺开展防治，建议为避免产生抗药性应轮换交替用药。

三、主要技术组装模式

在试验示范的基础上，通过带药移栽、生物防治、性诱技术、飞机航化作业技术、高效低毒低残留化学防治技术，集成了辽宁省二化螟不同虫态“成虫（灯、药、性诱）、卵（蜂寄生）、幼虫（药剂）”的防控技术模式。

1. 一代二化螟绿色防控技术模式

一代二化螟绿色防控技术模式以带药移栽、田间性信息素诱集与干扰交配技术为核心，辅以田间无人机释放赤眼蜂防治技术，针对一代二化螟发生重的地区，可以通过施用高效、低毒、低残留药剂进行绿色防控，与统防统治结合。

2. 二代二化螟绿色防控技术模式

二代二化螟的绿色防控技术模式以田间性信息素诱集或性信息素干扰交配及无人机投放赤眼蜂防治技术为核心，以无人机施用高效、低毒、环保型药剂为辅，降低田间虫口密度，保证水稻生产安全。

四、适宜区域

辽宁省水稻产区。

五、注意事项

二化螟幼虫防治要“治早治小”，在三龄前集中危害期进行有效防治，应用杀虫灯和性诱杀技术应该在二化螟羽化前，否则影响防治效果。采用各种绿色防控技术进行防治时，应该结合二化螟发生期预报进行，应做好监测预警工作。

六、技术依托单位

1. 辽宁省绿色农业技术中心

联系地址：辽宁省沈阳市长江北街 39 号
联系人：屈丽莉
联系电话：024-86121771

2. 营口市农业发展服务中心

联系人：赵润洲
联系电话：18904070810

3. 丹东市农业农村发展服务中心

联系人：李晟敏
联系电话：15842555443

吉林省水稻二化螟绿色防控技术模式

水稻是吉林省的第二大粮食作物，常年种植面积在 1 200 万亩左右。水稻病虫害是影响水稻品质和产量的主要因素，吉林省常年发生的水稻病虫害有十多种，水稻二化螟是发生最严重的害虫。二化螟主要危害症状为水稻枯鞘、枯心、白穗等，造成水稻倒伏、减产。吉林省年平均发生面积为 200 万亩次左右，未防治地区平均减产 10%左右，严重地块减产可达 30%左右。目前防治水稻二化螟的主要方法是化学药剂防治，采用常规化学农药年喷雾 1～2 次，防治成本高，农药用量远远大于防治其他害虫的用量，给水生生物造成较大危害的同时，也严重影响稻田生态系统的安全。且由于水稻独特的栽培耕作方式，杀虫剂经排水流到附近水域并渗透到地下，严重威胁人、畜的饮用水安全及渔业生产安全。

为充分发挥“黄金水稻带”优势，引导农民调整优化种植结构，提升优质水稻种植面积，吉林省政府全力打造“吉林大米”公共区域品牌，减少农药用量，解决优质水稻种植过程中的病虫害问题，特别是二化螟防控成为主要技术难点。因此，示范推广水稻二化螟绿色防控技术，可以有效解决化学防治带来的面源污染和农药使用量逐年增加的问题，取得良好的生态效益和社会效益。

一、技术概述

1. 技术基本情况

生物防治与理化诱控相结合的水稻二化螟绿色防控技术模式。一是要以虫治虫，应用赤眼蜂在二化螟羽化高峰期寄生二化螟卵，减少幼虫孵化率，二是要理化诱控治虫，从二化螟开始羽化时，田间安置水稻二化螟性信息素诱捕器，诱杀雄性成虫，改变雌雄比例，减少雌雄成虫交配，降低虫口密度，实现水稻二化螟的绿色防控。

2. 技术示范推广情况

2016—2023 年吉林省政府投入专项资金用于开展生物防治水稻二化螟示范项目和水稻重大害虫性信息素诱控技术示范项目。项目由吉林省农业技术推广总站负责牵头，主要落实在吉林省水稻主产区和二化螟重发生区，优先选择绿色有机稻米种植基地、合作社、种植大户、家庭农场等新型农业经营主体，优先支持规模化生产经营主体和农产品加工龙头企业。目前，吉林省实际完成释放赤眼蜂防治水稻二化螟应用面积 620.41 万亩，水稻重大害虫性信息素诱控技术示范面积 410.33 万亩。

3. 提质增效情况

2016—2023 年，吉林省累计推广该种水稻二化螟绿色防控技术模式应用面积

1 030.74万亩，田间平均防治效果约 69.19%，平均亩新增纯收益为 95.07 元，累计新增纯收益 97 992 万元。该技术模式大幅减少了化学农药使用量，应用区亩均减少用药次数 1～2 次，减少了药剂成本和施药用工成本。通过该技术的推广，为打造“吉林大米”公共区域品牌提供了重要的技术支撑，探索了可复制、可推广的病虫害绿色防控技术新模式，形成了“政府引导＋企业主导＋新型经营主体参与”的农企合作病虫害绿色防控模式，取得了显著的经济效益、社会效益和生态效益。一是有效控制了靶标害虫危害，减少了成虫和虫卵，降低了田间害虫种群量；二是显著提高了种植效益，还保障了水田生态系统安全，成为农业绿色高质量发展的主要措施之一；三是为“吉林大米”公共品牌的打造提供了重要地技术支撑。

二、技术操作要点

1. 监测二化螟发育进度

在项目区设置 1 套二化螟性诱剂诱芯和干式飞蛾诱捕器，利用水稻二化螟测报技术掌握二化螟生长发育进度。应用赤眼蜂防控的地区，5 月末在放蜂区水稻田设置水稻二化螟性诱剂监测器进行虫情监测，在越冬代二化螟羽化高峰期开始首次放蜂。应用性信息素防控的地区，要根据田间二化螟发育进度确定放置诱捕器时间，而不是根据水稻移栽时间确定。一般是在成虫初期前进行田间布置。

2. 确保产品质量

生物防治水稻二化螟：应用混合赤眼蜂每亩放 9 个放蜂器，共释放 36 000 头蜂以上，每个放蜂器中至少含有效稻螟赤眼蜂 334 头，螟黄赤眼蜂 1 000 头，松毛虫赤眼蜂 2 666 头。赤眼蜂不同蜂种和地理种群对二化螟防治效果有较大不同，各地应采购有效赤眼蜂蜂种及本地优势种群，要采购由国家级或省级推广部门在吉林省开展过防治水稻二化螟试验示范，且田间平均防效达 65%以上的赤眼蜂产品，严禁使用不合格或未经试验示范的产品。水稻重大害虫性信息素诱控：主要包括二化螟性诱剂诱芯和干式飞蛾诱捕器两部分。根据近年吉林省二化螟发生动态规律，成虫历期延长至 8 月中旬以后，因此，要采购持效期长、效果好、获得农业农村部农药登记和国家级或省级推广部门在吉林省开展过试验示范，且田间平均防效在 65%以上的二化螟性诱剂产品。田间布局要合理。应用赤眼蜂防控的地区，每亩放蜂 3.6 万头，间隔 5 天释放 1 次，共释放 3 次。每次释放 3 个放蜂器，其中稻螟赤眼蜂 1 000 头，螟黄赤眼蜂 3 000 头，松毛虫赤眼蜂 8 000 头，每亩 3 个释放点，均匀分布于田中。应用性诱剂防控的地区，每亩安置 1 个诱捕器，按外密内疏的方式，外围多，中间少，上风口多，靠近村屯加密安放。诱捕器与地面垂直，底端距地面 50 厘米，随水稻生长进行调整，拔节后底端低于水稻顶端 10～20 厘米即可。

3. 规范防控技术

（1）生物防治水稻二化螟技术。释放时间：吉林省中西部地区首次放蜂时间基本在 6

月 20 日左右，东部地区适当延迟。释放量：每亩放蜂 3.6 万头，间隔 5 天释放一次，共释放 3 次。每次设置 3 个放蜂器。释放点设置：每亩 3 个释放点，均匀分布于田中。

（2）水稻重大害虫性信息素诱控技术。放置时间：水稻二化螟越冬代成虫羽化前 5 天左右（吉林省历年为 5 月 25 日至 6 月 5 日），在田间安放装有诱芯的诱捕器，至成虫末期结束为止。放置方法：每亩安放 1 个装有诱芯的干式诱捕器，按照外密内疏方式排列，上风口多，下风口少。山地、丘陵稻田根据地形特征，在上风口、背风、低洼和靠近村屯田块外可增加设置。放置距离：诱捕器间距 25～30 米，干式诱捕器与地面垂直设置，水稻生长前期诱捕器底端距地面 50 厘米，随植株生长进行调整，拔节期后诱捕器底端底边位于叶冠层下方 10 厘米至上方 10 厘米之间。

4. 做好数据调查

（1）水稻二化螟田间防治效果调查和测产验收。各项目实施区域，在上风头地块留出水稻种植品种、生长环境、栽培措施相同的空白田块作为调查的对照田块。在水稻收获前，剖秆调查水稻植株被害情况，计算田间防治效果；采用理论测产法进行测产验收。

（2）水稻二化螟信息素诱控技术诱蛾情况调查。各项目实施区域做好水稻二化螟信息素诱蛾情况的调查工作，并记录越冬代成虫始见时间、成虫末期和总诱蛾量。同时，要在上风头地块留出水稻种植品种、生长环境、栽培措施相同的空白田块作为调查的对照田块。在水稻收获前，调查水稻植株被害情况，计算田间防治效果；采用理论测产法进行测产验收。

三、适宜区域

东北地区水稻主产区和二化螟重发生区。

四、注意事项

（1）做好虫情监测。必须做好二化螟虫情监测，一定在蛾羽化高峰期第一次使用赤眼蜂。性诱捕器必须在越冬代害虫成虫出现前放于田间。

（2）使用规范产品。严禁使用不合格或未经试验示范的赤眼蜂产品和性信息素产品。要采购持效期长、效果好、获得农业农村部农药登记（登记产品）的性信息素产品。

（3）保证运输条件适宜。赤眼蜂最适温度为 20～29℃、湿度为 70%～85%。在运输过程中，最好采用低温运输，温度控制在 2～4℃。

（4）适时放蜂。放蜂时最好选无雨、无大风的天气，对赤眼蜂的飞翔活动有利，寄生效果也好。

（5）小心存放。赤眼蜂切勿与农药放在一起，赤眼蜂投放期间若不得不用药，推荐使用生物农药或毒性较小的化学农药，采用对赤眼蜂影响较小的投药时期和放药方法。

（6）正确使用诱捕器。1 个性诱捕器只能装 1 根诱芯，绝对不能将两种不同害虫的诱芯放在同一个诱捕器中。

五、技术依托单位

吉林省农业技术推广总站

联系地址：吉林省长春市经开区自由大路6152号
联系人：张晓慧、史宏伟、薛争、潘京洲
联系电话：0431-85952582

赤眼蜂放蜂器

水稻二化螟性诱捕器

水稻二化螟性诱捕器连片放置

江苏如东县水稻病虫害“三防两控”全程绿色防控技术模式

如东县水稻病虫害种类多，各生育期均有重大病虫危害，暴发性、流行性病虫害发生频次高；长期使用化学农药带来了许多弊端，如“3R”［农药残留（residue）、有害生物再度猖獗（resurgence）及生物抗药性（resistance）］问题。稻农尤其是水稻种植大户亟须针对水稻全部重要病虫害的省工实用、轻简化防控技术。近五年来，如东县依托国家重点研发计划项目“长江中下游水稻化肥农药减施增效技术集成研究与示范”、江苏现代农业（水稻）产业技术体系绿色防控创新团队项目、江苏省新型职业农民培育项目，建立了以“三防两控技术”为核心，以“生态防控技术”为配套的全程轻简化绿色防控技术体系，并进行了大面积示范推广，实现了农药减量控害、农民持续增收、农业提质增效目标。

一、技术概述

1. 技术基本情况

技术路线如下图。

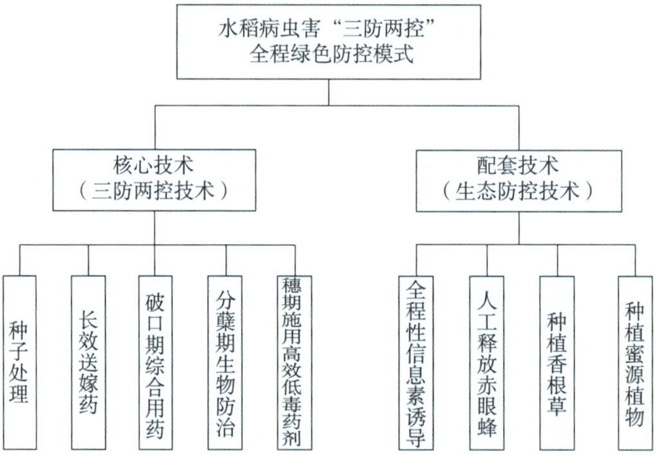

技术路线

2. 技术示范推广情况

通过“行政推动、项目驱动、宣传发动、示范带动、部门联动”构建了“三防两控”技术推广的新机制，实行“多层次培训、多平台展示、多媒体宣传、多元化服务、多途径保障”推广模式，开设了空间课堂、网络课堂，组织线上线下培训，运用农技耘 App、微信公众平台、微信朋友圈、微信群、QQ群、镇村视频会议等网络平台资源，大大提高了技术应用进度和覆盖率。五年来，共组织召开现场会、观摩会、培训班110场（次），培训15 400多人次，发放技术资料36 500份，媒体宣传116期次，出动技术人员908名。累计推广面积318.9万亩，总推广应用覆盖率95.2%；创建水稻病虫害绿色防控示范区部级1个、省A级4个。

3. 提质增效情况

（1）经济效益显著。如东县稻谷增产率6.6%；增收节支率10.2%；亩均新增农业、物理等防控投入16.4元，投入产出比为1∶10.7；累计经济效益32 104.9万元。

（2）社会效益提升。化学农药使用量减少30%以上，平均亩用药次数减少2次，减轻了农业面源污染，水稻病虫害综合防治效果在90%以上，水稻病虫害损失率控制在3%以内。五年来，产品质量抽检合格率均为100%。绿色理念深入人心，稻米安全得到保障，绿色生产技术得以完善，农产品品牌和符合三品一标要求的产品数量稳步提升。

（3）生态效益明显。稻田天敌数量和种类明显增加，有效保护了天敌昆虫，生态得到明显改善，维护了农业生态平衡，实现了人与自然和谐共生。通过马氏网昆虫诱集装置调查发现，“三防两控”区寄生蜂种类和数量分别比常规区多41.5%、56.9%。经排查法田间调查发现，“三防两控”区蜘蛛、绒茧蜂等主要天敌数量也明显多于常规用药区。

二、技术操作要点

1. 核心技术

（1）种子处理（一防）。播种前选用长持效药剂品种或剂型进行浸种或拌种，主要预防土传或种传病害以及秧田期前中期病虫害。针对水稻恶苗病、干尖线虫病，开展了24.1%肟菌·异噻胺、咯菌腈、氰烯菌酯、杀螟·乙蒜素、16%咪鲜·杀螟丹等药剂防治试验。结果表明，24.1%肟菌·异噻胺对恶苗病防效达98%以上，对苗瘟病和叶瘟病防效达90%以上。

（2）送嫁药（二防）。移栽前2～3天将长持效药剂均匀喷雾，主要预防本田前期（栽后1～2个月）的病虫，减少本田前期用药。经试验，适度加大20%氯虫苯甲酰胺、10%三氟苯嘧啶、24%噻呋酰胺剂量，能更好地控制水稻生长前期1～2个月的病虫害（稻纵卷叶螟、螟虫、稻飞虱、稻蓟马、稻瘟病、纹枯病等）。

（3）破口期综合用药（三防）。破口初期，对穗期病虫害进行综合性、针对性用药。可选用75%三环唑、40%井冈·蜡芽菌可湿性粉剂、30亿多角体/毫升甘蓝夜蛾核型多角体病毒或20%氯虫苯甲酰胺、80亿孢子/毫升金龟子绿僵菌或50%烯啶虫胺。

（4）分蘖期达标防治（一控）。可选用速效+持效的药剂，优先选用生物农药。防治标准：稻飞虱500～1 000头/百丛；大螟、二化螟害虫危害造成枯鞘丛率在5%、稻纵卷叶螟束尖率5%、纹枯病病穴率5%。

（5）穗期达标防治（二控）。以速效性较强的药剂为主，优先选用生物农药。防治标准：稻飞虱1 000～1 500头/百丛，螟虫危害造成害株率在1%，卷叶螟危害束尖率达 3%。

2. 配套技术

（1）全程信息素诱杀防治螟虫技术。从大螟、二化螟越冬代羽化开始，即投放时间从 4 月 20 日到 10 月上旬结束，性诱区按每亩放置 1 个新型飞蛾诱捕器，内置诱芯 1 个，60 天更换一次诱芯。诱捕器放置高度以高出作物 20 厘米左右为宜，诱捕器之间距离 25 米，采取外密内稀放置方法，集中连片诱杀鳞翅目成虫，覆盖水稻全生长季节螟虫主要发生期，降低螟虫的发生基数。

（2）释放赤眼蜂防控鳞翅目害虫技术。掌握准确的赤眼蜂释放时机是提高鳞翅目害虫防效的关键，蜂卵相遇是放蜂的最佳时期，即赤眼蜂的羽化期与害虫的产卵期相遇，放蜂过早或过晚者会影响放蜂效果。人工释放赤眼蜂 3 次，分别于害虫产卵始盛期、高峰期、盛末期释放，每亩每次释放约 10 000 头，每亩选 5 个点，每两点间隔 15 米左右。选择晴天或阴天上午放蜂，避开大雨天，让赤眼蜂自行羽化，羽化后便从放蜂器自由飞出，在稻田内迅速寻找靶标害虫的卵粒寄生，并繁衍后代。

（3）种植香根草诱集螟虫技术。香根草是多年生禾本科植物，植株挥发性物质可引诱大螟、二化螟雌蛾产卵，同时杀死取食的幼虫，可大大减轻水稻大田螟虫危害。香根草种植最佳时期为 3 月底至 4 月初，将蘖苗移栽在田埂上（非主要过道）。

（4）种植蜜源植物保护和利用天敌技术。种植显花植物芝麻、大豆、波斯菊，能为寄生性天敌提供优质蜜源、栖息场所，起到聚集天敌的作用，并提高天敌交配繁殖的效率，保育天敌种群发展，增进天敌的控害功能。其中，芝麻是赤眼蜂最好的蜜源植物，花期可持续 60 天左右，从 5 月开始分批种植芝麻，开花时间可从 6 月一直持续到 10 月；同时，种植芝麻可获得较高的经济收益。

三、适宜区域

长江中下游地区水稻种植区。

四、技术依托单位

1. 如东县植物保护站

联系地址：江苏省南通市如东县掘港街道江海西路 84 号
联系人：蔡超
联系电话：18936439899

2. 江苏省植保植检站

联系地址：江苏省南京市鼓楼区凤凰西街 277 号
联系人：朱凤、周晨
联系电话：025-86263340

性信息素防治水稻二化螟

种植香根草诱集螟虫

种植蜜源植物

海盐县水稻病虫害绿色防控技术模式

绝大多数农民的农业知识比较狭窄，未能正确认识绿色防控技术，生产一线尚未全面实施绿色防控技术，新技术的使用尚未得到农民的积极配合。农民受传统耕作经验和化学农药一定见效快的错误意识影响，认为喷药后消灭病虫的用时越短越好，从而盲目地使用农药，引起一系列破坏生态、污染环境的问题。

水稻病虫害绿色防控技术经过多年的应用和推广工作，实现了从小范围示范到大范围推广，从使用单项防控技术到系统防控技术的转变。海盐县政府在促进绿色防控的项目中，起到了一个榜样的作用，增加了对水稻病虫害防治工作的资金投入、技术支持和政策性保险项目。同时全方位进行招商引资，落实“五优联动”“高标农＋”等政策，使农民逐渐认可绿色防控技术的可行性，并积极采用绿色防控技术，提升了稻米品质，提高了稻米价值，增加了农民的经济收入。海盐县积极依托省市县三级农技专家，组织开展水稻绿色防控技术，协调应用生物防控、理化诱控、生态调控和科学用药（生物农药），打造集统防统治、绿色防控与美丽田园于一体的融合示范样板，建立和完善水稻病虫害防治体系，以实现农业产业的可持续发展。

一、技术概述

1. 技术基本情况

（1）优先应用生态调控措施。利用农户在田埂、沟渠边种植大豆的习惯，推广田埂、沟渠边种植大豆、芝麻、百日菊和波斯菊等蜜源植物，为天敌提供食物和栖息场所，保护利用寄生蜂等天敌，减少除草剂的使用，增加生物多样性，发挥农田生态系统的自然控害作用。蜜源植物分三次播种（4 月、6 月和 7 月），花期可从 6 月延续到 11 月。

（2）组合应用非化学防控措施。推广应用抗病虫品种，实施健身栽培。推广水稻机械化插秧技术，播种后采用无纺布覆盖，阻隔灰飞虱传毒；直播稻适当推迟播种（由 5 月中下旬推迟到 6 月上旬），避开一代灰飞虱传毒，预防水稻条纹叶枯病。使用性诱剂诱杀稻纵卷叶螟、大螟和二化螟等害虫雄蛾，使雌雄蛾不能正常交配繁殖，有效减少田间落卵量，减少下代基数，减轻危害。在害虫成虫高峰期安装诱虫灯，利用其趋光性有效诱杀稻纵卷叶螟、稻飞虱、叶蝉、螟虫等趋光性害虫数量。

（3）配套应用应急化学防控措施。抓好种子处理，实施移栽稻带药下田。抓住水稻破口前 7～10 天的关键期，预防以稻曲病为主的穗期病害。加强监测预警，实施精准测报，安全科学使用农药，优先使用生物农药，注意用药安全间隔期。推广应用井冈霉素、噻呋酰胺、氯虫苯甲酰胺、乙多·甲氧、吡蚜酮、咪鲜胺铜盐·氟环唑、氟唑菌酰羟胺等生物农药和高效、低毒、低残留农药。

2. 技术示范推广情况

2022 年海盐县水稻种植面积 22.99 万亩，总产 13.34 万吨，全县水稻规模化生产达 90.78%，农作物病虫害绿色防控基础比较成熟。2022 年海盐县建立省级粮食绿色防控（农药定额）示范区 7 个，建立县级示范区 2 个，建立稻虾共生零化学农药示范区 2 个，已培育省级示范性统防统治服务组织 4 个，市级示范性统防统治服务组织 12 个。通过示范区的建设和服务组织的培育，带动全县水稻病虫害统防统治和绿色防控融合面积进一步扩大，水稻病虫害绿色防控覆盖率达 88.82%，综合防治效果达 90%以上，病虫危害率控制在 5%以下，发挥了较好的示范带动作用。

3. 提质增效情况

通过美丽田园的建设和绿色防控措施的应用，稻米质量得到了有效保障，农产品质量抽检合格率达 100%，未发生农产品质量安全事故，并创建了“盐邑稻虾米”“武原”“丰义村”“崧泽”等优质稻米品牌。2019 年海盐县作为浙江省水稻“五优联动”优质稻生产项目试点县，积极以“优粮优产、优粮优购、优粮优储、优粮优加、优粮优销”为原则，在“浙江省农产品质量安全追溯平台”开发了“五优联动”粮源溯源查询系统，为“优粮优加”和“优粮优销”提供了完整的优质晚稻“产、购、储”的电子二维码信息，给联动加工企业生产的优质大米发放专属“身份证”，消费者通过手机扫描包装上的二维码就可方便快捷地查询到所购买大米的相关信息，如产地、收获时间、农药化肥施用量、质量指标等，为消费者提供安全健康的食品保障。优质优价带动农民增收 240 余万元，经济、环境和社会效益在水稻生产中得到了综合体现，也促进了绿色防控技术的进一步落地和不断推广应用。

二、技术操作要点

1. 强化工作保障

在以县长为组长的县农产品质量安全工作领导小组的统一领导下，成立绿色防控与专业化统防统治融合示范推进实施小组，明确相关负责人和技术人员，建立县、镇（街道）、村三级联动、部门配合的绿色防控工作体系，制定《2023 年海盐县农作物病虫害专业化统防统治与绿色防控融合推进实施方案》，出台《海盐县农业农村局等 6 部门关于切实抓好 2023 年粮油生产保供工作的通知》，明确“对于应用杀虫灯、性诱剂、诱捕器、蜜源植物、生物农药等绿色防控技术，给予项目建设最高 80%补助”的政策，及时落实示范地点、示范面积、示范内容、实施目标和工作责任，把农作物病虫害绿色防控与专业化统防统治、生物多样性保持、药肥双减、农药废弃包装物回收处置等工作有机结合起来，作为“乡村振兴”的重要工作来抓，确保绿色防控的各项技术措施落实到位。2021 年绿色防控补助资金 77.41 万元，2022 年绿色防控补助资金 233.17 万元。

2. 强化技术集成

以减少化学农药用量、提高防治效果、保障农产品质量安全为目标，加强农作物病虫害监测预警体系建设，建立4个水稻病虫智能虫情监测点，提升水稻病虫害监测预警能力；强化作物全生育期的绿色防控关键技术集成示范，应用农业防治、生物防治、物理防治、生态调控、科学用药等绿色防控技术，开展农作物病虫害综合解决方案与飞防相结合的防效试验和生态调控对天敌的影响试验，因地制宜地示范推广适当推迟播种避开一代灰飞虱传毒，机插秧无纺布覆盖阻隔灰飞虱传毒，田埂留草、种植蜜源植物保护天敌等防控效果好、同时又美化环境、受农民和市民欢迎的绿色防控技术模式。

3. 强化宣传培训

结合生产实际，加大对技术人员和广大农民群众的绿色防控宣传培训力度，通过现场观摩会、公众号推送和新闻电视播报及结合新型职业农民培训等，引导农民应用绿色防控与专业化统防统治融合技术。示范区设立统一的示范牌，标明核心示范技术。2023年海盐县举办绿色防控现场会3期，开展县、镇（街道）二级培训班17期，培训911人次，其中县级培训5期，镇（街道）级培训9期。

4. 统防统治融合推进

以家庭农场和种植大户为抓手，抓培训、建示范，全力推进水稻病虫害绿色防控和专业化统防统治的融合发展。同时在前几年的基础上继续加强植保社会化服务组织建设，积极推进“机器换人”等先进植保技术，已培育县级以上示范性统防统治服务组织12个，其中省级示范服务组织4个。2023年4月统计全县拥有无人植保机256架，普遍用于水稻播种、施肥和施药，解决了无人机植保的“最后一公里”难题。据统计，2021年度服务组织签署统防统治协议的备案面积18.92万亩，主要农作物病虫害统防统治覆盖率58.43%；2022年度服务组织签署统防统治协议的备案面积16.51万亩，主要农作物病虫害统防统治覆盖率50.98%。

5. 农药用量减施明显

通过种植蜜源植物、田埂留草、人工释放赤眼蜂、放置诱捕器等生态调控措施，天敌数量增加，农田生态系统自身控害能力增强。在2021年稻纵卷叶螟大暴发的情况下，示范区稻纵卷叶螟的增长速率明显降低，绿色防控示范区杂交稻施药3次，用药量109.2克/亩；常规稻施药2次，用药量96.2克/亩。2022年绿色防控示范区用药2次，用药量48.85克/亩，对照区常规稻用药3次，用药量63.85克/亩，示范区比对照区减少1次用药，用药量减少23.49%。

6. 高标准农田和绿色防控建设同步

海盐县从2020年开始对新建高标准农田与绿色防控项目进行同步建设，主要对新建高标准农田建设区域采用增加安装诱虫灯、放置诱捕器、种植蜜源植物等绿色防控措施，提高绿色覆盖率，提升稻米质量，美化环境，同时促进绿色防控技术的进一步落地和不断推广应用。

三、适宜区域

杭嘉湖平原地区都可以借鉴推广。

四、注意事项

杭嘉湖平原稻桑混栽区用药时要考虑蚕桑安全。

五、技术依托单位

1. 浙江省植保检疫与农药管理总站

联系地址：浙江省杭州市江干区秋涛北路 131 号
联系人：姚晓明
联系电话：18757107741

2. 海盐县土肥植保技术推广站

联系地址：浙江省嘉兴市海盐县武原街道百尺北路 123 号
联系人：朱晓群
联系电话：13511289198

福建省宁德市水稻主要病虫害绿色防控与统防统治融合技术模式

宁德市位于福建省东北部，东临东海，北与浙江温州毗邻。水稻是当地的主要粮食作物，常年播种面积约 87.01 万亩，年总产量约 36.55 万吨。为福建沿海水稻“两迁”害虫、二化螟、纹枯病等国家一类病虫害的常发区、多发区和重发区，水稻从种到收，都会遭受病虫危害。同时，种植模式既有双季稻又有一季中稻，水稻生育期不一致，造成各种病虫害辗转危害，加大了病虫害防治工作的难度，种植户长期依赖化学农药防治，甚至存在不科学不合理的用药现象，也造成了病虫害耐药性的增强，防治效果不理想，制约水稻高产稳产和稳粮增收，每年因病虫害造成的损失约 0.69 万吨。

一、技术概述

1. 技术基本情况

实施水稻主要病虫害绿色防控与统防统治融合技术模式，是保障水稻丰产和稻米质量安全的关键措施之一。本技术模式主要突出绿色控害，减药增效，以选用抗（耐）病虫品种为主，将性信息素诱集、灯光诱杀技术和利用植保无人机开展统防统治相结合，解决了病虫害防治技术的难题，并实现了节本增产的效果，促进了水稻重大病虫害可持续治理，保障了水稻生产绿色高质量发展。

2. 技术示范推广情况

水稻主要病虫害绿色防控与统防统治融合技术模式在宁德市各县（市、区）进行了大面积示范应用，2020—2022 年累计推广面积 68.2 万亩。其中 2022 年建立绿色防控与统防统治示范片 27 个，示范面积 7.5 万亩，推广应用面积 26.3 万亩，应用水稻绿色防控与统防统治融合技术的专业合作社、家庭农场 120 个，举办技术培训 27 次，现场观摩 1 350 人次以上，被当地电视新闻频道报道 6 期次。取得了显著的经济、社会和生态效益，2022 年水稻绿色防控覆盖率达 43.48%。

3. 提质增效情况

以福州市植保植检站为技术依托单位，建立绿色防控示范区，突出技术引领和示范带动作用。加强病虫害监测预警，引进推广植保无人机开展精准施药，提升农药利用率，大大减少了农药的使用量，确保了农药使用量负增长。2022 年水稻病虫害统防统治覆盖率达 44.5%，主要实施的技术模式为：农业防治＋种子处理＋防虫网阻隔育秧＋信息素诱杀＋灯光诱杀＋低毒化学农药防治＋激健助剂＋植保无人机飞防。2022 年双季稻区示范片，与常规技术相比，减少农药用量 30%，早晚稻平均增产 18.1%，节省用药成本 21 元/亩，节本增效 365 元/亩。

二、技术操作要点

1. 用抗（耐）病品种

针对主要病害（如稻瘟病、白叶枯病等），掌握主栽水稻品种的抗性变化情况，淘汰或更换易感病品种，避免出现连续多年大面积种植同一品种的情况。

2. 农业防治

推广机械收割，稻桩高度低于 20 厘米，稻秆粉碎回田；冬闲田提前深耕灌水溶田，以水淹没稻桩 7～10 天为宜；减少冬后虫源基数。本田期加强水肥管理，适时晒田，适当增施磷、钾肥，避免重施、偏施氮肥，提高水稻抗逆性。

3. 种子处理

用 25%咪鲜胺乳油 2 500～3 000 倍液或 50%多菌灵可湿性粉剂 500～800 倍液浸种，浸种时间 48～60 小时，浸后直接催芽，再按常规方法进行播种育秧，可预防恶苗病等。

4. 理化诱控

（1）防虫网育秧。采用 20～40 目防虫网全程覆盖秧田育秧，阻隔稻飞虱等传毒介体昆虫，预防病毒病等。

（2）性信息素诱集。在越冬代二化螟和主害代稻纵卷叶螟成虫初期，集中连片使用性信息素，通过群集诱杀减轻其危害。每亩放置 1～2 套诱捕器（内置诱芯），以诱捕器距离地面 50～80 厘米为宜。诱集稻纵卷叶螟时，可选用持效期 3 个月以上的诱芯和配套诱捕器。

（3）灯光诱杀。每 15～20 亩安装一盏太阳能诱虫灯，灯管高度距离地面 1.5～2.0 米为宜，灯光诱杀需大面积集中连片使用。一般于每年 4 月上旬开灯，水稻收获后（10 月底）关灯。可诱杀二化螟、稻纵卷叶螟等害虫。

5. 本田期科学安全用药

根据预测预报和田间发生实际，实行达标防治。注意化学农药交替、轮换用药，避免同一种药剂在不同稻区间或同一稻区内循环、连续使用，延缓害虫抗药性。

（1）稻飞虱。坚持“狠治主害代前代压基数、防治主害代控危害”的防治策略，重点防治白背飞虱和褐飞虱，根据“二查二定”，在早、中稻第一次若虫高峰期，每百丛平均虫量达 300 头以上时及时防治；在早、中稻或晚稻第二次若虫高峰期、晚稻第三次若虫高峰期，每百丛平均虫量达 600 头以上时，及时防治。防治药剂可选用金龟子绿僵菌 CQMa421、醚菊酯、三氟苯嘧啶、吡蚜酮、呋虫胺、氟啶虫胺腈、噻虫胺、烯啶虫胺、噻虫嗪等单剂或混剂。

（2）稻纵卷叶螟。亩蛾量 500 头以上或百丛稻株有新虫苞 20 个以上的田块，应确定为防治对象田。防治适期为卵孵化初期至三龄幼虫期前，采取达标用药。生物农药宜在卵孵化初期施用。防治药剂可选用金龟子绿僵菌 CQMa421、苏云金芽孢杆菌、球孢白僵菌、多杀霉素、乙基多杀菌素、氯虫苯甲酰胺、阿维菌素、茚虫威、杀螟丹等单剂或混剂。

（3）二化螟。以消灭越冬虫源为目标，根据苗情虫情适时用药，以保苗、保产。分蘖期于枯鞘率在 5%以上施药，穗期于二化螟盛孵期施药，重点防治上代残虫量大、当代卵盛孵期与水稻破口抽穗期相遇的稻田。防治药剂同稻纵卷叶螟。

（4）稻瘟病。防治叶瘟在田间初见病斑时施药，预防穗瘟在破口抽穗初期施药，气候适宜病害流行时，隔 7 天进行第 2 次施药。药剂可选用枯草芽孢杆菌、春雷霉素、多抗霉素、乙蒜素、氨基寡糖素、三环唑、咪鲜胺、稻瘟灵、嘧菌酯、肟菌·戊唑醇、肟菌·丙环唑等。

（5）纹枯病、稻曲病。纹枯病防治适期为分蘖末期至拔节期病丛率达 10%以上或孕穗期病丛率达 15%以上。防治稻曲病针对常年发病较重的品种和区域，采用两次预防，第一次施药时间在水稻破口前 5～7 天，第二次施药时间在破口期（第一次药后7～10 天）。药剂可选用井冈·蜡芽菌、井冈霉素、戊唑醇、氟环唑、噻呋酰胺、寡糖·戊唑醇、肟菌·戊唑醇、丙环·咪鲜胺、苯甲·嘧菌酯、甲硫·戊唑醇、戊唑·嘧菌酯、咪铜·氟环唑、噻呋·苯醚等。

6. 统防统治

按农药减量 30%＋激健助剂 15 克/亩配制好药液，采用植保无人机实施精准施药，亩施药液量 3 升，飞行速度 3～4 米/秒、飞行高度 2～3 米为宜。做好防治后跟踪调查，若有防治不到位的，及时采取措施补防。

三、适宜区域

宁德市水稻病虫害绿色防控与统防统治融合技术模式适宜闽东及东南沿海稻区推广应用。

四、注意事项

（1）该技术模式适用于田块相对平整且规模化种植的区域，特别是优质稻种植区域。

（2）在应用性信息素诱集时，不同害虫的诱芯不宜放入同一诱捕器内，否则影响诱集效果。

（3）定期清理诱虫灯、诱捕器，一般 7～10 天清理一次，效果较好。

五、技术依托单位

1. 福建省福鼎市乡村振兴服务中心（福鼎市植保植检站）

联系地址：福建省福鼎市太姥大道 152 号

联系人：王怀震
联系电话：13950511086
电子邮箱：fdszbz@163. com

2. 福建省宁德市植保植检站

联系地址：福建省宁德市蕉城区闽东西路 8 号
联系人：杨莹
联系电话：13950596369
电子邮箱：ndszbzjz@163. com

3. 福建省植保植检总站

联系地址：福建省福州市冶山路 24 号省农业农村厅 5 号楼
联系人：林锌
联系电话：13328228748
电子邮箱：fjfzk2011@163. com

防虫网育秧

诱捕器田间设置

诱虫灯设置

时 间：2022.08.30 17:10:07
天 气：晴 29°C
地 点：福鼎市·横塘
海 拔：30.3米
经纬度：27.137188°N,120.251879°E

无人机施药

蛛联庇禾——水稻病虫草害零化学农药防控技术模式

为了贯彻落实人与自然和谐共处，乡村绿色发展要求，深入推进化学农药减量化行动。井冈山大学蜘蛛研究团队联合江西省市县植保机构研发推广“蛛联庇禾”水稻零化学农药防控技术模式，即以蜘蛛控虫为核心的水稻病虫草害零化学农药防控技术模式，应用该模式可使水稻种植过程中化肥使用量减少 80%，化学农药（包括杀虫剂、杀菌剂、除草剂）使用量减少 100%，产量达常规化防田产量的 90%以上。实现水稻零化学农药种植，生产健康大米，保护农业生态环境。

一、技术概述

1. 技术基本情况

“蛛联庇禾”技术是一种基于自然生态系统原理的水稻病虫草害生物防治集成体系，“蛛”代表天敌蜘蛛控虫技术，“联”是指联合使用复合益生菌防病技术和菜籽枯田间酵解除草技术，也可理解为多种蜘蛛联合控虫、多种益生菌联合防病、菜籽枯田间酵解时多因子联合减除杂草；“庇禾”则是指通过天敌蜘蛛组合控虫、复合益生菌防病、菜籽枯田间酵解除草，替代水稻种植过程中使用的化学杀虫剂、杀菌剂和除草剂，达到控制病虫草害、为水稻丰产保驾护航的目的，生产出高品质、零农残的商品大米。

2. 技术示范推广情况

“蛛联庇禾”水稻病虫草害零化学农药防控技术模式，自 2017 年开始进行小规模田间应用示范，目前已经在江西、湖南、江苏 3 省 10 县市进行了示范推广，涵盖早、中、晚三季水稻，总推广面积 2 085 亩。

“蛛联庇禾”水稻零化学农药种植技术模式示范推广一览表

示范地点	合作企业	面积（亩）	时间	稻季
湖南省耒阳市	湖南耒阳市绿润农业有限公司	350	2017	中稻
江苏省建湖县	江苏克胜集团股份有限公司	150	2018	中稻
江西省宜春市	江西星火农林科技发展有限公司	400	2019	中稻
江西省吉安县	吉安县金生家庭农场	85	2020	中稻
江西省永新县	江西贝加尔河生态农业发展有限公司	300	2021	中稻
江西省吉安市	吉安青科源农业科技开发有限公司	30	2022	中稻
江西省吉安县	吉安县拔奇粮食种植专业合作社	30	2022	晚稻

（续）

示范地点	合作企业	面积（亩）	时间	稻季
江西省吉安市	吉安青科源农业科技开发有限公司	400	2023	中稻
江西省吉安县	吉安县拔奇粮食种植专业合作社	30	2023	早稻
江西省万安县	江西禾天下农业科技有限公司	100	2023	中稻
江西省遂川县	遂川县绿野农业病虫害防治专业合作社	100	2023	早稻
江西省新干县	新干县琴联米业有限公司	100	2023	中稻

3. 提质增效情况

利用“蛛联庇禾”技术控制水稻病虫草害，水稻种植过程中化肥使用量可减少80%，化学农药（包括杀虫剂、杀菌剂）使用量减少100%，产量达常规化防田产量的90%以上。2022年吉安青科源农业科技开发有限公司示范基地，69项随机农残检测显示均未检出，符合有机种植标准；水稻产量达常规化防田的93%，相比有机种植产量提升30%以上。

经济效益：使用该技术种植的稻田稻米品质高，经济效益可达到常规种植的3～5倍，每亩经济效益从0.1万元提升到0.3万～0.5万元。共计增收100万元。大面积推广可大幅带动我国水稻种植户增收创富。

生态效益：本项目示范和推广的以蜘蛛控虫为核心的水稻病虫草害零化学农药防控技术模式，减肥不用药，不污染环境，不伤害天敌，无农药残留，可保护农业生态系统，保障产品安全，具有重要的生态效益。

社会效益：以蜘蛛控虫为核心的水稻病虫害零化学农药防控技术模式应用到水稻生产以来，引起社会广泛关注，央视新闻频道、江西卫视、光明网等多家主流媒体争相报道，社会效益显著。

二、技术操作要点

1. 天敌蜘蛛组合控虫

控虫原理：蜘蛛是食性广的天敌类群，水稻主要害虫种类以及一些中性昆虫均是蜘蛛的捕食对象；蜘蛛具有田间增殖能力，随着田间害虫总量增长，蜘蛛种群数量扩增，从而可以维持对害虫种群的控制；此外，蜘蛛对害虫防控时间长，蜘蛛可长驻田间持续捕食各种害虫。因而蜘蛛控虫具有操作简单、成本低廉、效果稳定等诸多优势。

蜘蛛种类：根据生态位和捕食习性，筛选六种蜘蛛形成组合，可实现全方位、全生育期控制稻飞虱、叶蝉、稻纵卷叶螟、二化螟等水稻害虫。

投放时间：水稻移栽后3～4周，此时为水稻分蘖至快封行的时期。

投放数量：六种蜘蛛按比例组合，共700头/亩。

投放方法：蜘蛛装入昆虫笼中，人工携带至每块田的田埂中央，抖落昆虫笼中的蜘蛛放入稻田，蜘蛛会自行散开。

2. 复合益生菌防病

防病原理：益生菌可以在水稻植株上快速繁殖，占据生态位和获得食物资源，但不会引发水稻病害发生。益生菌可提高作物免疫力，同时可与病原菌竞争，可减少水稻病原菌危害。

菌剂种类：三种益生菌复配形成复合益生菌剂。

施用时间：水稻分蘖至封行以后，一般在移栽后5～6周。

使用剂量：益生菌剂水剂1升/亩。

使用方法：无人机喷施。

3. 菜籽枯田间酵解除草

除草原理：在水田抛洒菜籽枯并用耕田机翻入土中，此时菜籽枯在泥土中酵解，并释放热量和介子毒素，对杂草及种子产生毒害作用，从而减除田间杂草。同时菜籽枯是良好的生物有机肥，可替代80%左右的化肥用量。

使用时间：水稻移栽前3～7天。

使用量：40～50千克/亩。

使用方法：稻田蓄水10厘米左右时，均匀抛洒菜籽枯，然后用耕田机打田，继续保持蓄水至水稻移栽。

三、适宜区域

全国水稻种植区。

四、注意事项

应用以蜘蛛控虫为核心的水稻病虫害零化学农药防控技术的稻田，不能使用任何化学农药及其他会伤害所释放蜘蛛和所施用益生菌的生物源农药，以免影响防治效果。

天敌蜘蛛的种类、数量和释放时间节点需要有专业的技术指导。

五、技术依托单位

1. 井冈山大学

联系地址：江西省吉安市青原区学苑路28号
联系人：肖永红、刘继贺
联系电话：0796-8100493
电子邮箱：9920100008@jgsu. edu. cn

2. 吉安市农业农村产业发展服务中心

联系地址：江西省吉安市吉州区鹭洲西路4号
联系人：王根发、刘健
联系电话：0796-8225839
电子邮箱：jaszbzjz@163.com

Harrens®
海润检测

报告编号：HC20220911081

检 验 报 告

承检机构名称 Lab Name: 潍坊海润华辰检测技术有限公司
承检机构地址 Lab Add.: 潍坊市寒亭区开元街道中国食品谷总部基地L座

样品名称	稻谷	型号规格	/
样品编号	HC20220911081	商标	/
受检单位	吉安青科源农业科技开发有限公司	检验类别	认证检验
生产单位	吉安青科源农业科技开发有限公司	样品等级、状态	散装稻谷
抽样地点	吉安市吉州区樟山镇清湖村	下单日期	2022-09-07
数量/重量	3kg	抽样人	/
样品批次号	/	原编号或生产日期	/
判定依据			
检验结论	该样品所检项目均符合标准要求。 签发日期：2022-09-15		
备注	*项目不在CNAS认可范围内。		

批准人：　　审核人：　　编制人：

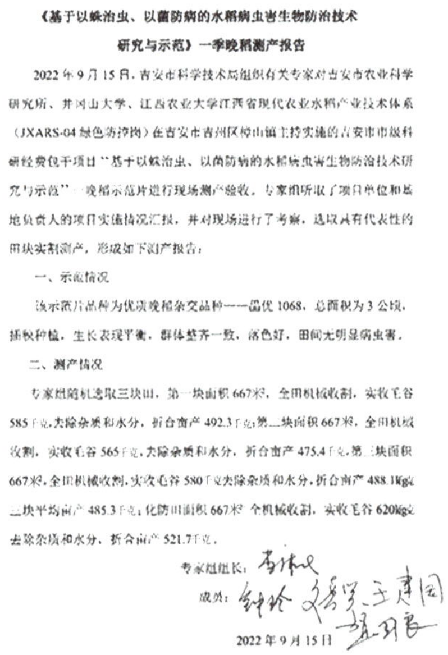

《基于以蛛治虫、以菌防病的水稻病虫害生物防治技术研究与示范》一季晚稻测产报告

2022年9月15日，吉安市科学技术局组织有关专家对吉安市农业科学研究所、井冈山大学、江西农业大学江西省现代农业水稻产业技术体系（JXARS-04绿色防控岗）在吉安市吉州区樟山镇主持实施的吉安市市级科研经费包干项目"基于以蛛治虫、以菌防病的水稻病虫害生物防治技术研究与示范"一晚稻示范片进行现场测产验收。专家组听取了项目单位和基地负责人的项目实施情况汇报，并对现场进行了考察，选取具有代表性的田块实割测产，形成如下测产报告：

一、示范情况

该示范片品种为优质晚稻杂交品种——晶优1068，总面积为3公顷，插秧种植，生长表现平衡，群体整齐一致，熟色好，田间无明显病虫害。

二、测产情况

专家组随机选取三块田，第一块面积667米²，全田机械收割，实收毛谷585千克，去除杂质和水分，折合亩产492.3千克；第二块面积667米²，全田机械收割，实收毛谷565千克，去除杂质和水分，折合亩产475.4千克，第三块面积667米²，全田机械收割，实收毛谷580千克去除杂质和水分，折合亩产488.1kg。三块平均亩产485.3千克；化防田面积667米²全机械收割，实收毛谷620kg，去除杂质和水分，折合亩产521.7千克。

专家组组长：
成员：

2022年9月15日

吉安青科源农业科技开发有限公司种植基地的农残检测报告和专家测产报告

央视新闻频道和江西卫视新闻频道报道"蛛联庇禾"技术的应用

蕲春再生稻病虫害绿色防控技术模式

蕲春县再生稻种植历史悠久，常年种植面积在 2 万公顷，种植水平在湖北省乃至全国居于领先水平，2016 年获得了第九届“袁隆平农业科技奖”。再生稻又叫禾生稻、秧荪稻，是在早中稻收割后，利用其稻桩上的腋芽重新萌发形成再生苗，经科学管理，继续生长成穗，再收一季的水稻，再生稻具有“一种双收”（头季、再生季）、“两减”（农药减量、化肥减量）、“三高”（投入产出率高、劳动效率高、经济效益高）、“四省”（省工、省种、省秧田、省水）和“两增一优”（增产、增收、再生季米质变优）等优点，因此再生稻种植面积在蕲春县快速发展，且推广到整个鄂东及江汉平原。随着再生稻大面积推广种植，病虫害发生特点与早晚连作和中稻种植区别明显，防控技术也随之调整。蕲春县始终坚持“预防为主，综合防治”的植保方针，牢固树立“公共植保、绿色植保”理念，积极转变病虫害防控方式，大力推广绿色防控新技术与统防统治相融合，不断提高绿色防控覆盖率，建立了赤东镇万亩再生稻绿色防控示范片，辐射带动大面积推广应用，实现了全程病虫草害有效综合治理，农药减量控害增效明显，保障了农产品质量安全。

一、技术概述

1. 推广技术基本情况

本技术聚焦再生稻全生育期病虫害，以农业防治为基础，保护自然天敌，大力推广物理防治，生物防治、生态调控等非化学技术，合理推广安全科学用药，达到减肥、减药、省工、增产、增收、增效的目的，保障了农产品质量安全。

2. 技术示范推广情况

目前赤东镇酒铺、杨旦、杨墩、野塘嘴、龚大围、田围等村建立了县级再生稻绿色防控核心示范区 10 500 亩，带动蕲春县其他绿色防控示范区 130 000 亩。

3. 提质增效情况

（1）减少虫源基数和化学农药施用量。根据蕲春县植保植检站试验和调查，农药减量达到 40%，平均亩减少农药成本 86 元，病虫害损失率控制在 5%以内。

（2）实现保产增收。示范区通过省级专家组现场测产验收，头季产量 669.2 千克，再生季 381.6 千克，“中稻＋再生稻”平均亩产量达 1 050.8 千克，亩平均效益达到1 100元。

二、技术操作要点

1. 农业防治

推广应用健身栽培技术、种子消毒与带药移栽预防病虫害技术、生态调控技术，防治早期病虫害。一是选用良种，通过每年不同再生稻品种对比试验，筛选了对稻瘟病、纹枯病等抗性较好的品种，如徽两优 898、徽两优粤禾丝苗、Y 两优 9918 和准两优 608 等。二是耕沤灭螟，4 月上旬前后耕沤是杀灭越冬螟虫，降低虫源基数的有效措施，具体方法是在 4 月上中旬翻耕冬闲田和绿肥油菜田，耕后灌水闷浸 5～10 天，将越冬代螟虫杀死，降低基数。三是培育无病虫壮秧和带药移栽控害技术，选用 30%咪鲜胺乳油 100 毫升浸种20～25 千克，浸 12～24 小时，预防恶苗病和稻瘟病；秧苗移栽前 2～3 天每亩喷雾 20%氯虫苯甲酰胺悬浮剂 15～20 毫升＋75%三环唑可湿性粉剂 30～40 克，预防螟虫和稻瘟病。四是生态控害，田埂人工种植香根草等诱集植物，吸引二化螟和大螟成虫产卵，减少田间着卵量，减少二化螟和大螟的种群基数；田埂种植菊花、芝麻、大豆等显花植物，保护和提高蜘蛛、寄生蜂、黑肩绿盲蝽等天敌的控害能力；控制氮肥使用量，减缓害虫种群的增长。

2. 物理防控

推广应用性诱剂诱杀技术和杀虫灯诱杀技术，降低害虫虫源基数。一是性诱剂诱杀技术。在二化螟越冬代蛹末期即 4 月 20 日前后和稻纵卷叶螟迁入代成虫始见期，集中连片大面积使用性诱剂诱杀成虫；选用持效期 2 个月以上的诱芯，每亩安插 1～1.5 个干式飞蛾诱捕器，提高诱杀效果。二是杀虫灯诱杀技术。每 2～3 公顷安装 1 盏频振式杀虫灯，杀虫灯底部距离地面 1.5 米，诱杀二化螟、稻纵卷叶螟和稻飞虱等害虫，4 月中旬到 10 月上旬在种植区域每晚天黑至当日 24：00 开灯防控。

3. 生物防控

推广应用天敌防控如赤眼蜂寄生技术，生物农药防控技术防治病虫害。一是应用天敌防治。在水稻二化螟和稻纵卷叶螟产卵初期，每亩次释放稻螟赤眼蜂 1 万～1.5 万头，每代放蜂 2～3 次，每次间隔 3～5 天，防治水稻二化螟和稻纵卷叶螟等。二是应用生物农药防治。选用春雷霉素、补骨脂种子提取液和井冈・蜡芽菌预防稻瘟病；选用井冈・蜡芽菌、井冈霉素 A 预防稻曲病和纹枯病，选用和组合选用苏云金芽孢杆菌（Bt）、短稳杆菌、金龟子绿僵菌 CQMa421 等生物农药防治二化螟、稻纵卷叶螟和稻飞虱等；选用宁南霉素预防病毒病。

4. 化学防控

采用高效、低毒化学农药防治病虫害。一是再生稻头季病虫害防治。5 月上中旬分蘖期重点防治一代二化螟、稻瘟病等，6 月下旬至 7 月初孕穗抽穗期重点防治穗颈瘟和纹枯病、稻曲病，同时兼防稻纵卷叶螟和稻飞虱。二是再生稻再生季病虫害防治，再生稻再生季生育期短，老稻桩对病虫害有一定抗性，重点在8月下旬至9月上中旬孕穗抽穗期防治三代二化螟、四代稻纵卷叶螟和稻曲病，兼治纹枯病、穗颈瘟和稻飞虱。三是合理使用对口化学农药，螟虫和稻纵卷叶螟应急防治选用氯虫苯甲酰胺、四氯虫酰胺、乙基多杀菌素等；防治稻飞虱选用三氟苯嘧啶、烯啶虫胺、吡蚜酮等；防治稻瘟病选用三环唑等；防治纹枯病选用噻呋酰胺、氟环唑；防治稻曲病选用氟环唑、咪鲜胺锰盐等。

三、适宜区域

该技术模式适宜蕲春县所有再生稻种植区域。

四、注意事项

（1）性诱剂诱杀技术。一是性信息素易挥发，因此需要存放在温度较低的冰箱中，保存处应远离高温环境，诱芯应避免暴晒。二是使用前再打开密封包装袋，一旦打开包装袋，最好尽快使用完所有诱芯。

（2）灯光诱杀技术。连片安装涉及多家农户时，要增强责任心，落实好日常管理，否则影响灭虫效果。

（3）生物农药技术。一是确定适宜的施药时间，生物杀虫剂与化学杀虫剂相比，一般杀虫药效发挥较慢，施药时间要适当提前。提前用药预防和发病初期用药效果良好。以阿维菌素杀虫剂为例，在害虫的卵孵化盛期至二龄幼虫期施药最佳，对高龄幼虫及蛹的防效较低。二是选择适宜的气候条件，生物农药的活性与温度有关，一般在气温20～25℃，相对湿度85%以上时活性最高，施用效果好，可避免强光照射，以16：00以后施用为宜，阴天可在全天任意时间施用，如施药后遇雨应补喷。三是混用注意事项，部分生物类农药不可以和杀菌剂和碱性农药混用。

五、技术依托单位

1. 湖北省植物保护总站

联系地址：湖北省武汉市洪山区珞狮路521号省植保总站211室
联系人：张求东、万利
联系电话：13397103869、19945013542

2. 湖北省农业科学院植保土肥研究所

联系地址：湖北省武汉市洪山区南湖大道18号
联系人：张舒、吕亮
联系电话：13638607652、18971281770

再生稻绿色防控示范基地

稻田冬春季灌深水灭蛹

田边种植显花植物

田边种植香根草、芝麻、豆科等植物

安装太阳能杀虫灯

使用性诱捕器

分批次释放稻螟赤眼蜂

示范基地应用生物农药

全国农业技术推广服务中心、北京市农林科学院、湖北省植物保护总站和武汉市植保植检站等单位领导、专家现场指导蕲春县绿色防控工作合影

湖南省水稻二化螟全程绿色防控技术模式

近年来，受二化螟抗药性水平不断提升，高茬收割导致虫口基数加大、世代重叠严重，栽培制度复杂多样，气象条件适宜发生病虫害等因素叠加影响，二化螟在湘中南、湘东和环洞庭湖部分粮食主产区域大发生，且危害范围、发生程度呈进一步扩大和加重趋势，已成为湖南水稻生产上的头号害虫，严重威胁水稻生产安全。面对二化螟发生的严峻形势，湖南省组织各地扎实开展调查研究，积极开展试验示范，集成推广应用绿色防控技术产品，通过不断探索实践和总结提炼，形成了水稻二化螟全程绿色防控技术模式。

一、技术概述

1. 技术基本情况

实施分区施治，坚持综合治理。根据各地上年度二化螟发生危害情况和水稻种植结构、气象因子等，将各农业县市区分为三大类防控区，分别为一类防控区——重发区，二类防控区——潜在危险区，三类防控区——一般发生区。统筹运用农业防治、生态调控、理化诱控、生物防治和科学用药等综合防控技术措施，主攻一类防控区，兼顾二、三类防控区，切实控制二化螟危害，保障水稻生产、稻米质量和稻田生态安全。

一类防控区要求抓好一至四代二化螟全程治理，代代严防，全面实施翻耕灌深水灭蛹、低茬收割措施，栽培冬季作物（油菜等）的稻田要求采用性诱剂诱杀越冬代成虫，并在稻油、单双季稻混栽区实现全覆盖。同一作业区域内要求统一种植模式、统一品种、统一播期、统一栽培技术、统一防控。

二类防控区要求严密监控二化螟发生发展动态，在狠治一代压低基数的基础上，视虫情动态加强二、三代应急防治力度，虫情基数上升快时参照一类防控区防治技术方案实施。

三类防控区按照常规方法防治。

2. 技术示范推广情况

湖南省自 2017 年开始在全省全面推行二化螟防控分区施治，综合治理，每年年初印发二化螟防控的专门通知和绿色防控技术方案，并在农业生产相关工作会议上对二化螟防控工作持续进行部署推动。2022 年，湖南省根据上年二化螟发生实况及冬前基数，划定出一类防控区 30 个、二类防控区 50 多个、三类防控区近 30 个，各防控区均按照防控技术要求扎实推进防控工作。

3. 提质增效情况

近年来，通过全面推进二化螟全程绿色防控，有效减缓了其上升危害的势头。据统计，2022 年湖南省落实二化螟翻耕灌深水灭蛹面积 1 200 余万亩，生态调控面积 1 300 余万亩，理化诱控面积 400 余万亩，生物防治面积近 2 000 万亩，科学用药面积近 4 000 万亩，实施二化螟全程绿色防控区域平均减少化学农药使用次数 1～2 次。湖南省水稻二化螟实际发生面积 5 401 万亩次，防治面积 6 718 万亩次，通过综合防控挽回稻谷损失 23.6 亿斤*，比上年增加 11%，比前 5 年平均水平增加 16.1%，田间生物多样性进一步增加，经济效益、生态效益明显。

二、技术操作要点

1. 低茬收割

中晚稻推行低位收割，尽量降低稻桩留茬（至少控制在 10 厘米以内），减少二化螟越冬虫口基数，减轻来年防控压力。

2. 翻耕灌深水灭蛹

在 3 月底至 4 月上中旬越冬代二化螟化蛹期，深耕耙田，灌 7～10 厘米深的水，淹没稻桩 7 天以上，浸灭越冬代二化螟蛹或幼虫，减少一代二化螟发生基数。

3. 统一栽培制度

提倡集中连片种植，避免插花种植，减少二化螟桥梁田。选择抗（耐）病虫品种。因地制宜适期播种，特别是中稻区要根据当地实际，适当推迟播种期，可选在 5 月中旬及以后播种，减少二化螟落卵量。提倡集中育供秧，做好带药下田，减轻大田防治压力。

4. 理化诱控

灯光诱杀：每 30～40 亩布置 1 盏风吸式太阳能杀虫灯，采用“井”字形或“之”字形排列，灯底距离地面 1.5～1.8 米，诱杀二化螟成虫，降低虫口基数，减少田间落卵量。为减少灯光对有益天敌的影响，开灯时间控制在害虫羽化高峰期的 20：00～24：00，定期清扫死虫。

昆虫性信息素诱控：越冬代二化螟成虫初期，集中连片放置性信息素诱控装置，达到干扰交配或群集诱杀的目的。

（1）交配干扰。采用高剂量性信息素智能喷施装置，每 3 亩设置 1 套，傍晚至日出每隔 10 分钟喷施 1 次。或采用迷向丝（袋），每亩安插 5 个。

（2）群集诱杀。采用持效期 3 个月以上的挥散芯（诱芯）和干式飞蛾诱捕器，平均每亩放置 1 套，田间均匀放置。水稻分蘖期，诱芯距离地面的高度以 50 厘米为宜；水稻穗期，诱芯位置宜高于稻株顶端 15～30 厘米。

5. 生态调控

田埂边保留功能植物，种植大豆、芝麻、波斯菊等显花植物，蓄养害虫天敌。二化螟

---

* 斤为非法定计量单位，1 斤＝0.5 千克。

对香根草敏感的地区在路边、沟边和机耕道旁种植香根草，丛间距 3～5 米，诱集螟虫成虫产卵，减少二化螟在水稻上的落卵量。

6. 释放赤眼蜂

在二化螟成虫始盛期释放稻螟赤眼蜂或螟黄赤眼蜂，每代视虫情释放 2～3 次，每次间隔 3～5 天。初次放蜂，害虫卵量不大，放蜂量可在 0.8 万～1 万头/亩；产卵始盛期，应加大放蜂量（1 万头以上/亩）；产卵后期，随着赤眼蜂在田间的自然繁殖和田间其他天敌种群数量的增多，放蜂量可适当减少，每亩均匀放置 5～8 个点。高温季节宜在傍晚放蜂。蜂卡放置高度以分蘖期高于植株顶端 5～20 厘米、穗期低于植株顶端 5～10 厘米为宜；可降解释放球可直接抛入田中，每亩 5～6 个球（每球 2 000 头蜂）。

7. 科学用药

抓住关键节点：从一代开始即多措并举大力压低虫口基数，代代严防重治；狠抓中晚稻秧苗二化螟防治，双季稻以一、三代二化螟为防治重点，中稻以二、三代二化螟为防治重点，再生稻以一、二代二化螟为防治重点；大发生时分蘖期和穗期二化螟防治并重，盯紧看牢，严防大面积暴发危害。

抓准防治适期：按防治指标适时用药。防治分蘖期二化螟，当枯鞘株率达 3%或枯鞘丛率达 5%时用药；防治穗期二化螟，如上代亩平均残留虫量 500 头以上，当代卵孵盛期与水稻破口期相遇时（亩卵块数达到 50 块）用药防治。主害代防治争取大面积一次用药过关，防控区有几个成虫高峰期时，可按“压前峰控后峰”策略适当增加防治次数。

选好防治药剂：田间虫口密度较低时，优先选用球孢白僵菌、金龟子绿僵菌（80 亿孢子/克以上）、苏云金芽孢杆菌、甘蓝夜蛾核型多角体病毒、乙基多杀菌素等获得登记的生物药剂防治。化学药剂可选用氯虫苯甲酰胺（高抗性区域停止使用）、溴氰虫酰胺、甲氧虫酰肼、甲氨基阿维菌素苯甲酸盐（2%以上）、阿维菌素（5%以上）、阿维·甲氧虫酰肼、乙多·甲氧虫等。世代重叠严重时建议增加氟铃脲等杀卵性较强的药剂。

三、适宜区域

水稻二化螟发生区域均适宜。

四、注意事项

一是加强监测预警，及时掌握二化螟发育进度。

二是要按照各项技术措施推介的应用时期、用量、操作要点等实施精准防控。

三是实施化学防控时，要根据当地二化螟抗药性水平和药剂筛选结果选用高效、低风险药剂，开展轮换用药与交替用药。防治时，田间要保留浅水层，穗期防治常规药械防治，亩平均药液用量不少于 30 千克，植保无人机防治亩平均药液用量不少于 1.5 千克（高温季节要适当加大用水量），苗期可适当减少药液用量。可适当配合使用有机硅、卵磷脂或激健等农药助剂，提高农药的渗透性、黏附性、速效性，减少农药用量，提高防效。

四是施用阿维菌素、甲氨基阿维菌素苯甲酸盐、苏云金芽孢杆菌时，要避免在高温、强光照情况下用药。

五、技术依托单位

湖南省植保植检站

联系地址：湖南省长沙市岳麓区枫林一路9号省农业农村厅西院513

联系人：张政兵、朱秀秀、林宇丰、许秀美、仇磊、谢理

低茬收割稻田

灌深水灭蛹示范田

集中育秧

连片种植

性信息素智能喷施装置

理化诱控

诱集装置

悬挂迷向丝

放置诱集装置的大田

田边种植波斯菊等植物

田边种植芝麻

利用无人机抛可降解释放球

悬挂杀虫卡

无人机施药

赫山区水稻病虫害全程绿色防控技术模式

益阳市赫山区常年发生的水稻病虫以二化螟、稻纵卷叶螟、稻飞虱、纹枯病、稻瘟病为主，其中纹枯病、二化螟、稻飞虱危害更严重，常年大发生频率高。面对上述情况，我区以农业防治、生态调控、理化诱控、生物农药为主线，大力推广水稻病虫害绿色防控技术，取得了显著的经济效益、生态效益和社会效益。

一、技术概述

1. 技术基本情况

（1）农业防治技术。一是推广翻耕深水灭蛹技术，消灭二化螟越冬虫源。二是推广抗稻瘟病品种，淘汰易感品种。三是推广保健栽培技术。即利用测土配方施肥，增施有机肥，合理密植等措施，以促进植株健壮生长，增加植株抗性，减少病虫害的发生。

（2）生态调控技术。推广田垄种豆、芝麻等显花作物，以增加天敌栖息场所。

（3）理化诱控技术。一是推广二化螟性激素诱杀技术，诱杀二化螟成虫，以降低二化螟发生基数。二是安装风吸式太阳能杀虫灯，诱杀鳞翅目害虫和稻飞虱，降低害虫发生基数。

（4）生物农药使用技术。主要是推广阿维菌素、甲氨基阿维菌素苯甲酸盐、多杀霉素防治二化螟、稻纵卷叶螟；推广井冈·蜡芽菌防治纹枯病、稻曲病；推广申嗪霉素防治稻瘟病。

（5）综合用药技术。一是推广使用有机硅、植物精油等农用助剂与农药混配使用，以提高农药利用率，提高病虫害防治效果，减少化学农药用量。二是种子药剂处理，主要是推广吡虫啉或噻虫嗪种衣剂拌种，减少大田用药次数。三是喷施“送嫁药”，在秧苗移栽前喷施持效期较长的药剂，以减轻大田病虫危害。

（6）科学使用农药。病虫可能暴发成灾时期，推广新型、高效、低风险农药。在二化螟可能暴发成灾时，使用阿维菌素＋氯虫苯甲酰胺防治；在稻纵卷叶螟暴发时，使用甲氨基阿维菌素苯甲酸盐防治；在稻飞虱暴发时，使用三氟苯嘧啶防治。

（7）推广高效植保机械。主要是推广极飞、大疆牌植保无人机，以提高农药利用率。

2. 技术推广情况

（1）农业防治技术。推广翻耕深水灭蛹技术应用面积43万亩，实施区域可消灭90%的二化螟越冬虫源。推广抗稻瘟病品种种植面积60万亩，推广区域基本不发生稻瘟病。推广测土配方施肥、增施有机肥、合理密植等保健栽培技术应用面积80万亩，实现化学氮肥的用量减少了6%～8%，抑制了盲目使用氮肥导致的病虫害加重的情况，同时增加了植株抗性。

(2) 生态调控技术。推广田垄种豆、芝麻等显花作物的水稻田面积22万亩，实施区域晚稻田蜘蛛等天敌数量增加34.2%。

(3) 理化诱控技术。推广二化螟性激素诱杀技术应用面积8万亩，实施区域可减少二化螟蛾量35%～50%。累计安装风吸式太阳能杀虫灯3 200盏，应用面积16万亩，实施区域可减少鳞翅目害虫25%～30%的发生量。

(4) 生物农药使用技术。推广阿维菌素、甲氨基阿维菌素苯甲酸盐、井冈·蜡芽菌、申嗪霉素等生物农药应用面积58万亩，在病虫发生程度中等至中等偏重情况下，基本能控制其危害。

(5) 综合防治技术。推广使用有机硅、植物精油等农用助剂与农药混配使用应用面积80万亩，实施区域可减少化学农药使用量10%左右。推广种衣剂拌种62万亩，实施区域可减少大田防治稻蓟马用药次数2～3次。推广"送嫁药"应用面积20万亩，减轻了大田病虫的危害。

(6) 科学使用农药。推广低风险高效农药使用面积100万亩，以弥补生物农药之不足。

(7) 推广高效植保机械。赫山区现拥有无人植保机317台，全年可实施除草防病治虫面积470万亩，植保无人机用水少、喷雾精细，可提高农药利用率2%～5%。

3. 提质增效情况

赫山区实施水稻病虫害绿色防控应用面积55万亩，经济效益、生态效益、社会效益显著。

(1) 提高防治效果，减轻病虫危害损失，增强我区持续控制病虫灾害能力。据统计，水稻绿色防控示范区的病虫防治效果，要比农民自防区提高5%～10%，每年为农民多挽回稻谷损失70千克/亩；应用保健栽培措施，每年增加产量30千克/亩；减少了化学农药使用量和使用次数，节约防治成本20元/亩；以上三项合计每年为农民增加产值260元/亩。

(2) 减少化学农药用量，保护了生态环境。绿色防控示范区比非示范区减少化学农药用量10%～15%，明显降低了农药对土壤、水源、空气的污染，同时还能降低施用农药中毒事故风险。

(3) 提高稻谷品质与食用安全性，促进品牌大米建设与生产，促进农民增产增收。水稻病虫害绿色防控技术的推广，不仅可以有效解决水稻标准化生产过程中的病虫害防治难题，而且可显著降低大米中的农药残留量，提升大米品质。赫山区因此而打造的高端大米"赫山兰溪大米"，不但价格上涨，而且品牌影响深远。"赫山兰溪大米"获得农业农村部农产品地理标志登记证书后，价格提高200元/吨，为赫山区大米生产企业增加了收入，而且调动了大户农民的积极性，使大户更加积极地投入到水稻绿色防控工作中。

二、技术操作要点

1. 农业防治技术

翻耕深水灭蛹技术：在二化螟越冬代化蛹后至羽化前（赫山区在4月上旬）进行稻田翻耕，灌水深度直至淹没所有稻桩，并保水2～3天。推广抗稻瘟病品种：赫山区主要推广早稻品种湘早籼45（在赫山区抗稻瘟病）、晚稻品种黄华粘（高抗稻瘟病）。推广保健栽培技术：赫山区在每年的12月开始，统一部署进行测土配方施肥，对全区稻田按村民小组取样，检测稻田肥料含量，然后依据水稻生长所需养分，计算出稻田应施肥料的氮、鳞、钾配比，并告知农民；在每年的3月，动员农户增施有机肥100～150千克/亩，并要求依据水稻品种特性进行合理密植。

2. 生态调控技术

田垄种豆、芝麻等显花作物在早稻移栽后进行，一般在5月上中旬种植，独立行种植，种植密度比常规种植密度略稀。

3. 理化诱控技术

二化螟性激素诱杀技术，早稻在越冬二化螟羽化前（4月下旬至5月初），晚稻在三代二化螟羽化前（7月底至8月初），每亩安插二化螟性诱钵1套，诱芯使用有效期为3个月的缓释诱芯，一季使用1根诱芯，性诱钵安插高度是距田面90厘米；太阳能杀虫灯安装高度是距田面1.5米，每50亩安装1盏。安装后在水稻生长季节对杀虫灯进行定时控制，每天19：00开灯，24：00关灯。

4. 生物农药使用技术

依据病虫信息，适时使用生物农药开展防治工作。5%阿维菌素亩用200毫升、5.7%甲氨基阿维菌素苯甲酸盐亩用50～100毫升、10%多杀霉素亩用20毫升、37%井冈・蜡芽菌亩用100克、2%春雷霉素亩用100毫升。

5. 综合防治技术

在防治活动开展时，动员、指导农户使用有机硅、植物精油等农用助剂，亩用10毫升，与农药混配使用。种子处理即推广60%吡虫啉或35%噻虫嗪种衣剂拌种，每10毫升药剂拌3～4千克种子，在种子催芽后拌种，拌好后摊晾2小时再播种。推广“送嫁药”，就是在秧苗移栽前2天，在秧田每亩使用20%氯虫苯甲酰胺40～100毫升、75%三环唑40克、50%吡蚜酮50克，可以减轻大田病虫危害。

6. 科学使用农药

二化螟可能暴发成灾时，使用5%阿维菌素200毫升/亩+20%氯虫苯甲酰胺40毫升/亩进行防治；在稻纵卷叶螟暴发时，使用5.7%甲氨基阿维菌素苯甲酸盐100克/亩进行防治；在稻飞虱暴发时，使用8%三氟苯嘧啶20克/亩进行防治。

7. 推广高效植保机械，提高农药利用率

主要推广极飞、大疆的P20无人植保机，亩用药液2升，同时必须使用有机硅等农药助剂10毫升/亩。

三、适宜区域

适宜种植双季稻的区域。

四、注意事项

（1）推广水稻病虫害绿色防控技术，要求加强水稻病虫害预测预报工作，要做到精准预报、精准指导、精准施策、精准用药。

（2）推广种植抗稻瘟病品种，推广使用生物农药、科学安全用药技术等，不但要因地制宜筛选出适合当地的水稻或农药品种，而且要年年进行药剂筛选试验，以防病原菌和害虫产生抗药性。

（3）农业防治技术、综合防治技术如种子处理等，要根据当地农户种植习惯、栽培制度和实际情况进行选择，不能盲目套用。

五、技术依托单位

益阳市赫山区植保植检站

联系地址：湖南省益阳市赫山区萝溪路404号
联系人：隆志方
联系电话：13487689936

翻耕深水灭二化螟蛹

抗病品种湘早籼45号稻田

田垄种豆技术展示

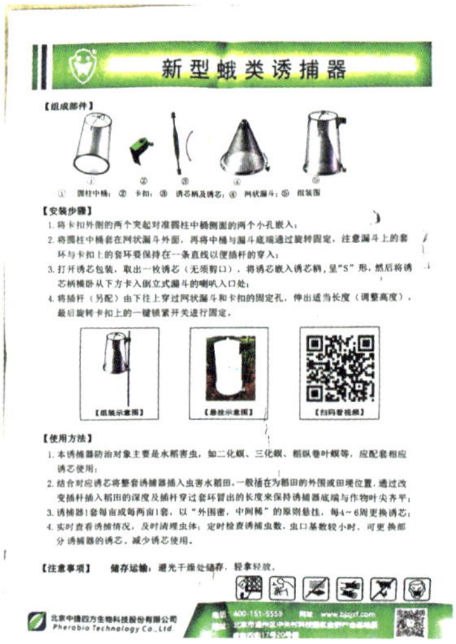

新型蛾类诱捕器

【组成部件】

① 圆柱中桶；② 卡扣；③ 诱芯柄及诱芯；④ 网状漏斗；⑤ 组装图

【安装步骤】

1. 将卡扣外侧的两个突起对准圆柱中桶侧面的两个小孔嵌入；
2. 将圆柱中桶套在网状漏斗外面，再将中桶与漏斗底端通过旋转固定，注意漏斗上的套环与卡扣上的套环要保持在一条直线以便插杆的穿入；
3. 打开诱芯包装，取出一枚诱芯（无须剪口），将诱芯嵌入诱芯柄，呈“S”形，然后将诱芯柄横卧从下方卡入倒立式漏斗的喇叭入口处；
4. 将插杆（另配）由下往上穿过网状漏斗和卡扣的固定孔，伸出适当长度（调整高度），最后旋转卡扣上的一键锁紧开关进行固定。

【组装示意图】 【悬挂示意图】 【扫码看视频】

【使用方法】

1. 本诱捕器防治对象主要是水稻害虫，如二化螟、三化螟、稻纵卷叶螟等，应配套相应诱芯使用；
2. 结合对应诱芯将整套诱捕器插入虫害水稻田，一般插在为稻田的外围或田埂位置，通过改变插杆插入稻田的深度及插杆穿过套环冒出的长度来保持诱捕器底端与作物叶尖齐平；
3. 诱捕器1套每亩或每两亩1套，以“外围密，中间稀”的原则悬挂，每4～6周更换诱芯；
4. 实时查看诱捕情况，及时清理虫体；定时检查诱捕虫数，虫口基数较小时，可更换部分诱捕器的诱芯，减少诱芯使用。

【注意事项】 储存运输：避光干燥处储存，轻拿轻放。

北京中捷四方生物科技股份有限公司
Pherobio Technology Co.,Ltd
400-151-5559 www.bjzjsf.com

性诱钵安装说明书

性锈钵的组装

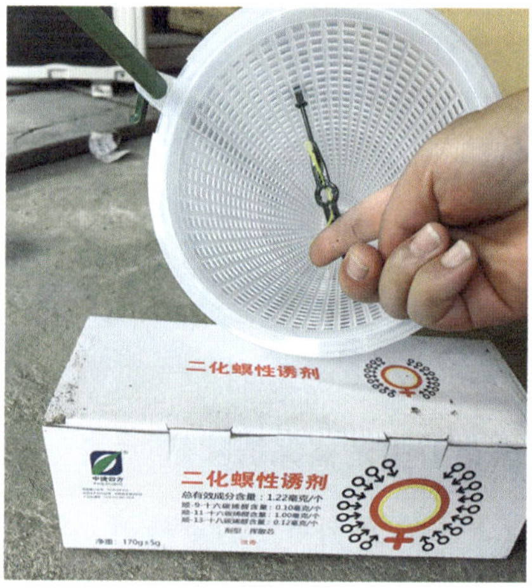

诱芯的安置方法

二化螟性激素诱杀技术

太阳能杀虫灯绣虫

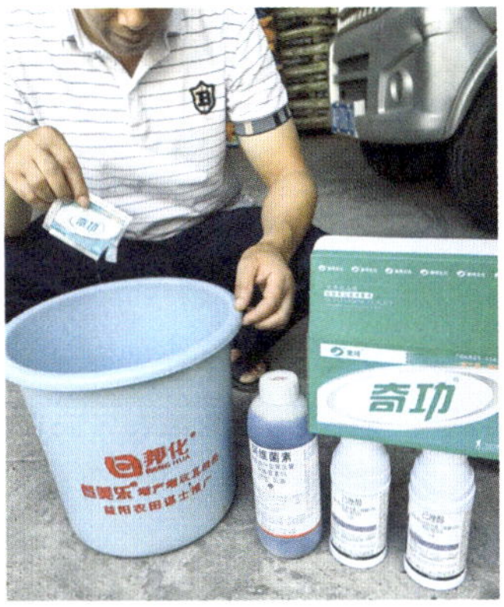

混配农药时首先混配有机硅助剂

植保无从机喷雾防治病虫害

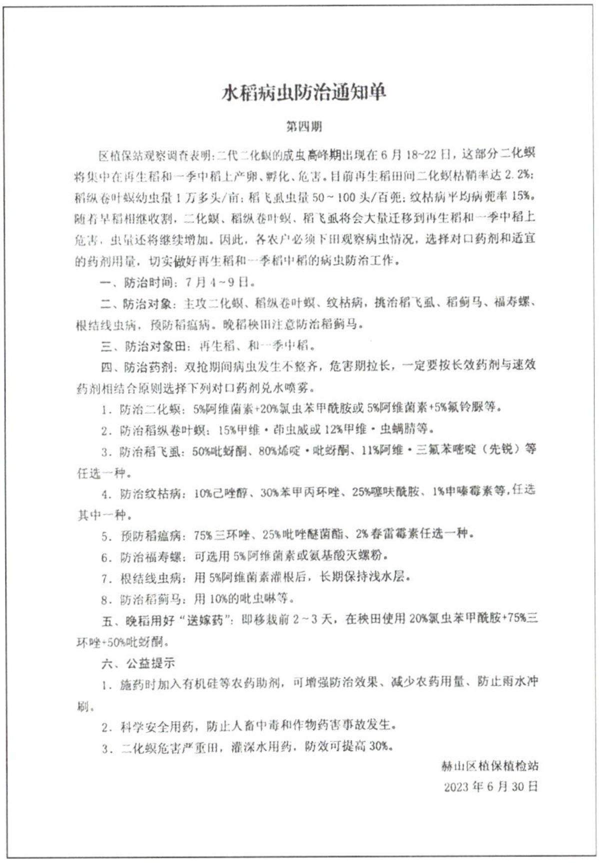

水稻病虫防治通知单

第四期

区植保站观察调查表明：二代二化螟的成虫高峰期出现在6月18~22日，这部分二化螟将集中在再生稻和一季中稻上产卵、孵化、危害。目前再生稻田间二化螟枯鞘率达2.2%；稻纵卷叶螟幼虫量1万多头/亩；稻飞虱虫量50~100头/百蔸；纹枯病平均病蔸率15%。随着早稻相继收割，二化螟、稻纵卷叶螟、稻飞虱将会大量迁移到再生稻和一季中稻上危害，虫量还将继续增加。因此，各农户必须下田观察病虫情况，选择对口药剂和适宜的药剂用量，切实做好再生稻和一季稻中稻的病虫防治工作。

一、防治时间：7月4~9日。

二、防治对象：主攻二化螟、稻纵卷叶螟、纹枯病，挑治稻飞虱、稻蓟马、福寿螺、根结线虫病，预防稻瘟病。晚稻秧田注意防治稻蓟马。

三、防治对象田：再生稻、和一季中稻。

四、防治药剂：双抢期间病虫发生不整齐，危害期拉长，一定要按长效药剂与速效药剂相结合原则选择下列对口药剂兑水喷雾。

1. 防治二化螟：5%阿维菌素+20%氯虫苯甲酰胺或5%阿维菌素+5%氟铃脲等。

2. 防治稻纵卷叶螟：15%甲维·茚虫威或12%甲维·虫螨腈等。

3. 防治稻飞虱：50%吡蚜酮、80%烯啶·吡蚜酮、11%阿维·三氟苯嘧啶（先锐）等任选一种。

4. 防治纹枯病：10%己唑醇、30%苯甲丙环唑、25%噻呋酰胺、1%申嗪霉素等，任选其中一种。

5. 预防稻瘟病：75%三环唑、25%吡唑醚菌酯、2%春雷霉素任选一种。

6. 防治福寿螺：可选用5%阿维菌素或氨基酸灭螺粉。

7. 根结线虫病：用5%阿维菌素灌根后，长期保持浅水层。

8. 防治稻蓟马：用10%的吡虫啉等。

五、晚稻用好“送嫁药”：即移栽前2~3天，在秧田使用20%氯虫苯甲酰胺+75%三环唑+50%吡蚜酮。

六、公益提示

1. 施药时加入有机硅等农药助剂，可增强防治效果、减少农药用量、防止雨水冲刷。

2. 科学安全用药，防止人畜中毒和作物药害事故发生。

3. 二化螟危害严重田，灌深水用药，防效可提高30%。

赫山区植保植检站

2023年6月30日

赫山区水稻病虫害防治通知单

水稻重大病虫害全程绿色防控技术模式

水稻是广东重要的粮食作物。广东省水稻年播种面积在 2 900 万亩左右，年产量达 1 200 万吨以上。广东气候多雨温热，水稻病虫害种类繁多，加上常年种植的耕作方式，复种指数高，病虫世代交替现象十分普遍，特别是稻瘟病、纹枯病、稻飞虱、稻纵卷叶螟、钻蛀性螟虫等重大病虫灾害发生频率高、危害重。据统计，广东省水稻重大病虫害每年发生面积在 8 000 万亩次左右，造成实际产量损失约 26 万吨，病虫灾害是影响广东水稻稳产、高产的主要因素之一。在绿色防控技术普及推广前，广东省农民防控水稻病虫害主要依赖化学防治，防治手段单一，“见虫就打”“打保险药”现象较普遍，农药使用频率高，用量大，从而导致病原菌及害虫抗药性上升、病虫暴发、农药超标、生态环境污染等问题突出，严重影响广东粮食生产安全、稻谷质量安全和生态环境安全。为有效提高广东省水稻病虫害防治水平，丰富防治技术措施，改善农田生态环境，广东省大力推广水稻重大病虫害全程绿色防控技术，集成了采用智能监测、生态调控、理化诱控、生物防治、科学用药等绿色可持续治理的水稻重大病虫全程绿色防控技术模式，有效控制了水稻病虫危害，减少了化学农药使用量，取得了显著的经济效益、社会效益和生态效益。

一、技术概述

1. 技术基本情况

广东省从确保水稻生产安全、产品质量安全和促进绿色生产、保护生态环境的实际需求出发，针对水稻病虫害防治中过度依赖化学农药影响生物多样性、造成环境污染、农残超标和阻碍水稻绿色生产等防治问题，联合科研院校、生产企业和基层推广机构协作攻关，开展单项防治技术的研究和全程防控技术模式集成，以建立良好的稻田生态系统、提高稻田自然控害能力为基础，全生育期集成应用智能监测、生态调控、理化诱控、生物防治、科学用药等绿色可持续治理技术模式，有效控制水稻病虫害，减少化学农药使用量，保障广东省粮食生产安全、稻谷质量安全和稻田生态安全。

2. 技术示范推广情况

积极探索水稻重大病虫害全程绿色防控技术模式，实现省、市、县、乡四级推广机构上下联动，确保技术应用轻简化、规范化、集成化，并以财政项目为助力，将绿色防控与国家产业政策和项目扶持紧密结合，将绿色防控推广工作融入广东省高标准农田建设、美丽乡村建设、现代农业产业园、“一村一品”等现代农业产业建设项目中，以政府采购方式引导，辐射带动市场推动。据统计，2020—2022 年近三年广东省累计推广应用水稻病虫害绿色防控面积 3 581 万亩，共建立水稻病虫害绿色防控示范区 1 086 个，其中 2022 年广东省水稻病虫害绿色防控实施面积为 1 351 万亩，绿色防控覆盖率达 49%，目前，该技术模式在广东省 21 个地级市 100 多个农业县大面积推广应用，基本实现了广东省水稻主产区全覆盖。

3. 提质增效情况

运用水稻重大病虫全程绿色技术模式，比传统的防治技术平均每年减少用药次数 2～3 次，减少农药用量 20%～30%，防治效果达 85%以上，亩平均增产约 75 千克，价格比普通稻米价格每千克高 1 元，每亩节约成本 40 元左右，年亩均节本增效约 182 元，提质增效明显，经济效益、生态效益和社会效益显著。

二、技术操作要点

1. 智能监测

利用智能识别虫情测报系统、性诱测报设备、生态远程实时监测系统等设备，精准监测水稻病虫害，实现无人值守、自动监测、远程控制、准确计数，对水稻病虫害情况实行自动化、数字化、智能化监控。

2. 生态调控

（1）种植显花诱集植物。田埂和田边保留禾本科杂草，并种植芝麻、大豆、波斯菊、紫花苜蓿等显花植物，涵养和保护寄生蜂、蜘蛛等自然天敌；路边沟边、机耕道旁种植香根草等诱集植物，丛距 3～5 米，降低螟虫种群基数。

（2）翻耕灌水灭蛹。越冬代螟虫羽化前犁耙冬闲田，浸沤绿肥田，降低虫源基数。

（3）健身栽培。推行低茬收割，降低螟虫残虫量；稻飞虱终年繁殖区晚稻收割后立即犁耙，减少再生稻、落谷稻等病毒寄主植物。

3. 理化诱控

（1）物理阻隔育秧。在秧苗期，采用 20～40 目防虫网或是 15～20 克/米^2 无纺布全程覆盖，阻隔传毒介体，预防病毒病。

（2）信息素诱杀。在越冬代二化螟、大螟和主害代稻纵卷叶螟成虫始见期，集中连片使用信息素，通过群集诱杀或干扰交配减轻危害，选用持效期 3 个月以上的诱芯和干式飞蛾诱捕器，平均每亩放置 1 个。

（3）水源控螺。在灌溉进水口处使用细格滤网过滤害螺及卵块，定期清理或更换滤网，减少害螺进入大田。

4. 生物防治

（1）释放天敌。二化螟、稻纵卷叶螟成虫始盛期释放稻螟赤眼蜂，每次每亩放蜂 8 000～1 0000 头，均匀放置 5～8 个点，高温季节宜在傍晚放蜂，可选用蜂卡或是蜂球两种包装类型。

（2）稻鸭（鱼）共育。在水稻分蘖初期，将 15～20 日龄的雏鸭（鱼苗）放入稻田，每亩放鸭10～30只（鱼苗5～10千克），水稻齐穗时收鸭（鱼）。通过鸭子（鱼儿）的取食和活动，减轻纹枯病、稻飞虱、福寿螺和杂草等发生危害。

（3）施用生物制剂。大田防治病虫优先选用苏云金芽孢杆菌、金龟子绿僵菌、枯草芽孢杆菌等生物农药；移栽前稻田撒施茶麸，灭杀大田害螺。

5. 科学用药

运用种子处理、带药移栽等措施减少大田前期用药，在封行期、破口抽穗期，孕穗末期等病虫害防控关键期，根据预测预报和病虫害发生实际，推行达标用药控害，做好农药废弃物回收工作。

三、适宜区域

广东、广西、海南、湖南、福建等双季稻水稻种植区。

四、注意事项

（1）性信息素应大面积连片使用，群集诱杀时不能将不同种类害虫的性信息素挥散芯（诱芯）置于同一诱捕器内。

（2）化学药剂防治应达标用药，生物农药施用较化学药剂提前2～3天，病虫害发生严重时，可将生物农药和化学农药混配施用。

（3）白叶枯病和细菌性条斑病流行期，慎用植保无人机施药。

（4）稻鸭、稻虾、稻鱼、稻蟹等种养区和种桑养蚕区及其附近区域，应慎重选用药剂，避免对养殖造成毒害。

（5）严格遵守农药使用操作规程，执行农药安全间隔期，确保稻米生产安全和质量安全。

五、技术依托单位

1. 广东省农业有害生物预警防控中心

联系地址：广东省广州市天河区先烈东路135号
联系人：郑静君、蒋莎、李睿
联系电话：13580514699
电子邮箱：39454198@qq.com

2. 高州市农作物病虫测报站

联系地址：广东省茂名市化州市马鞍岭
联系人：张有志
联系电话：13824852288

3. 恩平市植物保护站

联系地址：广东省江门市恩平市新平北路155号
联系人：尹晓婷
联系电话：13750322699

智能识虫情报系统

田边种植香根草

干式飞蛾诱捕器

稻鸭共育

田间释放稻螟赤眼蜂

水稻病虫害全程绿色防控技术模式

一、技术概述

1. 技术基本情况

以水稻为中心，从稻田生态系统出发，根据有害生物、有益生物和稻田生态环境之间的相互关系，充分发挥生态系统的控害作用，因地制宜，协调应用农业防治、物理防治、生物防治和生态控制，辅以科学、合理、安全的农药使用方法防治病虫害，达到有效控制水稻病虫害，确保水稻生产安全、稻谷质量安全和农田生态环境安全，促进增产增效的目的。目前，水稻病虫害全程绿色防控技术已在四川省稻区推广面积 1 000 多万亩。

2. 提质增效情况

该项技术对水稻稻瘟病、螟虫、稻飞虱、稻曲病等重大病虫害的防效可达 90%以上，能实现增加水稻产量 10%左右，每亩可减少农药施用次数 3～4 次，减少农药使用量 30%～40%，稻田生态环境得到明显改善，生产的稻谷质量安全。

二、技术操作要点

1. 农业防治

（1）品种选择。因地制宜，选用经过国家和四川省品种审定委员会审定的优质、高产并具有良好抗逆性的品种。

（2）稻草与种子处理。选用无病田留种，彻底处理病稻草，不用带菌稻草拴捆秧苗。浸种前晒种，并用温汤、石灰水、沼液或多抗霉素浸种，预防恶苗病和稻瘟病。

（3）播种与合理稀植。床土用田园土和腐熟农家肥配制成优质营养土，均匀播撒。采用宽窄行或大垄双行稀植栽培。

（4）带药移栽。秧苗移栽前 7～10 天选用植物诱导免疫剂喷雾；秧苗移栽前 3～5 天选用三环唑或咪鲜胺加四氯虫酰胺或氯虫苯甲酰胺混合施用，预防本田叶瘟病，防治水稻螟虫等。

2. 生态调控

（1）在稻区周边野地、沟渠种植野稗、马塘、游草等害虫嗜食的诱集植物，形成隔离带；田埂种植芝麻、大豆等显花植物，保护和提高蜘蛛、寄生蜂、黑肩绿盲蝽等天敌的控害能力；田边种植香根草等诱集植物，减少二化螟和大螟的种群基数。

（2）改变农事操作，采用提前育秧、早栽早插等措施，避开病虫危害。

3. 生物防治

（1）保护和利用自然天敌。保护和利用青蛙、蜘蛛等有益生物。

（2）稻田养鸭。在秧苗栽插返青时，每亩放养10～15只雏鸭，野放田间，至水稻灌浆时收回。利用鸭子取食稻株中下部螟虫、稻飞虱、叶蝉、纹枯病菌核、福寿螺和田螺幼螺以及杂草等防除有害生物。

（3）人工释放赤眼蜂。于二化螟越冬代成虫高峰期和稻纵卷叶螟迁入代成虫高峰期开始释放稻螟赤眼蜂，每代放蜂2～3次，每次间隔3～5天，每次放蜂10 000头/亩。

（4）性诱剂诱杀。分别在水稻螟虫（二化螟、三化螟、大螟）、稻纵卷叶螟等害虫越冬代成虫羽化前5～7天（水稻育秧后揭膜前）、一代成虫羽化前5～7天和二代成虫羽化前5～7天，田间平均每亩放置1套性诱器诱杀螟虫成虫。

（5）生物农药防治病虫害。水稻破口期喷洒井冈霉素、枯草芽孢杆菌等生物农药控制穗颈瘟、纹枯病、稻曲病等病害。选用苏云金芽孢杆菌、金龟子绿僵菌等生物农药控制害虫。

4. 物理防治

（1）灯光诱杀。按30亩安装1盏频振式杀虫灯或太阳能杀虫灯诱杀趋光性害虫。从二化螟成虫始见期开始开灯，至当年水稻生育期看不到二化螟成虫关灯。

（2）人工除害。对于具假死习性的害虫，若发生较轻且危害中心明显，可采用人工拔除或捕杀的方法，铲除中心病（虫）株。

5. 药剂防治

（1）稻瘟病。在秧田发病初期、本田发现发病中心或叶上有急性型病斑时，每亩用75%三环唑可湿性粉剂25～30克兑水50千克喷雾；预防穗颈瘟施药掌握在破口初期，每亩用20%三环唑可湿性粉剂50克兑水50千克喷雾。

（2）纹枯病。当病丛率达15%～20%时，每亩用5%井冈霉素水剂150～200毫升或2.5%井冈霉素+枯草芽孢杆菌水剂250毫升兑水50千克喷雾。

（3）稻曲病。在水稻破口前5～7天，每亩用2.5%枯草芽孢杆菌300～350毫升或5%井冈霉素水剂300～350毫升兑水50千克喷雾。

（4）螟虫。当二化螟枯鞘丛率达10%或枯鞘株率达5%时，亩用95%苏云金芽孢杆菌可溶性粉剂50克，或40%氯虫苯甲酰胺·噻虫嗪水分散粒剂8克，或20%氯虫苯甲酰胺悬浮剂10毫升兑水50千克喷雾。

（5）稻飞虱。当百丛虫量达1 500～2 000头时，亩用10%吡虫啉可湿性粉剂（褐飞虱禁用）3 000倍液喷雾。

三、适宜区域

四川水稻种植区。

四、注意事项

注重做好技术试验，开展大培训、大示范，实行大推广。

五、技术依托单位

1. 四川省农业农村厅植物保护站

联系地址：四川省成都市武侯祠大街 4 号
联系人：田卉、徐翔、胡韬、罗怀海、封传红
联系电话：028-85520507、028-85520572
电子邮箱：sichuanipm@163. com

2. 四川省农业科学院植物保护研究所

联系地址：四川省成都市净居寺路 20 号
联系人：卢代华、伏荣桃
联系电话：028-84590065
电子邮箱：daihualu@126. com

3. 四川农业大学

联系地址：四川省温江区惠民路 211 号
联系人：王学贵、贡常委、蒲建、刘雪梅
联系电话：028-86290977
电子邮箱：wangxuegui@sicau. edu. cn；youguqiu@163. com

田埂种植向日葵

田埂种植芝麻

田埂种植大豆

释放赤眼蜂防控水稻螟虫

稻鸭共育防控稻飞虱、福寿螺、纹枯病等病虫害

利用性诱剂防控水稻螟虫

生态调控与生物防治稻田

植保无人机统防统治

重庆市南川区水稻病虫害绿色防控技术模式

水稻是重庆市南川区种植面积最大的作物，水稻产量占全区粮食总产量的60%以上。重庆市南川区水稻病虫害种类繁多，是“两迁”害虫、稻瘟病等国家一类病虫害的常发区、多发区和重发区，农药使用频率较高，是化学农药减量化行动的重点地区之一。南川区2017—2022年农药减量行动以水稻为重点作物，依据病虫害发生规律，强化植物检疫措施，集成推广“生态调控＋理化诱控＋生物防治＋科学用药＋统防统治”的绿色防控技术模式，实现了农药减量控害增效目标。

一、技术概述

1. 技术基本情况

水稻主要病虫害有34种，其中虫害24种，病害10种。危害严重的有国家一类病虫害，“两迁”害虫稻飞虱和稻纵卷叶螟，以及二化螟、稻瘟病。重庆市二类病虫害有稻纹枯病。危害较轻的有本地病虫害：稻秆潜蝇、稻苞虫、稻负泥虫、稻曲病、赤斑黑沫蝉，以及检疫性害虫稻水象甲；目前稻水象甲南川区5个乡镇有发生，危害轻，面积较小。关键时期重点防治对象见下表。

关键时期重点防治对象

时期	主要病虫害
播种至苗期（3月至4月下旬）	绵腐病、立枯病、苗瘟病、蚜虫、蓟马
移栽至分蘖初期（5月下旬）	二化螟、蓟马、稻苞虫、稻负泥虫、稻秆潜蝇、稻水象甲
分蘖至拔节期（6月上旬至7月上旬）	稻飞虱（白背飞虱）、稻纵卷叶螟、稻秆潜蝇、稻纹枯病、叶瘟病、稻蝗、赤斑黑沫蝉等
破口初期至齐穗期（7月中旬至8月上旬）	褐飞虱、稻纵卷叶螟、二化螟、穗颈瘟、稻曲病等

2. 技术示范推广情况

南川区2023年水稻种植面积2.55万公顷，在绿色防控技术上，重点推行生态调控、理化诱控、生物防治等非化学措施，实现生态调控水稻面积1.07万公顷，理化诱控水稻面积0.48万公顷，生物农药防治水稻面积1.22万公顷，科学用药＋统防统治水稻面积1.94万公顷。据初步调查，2023年全区水稻绿色防控示范片达24个，绿色防控覆盖率达55%以上。

3. 提质增效情况

（1）绿色防控覆盖率、统防统治覆盖率和农药利用率持续上升。统防统治覆盖率、绿色防控覆盖率、农药利用率于 2020 年均实现 40%以上的目标，具体情况见下表。

南川区水稻绿色防控覆盖率、统防统治覆盖率和农药利用率　　单位：%

年度	2017	2018	2019	2020	2021	2022
绿色防控覆盖率	27.79	29.97	32.49	40.90	43.06	50.70
统防统治覆盖率	32.15	35.30	38.30	40.02	43.12	44.62
农药利用率	38.3	39.2	39.5	40.6	41.2	41.8

（2）单位种植面积农药使用量稳步下降。单位种植面积农药使用量逐年稳步下降，单位防治面积农药使用量稳中有降，具体情况见下表。

南川区水稻单位面积农药使用量　　单位：千克/公顷

年度	2017	2018	2019	2020	2021	2022
单位种植面积农药使用量	3.17	3.11	3.06	3.01	2.95	2.88
单位防治面积农药使用量	1.06	1.04	1.02	1.00	0.98	0.96

（3）农药使用量提前实现零增长目标。南川区农药使用总量和水稻农药使用量 2017 年以来都实现了负增长目标，具体情况见下表。

南川区农药使用量　　单位：千克

年度	2017	2018	2019	2020	2021	2022
南川区农药使用总量	381 250	379 120	376 426	373 360	371 646	371 025
其中水稻农药使用量	122 010	120 998	120 456	115 741	115 210	115 018

二、技术操作要点

1. 强化检疫措施，阻截疫情蔓延，避免农药用量大幅上升

建立疫情监测点，监测检疫性病虫发生种类、发生区域、发生规律，对于已经发生的稻水象甲，加强监测，强化防控，控制其蔓延，对未发生的水稻细菌性条斑病、南方水稻黑条矮缩病等检疫对象，强化检疫措施，实行源头管控，控制其传入。

2. 预防技术

（1）选用抗（耐）病虫品种。在使用抗病品种时，一是及时淘汰已感病品种；二是合理布局，在不同生态稻区，因地制宜选用抗病性好的品种；在同一个稻区内，有计划地轮换使用和搭配多个抗病品种，避免出现连续多年大面积种植同一品种的情况。

（2）播前种子处理。播种前按每千克干稻种子用 24.1%肟菌·异噻胺种子处理悬浮剂（对稻瘟病的预防持效期约 70 天）15～25 毫升，或 12%甲·嘧·甲霜灵悬浮种衣剂 10 毫升，或 11%氟环·咯·精甲种子处理悬浮剂 3～4 毫升拌种，预防稻瘟病（苗瘟、叶瘟）、恶苗病，兼防烂秧和立枯病。移栽前实行带药移栽，防治稻水象甲、螟虫、苗瘟等，

减少农药使用次数。

(3) 生态调控。改善耕作环境，及时清理带病（虫）稻草（茬），降低病源、虫源基数。田埂和田边保留功能杂草，种植芝麻、大豆、波斯菊、万寿菊、凤仙花等显花植物，涵养寄生蜂、蜘蛛和黑肩绿盲蝽等天敌；路边、沟边、机耕道旁种植香根草等诱集植物，丛距3～5米，降低螟虫种群基数。

(4) 合理施用水肥。加强基础设施建设，通过合理的用水调节，适时晒田，合理施用肥料，适当增施磷、钾肥，培养健康水稻植株，提高水稻的抗（耐）病虫能力。

(5) 播期调整。通过播种和种植期的调整，错开病虫害高发期，减少病虫害。

3. 理化诱控技术

(1) 昆虫性诱剂使用技术。昆虫性诱剂，具有活性成分高、专一引诱性强、效果稳定等优点，利用其模拟雌性二化螟（稻纵卷叶螟）释放的性信息素，配套诱捕器捕获前来交配的雄虫，减少雌雄成虫交配的机会，从而减少子代幼虫的发生量，有效防治二化螟、稻纵卷叶螟。使用方法：棋盘式布置于田间，高于水稻长势最高点10～15厘米。使用时间：成虫扬飞前。安装密度：1亩1套。

注意事项：当田间害虫发生量达到防治指标时，需用化学药剂防治。

(2) 植物诱控、食饵诱杀技术。提取多种植物中的蛋白质、多糖、芳香化合物等物质合成能吸引害虫成虫取食的物质，并与配套的装置使用，即可达到“吸引—灭杀”害虫的目的，从而降低害虫基数，达到防治效果。对鳞翅目、鞘翅目、直翅目、双翅目害虫有效。使用技术及方法：害虫成虫羽化高峰期前1～3天，或害虫成虫大量出现时，悬挂诱捕器。苗期诱捕器悬挂高度为离地面50厘米，生长期诱捕器底部与叶冠面齐平或者略高。田间诱捕器诱芯有效期45天，每亩安装1～3套。

注意事项：产品打开后，有效成分开始释放，需尽快使用。

(3) 二化螟迷向防治技术。产品原理：释放高浓度二化螟性信息素，掩盖雌虫位置，误导雄虫使之难以找到雌虫，减少交配，降低有效卵量。使用方法：棋盘式布置于田间，悬挂位置高于水稻长势最高点10～15厘米。使用时间：成虫扬飞前。使用量：6袋/亩。

(4) 色板诱杀技术。黄、蓝板等诱杀技术是利用昆虫对某种颜色（黄色、蓝色或银灰色等）的趋性而制作特定颜色的粘胶板，通过吸（粘）引并杀死昆虫成虫来达到减少田间虫口基数和减轻危害的目的。对水稻蓟马、叶蝉等害虫有较好的防治效果。

4. 生物防治技术

(1) 稻螟赤眼蜂防治技术。产品原理：稻螟赤眼蜂，一种卵寄生蜂，主要以鳞翅目害虫卵为寄主，能迅速准确地找到害虫卵并寄生，产品形式多以“毒·蜂”杀虫卡或球形设计，“毒”是指被赤眼蜂携带的病毒，该病毒能诱发昆虫感病死亡。技术特点：当害虫产卵后，赤眼蜂能快速精确地找到害虫卵并产卵在其中，同时传播携带的病毒，诱发那些未被寄生的卵孵化出来的幼虫感染病毒而死亡，达到“蜂灭卵、毒灭幼虫”的双重控制效果。使用方法：在害虫成虫羽化盛期每亩均匀投放2～3卡，每代建议放蜂2～3次，每次间隔5～7天。

（2）稻鸭共育技术。利用鸭子在稻田中穿梭觅食，起到捕虫、吃（踩）草、耕耘和刺激水稻健壮生长的作用，可减轻水生杂草、稻飞虱、稻水象甲、叶蝉、螟虫等病虫草害，减少农药施用量。放鸭密度一般稻田每亩放养10～15只。早期栽秧的水稻田每亩放养7～10只。

（3）稻渔（虾、泥鳅）综合种养技术。通过高标准农田整治后，单块田大于10亩，水稻品种选择品质达到国标或部标2级以上，耐肥力强，抗倒伏，茎秆坚硬，株型紧凑，叶片直立，通风透光好，抗病虫害，株高中等、高产的优良水稻品种。稻田病虫草害应以预防和生态防控为主，不用或少用农药和渔用药物。

（4）生物农药防治技术。生物农药主要是指以植物、动物、微生物等产生的具有农用生物活性的次生代谢产物开发的农药。对环境不会构成污染，对人、畜的毒性也很低，不会构成残毒。目前应用较多的生物农药有苦参碱、烟碱、鱼藤酮、茶皂素、木烟碱、印楝素、除虫菊素、沙蚕毒素、毒扁豆碱、浏阳霉素、白僵菌素、绿僵菌素等。生物农药选择性很强，应针对不同种类病虫害有针对性地选择适合的生物农药品种。

注意事项：生物农药的使用效果受环境因素的影响较大。应尽量避免在强光天气或时段使用，应在晴天的8：00前、16：00后，或在无雨的阴天使用，效果较好；风对粉剂生物农药的漂移和扩散有着很重要的影响，在微风下使用粉尘剂生物农药效果最好。喷雾器械对生物农药效果也有很大的影响，应选择雾化程度好、节省农药的植保器械。

5. 科学用药，统防统治，提高农药利用率

（1）使用原则。

①生物农药替代化学农药、高效低风险农药替代老旧农药，高效精准施药机械替代老旧施药机械。推广应用生物农药和活性高、单位面积用量少的高效低风险农药及其水基化、纳米化的制剂等，淘汰低效、高风险农药品种；推广应用高效节约型施药机械，逐步淘汰老旧施药机械，提高农药利用效率。

②精准预测预报、精准适期防治、精准对靶施药。

③推进多种形式的统防统治，有条件的地方强化农机农艺融合，创造有利于高效植保机械作业的农田环境条件，促进统防统治规模化发展。

（2）抓住关键时期，对症下药。

①移栽至分蘖初期（5月上旬至下旬）。实行普治一代螟虫，兼治稻水象甲、稻蓟马、稻负泥虫等其他虫害。选用金龟子绿僵菌等生物农药时，需提前2～3天用药。化学药剂可选用氯虫苯甲酰胺、甲氧·虫酰肼、氯虫·三氟苯等环境友好型化学农药。

②分蘖至拔节期（6月上旬至7月上旬），重点防治白背飞虱、稻纵卷叶螟、稻秆潜蝇、稻纹枯病，兼治叶瘟病。稻飞虱按照“控白压褐”，稻纵卷叶螟抓住卵孵化初期至低龄幼虫高峰期采取“达标用药”的防治策略。优先选用金龟子绿僵菌CQMa421、苦参碱、球孢白僵菌、苏云金芽孢杆菌、甘蓝夜蛾核型多角体病毒、短稳杆菌、井冈·蜡芽菌、井冈霉素A、申嗪霉素等生物农药，化学农药选用四氯虫酰胺、氯虫苯甲酰胺、氯虫·噻虫嗪、醚菊酯、烯啶虫胺、吡蚜酮、氟啶虫酰胺、三氟苯嘧啶、苯甲·丙环唑、氟环唑、咪

铜·氟环唑、嘧菌酯等环境友好型化学农药。

③在破口初期至齐穗期（7 月下旬至 8 月上旬），防治穗颈瘟和褐飞虱，兼治稻曲病等其他病虫害。防治叶瘟在田间初见病斑时施药，穗颈瘟在破口和齐穗期各施药预防 1 次，优先选用枯草芽孢杆菌、多抗霉素、春雷霉素、井冈·蜡芽菌、苯丙烯菌酮等生物农药，化学药剂选用嘧菌酯、三环唑、丙硫唑、肟菌·戊唑醇、春雷·三环唑等环境友好型化学农药。

三、适宜区域

本技术适合在重庆一季中稻区、西南稻区推广使用。

四、注意事项

该技术模式适用于水稻种植面积 50 亩以上，土地平整连片种植的区域，特别是优质稻种植区域。

五、技术依托单位

重庆市植物保护站

联系地址：重庆市渝北区黄山大道东段 186 号
联系人：牛小慧

玉米病虫草害全程绿色防控技术模式

为了贯彻农业绿色发展要求，推动农业防治和生态调控工作，贯彻落实农业绿色发展要求，北京市顺义区种植基地以玉米为主要作物，大力研发推广农业防治、生态调控、生物防治、理化诱控、科学用药等绿色防控措施，以玉米生长全程为主线，推广种植抗病虫品种＋播前种子药剂处理＋播后“一封三杀”＋赤眼蜂防治钻蛀性虫害＋高效低毒药剂防治偶发、突发虫害等玉米病虫草害全程绿色防控技术，促进农药减量增效和农产品质量安全。

一、技术概述

1. 技术基本情况

顺义区玉米常发、偶发病虫草害种类有 20 余种，其中杂草有马唐、稗草、反枝苋、苘麻等 10 几种，虫害主要有玉米螟、黏虫、棉铃虫、桃蛀螟、甜菜夜蛾 5 种；病害主要有大斑病、小斑病、弯孢菌叶斑病、纹枯病、黑粉病、矮花叶病、褐斑病 7 种。针对玉米病虫草害北京市顺义区种植基地与相关农业部门及科研部门合作，经不断生产总结实践，逐步形成玉米病虫草害全程绿色防控技术模式。本技术模式覆盖整个顺义种植区基地的玉米产区，并在全北京市推广，辐射带动周边。本技术模式针对的病虫害种类和技术措施如下。

（1）针对玉米常发生的玉米大斑病、小斑病、地下害虫、根腐病等，采用种植抗病虫品种＋种子药剂处理等措施进行预防，确保一次播种出全苗，减少种传、土传病虫害发生。

（2）针对玉米苗期杂草、二代黏虫、二点委夜蛾、蓟马、苗枯病等苗期病虫草危害，采取播后苗前“一封三杀”，确保苗齐、苗壮。

（3）针对玉米螟、桃蛀螟、棉铃虫、条螟等钻蛀性害虫，在害虫卵期释放赤眼蜂进行防治，减轻害虫钻蛀的危害损失。

（4）针对个别年份在玉米苗期、小喇叭期发生的甜菜夜蛾、棉铃虫、蓟马等偶发性害虫，选择高效、低毒、低残留化学农药或生物农药进行针对性防治。

2. 技术示范推广情况

玉米全程绿色防控技术模式在 2020 年覆盖玉米种植基地面积 6 000 余亩，年推广面积20 000亩以上，辐射带动顺义区及全北京市玉米田。

3. 提质增效情况

（1）种植抗病虫品种＋种子药剂处理。控制苗期地下害虫危害率在 3%以下，苗期病害发生率在5%以下，推迟玉米病害发生5～10天，挽回产量损失2%～5%。

（2）苗前“一封三杀”。杂草防效在90%以上，挽回产量15%以上；二代黏虫防效在95%以上；大发生年份，防效在97%以上，挽回产量8%以上，兼治二点委夜蛾及蓟马、蚜虫等小型害虫的危害。

（3）用赤眼蜂防治钻蛀性害虫。卵寄生率提高50%～70%，百株残虫量在15头以下，挽回产量损失在5%以上。

应用玉米病虫草害全程绿色防控技术病虫危害损失率在5%以下，可有效控制草害，目标产量在480千克以上。另外，在推广生物控害技术及新剂型、超高效、超浓缩农药的基础上，农药使用量逐年降低，减少了农药等投入品对环境的污染，保护了环境。

二、技术操作要点

1. 选种抗病品种，播前种子进行药剂处理

根据病虫害发生种类选种通过国家审定的高抗、多抗的玉米良种，播前种子进行精选，剔除草籽、杂质后进行药剂处理，预防或减轻苗期病虫害，推迟病害发生、减轻发病程度。

预防根部病害可选用含咯菌腈、苯醚甲环唑、嘧菌酯、多菌灵等成分的杀菌剂处理种子；防治地下害虫、蚜虫、蓟马等苗期害虫可选用含噻虫嗪、吡虫啉、辛硫磷、氯虫苯甲酰胺等成分的杀虫剂处理种子。处理种子的杀虫剂和杀菌剂可根据需要选择一种或多种进行复配，混合使用，达到一次处理同时杀虫灭菌的目的。如采用40%辛硫磷乳油180毫升+50%多菌灵可湿性粉剂100克，兑水1～1.5千克拌种50千克，对多种病虫害防效显著。药剂拌种后要避光堆闷4～6小时，阴干后播种。

2. 播后苗前“一封三杀”技术

“一封三杀”是玉米土壤封闭除草、杀明草、杀玉米苗期害虫的简称，其方法是结合玉米封闭除草利用灭生性除草剂灭除田间明草；混用杀虫剂杀灭二代黏虫、蓟马、二点委夜蛾等苗期害虫。

防治药剂及防治方法，土壤封闭除草剂，可选用异丙・莠悬浮剂、乙・莠悬浮剂、莠去津悬浮剂+乙草胺乳油等。杀明草药剂，可选用草铵膦、草甘膦异丙胺盐等。杀苗期害虫药剂，可选用除虫脲+高效氯氰菊酯、甲氨基阿维菌素苯甲酸盐等。

以上药剂可根据田间情况组合施用，如40%异丙・莠悬浮剂200～250毫升+41%草甘膦水剂150～200毫升+2.0%甲氨基阿维菌素苯甲酸盐乳油50毫升于玉米播后苗前兑水30～40千克，用喷车或手压式喷雾器均匀喷洒，起到“一封三杀”的作用。若土壤墒情不好，药后及时浇水，确保药液在地表形成药膜，保证效果或改用药剂喷施茎叶。

3. 赤眼蜂防治玉米螟等钻蛀性害虫

在玉米螟产卵初期至盛期释放松毛虫赤眼蜂，每亩1个放蜂点，放蜂量1万～3万头。每隔7～10天释放1次，共放1～3次。可兼治棉铃虫、桃蛀螟等钻蛀性害虫。

放蜂点，距地边 13 米的放蜂行为第一放蜂行，后间隔 26 米再设一放蜂行。放蜂时将放蜂器别在中上部叶片背面，注意防止阳光直射和雨水直接冲刷放蜂器。

注意事项：①准确掌握玉米螟卵发育进度，在蜂卵相遇时放放蜂器，1 天内即出蜂。②如遇小雨可冒雨放蜂。如遇大雨可在阴凉黑暗处摊开放蜂器，如放蜂器已打开，可用浓度 10%的蜂蜜水饲喂寄生蜂，雨停立即放蜂。③赤眼蜂是活体，应避免阳光暴晒或与有毒有害物质一起存放。④赤眼蜂活动最适湿度 75%～80%。过于干旱时不要放蜂。

4. 采用高效低毒药剂防治偶发性害虫

顺义区玉米偶发性害虫有甜菜夜蛾、褐足角胸叶甲等，达到防治指标时，采用甲氨基阿维菌素苯甲酸盐、苏云金芽孢杆菌、除虫脲等高效低毒的生物农药或仿生制剂防治。

三、适宜区域

玉米病虫草害全程绿色防控技术模式适宜北京市及华北地区。

四、注意事项

①加强病虫监测，明确防治适期，精确用药。②应用该技术模式要因时、因地、因病虫草种类调整用药种类，做到有的放矢，减少农药用量。③与当地植保及农技推广相关部门及时沟通，做到用药合理、防治适时，科学防治，降低防治投入成本，促进增收。

五、技术依托单位

1. 北京兴农天力农机服务专业合作社

联系地址：北京市顺义区赵全营镇前桑园村村委会西
联系人：陈军峰
联系电话：13716214273

2. 北京市植物保护站

联系地址：北京市西城区北三环中路 9 号
联系人：张加勇
联系电话：010-82078491

3. 北京市顺义区植保植检站

联系地址：北京市顺义区南彩镇后俸伯北路
联系人：张春红
联系电话：010-69462852

玉米螟全程绿色防控技术模式

吉林省位于世界著名的“黄金玉米带”上，玉米是吉林省主要粮食作物，近几年玉米平均生产面积 6 800 多万亩，左右着吉林省的粮食产量。玉米螟是危害玉米的主要害虫，过去，玉米螟在吉林省连续大发生，常年发生面积 3 000 万亩以上，最严重的年份发生面积占玉米播种面积的 90%，造成的玉米损失在 10%左右，危害严重年份造成玉米产量损失率达 20%左右，其发生面积、危害程度、造成的损失均居各种病虫害之首。过去农户传统的防治玉米螟的方法是喷施毒性较高的农药，成本高、毒性强、残效期长，对环境不友好，容易使玉米螟产生抗药性，且防治效果也不理想。为此，近些年，吉林省摸索出一整套符合当地虫情的玉米螟全程绿色防控技术模式，玉米螟危害控制在最低程度，同时，避免了应用化学农药防治造成的污染问题，符合吉林省生态省建设和农业可持续发展的要求，取得了显著的经济效益、社会效益和生态效益。

一、技术概述

1. 技术基本情况

应用白僵菌封垛技术防治越冬带玉米螟幼虫，利用杀虫灯和性诱剂控制成虫，释放赤眼蜂防治玉米螟卵，降低虫口基数，田间应用苏云金芽孢杆菌等生物农药防治幼虫。通过适时防治、选择最佳蜂种、菌种，选用最佳用量及最佳操作方法，取得最佳的防治效果，实现有害生物无害化治理。

2. 技术示范推广情况

2004 年以来该技术在吉林省玉米主产区和玉米螟重发区累计推广完成防治面积 3.6 亿亩次，其中释放赤眼蜂的玉米田面积 3 亿亩次，白僵菌封垛控制技术应用面积 0.5 万亩，其他 0.1 亿亩次。

3. 提质增效情况

玉米螟全程绿色防控技术的开展提高了玉米的产量和质量，促进了农民增收、农业增效。田间平均防治效果可达 70%左右，平均亩挽回玉米产量损失 32.67 千克，共挽回玉米产量 117.6 亿千克，农民真正得到了实惠，且提高了吉林省玉米综合生产能力，受到了广大农民的热情支持和积极配合。此项技术的开展直接取代了化学农药的应用，减少了农产品中化学农药的残留量和减轻了农药对环境的污染，提高了玉米品质，提高了吉林省农产品在国际市场上的竞争力。

二、技术操作要点

1. 白僵菌封垛防治越冬代幼虫技术

（1）做好监测，适时防治。准确掌握玉米螟生长发育进度，要确保虫菌相遇，才会有最佳的防治效果。

（2）封垛时间。玉米螟化蛹前15～20天（一般见活虫时）。吉林省西部地区一般在5月1～15日或提前，东部地区在5月15～30日或提前。

（3）封垛方法。白僵菌粉剂每克含孢子25亿个以上，在喷粉前向喷粉器药箱内加入白僵菌粉，在玉米秸秆垛（或茬垛）的侧面每立方米用木棍在垛上捣一个深20厘米的洞，将机动喷粉器喷管插入洞中进行喷粉，待垛对面（或上面）喷出白粉时即可停止喷粉，再用同样的方法喷其他位置，直到全部垛喷完为止。

2. 成虫诱杀技术

（1）杀虫灯诱杀技术。根据越冬代玉米螟成虫羽化的始末期安排开灯时间，从羽化初期开始，到羽化末期结束。一般在夜间7：30开灯，次日凌晨3：00关灯，可手动开关也可设置自动开关。根据灯的特点，每15～30亩设置适合数量的灯。灯底座距地面1.5米为宜。

（2）性诱剂诱杀成虫技术。要确保在成虫羽化前设置诱捕器，确保在成虫交配前诱杀到成虫。一般在越冬代玉米螟化羽化前5天开始安放性诱剂直至末代成虫期结束。每亩1个诱捕器。诱虫口距地面1.0～1.2米。

（3）释放赤眼蜂寄生害虫卵技术。

①做好监测，适时防治。准确掌握玉米螟生长发育进度，确定最佳防治时间，保证防治效果，对越冬代玉米螟发育进度实行监测调查，要确保蜂卵相遇，保证最佳的防治效果。调查起始日期各地可根据本地实际情况适当调整。

②释放赤眼蜂时期。吉林省一般松原、白城地区从5月5日开始，长春、四平、辽源地区从5月20日开始，吉林、通化、延边地区从6月1日开始，每5天调查1次；在化蛹率达10%时，每2～3天调查1次。

③释放时间：在越冬代玉米螟化蛹率达20%时，及时通知生产企业提前准备防治物资，10天后进行第1次释放赤眼蜂，间隔5天放第2次蜂，共释放2次。

④释放量：赤眼蜂要符合行业标准一级成品蜂要求，每亩释放1.5万头。第1次释放0.7万头，第2次释放0.8万头。

⑤释放点设置：每亩设置1个释放点。从放蜂田的边垄开始数第20条垄为第1个放蜂垅，顺第1放蜂垄向里走13米为第1个释放点，再沿垄向前走26米为第2个释放点，再由第1个放蜂垅向里间隔40条垄为第2个放蜂垄，按上述方法以此类推。

⑥释放方法：在放蜂点，选一棵玉米植株中部的叶片，将叶片中间撕成两半，其中一半向下卷成筒状，然后将含蜂的产品固定在圆筒内即可，严禁违规操作。

（4）生物农药防治玉米螟幼虫。玉米大喇叭口期（玉米螟卵孵化盛期）施药，心叶喇叭口内要均匀着药。可选用白僵菌、苏云金芽孢杆菌等药剂喷雾，或制成毒土或带毒细沙灌心叶，也可应用甘蓝夜蛾核型多角体病毒于低龄幼虫（三龄前）始发期，每亩按推荐剂量兑水均匀喷雾防治。

三、防治效果调查方法

1. 卵寄生率调查

放蜂区玉米螟卵寄生率调查。在第二次放蜂 10 天后，分别对放蜂区和对照区进行玉米螟卵寄生率调查，每个乡调查 2 个村，每个村调查 2 块地，每块地随机采集玉米螟卵 20～25 块，放置培养皿内发育 2～3 天后，检查记载卵寄生情况；在未放蜂区选择距放蜂地上风头 400 米以外的玉米田做对照区，调查方法同放蜂区。计算卵寄生率，填写下表。

释放赤眼蜂防治玉米螟技术卵寄生率调查表

处理区别	调查地点	总卵块数	寄生情况			校正寄生率（%）
			寄生卵块数	未寄生卵块数	寄生率（%）	
防治区						
总　数	—				—	—
平　均	—	—	—	—		
对照区						—
总　数	—				—	—
平　均	—	—	—	—		—

2. 封垛区僵虫率调查

在白僵菌封垛 30 天后，对白僵菌封垛和对照垛进行僵虫率调查，在调查垛上分东、西、南、北、中 5 个方向取 5 点，每个点各调查 50 株；对照垛按同样的方法调查。最后分别计算僵虫率，填写下表。

白僵菌封垛防治玉米螟技术僵虫率调查表

处理区别	调查地点	寄主种类	调查株数	总虫数	活虫数	死虫数			校正僵虫率（%）
						自然死亡数	死亡率（%）	僵虫数	
封垛区									
总数	—	—				—		—	—
平均	—	—	—	—	—	—		—	
对照区									
总数	—	—				—		—	—
平均	—	—	—	—	—	—		—	—

3. 田间防治效果调查

在9月中下旬对防治田和对照田的玉米植株剖秆调查防治效果并进行测产，填写下表。防治区每个乡（镇）调查2个村，每个村调查2块地，每块地按对角线调查法取5点，每点调查20株，共计100株；对照区每个县（市）调查2个乡，数量、方法同防治区。调查结果填入下表。

玉米螟全程绿色防控技术防治效果表

地点	时间	防治措施	调查株数（株）	被害株数（株）	被害株率（%）	活虫数（头）	百秆活虫（头）	虫孔数（个）	虫孔率（%）	防治效果（%）			平均防效（%）
										被害株减退率	百秆活虫（虫口）减退率	虫孔减退率	
…													
平　均	—	—	—	—	—	—	—	—	—	—	—	—	
对照区	—									—	—	—	—

4. 计算公式

卵寄生率＝（被寄生卵块数÷总卵块数）×100%

校正寄生率＝（放蜂田卵块寄生率－对照田卵块寄生率）÷（1－对照田卵块寄生率）×100%

僵虫率＝（僵虫数÷总虫数）×100%

校正僵虫率＝（封垛僵虫率－对照垛僵虫率）÷（1－对照垛僵虫率）×100%

被害株率＝被害株数÷总调查株数×100%

被害株减退率＝（对照田被害株率－防治田被害株率）÷对照田被害株率×100%

平均防治效果＝（被害株减退率＋虫口减退率＋虫孔减退率）÷3

四、测产验收调查

1. 测产方式

采用实际测产方式进行测产验收。在9月中下旬对防治田和对照田的玉米植株进行剖秆调查。防治区每个乡（镇）调查2个村，每个村调查2块地，每块地按对角线调查法取5点，每点调查20株，共计100株；对照区每个县（市）调查2个乡，数量、方法同防治区。调查结果填入玉米螟全程绿色防控技术经济效益调查表。按照表中的调查内容，参照玉米受害部位重量损失率计算产量损失率，结果填入玉米螟全程绿色防控技术产量损失率调查表。即将玉米受害状分为雌穗上部折秆、雌穗下部折秆、穗柄受害和秆受害，将4个不同受害部位产量损失率设为常数，再根据公式计算出产量损失率。

玉米螟全程绿色防控技术经济效益调查表

地点	时间	防治措施	调查株数（株）	被害株数（株）	秆受害数（株）	秆受害率（%）	上折株数（株）	上折株率（%）	下折株数（株）	下折株率（%）	穗柄受害株数（株）	穗柄受害株率（%）	产量损失率（%）	挽回产量损失率（%）
…														
合　计	—	—				—		—		—		—	—	—
平　均	—	—	—	—	—		—		—		—			
对照区		对照区												—

注：折蔓按秆蛀孔算。

玉米螟全程绿色防控技术产量损失率调查表

地　　点	防治措施	推广面积（万亩）	单产（千克/亩）	亩产量挽回（千克）	共挽回产量（万千克）	单价（元/千克）	新增总产值（万元）	亩投入（元）	总投入（万元）	纯增收益（万元）	投入产出比
…											
合　计	—		—	—		—		—			—
平　均	—	—			—		—		—	—	

2. **计算公式**

产量损失率（%）＝雌穗上部折秆重量损失率11.4%×雌穗上部折秆株率＋雌穗下部折秆重量损失率32.1%×雌穗下部折秆株率＋雌穗柄受害重量损失率13.0%×雌穗柄受害株率＋秆受害重量损失率5.84%×秆受害株率（折蔓按秆受害计）

挽回产量损失率（%）＝对照区产量损失率－防治区产量损失率

五、适宜区域

东北地区玉米主产区和玉米螟重发区。

六、注意事项

大面积连续多年应用效果更好；做好玉米螟发育进度调查，确保蜂卵相遇、虫菌相遇；要确保应用的赤眼蜂达到国家行业标准中松毛虫赤眼蜂一级蜂标准。

七、技术依托单位

吉林省农业技术推广总站

联系地址：长春市自由大路6152号
联系人：陈立玲、史宏伟、张晓慧、潘京洲
联系电话：0431-85952582

玉米螟危害状

白僵菌封垛防治技术

杀虫灯诱杀技术

性诱剂诱杀成虫技术

赤眼蜂防治玉米螟技术

没有被寄生的玉米螟卵（白色）

被赤眼蜂寄生的玉米螟卵（黑色）

寒地玉米病虫草害全程绿色防控技术模式

一直以来，玉米始终是我国最主要的粮食作物，因其能源属性、金融属性和保障国家粮食安全属性，对于我国稳粮保供具有重要的战略意义。黑龙江省是全国最大的玉米优势产区，近五年玉米播种面积约占全国玉米总面积的15%，玉米产量约占全国玉米总产量的15%，在我国玉米生产中具有重要的代表作用。黑龙江省玉米种植以第一至第四积温带为主，一年一季，主要集中在4月26日至5月5日进行播种，种植密度为7.0万～7.5万株/公顷。由于地处高纬度，气候干燥、冷凉，玉米病虫害总体发生较轻，草害发生较为普遍。玉米主要病害为丝黑穗病、根腐病、茎基腐病、大斑病、小斑病、灰斑病、北方炭疽病、褐斑病、纹枯病、鞘腐病、线虫矮化病等；玉米虫害主要有金针虫、蛴螬、蝼蛄、玉米螟、蚜虫、双斑长跗萤叶甲、黏虫等。尽管黑龙江省玉米田化学除草面积已近100%，但草害仍是影响玉米产量的主要生物灾害，包括稗草、野黍、狗尾草、金狗尾草、马唐等一年生禾本科杂草；藜、反枝苋、苘麻、铁苋菜、龙葵、苍耳、本氏蓼等阔叶杂草；刺儿菜、问荆、芦苇等多年生杂草。

一、技术概述

1. 技术基本情况

针对黑龙江省寒地玉米生产中的主要问题，本技术模式以健身栽培、生物防控为主线，改善玉米根部微环境，促进植株健康生长，提高玉米自身抗逆、抗病虫能力，病虫害发生关键时期以生物、物理等环境友好型防治技术措施为主，应用生物菌剂、植物免疫诱抗剂、植物营养剂以及高效施药机械，打造集"防病虫、促增产、提品质、保环境"四位于一体、可操作性强、可复制的寒地玉米全程一体化绿色防控技术模式。本技术模式包括种子处理减化肥技术、规范作业减量控草技术、病虫害一喷多防技术、抗倒伏技术、提质增产技术5个关键技术环节。

2. 技术示范推广情况

该项技术模式2016年率先在黑龙江省哈尔滨市推广应用，2018年后在省内进行了大规模推广应用，应用规模在3 500万亩次以上，全面提升了黑龙江省寒地玉米病虫草害绿色防控技术水平，有效控制了玉米病虫草害。

3. 提质增效情况

一是减量增效。根据连续3年田间实际测算，应用寒地玉米病虫草害全程绿色防控技术模式的地块平均每亩减少化学农药用量50～90克，减少化肥用量6千克，节水35～45

升。二是提质增产。2020—2022 年田间测产显示，通过应用该项技术平均每亩挽回玉米产量损失 25 千克，增收近 25 元。三是保护生态环境。有效减轻作物药害的同时，保护了生态环境中各类生物包括天敌，减轻了生态环境中的化学农药污染。

二、技术操作要点

1. 种子处理减化肥技术

（1）种子处理技术。常规包衣玉米种子，使用多粘类芽孢杆菌拌种，方法为 400 毫升菌剂处理玉米种子 15～20 千克。

（2）减化肥技术。选择 5 亿芽孢/克枯草芽孢杆菌及胶冻样类芽孢杆菌 6 千克/亩，以种肥的形式施入，减少底肥（传统化肥）施用 6 千克/亩。

2. 规范作业减量控草技术

使用风幕施药机进行标准化除草作业，包括苗前、苗后 2 次除草，采用常规除草剂配方，苗前封闭除草剂用量减少 10%，苗后茎叶除草剂用量减少 15%。

（1）封闭除草参数。MASTER 1200 风幕施药机配备 110-05（或 110-04）号喷嘴 30 个，喷嘴间距 50 厘米，作业喷幅 15 米，喷杆距作物高度 50 厘米；作业压力 2～3 个大气压，作业速度 6～8 千米/时，喷液量 300 升/公顷。

（2）苗后除草参数。MASTER 1200 风幕施药机配备 110-03（或 110-02）号喷嘴 30 个，喷嘴间距 50 厘米，作业喷幅 15 米，喷杆距作物高度 50 厘米；作业压力 3～4 个大气压，作业速度 6～8 千米/时，喷液量 150～200 升/公顷。

3. 病虫害一喷多防技术

倡导“早期治理”理念，依据不同地区气象条件、土壤类型以及田间病虫害发生种类、叶龄等情况，合理选择药剂及用药次数。于玉米心叶末期（大喇叭口期）施药，一次施入实现防病、杀虫、促生长。防治对象以大斑病、小斑病、北方炭疽病、玉米螟、蚜虫、双斑萤叶甲为主。杀菌剂使用 18.7%丙环·嘧菌酯+24%井冈霉素 A；杀虫剂使用 40%吡丙醚·噻虫胺+甲氨基阿维菌素苯甲酸盐+20%氯虫苯甲酰胺+金龟子绿僵菌 CQMa421。

4. 抗倒伏技术

玉米大喇叭口期喷施胺鲜·乙烯利，每亩用量 20～25 毫升，采用无人机航化作业。

无人机作业参数：①飞行速度：一般在 4～6 米/秒，最大速度不应超过 7 米/秒。②飞行高度：一般位于作物冠层上方 1～3 米高度，应根据机型确定适宜的飞行高度。10～16 升容量电动多旋翼植保无人机飞行高度 1～1.5 米为宜；20～30 升容量电动多旋翼植保无人机飞行高度 2～3 米为宜；30 升油动植保无人机一般飞行高度 3 米左右；40～50 升容量电动多旋翼植保无人机飞行高度 3～4 米。③有效喷幅：10～16 升容量电动多旋翼植保无人机在 1.5 米的飞行高度下，其合理喷幅为 3～5 米；20～30 升容量植保无人机在 2～3 米的飞行高度下，其合理喷幅可以达到 5～6 米；40～50 升容量电动多旋翼植保无人机在 4 米的飞行高度下，其合理喷幅可以达到 6～11 米。④喷幅偏移调整：植保无人机作业受风力及风向影响较大。一般情况下，当风速 1.5～2 米/秒条件下，植保无人机作业喷幅至少偏移 0.5～1 个喷幅（3～6 米）。作业时要根据风向进行调整，以免漏喷或重喷。

5. 提质增产技术

在玉米 8～10 叶期和抽雄期各喷施 1 次“有机金属蛋白酶”，用量 1 500 毫升/公顷，采用无人机航化作业。无人机作业参数同上。

三、适宜区域

适用于北方寒地玉米种植区。

四、注意事项

不同种植区域积温及玉米种植品种及病虫草害发生种类存在差异，在用药时期和用药量上应结合当地实际情况适当调整。

五、技术依托单位

1. 黑龙江省植检植保站

联系地址：哈尔滨市香坊区珠江路 21 号
联系人：沃三超、李鹏、郑红梅、李继文、李岩、郑杨、张齐凤、王振、朱丹、原晓华、宋广悦、李慧
联系电话：18604010931

2. 先正达（中国）投资有限公司

联系地址：哈尔滨市松北区创新二路 733 号
联系人：宋万坤
联系电话：15804512116

3. 武汉科诺生物科技股份有限公司

联系地址：武汉市洪山区关南科技工业园关南园路 17 号
联系人：董峰
联系电话：13377890673

风幕施药机苗前封闭除草作业

风幕施药机苗后除草作业

抗倒伏无人机航化作业

石家庄藁城区玉米全程绿色防控技术模式

贯彻落实农业绿色发展要求，牢固树立“公共植保、绿色植保”理念，积极转变病虫害防控方式，大力研发推广农业防治、生态调控、生物防治、理化诱控、科学用药等绿色防控措施，集成推广一批以生态区域为单元，以作物生长全程为主线，可复制、可推广、经济实用的绿色防控技术模式，不断提高绿色防控覆盖率，促进农药减量增效和确保农产品质量安全。

一、技术概述

1. 技术基本情况

以兴安镇西里村、梅花镇朱家庄村绿色防控核心示范区为重点，积极探索玉米病虫害全程绿色防控技术。推广灭茬清垄、合理布局抗性品种和应用新型灌溉模式（浅埋滴灌）等农业调控技术；推广使用昆虫性信息素和生物食诱剂诱虫等理化诱控技术；推广使用井冈霉素等生物农药和金龟子绿僵菌等微生物制剂；推广使用氯虫苯甲酰胺、甲氧虫酰肼等免伤天敌的化学杀虫剂；推广使用新型高效植保机械、精准适时用药和添加农药助剂（有机硅、甲基化植物油）减量使用农药技术等。

2. 技术示范推广情况

2021—2022 年，在兴安镇西里村设立 500 亩核心示范区，2023 年在梅花镇朱家庄村设立 500 亩核心示范区，辐射带动周边 6 个乡镇 20 万亩夏玉米实施全程绿色防控技术，有效提升科学用药和病虫害防控技术水平，以及绿色防控和统防统治覆盖率，有效调控生态平衡，最大限度地减少了化学农药使用次数及使用量，社会效益显著。

3. 提质增效情况

经田间调查，绿控示范区叶部病害发生程度明显低于常规防治区，绿控示范区棉铃虫、玉米螟百株虫量低于常规防治区 15 个百分点，穗腐病病粒率低于常规防治区 2.67 个百分点，绿控示范区相对常规防治区增产 6.8%，经济效益显著。具体数据详见下表。

玉米虫害调查表（西里村，2022 年 9 月 6 日）

取样点（20 株/点）		Ⅰ	Ⅱ	Ⅲ	Ⅳ	Ⅴ	平均	折百株
绿控示范区	棉铃虫		2	2	1	3	1.6	8
	玉米螟	1			1		0.4	2

（续）

取样点（20株/点）		Ⅰ	Ⅱ	Ⅲ	Ⅳ	Ⅴ	平均	折百株
常规防治区	棉铃虫	7	4	3	3	5	4.4	22
	玉米螟	1		1		1	0.6	3

注：取样方法采用五点取样法，每点双行连续取10株，共100株。

玉米穗腐病及产量调查（西里村，2022年12月1日）

项目	病穗数	病穗率（%）	病粒重（克）	总重（克）	病粒率（%）	种植密度（株/亩）	折亩产（千克）	相对增产（%）
绿控示范区	18	36	132	7 334	1.80	4 200	616.1	6.8
常规防治区	22	44	307	6 867	4.47	4 200	576.8	—

注：取样采用五点取样法，每点单行连续10株，共50穗，自然风干后人工脱粒。

二、技术操作要点

1. 播前

选用抗（耐）病品种，种子包衣处理，播种前后及时粉碎麦秸，灭茬清垄，清除玉米种植行内麦秸，破坏二点委夜蛾等害虫的适生环境，宽度20厘米以上。

2. 苗期

在玉米3～5叶期使用自走式喷杆喷雾机进行化学除草，通过添加助剂、精准施药减少除草剂使用量30%。根据二点委夜蛾、蓟马等发生情况，添加高效、低毒、低残留药剂防治，禁止使用广谱杀虫剂，保护天敌。

（1）在玉米3～5叶期，亩用24%硝·烟·莠去津可分散油悬浮剂160～200毫升，按药液量添加0.2%甲基化植物油助剂，进行化学除草。

（2）视玉米病虫害发生情况，结合田间天敌数量，亩用60克/升乙基多杀菌素悬浮剂30毫升+24%甲氧虫酰肼悬浮剂20毫升防治玉米苗期蓟马和鳞翅目害虫。

3. 中后期

使用生物食诱剂、性诱剂、生物农药、微生物制剂防病治虫，控制玉米主要病虫害的发生。重点推广中后期玉米“一控双提”（控制病虫害、提高质量、提高产量）技术，利用植保无人机进行专业化统防统治，混喷对路杀虫剂、杀菌剂和植物生长调节剂，控制后期叶斑病、锈病、棉铃虫、玉米螟等病虫害，减少穗腐病的发生。用药配方原则：生物农药或微生物制剂+化学农药（减量30%以上）。

（1）喇叭口期。①布设棉铃虫、玉米螟性诱捕器，不同诱捕器交叉分布，每亩各布设1～2个。通过诱杀棉铃虫、玉米螟雄性成虫，压低2种玉米主要害虫虫口基数。②亩用20%氯虫苯甲酰胺悬浮剂10毫升+80亿孢子/毫升金龟子绿僵菌CQMa421可分散油悬浮剂40毫升+24%井冈霉素水剂30毫升+35%唑醚·氟环唑悬浮剂20毫升+0.4%大丽轮枝孢激活蛋白10克（或5%氨基寡糖素75毫升）使用植保无人机施药（保证亩用药液量1.8升以上），防治玉米螟、棉铃虫、褐斑病等病虫害。

（2）吐丝扬花期至灌浆初期。①在棉铃虫成虫发生高峰期使用生物食诱剂，通过诱杀成虫降低棉铃虫等鳞翅目害虫虫口基数。按照每亩使用棉铃虫生物食诱剂100克的剂量，与水按1∶1的比例混合均匀后，采用植保无人机滴撒，每行条带滴撒宽10～20米，条带间隔50～100米。②亩用20%氯虫苯甲酰胺悬浮剂5毫升+8 000IU/微升苏云金芽孢杆菌悬浮剂200毫升+35%唑醚·氟环唑悬浮剂30毫升+0.01%芸苔素内酯可溶液剂10毫升，用植保无人机施药（保证亩用药液量1.5升以上），防治玉米螟、棉铃虫、黏虫、褐斑病等病虫害。

（3）注意事项。此阶段不使用有机磷类、菊酯类和其他广谱类杀虫剂，以保护和利用自然天敌。

三、适宜区域

该模式适合在黄淮海流域夏玉米平原产区推广应用，其他区域建议先进行试验，成功后再进行推广。

四、注意事项

①麦秸最好实现离田利用，无离田条件的，秸秆粉碎还田，保证粉碎后秸秆长度在10厘米以下，播后清垄宽度要在20厘米以上。

②田间布设性诱捕器，要尽量均匀分布，要及时在有效期内更换诱芯。

③生物食诱剂应在预测棉铃虫成虫高发期后，大面积成方连片使用，面积稍小的可适当缩小诱集带间距。

④施药应选择无风或微风的晴天或少云天气进行，施药后6小时内遇雨应根据情况及时补喷。

⑤玉米除草剂不建议使用植保无人机作业，采用四轮自走式喷杆喷雾机施药，亩用药液量不低于30升，于9：00前或18：00后进行。在田间作业停顿、转弯时要及时关闭喷洒系统，防止局部药液量喷洒过多产生药害。玉米生长中后期采用植保无人机施药，夏季在18：00以后进行，亩用药液量不低于1.8升，秋季在17：00以后进行，亩用药液量不低于1.5升。

⑥所有植保机械每次喷洒作业前应精准调试喷头，确保喷雾均匀一致，喷头要成套更换，新旧喷头不要搭配使用。

⑦所有药剂均采用二次稀释法配制，严禁原药液直接兑水使用。

⑧田间作业要做好个人防护，谨防中毒等生产安全事故发生。

⑨做好农药废弃包装物回收工作。

五、技术依托单位

石家庄市藁城区植物保护检疫站

联系地址：河北省石家庄市藁城区东城北街 46 号
联系人：郭立勇
联系电话：0311-88042657

绿色防控核心示范区（朱家庄，2023 年）

生物食诱剂应用（朱家庄，2023 年）

金龟子绿僵菌 CQMa421 应用效果
（西里村，2022 年）

夏季植保无人机傍晚作业
（西里村，2022 年）

棉铃虫性诱捕器
（朱家庄，2023 年）

玉米主要虫害绿色防控技术模式

河南省是全国农业大省，常年玉米种植面积 5 500 万亩左右，占耕地面积的 50%。玉米是河南省第一大秋粮作物。种植作物以每年 6 月上中旬播种、9 月下旬收获的夏玉米为主，其生长周期与多种害虫发生期吻合，极易遭受害虫的集中危害。统计显示，2014—2022 年，河南省玉米病虫害发生面积年均 13 312.5 万亩次，其中，害虫发生面积达9 607.5 万亩次，占病虫害总发生面积的 72.2%。发生面积大、危害重、影响力强的有玉米螟、草地贪夜蛾、棉铃虫、桃蛀螟、黏虫、甜菜夜蛾、玉米蚜、玉米蓟马等。2011 年以来，在河南省不同生态类型区设置玉米病虫害全程绿色防控示范区，开展玉米害虫绿色防控试验示范和推广，取得了显著成效。

一、技术概述

1. 技术基本情况

本技术应用农业防治、生态调控、理化诱控、人工释放天敌等生物防治方法，结合隐蔽施药、局部施药的科学用药技术。

2. 技术示范推广情况

近年来，河南省本着边试验示范边推广的原则，在河南省建立省、市、县多层级绿色防控示范区，不完全统计，2022—2023 年在全省建立 160 余个玉米病虫害绿色防控示范区，示范面积 65 万亩。

3. 提质增效情况

据统计，2022 年河南省玉米病虫害绿色防控示范区平均比农民常规防治区减少化学农药使用次数 1.66 次，减少化学农药使用量 22.90%，每亩增产 36.50 千克，亩均增收 92.05 元，取得了良好的经济和生态效益。

二、技术操作要点

1. 农业防治技术

每年玉米收获后要将秸秆充分粉碎后还田，及时深耕，同时，玉米穗轴要集中处理，降低玉米螟、棉铃虫等害虫越冬基数。

2. 生态调控技术

利用玉米螟成虫有趋向生长茂密、植株高大的玉米产卵的习性，在玉米田周边提前种植少量感玉米螟的品种，形成玉米诱集田或诱集带，诱集玉米螟产卵，便于集中消灭。

3. 理化诱控技术

（1）杀虫灯诱杀。利用鞘翅目、鳞翅目害虫（玉米螟、黏虫、草地贪夜蛾等）的趋光性，在成虫发生期，悬挂频振式杀虫灯、高压汞灯、高空探照灯、黑光灯等，开展大面积灯光诱杀。使用频振式杀虫灯、黑光灯等诱杀时，每 30～50 亩安装灯 1 盏，悬挂高度 1.5～2 米，每天 19：00 开灯并持续到次日 4：00。

（2）昆虫性信息素迷向趋避。根据田间害虫发生情况，选择玉米螟、棉铃虫、黏虫、桃蛀螟等不同害虫性信息素进行组配，于成虫羽化始期前 1 周或播种时安装昆虫性信息素智能喷射装置，每 3 亩安装 1 个，喷射装置设置在高出玉米上方 20～50 厘米处，玉米穗期设置高度为距地面 2 米左右。

（3）昆虫性信息素诱杀。在玉米螟、棉铃虫、甜菜夜蛾、草地贪夜蛾等害虫成虫羽化初期，根据田间优势种群不同，放置相应种类昆虫的性信息素诱捕器，诱杀成虫。诱捕器一般高于作物 10～30 厘米。根据不同生产厂家针对不同害虫诱捕器及诱芯的使用说明书要求，每亩放置 1～2 个诱捕器，诱捕器每 1～2 个月更换一次诱芯，放置高度为诱捕器下沿离地面 0.5～1 米。诱杀害虫期间要及时清理诱捕到的成虫。诱捕器摆放间隔 30～50 米，呈外密内疏放置。在 100 亩以上连片种植地块使用效果较好。

（4）食诱剂诱杀。在田间安放糖醋液杀虫盆、食诱剂诱捕器或者设置喷施食诱剂条带，诱杀黏虫、地老虎、棉铃虫、甜菜夜蛾、金龟子等害虫成虫，利用毒饵、发酵变酸的食物等诱杀地老虎、斜纹夜蛾等害虫成虫。常用糖醋液的配方如下：

配方一：红糖、醋、水的比例为 5∶20∶80。

配方二：红糖、醋、酒、水的比例为 1∶4∶1∶162。

将配好的糖醋液放置容器内（盆），以占容器体积 1/2 为宜。使用时应注意及时清除盆内虫体，补充糖醋液。

食诱剂条、毒饵等可按产品说明使用，合理使用均能对害虫起到较好的诱杀效果。

4. 人工释放天敌

利用玉米螟、棉铃虫性诱剂监测成虫发生情况，当成虫发生进入始盛期时，人工释放赤眼蜂卵卡或无人机抛洒赤眼蜂球。赤眼蜂种类选择玉米螟赤眼蜂或螟黄赤眼蜂。每亩释放赤眼蜂 1 万～2 万头，也可释放携带病毒的赤眼蜂，利用赤眼蜂将病毒传递到玉米螟卵块表面，赤眼蜂雌成蜂将卵产在害虫卵内使害虫死亡或使初孵幼虫感染病毒死亡。

人工释放赤眼蜂时一般在距田边 5 米以内设第一个放卡点，点与点之间相隔 10 米展开，成排放置。每排蜂卡相隔 30 米。采用无人机抛洒赤眼蜂放蜂球，每亩均匀抛放 4 个放蜂球（每个球有蜂 2 500～3 000 头）。100 亩以上连片使用效果较好。一般情况一代害虫放置 1～2 次，发生量大时，每代放 3 次，每隔 7～10 天放 1 次。

5. 生物农药防治

（1）玉米螟丢心防治。在玉米大喇叭口期，每亩用 16 000IU/毫克苏云金芽孢杆菌可湿性粉剂 50～100 克，或用 8 000IU/毫克苏云金芽孢杆菌悬浮剂 150～200 克加适量细沙丢入玉米喇叭口内，对二代玉米螟有良好的防治效果。

（2）喷雾防治。当田间玉米螟或棉铃虫处于卵孵化盛期时，可每亩选用 10 亿多角体/毫升甘蓝夜蛾核型多角体病毒颗粒剂 80～100 毫升，或 20 亿多角体/毫升棉铃虫核型多角体病毒悬浮剂 50～60 毫升，或 16 000IU/毫克苏云金芽孢杆菌可湿性粉剂 250～500 克，或 60 克/升乙基多杀菌素悬浮剂 30 毫升，兑水均匀喷雾；当田间发现三龄前草地贪夜蛾幼虫危害时，每亩可选用 20 亿多角体/毫升草地贪夜蛾核型多角体病毒悬浮剂 Hub1 75～125 毫升，或 20 亿多角体/毫升甘蓝夜蛾核型多角体病毒颗粒剂 40～60 毫升，或 10 亿多角体/毫升斜纹夜蛾核型多角体病毒悬浮剂 150～225 毫升，兑水喷雾；防治玉米苗期地老虎，可用 5 亿多角体/克甘蓝夜蛾核型多角体病毒颗粒剂 800～1 200 克/亩进行沟施。施药时间应选在傍晚或阴天，大风天气不可施药，预计 4 小时内有降雨则停止施药。

6. 科学使用化学农药

（1）种子包衣。种子包衣技术不仅可以起到隐蔽施药的作用，还可大幅减少农药使用量，是一项行之有效的绿色防控措施。对地下害虫和蚜虫、蓟马、灰飞虱等苗期害虫发生较重的田块，可选用 15%吡·福·烯唑醇悬浮种衣剂按药种比 1∶（40～60），或用 20%吡·戊·福美双悬浮种衣剂按药种比 1∶（50～60），或用 20%福·克悬浮种衣剂按药种比 1∶（40～50）等进行包衣，还可兼治茎基腐病、丝黑穗病等病害，起到一拌多效的作用。

（2）玉米螟丢心防治。在玉米大喇叭口期，每亩使用 3%辛硫磷颗粒剂 300～400 克直接丢入喇叭口内，或用 40%辛硫磷乳油每亩使用 80～100 毫升，加适量水和细土，拌成毒土丢入玉米喇叭口内，防治二代玉米螟效果显著。

（3）喷雾防治。根据玉米不同生育期田间害虫发生情况，确定主要防控对象，主次兼顾，科学配方，提倡药肥合理混用，一喷多效。早播玉米田，在 2～3 叶期，用 10%吡虫啉 1 500 倍液、25%吡蚜酮 2 000 倍液均匀喷雾，防治灰飞虱、蓟马等害虫，且预防玉米粗缩病。对玉米螟、棉铃虫、黏虫、草地贪夜蛾等害虫，应在一至三龄幼虫期施药。可每亩选用 200 克/升氯虫苯甲酰胺悬浮剂 3～5 毫升，或 20%氟苯虫酰胺悬浮剂 8～12 毫升，或 10%四氯虫酰胺悬浮剂 20～40 毫升，或 10%甲维·高氯氟微囊悬浮-悬浮剂 4～6 毫升，兑水均匀喷雾。玉米抽穗前重点喷洒新生叶片背面、心叶内部，抽穗后重点喷施雌穗。

三、适宜区域

本技术模式适合黄淮夏玉米种植区。

四、注意事项

只有面积 100 亩以上的连片种植区应用该技术才能达到预期的防治效果；人工释放赤眼蜂的区域，若必须开展化学防治，要选用不伤害赤眼蜂的农药。

五、技术依托单位

河南省植物保护检疫站

联系地址：河南省郑州市农业路27号
联系人：李好海、张国彦、赵文新、徐永伟、郭姝辰
联系电话：0371-65917978
电子邮箱：hnszbzcfk@163.com

杀虫灯诱杀

昆虫性信息素迷向趋避

昆虫性信息素诱捕器

无人机装入赤眼蜂放蜂球

释放天敌生物

广东省草地贪夜蛾绿色防控技术模式

玉米作为广东的第三大粮食作物，在广东一年可种植 3～4 茬，产量仅次于水稻和甘薯。草地贪夜蛾自入侵广东省以来，便成为广东省危害玉米的最主要害虫，在广东省所有玉米种植区均有发生。草地贪夜蛾在广东没有越冬现象，可周年繁殖，每年可繁殖 6 代，年发生面积在 150 万亩以上，造成广东省玉米产量损失超过 3.5 万吨。据田间监测发现，不防治或者防治不及时的情况下，草地贪夜蛾危害率可达 100%，严重可导致玉米绝收。同时，化学防治成为控制草地贪夜蛾的主要措施，造成施药次数和施药量激增，农药残留问题日益突出，严重威胁玉米生产安全、品质安全和生态环境安全。为有效控制草地贪夜蛾，降低玉米农药使用量，广东省通过试验示范，技术集成推广等方式，在玉米种植区推广应用草地贪夜蛾绿色防控技术，改变草地贪夜蛾防控手段单一的现象，推行农药减量控害，实现玉米病虫害可持续治理，有效减轻草地贪夜蛾危害损失，为广东省粮食安全和农业绿色高质量发展提供技术支撑。

一、技术概述

1. 技术基本情况

草地贪夜蛾绿色防控技术模式是指贯穿玉米全生育期、集成生态调控＋性诱捕杀＋释放天敌＋科学用药技术的防控模式，具有节约资源、对环境友好等优点，该技术模式经济适用、简便易行，可复制性，可操作性强，可大面积推广应用。

2. 技术示范推广情况

采取“边试验示范边推广”的方式，自 2020 年开始，连续 4 年在惠州市惠城区开展草地贪夜蛾绿色防控技术集成模式试验示范，探索草地贪夜蛾绿色高效、减量控害技术，筛选出种植户接受程度高、简单易行、效果明显的科学模式，在广东省玉米主产区全面推广应用。同时，在草地贪夜蛾防控关键期组织专家到种植区开展技术指导，举办草地贪夜蛾绿色防控技术示范观摩，做给农民看，带着农民干，以点带面，逐步提高技术普及率，推动草地贪夜蛾绿色防控技术大面积推广应用。

3. 提质增效情况

草地贪夜蛾绿色防控技术模式可有效控制草地贪夜蛾危害，防治效果达 85%以上，使危害损失率低于 5%，跟农户常规防治用药比较，每亩可减少用药次数 1～2 次，化学农药使用量相比传统防治模式减少 55%以上，减轻了农药对生态环境的影响，保护了农田生物多样性。常规防治玉米田头收购价 1 元/千克，使用绿色防控技术模式玉米田头收购价 1.5 元/千克，玉米亩产约 1 100 千克，亩增收 550 元；应用该技术模式区每亩农药成本 105 元，比农民常规防治田亩减少用药成本 20 元；示范区诱捕器、赤眼蜂亩成本 50 元，比常规防治田亩节约人工成本 50 元，绿色防控技术模式区亩均节本增效总计 620 元，玉米种植经济效益大幅提升，生物多样性和农田生态环境显著改善。

二、技术操作要点

1. 生态控制技术

一是加强田间管理，深耕土壤，起垄覆膜，有效抑制杂草的同时阻碍草地贪夜蛾入土化蛹，病虫害严重发生地块病残体离田处理，压低病虫源基数；二是实施健身栽培技术，科学施用水肥，提高玉米对病虫害的耐受性；三是在玉米地间套种苦瓜等对害虫具有趋避性的植物，在田边地头种植金盏菊、波斯菊等蜜源植物涵养天敌。

2. 生物防治技术

一是在卵孵化初期选择喷施短稳杆菌、苏云金芽孢杆菌、甘蓝夜蛾核型多角体病毒等生物农药；二是草地贪夜蛾产卵初期至盛期人工释放本地优势种群螟黄赤眼蜂，每亩释放 1 万头，每亩设置 3～5 个释放点，分 2 次间隔 7 天释放。

3. 性诱捕杀技术

在玉米出苗后，按照每亩设置 1 个诱捕器的标准，全生育期应用性诱剂捕杀草地贪夜蛾成虫。诱捕器安装从上风口向里均匀摆放，间距 30～35 厘米。随着玉米的生长，应及时调节诱捕器高度，诱捕器进虫口需保持高于玉米冠层 10 厘米；根据诱芯有效期及时更换诱芯，保证最佳的诱杀效果。

4. 科学用药技术

抓住幼虫三龄前的防控最佳时期，进行科学防治，施药时间选择在清晨或傍晚，重点关注心叶、雄穗和雌穗等部位，采用点施或喷洒方法施药。①种子处理。选择含有氯虫苯甲酰胺等成分的种衣剂实施种子统一包衣，防治苗期草地贪夜蛾。②大田防治。玉米苗期被害株率大于 5%、大喇叭口期被害株率大于 15%或穗期被害株率大于 10%，选用甲氨基阿维菌素苯甲酸盐、甲维·茚虫威、氯虫苯甲酰胺、乙基多杀菌素、短稳杆菌等农业农村部推荐的草地贪夜蛾应急防治用药，并要轮换、交替用药，精准用药，协调使用化学农药和生物农药，减少化学农药使用量。应用无人机低容量喷雾，需添加飞防助剂，亩施药液量控制在 3 升左右。

三、适宜区域

广东省玉米种植区均适宜。

四、注意事项

①性诱剂诱杀技术应大面积连片应用，且不能将不同害虫的诱芯置于同一诱捕器内，以免产生干扰。

②生物农药应在病害发生初期或害虫低龄阶段施用，确保防效。

③施药宜在清晨或傍晚，用水量要足，施药部位要精准。

④释放螟黄赤眼蜂需要掌握合适的时机，释放前后1周不能施药，适宜配合种植显花植物，提供涵养天敌的场所。

五、技术依托单位

1. 广东省农业有害生物预警防控中心

联系地址：广东省广州市天河区先烈东路135号
联系人：蒋莎、郑静君、李睿
联系电话：13580514699
电子邮箱：39454198@qq.com

玉米田边种植蜜源植物

2. 惠城区农业技术推广中心

联系地址：惠州市惠城区龙丰街道永联路政府3号楼二楼
联系人：陈晓兰、刘志红
联系电话：13923626834

田间释放害虫天敌

田间设置诱捕器

普安县草地贪夜蛾绿色防控集成技术模式

草地贪夜蛾属夜蛾科灰翅夜蛾属，又称伪黏虫或秋黏虫，是原产于美洲的一种迁飞性害虫，因其具有“能吃、能生、能飞”的特性，是目前危害性很大的农业害虫之一。主要危害玉米和高粱，可从玉米苗期一直危害到穗期，以在叶片、心叶和果穗上钻蛀危害为主，严重威胁玉米的产量和质量。为有效遏制草地贪夜蛾在普安县的蔓延，确保草地贪夜蛾在普安县不大面积暴发成灾，保障全县粮食生产安全和农业生态环境安全，普安县采取了生态调控、生物防治、理化诱控和科学安全用药等绿色防控集成技术，现将技术模式要点简介如下：

一、技术概述

1. 技术基本情况

草地贪夜蛾自 2019 年 5 月入侵普安县以来，在全县 14 个乡镇（街道）玉米上均发生危害，尤其是高龄幼虫期易暴食危害，通过钻蛀或取食生长点叶片，造成叶片呈破烂状（见下图）、植株被折断，给玉米生产带来严重影响。因其隐藏于玉米的心叶部位，常用的害虫防治方法效果不明显，再加上草地贪夜蛾世代重叠严重，常规农药剂型施药次数多、最佳施药时间不好预测，难以做到及时有效防控。为保障普安县粮食安全，压低虫口基数，确保草地贪夜蛾在普安县不大面积暴发成灾，普安县在玉米全生育期进行绿色防控集成技术应用，有效遏制了草地贪夜蛾的蔓延，最大限度地减少了农药的使用量和投入成本，降低了农药对环境污染的潜在风险，实现了“绿色控害，减药增效”，玉米生产绿色高质量发展。

草地贪夜蛾危害玉米叶片症状

2. 技术示范推广情况

2019 年以来，普安县在辖区 14 个乡镇（街道）推广开展玉米草地贪夜蛾绿色防控集成技术应用，有效防控了草地贪夜蛾的发生，同时，解决了草地贪夜蛾世代重叠的难题，大大减少了农药的使用量，减少了人力成本的投入，实现了较好的社会效益、经济效益和环境效益。2020—2023年该技术累计推广应用面积38 317亩，开展技术培训67期3 862人次，印发技术资料5 792份。

3. 提质增效情况

普安县2020—2023年通过开展农业防治、生物防治、理化诱控与化学农药协同增效及玉米“喇叭口”施药技术，将草地贪夜蛾绿色防控集成技术与统防统治融合示范，较常规防治减少了用药次数2～3次，总体防控效果达94.85%，单位规模新增纯收益305.56元/亩，实现年经济效益178.80万元，总经济效益536.41万元，经济效益、社会效益、生态效益显著。

二、技术操作要点

1. 田间草地贪夜蛾的识别

在玉米苗期（7～9叶）至大哈喇口期开展田间调查时，注意观察田间作物受害状，如果发现叶片有半透明薄膜“窗孔”或不规则的长形孔洞，且玉米生长点心叶破烂，或玉米雄穗和雌穗被蛀食，严重影响叶片和果穗正常发育等状况，仔细拨开玉米生长点，若发现幼虫体表有许多纵行条纹，且背中线为黄色，两侧各有1条黄色纵条纹，条纹外侧依次是黑色、黄色纵条纹，尾部倒数第二节有4个黑斑呈正方形排列，头部有明显的倒“Y”形斑纹则可确认为草地贪夜蛾（见下图）。

草地贪夜蛾的识别特征

2. 绿色防控集成技术

（1）防治时期。一是在玉米苗期至小喇叭口期（7～9叶），危害株率≥5%时进行防控；二是玉米心叶末期和雌穗形成期，百株虫口量≥10头时进行防控。防控时避免使用高毒农药，以免伤害自然天敌，同时注意轮换和交替使用不同作用方式的杀虫剂，以延缓草地贪夜蛾抗药性的产生，最好选择在清晨或黄昏施药。

（2）防控对策。

①加强预警监测和田间调查。在主要寄主作物田或适宜成虫发生场所，利用诱捕器+性诱剂设立草地贪夜蛾成虫重点监测点，掌握成虫发生数量和动态，同时采用大田普查和系统调查相结合的方法，准确掌握草地贪夜蛾卵、幼虫、蛹的数量和危害程度及其动态，及时发布预警信息，做到早发现、早控制。

②构建草地贪夜蛾绿色防控集成优化技术体系。采用生态调控、农业防控、生物防控、物理防控和化学防控的技术，构建草地贪夜蛾绿色防控集成优化技术体系，优先选择植物源、矿物源、生物源等环境友好型农药，减少化学农药的使用量。

③采取应急防控措施。成虫采用诱杀技术，幼虫采用药物防治和人工捕杀技术。

（3）防控技术。

①农业防控。药剂拌种：通过实施药剂拌种技术，提高种子出苗率和抗逆能力，促进生根发芽、齐苗壮苗，将病虫害防控关口前移，减轻后期病虫害防控压力。统一播期：同一区域种植玉米，尽量统一播期，以免造成草地贪夜蛾有不间断的食料，导致防治困难。改变种植模式：可以采取间作、套作模式，利用生物多样性控制害虫。如间作套种一些对草地贪夜蛾有驱避作用的植物和天敌诱集植物，转移草地贪夜蛾危害，减少虫量。人工防除：在一至三龄幼虫期和卵期，通过人工捕杀幼虫和摘除卵块进行防治。深翻整地，降低虫蛹：草地贪夜蛾习惯在土壤中化蛹，深翻犁地，一方面可以把土壤中的残留物清理干净，捡除根茬残体，另一方面可改善土壤理化结构，将土壤中的草地贪夜蛾蛹暴露在地面死亡。

②理化诱控。诱捕器、杀虫灯和性诱剂诱杀是应急防控成虫最有效的方法。成虫发生期，集中连片区采用害虫诱捕器和太阳能杀虫灯诱杀成虫。一般田间每15亩左右安装1套，最好安装在地块边缘，诱杀草地贪夜蛾成虫兼其他鳞翅目等害虫成虫。还可在成虫始见期，采用配套草地贪夜蛾性诱剂诱芯的夜蛾诱捕器防治。按照外密内疏的原则，安装点间隔30～50米，每亩安装1套，苗期诱捕器进虫口离地面100～120厘米，后期将诱捕器放置高于玉米株冠层15～25厘米处（见下图），根据诱芯持效期适时更换新诱芯。

③生物防治。每亩可用新型高效生物农药苏云金芽孢杆菌可湿性粉剂150～300克或200亿孢子/克球孢白僵菌40～50毫升，或100亿孢子/毫升金龟子绿僵菌油悬浮剂100～150毫升，或80亿孢子/毫升金龟子绿僵菌CQMa421可分散油悬浮剂60～90毫升，或20亿多角体/毫升甘蓝夜蛾核型多角体病毒悬浮剂40～60毫升，或8 000IU/微升苏云金芽孢杆菌悬浮剂400～600毫升，或1%苦参·印楝素60～80毫升等生物制剂来防治早期幼虫，保护利用夜蛾黑卵蜂、螟黄赤眼蜂、蠋蝽等天敌，在害虫密度低时，可采用人工释放蠋蝽、姬蜂、茧蜂等天敌措施进行防控，减少化学农药使用。

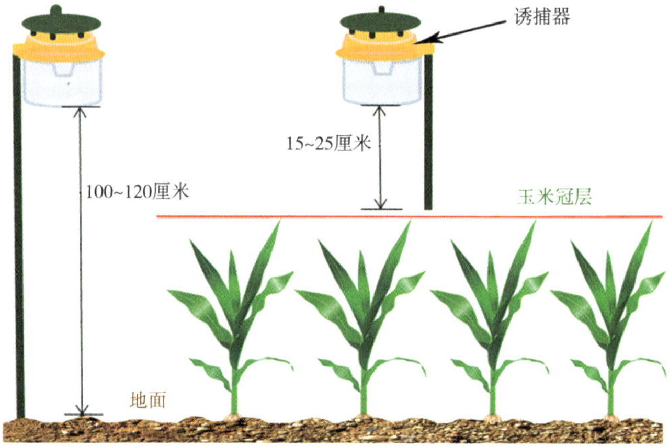

诱捕器设置示意

④化学防治。

喷雾药剂：药剂防治是应急控制草地贪夜蛾幼虫最有效、最直接的方法。对虫口密度高、集中连片发生区域，要抓住卵孵化盛期和低龄幼虫高峰期，对分散发生区实施重点挑治和点杀点治。可选用辛硫磷或阿维菌素等颗粒剂，也可选用甲维·苏云金悬浮剂、氟铃·茚虫威、甲维·茚虫威、甲维·高氯氟、氯虫苯甲酰胺、溴氰虫酰胺、氟虫双酰胺、氟氯氰菊酯、顺式氯氰菊酯、溴氰菊酯、甲氨基阿维菌素苯甲酸盐、茚虫威、四氯虫酰胺、高效氯氟氰菊酯、甲氰菊酯、乙酰甲胺磷、虱螨脲、虫螨腈及其复配制剂等。

施药方法：由于高龄幼虫会钻蛀在植物组织内部危害，喷洒药剂往往对它不起作用。如果喇叭口期发生高龄幼虫危害，可以把颗粒剂或药液直接施入喇叭口内，每亩可喷施苏云金芽孢杆菌颗粒剂或0.4%氯虫苯甲酰胺颗粒剂500克，间隔期14～21天。如果处于苗期发生可对心叶进行喷雾防治。每5～7天施1次，连施药2～3次。

喇叭口撒施颗粒剂防治效果

⑤统防联防。应用绿色防控集成技术与统防统治融合示范，要做到早发现、早用药、早扑灭。

三、适宜区域

玉米种植区可推广。

四、注意事项

严格执行农药使用操作规程，遵守农药安全间隔期，性信息素应大面积连片应用，农药要交替轮换使用，有效延缓草地贪夜蛾产生抗药性，提高防控效果。

五、技术依托单位

1. 普安县植保植检站

联系地址：普安县温泉路1号
联系人：朱中考
联系电话：18188225295
电子邮箱：747519507@qq.com

2. 黔西南州植保植检科

联系地址：黔西南州兴义市金城路5号
联系人：陆英燕
联系电话：13885938788
电子邮箱：415682742@qq.com

寒地大豆病虫害全程绿色防控技术模式

黑龙江省是我国最大的大豆种植省份，近年大豆年种植面积均在 7 000 万亩以上，2022 年种植面积 7 397.5 万亩，占全国大豆种植面积的 48.1%，总产量 190.7 亿斤，占全国大豆总产量的 47%，大豆播种面积、总产量均创历史最高纪录，均居全国第一。种植大豆在 3、4、5 积温带居多，积温在 1 900～2 500℃，一年一季，种植方式以大垄密植、垄三栽培、小垄密植为主。由于地处高纬度，春季冷凉多风，夏季雨热同期，秋季降温急骤，加之近年大豆种植面积增加、重茬种植较多等，黑龙江省大豆重点病虫害发生较重，草害发生较为普遍，特别是一些杂草产生抗性，防控难度也加大。而现行黑龙江省大豆种植标准没有对寒地大豆病虫害全程绿色防控新技术的详细规范，生产中多数大豆种植者也缺乏对种子包衣、减药规范控草、一喷多防规范施药等关键环节防控新技术的掌握和应用。针对以上情况集成了寒地大豆病虫害全程绿色防控技术模式。

一、技术概述

1. 技术基本情况

针对寒地大豆生产中面临的主要问题，大力推广寒地大豆病虫害全程绿色防控技术模式能够起到显著的效果，从而能够对快速提高大豆的产量和品质起到非常好的促进作用。本技术模式通过提高大豆种子发芽期和苗期的抗病、抗虫能力，减少大豆芽期、幼苗期病虫害发生率，同时通过施用有益菌群改善大豆根部土壤微生态，促进根系健康生长，营造良好的田间生态，增强作物自身抗逆能力，采取绿色种子处理、减药规范控草技术、一喷多防规范施药等轻简化施药技术，打造可操作性强、可复制的大豆全程一体化绿色防控技术模式。本技术模式包括大豆种子处理绿色防控技术、规范作业减药控草技术及中后期一喷多效绿色防控技术三个关键技术环节。

2. 技术示范推广情况

2020 年在黑龙江省黑河地区进行大豆包衣等关键技术试验示范工作，2021 年在黑龙江省北部大豆主产区扩大大豆病虫害全程绿色防控技术模式示范面积和推广力度，同时在嫩江、海伦、五大连池、北安等大豆主产县开展风幕式喷雾机化学除草减量用药示范，2022 年继续扩大示范面积，在黑龙江省北部和中东部等大豆主产地区进行推广应用，2023 年积极争取省级和地方资金组织开展大豆种子统一药剂包衣防病工作，全面提升了黑龙江省寒地大豆病虫草害绿色防控技术水平，有效控制了大豆病虫草害。2021—2023 年三年累计推广面积超过百万亩。

3. 提质增效情况

一是提质增产。2022 年田间测产显示，通过应用该项技术平均每亩增产 8.4%～9.8%，挽回大豆产量损失 14～23 千克，增收 70～115 元。二是减量增效。根据田间实际测算，应用寒地大豆病虫害全程绿色防控技术模式平均每亩减少化学农药用量 20～53 克，节水 8～10 升，节本 1.4～3.5 元。三是保护农区生态环境。采取轻简化用药方式，减少了化学农药用量，特别是减少了除草剂用量，规范了机械化施药技术，有效防控了有害生物发生的同时，也减少了农作物药害的产生，可有效保护黑龙江省农区生态环境中各类生物种群，保障粮食产量的同时有效减轻了农区生态环境中的化学农药污染。

二、技术操作要点

1. 大豆种子处理绿色防控技术

重点防控大豆根腐病、地下害虫。采用多粘类芽孢杆菌＋62.5 克/升精甲霜灵·咯菌腈＋30%噻虫嗪一起拌种，用量为多粘类芽孢杆菌 1 000 毫升＋62.5 克/升精甲霜灵·咯菌腈 300～400 毫升＋30%噻虫嗪 200～400 毫升处理水稻种子 100 千克。包衣后的种子充分阴干后播种。

2. 规范作业减药控草技术

倡导“早期治理”理念，采用“苗前封闭＋苗后动态规范减量施药”防治策略，依据不同地区气象条件、土壤类型以及田间杂草发生种类、叶龄等情况，合理选择药剂及用药时期。具体分解为“土壤封闭＋1 次茎叶施药”“土壤封闭＋2 次茎叶施药”“2 次茎叶施药”等几种模式，采用风幕施药机规范减量施药，封闭除草剂用量减少 10%，苗后茎叶除草剂用量减少 15%。杂草种类多、基数大的田块，杂草防控采用“土壤封闭＋茎叶施药”策略，出苗前采用土壤封闭处理 1 次，以达到防控整个生育期杂草的目的，真叶至 1 片复叶期防除阔叶杂草，根据田间禾本科杂草数量，选择是否进行二次茎叶除草作业。种地大户杂草防控可采用“2 次茎叶除草”策略，在大豆拱土期全田喷雾施药，大豆 2 至 3 片复叶期防除禾本科杂草。

3. 中后期一喷多效绿色防控技术

虫害重点防控大豆食心虫、蚜虫、苜蓿夜蛾，病害重点防控灰斑病、霜霉病、细菌性斑点病，未封垄地块施药采用喷杆喷雾机作业，封垄地块施药采取植保无人机航化作业。

初花期可根据田间病虫发生种类和数量选择适合药剂进行防控，防治灰斑病、霜霉病、菌核病等病害，可选择井冈霉素 A、解淀粉芽孢杆菌等生物类药剂，或使用嘧菌酯、吡唑醚菌酯、代森锰锌等药剂混配腐霉利、异菌脲、菌核净或咪鲜胺等成分的药剂，同时可加入磷酸二氢钾等叶面肥，起到一喷多防、一喷多效的作用。

结荚盛期，可利用性诱捕器监测食心虫成虫，成虫盛期至幼虫孵化盛期之间，可选择甲氨基阿维菌素苯甲酸盐、氯虫苯甲酰胺或苏云金芽孢杆菌（幼虫孵化盛期）等药剂，防治大豆霜霉病、灰斑病、细菌性斑点病等病害，可混配井冈霉素 A、解淀粉芽孢杆菌等生物类药剂，或选择嘧菌酯、吡唑醚菌酯、代森锰锌等药剂，同时可加入磷酸二氢钾等叶面肥，达到一喷多效的防病虫、促增产目标。

三、适宜区域

适用于北方寒地大豆种植区。

四、注意事项

（1）种子处理。大豆种子用包衣剂包衣时，包衣剂无须稀释，直接拌种即可，种子均匀上色即可，避免搅拌时间过长损伤种子。不同种植区域积温、大豆种植品种及病虫草害发生种类存在差异，在用药时期和用药量上应适当调整。

（2）机械作业。采用喷杆喷雾机作业时，封闭除草喷液量应调整为 200～300 升/公顷，风速 2～3 级时选 11004 号或 11003 号防风喷头，喷头间距 50 厘米，喷头距地面的高度 50 厘米为宜，拖拉机作业速度控制在 6～8 千米/时，调整到 2～3 个大气压；苗后茎叶除草喷液量100～150 升/公顷，选 11003 号或 11002 号喷头，喷头间距 50 厘米，喷头距植物冠层的高度 50 厘米为宜，调整到 4～5 个大气压。采取植保无人机航化作业时，亩喷液量要达到 1 升以上，能达到 1.5 升以上更佳，作业速度控制在 1～7 米/秒，作业高度根据药箱容量大小控制在距冠层 1～5 米范围。

（3）作业条件。在强光照天气，植保无人机作业在 10：00 前和 15：00 后为宜，采取侧向风施药或迎风施药，风速大于 4 米/秒时应停止作业，温度低于 10℃或超过 30℃时不宜作业，避开扬花期作业。

五、技术依托单位

1. 黑龙江省植检植保站

联系地址：哈尔滨市香坊区珠江路 21 号

联系人：原晓华、李鹏、李继文、郑红梅、王振、张齐凤、郑杨、李岩、朱丹、李慧、宋广悦、沃三超

联系电话：18686765089

2. 先正达（中国）投资有限公司

联系地址：哈尔滨市松北区创新二路 733 号

联系人：宋万坤

联系电话：15804512116

3. 武汉科诺生物科技股份有限公司

联系地址：武汉市洪山区关南科技工业园关南园路17号
联系人：董峰
联系电话：13377890673

拌种及晾种

机械作业施药

田间调查

无人机施药

大豆主要病虫害绿色防控技术模式

本技术模式的制定重点考虑了郑州市地区大豆生产过程中病虫草害发生情况、农药施用现状、基础生产设施条件和人员技术水平，从大豆病虫草害防治的可操作性、实用性、针对性入手，使模式内容更准确、条理更清晰，更易于掌握和操作，适宜基层植保人员应用，切实解决大豆病虫害防治过程中出现的实际问题。

一、技术概述

1. 技术基本情况

2020—2022 年，郑州市大豆年平均种植面积约 8.1 万亩。大豆病虫害防控主要面临技术产品不足、绿色防控力度不够等问题。科学防控大豆病虫害是提单产、保丰收的关键举措，对提升大豆油料自给率和相关产业安全意义重大。

该技术模式根据大豆主要病虫草害发生特点，注重农业防治，优先选用理化诱控、生物防治措施，提倡统防统治，精准适期施药，应用高效节约型施药机械，提升防控效果，严格规范农药使用操作，遵守农药安全间隔期，合理轮换用药，实现大豆病虫草害的有效控制。

2. 技术示范推广情况

本技术模式是在多年对大豆病虫害防治试验、示范推广和广泛调研的基础上，对大豆主要病虫草害绿色防控核心技术进行集成。2020—2022 年，推广农业防治、理化诱控、生物防治、科学用药等大豆病虫害绿色防控技术，推广面积达 2.6 万亩，年平均大豆病虫害绿色防控覆盖率达 32.1%，其中 2022 年达 36.7%。

3. 提质增效情况

通过推广应用大豆病虫害绿色防控技术，农药施用次数减少 2～3 次，化学农药使用量显著减少，提高了资源利用率，有效节省了防治成本，提高了大豆产量和品质，使农药残留量控制在允许水平之内，大豆质量达到了国家质量安全标准，经济效益显著。通过技术示范辐射带动作用，广大群众了解了大豆病虫害绿色防控的效果和作用，进一步增加了大豆病虫害绿色防控面积，绿色防控发展势头良好。同时推广使用高效、低毒、低残留农药，避免对天敌的杀伤作用，达到保护和利用天敌、保护生态环境的目的。

二、技术操作要点

1. 农业防治

（1）品种选择。因地制宜，选择高产、抗逆、抗病、抗倒伏的品种。品种应通过省级以上审定或引种备案。种子质量应符合《粮食作物种子　第2部分：豆类》（GB 4404.2）的要求。

（2）农艺措施。适时播种、精量播种、控制密度、轮作套作、培育壮苗以提高植株抗病能力，清除病株，深翻旋耕。

2. 理化诱控

（1）色板诱杀。每亩悬挂40张规格20厘米×25厘米的黄色粘虫板诱杀蚜虫、粉虱。粘虫板应高出植株顶部10～20厘米，并及时更换。

（2）灯光诱杀。大面积连片种植大豆田，可每30～50亩设置1盏杀虫灯，接虫口距地面1～1.5米，开灯时间20：00至次日2：00，杀灭鳞翅目、鞘翅目成虫等。杀虫灯使用应符合《植物保护机械　杀虫灯》（GB/T 24689.2）的要求。

（3）性信息素诱杀。每亩设置甜菜夜蛾、斜纹夜蛾性信息素诱捕器2～3套，诱杀成虫，诱捕器距地面高度0.8～1.2米，定期清理虫体并更换诱芯。

（4）食诱剂诱杀。大豆食心虫、豆荚螟成虫盛发期，沿垄沟洒施食诱剂，对其进行诱杀。

3. 生物防治

（1）利用天敌。宜在大豆田释放赤眼蜂防治大豆食心虫、豆荚螟等害虫；释放异色瓢虫、蚜茧蜂防治蚜虫。保护瓢虫、食蚜蝇、草蛉等天敌昆虫。

（2）生物农药。根腐病，每亩用2%宁南霉素水剂60～80毫升，播前拌种。菌核病，每亩用50%咪鲜胺可湿性粉剂30～40克，兑水喷雾。蚜虫等刺吸类害虫，每亩用0.5%苦参碱水剂90～120毫升，兑水喷雾。甜菜夜蛾幼虫，每亩用300亿多角体/克甜菜夜蛾核型多角体病毒2～5克，兑水喷雾。斜纹夜蛾幼虫，每亩用1%苦皮藤素水乳剂90～120毫升，兑水喷雾。

大豆食心虫、豆荚螟等初孵幼虫，每亩用16 000IU/毫克苏云金芽孢杆菌可湿性粉剂75～100克，或用25%乙基多杀菌素水分散粒剂12～14克，兑水喷雾；老熟幼虫脱荚入土前，每亩用150亿孢子/克的球孢白僵菌颗粒剂500～600克，混细干土撒施于植株周边地面上。

4. 科学使用化学农药

精准对靶施药，对症选药、适期适量用药。科学使用高效、低毒、低残留化学农药。使用农药应符合《农药合理使用规则》（GB/T 8321）（所有部分）、《农药安全使用技术使用规范　总则》（NY/T 1276）的规定。采用自走式喷杆喷雾机、植保无人机等高效节约型施药机械，喷杆喷雾机应符合《喷杆喷雾机　技术条件》（GB/T 24677.1）的相关要求，植保无人机应符合《值保无人飞机　质量评价技术规范》（NY/T 3213）的相关要求。

（1）种子包衣。用25%噻虫·咯·霜灵悬浮种衣剂200～400毫升，或用22%苯醚·咯·噻虫悬浮种衣剂910～1 136毫升，包衣大豆种子100千克，晾干后备播，防治立枯病、根腐病、霜霉病等土传病害，以及蚜虫与蛴螬、金针虫等地下害虫。

（2）生长调节。初花期和结荚期，用0.1%三十烷醇微乳剂1 000～2 000倍液喷雾，或用0.01%芸苔素内酯可溶液剂2 500～3 333倍液喷雾。

（3）生长期病害防治。叶斑类病害，多发于开花后或多雨天气，每亩用17%唑醚·氟环唑悬浮剂50～60毫升，或用18.7%丙环·嘧菌酯悬乳剂30～60毫升，或用325克/升苯甲·嘧菌酯悬浮剂40～60毫升，兑水喷雾。

锈病发病初期，每亩用10%苯醚甲环唑水分散粒剂65～80克，或用250克/升嘧菌酯悬浮剂40～60毫升，或用300克/升苯甲·丙环唑乳油20～30毫升，兑水喷雾。

霜霉病发病初期，每亩用50%烯酰吗啉水分散粒剂32～48克，或用68%精甲霜灵·代森锰锌水分散粒剂100～130克，兑水喷雾，或用40%百菌清悬浮剂600倍液喷雾。

炭疽病发病初期，每亩用75%百菌清可湿性粉剂113～206克，或用43%氟菌·肟菌酯悬浮剂20～30毫升，或用75%代森锰锌水分散粒剂100～133克，兑水喷雾。

（4）生长期虫害防治。大豆食心虫、豆荚螟等钻蛀类害虫，每亩用25克/升高效氯氟氰菊酯微乳剂15～20毫升，或用21%氰戊·马拉松乳油30～40克，或用1%甲氨基阿维菌素苯甲酸盐18～24毫升，或用30%茚虫威水分散粒剂6～9克，或用200克/升氯虫苯甲酰胺悬浮剂6～12毫升，兑水喷雾。

甜菜夜蛾、斜纹夜蛾、棉铃虫和造桥虫等食叶类害虫，每亩用20%高氯·辛硫磷乳油200～400毫升，或用4%高氯·吡虫啉乳油30～40克，或用90%敌百虫124～133克，兑水喷雾。

蚜虫、粉虱、点蜂缘蝽等刺吸类害虫，应于大豆植株现蕾、开花期进行重点防治，于早晨或傍晚进行，每亩用10%溴氰虫酰胺可分散油悬浮剂33.3～40毫升，或用50克/升双丙环虫酯可分散液剂10～16毫升，兑水喷雾；或用20%哒嗪硫磷乳油800倍液喷雾。

蜗牛类害虫，每亩用6%四聚乙醛颗粒剂500～600克，或用6%聚醛·甲萘威颗粒剂600～750克，进行撒施。

（5）草害防治。在大豆播后苗前，每亩用50%乙草胺乳油100～140毫升，兑水后对土壤喷雾，防除禾本科杂草及部分阔叶杂草，豆苗拱土前2天禁止施药；或于大豆2～3片复叶时，每亩用480克/升灭草松水剂150～200毫升，兑水茎叶喷雾，防除阔叶杂草；除草剂每季仅用1次。

三、适宜区域

本技术模式适用于郑州市夏大豆生产过程中的病虫害防控。

四、注意事项

①根据当地病虫害发生情况，有选择地推广应用抗性品种。

②加强病虫害预测预报，有针对性进行病虫害防治，避免盲目用药。

③放宽防治指标，尽量推迟第一次全田使用杀虫剂的时间，充分发挥天敌的控害作用。

④开展安全用药技术培训，推广高效新型施药机械，提高施药质量和农药利用率，严防农药中毒事故发生。

五、技术依托单位

郑州市农业技术推广中心植保植检站

联系地址：河南省郑州市桐柏南路118号农业局办公楼
联系人：王震、邢彩云、牛亚斌、李丽霞、李元杰
联系电话：0371-67176703

黄淮海夏大豆病虫草害绿色防控技术模式

黄淮海夏大豆产区是我国重要的大豆主产区之一，常年种植面积在265万公顷，占全国大豆种植面积的35%，总产量约400万吨。近年来我国大豆进口需求量激增，对外依存度高达80%以上。大豆依赖进口既有我国大豆种植面积不足和单产水平低的生产因素，也有大豆分散经营导致的市场化、组织化程度较低的产业因素及政策因素。夏大豆生长季高温多雨，病虫草害频发、高发是制约我国大豆高产稳产的最主要原因之一。本技术可有效控制大豆病虫草害，减少大豆病虫草发生危害率，提高我国夏大豆单产和总体产量，提升大豆品质，达到增产增效的目的。

一、技术概述

1. 技术基本概况

以夏大豆主要病虫草害的流行演替规律为基础，针对以苗期根腐病为主的种传与土传病害，以及地下和地上的害虫问题，杂草防除难而导致苗弱的问题，中后期多种病虫害导致植株早衰的问题，严格把控防控关键环节，以“播前种子包衣、田间除草、关键节点喷防病虫害”为主要切入点，做好大豆生产全程保驾护航，后期收获及时颗粒归仓。

2. 技术示范推广情况

夏大豆病虫草害绿色防控的相关工作已于2018年在鲁西南地区开始探索并付诸实施，并借助“济宁市农作物病虫害绿色防控技术研究创新团队”的相关平台，开展了夏大豆田病虫草害调查与普查。2019—2020年，在邹城市、汶上县开展了夏大豆“症青”试验调查工作，相关成果于2022年7月以《鲁西南地区夏大豆‘症青’的发生原因探析》的题目在《农学学报》上发表。2020年，在邹城市开展“国光大豆套餐对大豆生长的影响”研究，该研究成果于2021年4月在《基层农技推广》上发表等。同时还对大豆田其他害虫进行了绿色防控技术试验，发明的专利“一种防治大豆田甜菜夜蛾的组合物及应用”于2021年4月获得授权。山东省农业科学院植物保护研究所李美研究员团队对黄淮海地区开展的“大豆田草害调查”，基本摸清了黄淮海地区大豆种植区杂草的发生种类。2022年，开展了大豆病虫害的绿色防控试点示范；2023年，邹城市农业技术推广中心联合南京农业大学国家大豆产业技术体系王源超教授团队承担了《夏大豆病虫害综合防控技术规程》行业标准制定，目前该项目正处于实施之中。上述工作的开展，为黄淮海地区夏大豆病虫草害防控工作的开展打下了良好基础。

3. 提质增效情况

实施夏大豆病虫害绿色防控技术，对大豆主要病虫害起到了很好的控制作用。在使用国光大豆套餐的试验中，试验区大豆亩产量达到了 225.33 千克，较普通对照区大豆增产 21.29%。通过试验开展，对大豆“症青”的现象进行了进一步探索，认为“症青”的发生，除了受点蜂缘蝽等刺吸类害虫危害影响外，还可能与开花期遇上高温有关联。针对田间大豆甜菜夜蛾等鳞翅目害虫危害重的情况，探索性地开展了一系列生物防控措施研究，较好地控制了夏大豆生育期病虫草害的发生。

二、技术操作要点

夏大豆主要病虫草害防控遵循“预防为主，综合防治”的植保方针，以选用综合抗性较好的良种和健身栽培为基础，以农业防治、物理防治和生物防治为重点，辅以必要的化学防治，切实提高对病虫草害的防治效率，达到绿色、高产、稳产的目标。

1. 农业防控

（1）精选抗（耐）病虫良种。种植优良品种可减轻病虫危害，如齐黄 34、安豆 3、齐黄 30、中黄系列、山宁 21 等。

（2）清洁田园，合理轮作换茬。大豆收获后清除病虫残体，在田外进行销毁，能有效降低病虫越冬基数；有轮作条件的应与禾本科作物或甘薯、瓜菜轮作，有效减轻病虫危害。

（3）适期晚播，减轻“症青”发生。大豆是短日照作物，不喜高温，如果播种过早，开花授粉期容易与高温天气相遇，影响授粉与籽粒发育，造成大豆“症青”现象发生。

2. 生态调控

种植功能性植物。在田块四周田埂上种植蛇床子等植物，为天敌生物如寄生蜂、瓢虫等提供蜜露和花粉，减少害虫发生程度，增强自然控害能力。

3. 理化诱控

（1）灯光诱杀技术。频振式杀虫灯主要是根据害虫强烈的趋光特性，灯外配以频振式高压电网触杀，使害虫落入灯下的接虫袋内，达到杀灭害虫的目的。尤其是对金龟甲、棉铃虫、甜菜夜蛾、地老虎等常发性害虫成虫的诱杀效果显著。

（2）性诱技术。在大豆田害虫发生期间，通过悬挂性诱装置，在重要害虫的交配期，通过释放性信息激素扰乱其正常的交配行为，进而减少田间落卵量，减轻害虫危害。应用的性信息素配套装置主要有棉铃虫、金龟甲和甜菜夜蛾等的诱捕器。每种类型的诱捕器每亩安装 1～2 个，诱芯每月更换 1 次，能起到较好的诱捕效果。

（3）生物食诱技术。生物食诱剂是将植物挥发物与昆虫取食促进剂融合，吸引和诱集多种害虫成虫取食，再配以少量杀虫剂，达到控制和压低害虫种群数量，减少化学农药使用的目的。在鳞翅目等主要害虫成虫盛发期 3～5 天前，每亩使用生物食诱剂 100 毫升，与水按 1∶1 混合，然后在每升生物食诱剂中加入 200 克/升氯虫苯甲酰胺药剂 5 克，混合均匀即可使用。可采取茎叶条带滴洒或田间悬挂方盒诱捕器的施药方式进行田间处理。高峰期间隔 5～7 天施用 1 次，共施用 2 次。

4. 生物药剂防治

金龟子绿僵菌可以防治蛴螬和甜菜夜蛾、棉铃虫等多种害虫，该制剂是一种真菌性生物制剂，对人、畜、农作物无毒、无残留，一旦寄生在害虫体内，使害虫一般 2～3 天即可死亡。主要用于防治金针虫、蛴螬、地老虎等地下害虫及甜菜夜蛾幼虫、棉铃虫。使用方法：一是种子包衣。用 100 亿孢子/克金龟子绿僵菌可湿性粉剂 500 倍液进行种子包衣，对蛴螬、金针虫等地下害虫有较好的防治效果。二是茎叶喷雾。可在害虫发生初期，幼虫低龄期，用 100 亿孢子/毫升金龟子绿僵菌 CQMa421 可分散油悬浮剂 30～50 毫升/亩，均匀喷雾防治甜菜夜蛾、棉铃虫。

5. 天敌防控

在田间靶标害虫进入产卵高峰期的 3～5 天，通过无人机释放寄生蜂等天敌，切忌将蜂卡放在烈日下暴晒，要避免与化学试剂、农药、化肥等刺激性物质接触。如田间已施用农药防治害虫，则应在施药 3 天后再进行放蜂。

6. 科学用药

（1）种子包衣技术。种子包衣是控制苗期根腐病发生、减轻地下害虫及蚜虫等害虫危害的一项轻简化技术。播种前，可选用 6.25%咯菌腈·精甲霜灵悬浮种衣剂（根腐病常发区优先选择）+48%噻虫嗪悬浮种衣剂，或 25%噻虫嗪·精甲霜灵·咯菌腈悬浮种衣剂，或 27%噻虫嗪·咯菌腈·苯醚甲环唑悬浮种衣剂对大豆种子包衣，根据说明书规定用量进行均匀包衣。

（2）封闭除草。苗前封闭处理。可选用 96%精异丙甲草胺乳油（50～80 毫升/亩）进行封闭除草。

苗后茎叶处理。在大豆 2～3 片复叶期，使用 75%氟磺胺草醚乳油（30 克/亩，针对阔叶杂草和香附子）+10%精喹禾灵乳油（50 克/亩，针对禾本科杂草）进行茎叶喷雾。

（3）科学用药。夏大豆整个生育期，选用国光套餐用药技术，坚持三遍用药，对夏大豆生长期间的病虫害控制效果较好，同时能保证生育期所需营养不缺乏，做到稳产、高产。

夏大豆生育期三遍用药对照表

次数	使用时间	药剂种类	目的
第一遍	使用苗后除草剂 1 周后	2%苄氨基嘌呤可溶液剂 200 毫升； 0.01%芸苔素可溶液剂 200 毫升； 30%精甲霜噁霉灵水剂 400 毫升； 24%噻呋酰胺悬浮剂 200 毫升； 氨基酸生根水剂 500 毫升	防治根腐病；促生根、促侧枝发育，提高光合作用

（续）

次数	使用时间	药剂种类	目的
第二遍	初花期—盛花期	30%多唑甲哌鎓悬浮剂 300 毫升； 30%烯酰吗啉·氰霜唑悬浮剂 400 毫升； 16%甲维盐·茚虫威悬浮剂 300 毫升； 50%啶虫脒可溶粒剂 100 克； 40 克/升腐殖酸+350 克/升大量元素肥 500 毫升	防治霜霉病等叶部病害；防治豆荚螟、点蜂缘蝽、甜菜夜蛾等鳞翅目幼虫；控旺、促结果、提高结实率
第三遍	鼓粒期	0.1%S 诱抗素水剂 1 升； 0.1%三十烷醇微乳剂 200 毫升； 16%甲维盐·茚虫威悬浮剂 300 毫升； 50%磷钾及硼铁锌水溶肥 1 升	防治豆荚螟，保叶防早衰，补充鼓粒期所需养分，促进荚果快速膨大

三、适宜区域

本技术适用于黄淮海地区京津以南的河北省中部、南部，河南、山东两省，山西南部，安徽、江苏两省的淮河以北平原地区的夏播大豆产区。

四、注意事项

本技术仅适用于夏大豆种植区域，部分技术可为春大豆种植区域提供参考。天敌防治技术需在田间调查的基础上，确定释放天敌寄生蜂的时间。

黄淮海夏大豆病虫草害全程绿色防控技术模式

生育期	播种期	苗期	初花—盛花期	鼓粒期
主控对象	地下害虫、苗期病害、杂草	根腐病、金针虫、蛴螬等地下害虫	霜霉病等叶部病害；豆荚螟、点蜂缘蝽、甜菜夜蛾等鳞翅目幼虫	豆荚螟幼虫、保叶防早衰、补充鼓粒期所需养分，促进荚果快速膨大
防控方案	选种+种子包衣+封闭除草	苗后化学除草、除草剂使用 1 周后第一遍药剂	植物调节剂调控、棉铃虫性诱剂诱控、食诱剂诱控	生物防控、理化诱控、化学防治
技术措施	精选良种：齐黄 34、安豆 3 号、齐黄 30、中黄系列、山宁 21 等。 种子包衣：播种前，每 100 千克大豆种子可选用 6.25%咯菌腈·精甲霜灵悬浮种衣剂（根腐病常发区优先选择）+48%噻虫嗪悬浮种衣剂，或 25%噻虫嗪·精甲霜灵·咯菌腈悬浮种衣剂，或 27%噻虫嗪·咯菌腈·苯醚甲环唑悬浮种衣剂，根据说明书规定用量进行足量均匀包衣。 化学除草：苗前封闭处理。可选用 96%精异丙甲草胺乳油（50～80 毫升/亩）进行封闭除草。苗后茎叶处理。在大豆 2～3 片复叶期，使用 75%氟磺胺草醚乳油（30 克/亩，针对阔叶杂草和香附子）+10%精喹禾灵乳油（50 克/亩，针对禾本科杂草）进行茎叶喷雾。 理化诱控：①杀虫灯。安装杀虫灯，灯与灯之间的距离在 120～150 米，呈棋盘式分布，在使用过程中，要经常清理高压电网和灯管，特别是 6～8 月诱杀高峰期。②信息激素诱控。在害虫始发期使用昆虫食诱剂、棉铃虫性诱剂诱杀棉铃虫、甜菜夜蛾、金龟甲等害虫，每亩设 2～3 个诱控点为宜，距离花生植株顶部 0.6 米，1～2 个月更换 1 次诱芯。③粘虫板。每亩悬挂中型粘虫板（25 厘米×13.5 厘米）25 块，或大型粘虫板（40 厘米×25 厘米）20 块，悬挂高度一般要高出花生顶部 20～30 厘米，均匀分布即可。④食诱技术。每亩使用科桐生物食诱剂 100 毫升，与水按 1∶1 混合，然后以每升生物食诱剂加入 200 克/升氯虫			

（续）

生育期	播种期	苗期	初花—盛花期	鼓粒期
技术措施	苯甲酰胺药剂5克，混合均匀撒施于花生植株上即可。 种植功能性植物：在大豆田四周田埂上种植蛇床子等，为天敌生物瓢虫等提供蜜露及庇护场所。 科学用药：根据大豆不同的生育期，施用国光大豆套餐等防治病虫害，以实现控旺、增产等目标			

五、技术依托单位

1. 邹城市农业技术推广中心

联系地址：山东省邹城市欧兰路777号
联系人：王祥会
联系电话：15264722321
电子邮箱：zcswxh@126.com

2. 南京农业大学植物保护学院（国家大豆产业技术体系）

联系地址：南京市玄武区南苑路卫岗1号
联系人：叶文武
联系电话：13770681681

3. 山东省农业科学院植物保护研究所

联系地址：山东省济南市工业北路23788号
联系人：李美
联系电话：13789826835

4. 中国农业大学植物保护学院生物安全系

联系地址：北京市海淀区圆明园西路2号
联系人：闫硕
联系电话：13161234140

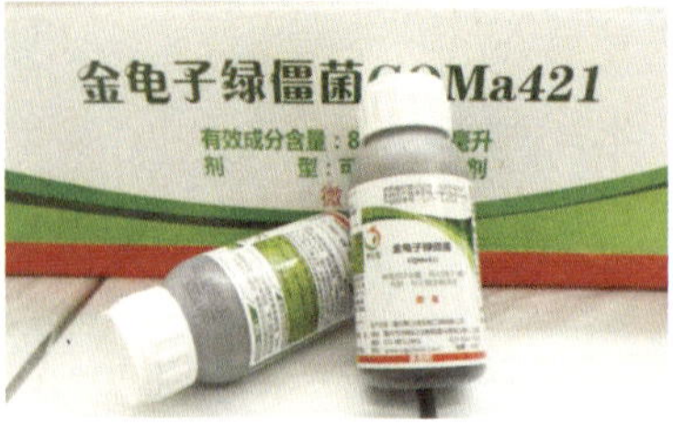

生物药剂金龟子绿僵菌CQMa421

寄生蜂释放技术

频振式杀虫灯诱杀技术

性诱技术

生物食诱技术

大豆种子包衣技术

宁夏大豆玉米带状复合种植病虫草害绿色防控技术模式

大豆玉米带状复合种植是破解耕地资源约束、挖掘耕地潜力，提升大豆产能的重要途径。为认真贯彻落实中央关于大豆玉米带状复合种植相关决策部署，进一步提高大豆产量，稳定玉米产能，宁夏回族自治区依托农业农村部和自治区农财两厅项目资金，大面积示范推广大豆玉米带状复合种植技术，同时，全面开展病虫草害绿色防控示范工作。通过一年的试验示范，宁夏有效控制了大豆玉米带状复合种植模式下的病虫草害，积累了丰富的绿色防控技术及经验，形成了从品种选择到收获的全程大豆玉米带状复合种植病虫草害绿色防控技术模式。

一、技术概述

1. 技术基本情况

杂草防除技术＋化学控旺技术＋病虫害防治技术。

2. 技术示范推广情况

2022 年，宁夏推广大豆玉米带状复合种植面积 5.33 万公顷，为扎实做好宁夏大豆玉米带状复合种植工作，宁夏回族自治区农业农村厅年初即印发了《2022 年全区大豆玉米带状复合种植技术指导意见》，指导各地科学开展大豆玉米带状复合种植工作。同时，建立绿色防控试验示范区 3 个，试验示范包括除草、控旺和病虫害防治等方面，组织开展大豆玉米带状复合种植病虫草害绿色防控技术培训班、培训会 32 场次，培训种植户 1 800 余人，宁夏各级植保部门组织技术人员进村入户开展大豆玉米带状复合种植病虫草害绿色防控调查研究、技术指导 600 余次。通过大量调研与技术推广指导，宁夏大豆玉米带状复合种植病虫草害得到了有效控制，本技术模式也得到了进一步的验证与推广，为宁夏提高种植综合效益，实现“玉米基本不减产，多收获 100 千克大豆”的目标提供了有力支撑。

3. 提质增效情况

（1）防治效果明显。通过应用杂草防除＋化学控旺＋病虫害防治的绿色防控技术模式，宁夏大豆玉米带状复合种植田病虫草害发生程度明显减轻，对主要病虫害的防治效果超 90%，对大豆玉米田主要草害防除效果明显，大大降低了病虫草害对大豆玉米带状复合种植的产量影响。

（2）经济效益显著。自实施本绿色防控技术模式以来，大豆玉米带状复合种植病虫草害防控效果十分显著，预计产量将有明显提升。同时，本技术模式降低了大豆玉米带状复合种植病虫草害防控农药使用量和使用次数，每亩用药成本减少 6～8 元，用工成本减少

14～18元，种植成本明显降低，经济效益显著。

（3）社会效益提升。宁夏大豆玉米带状复合种植推广初期，受作业难度高、病虫草害发生情况复杂、大豆产量不高等因素影响，广大农户对复合种植模式认可度和接受度较低，甚至存在一定的抵触心理。本技术模式经过多年示范推广，良好的病虫草害防控效果和较低的防治成本得到了广大农户的认可，极大地增强了农民群众的种植信心，社会效益明显提升。

二、技术操作要点

1. 杂草防除技术

坚持“以播前土壤封闭处理为主，以苗后茎叶处理为辅；以化学除草为主，以地膜覆盖、机械防治等农艺措施为辅”的除草策略。

（1）土壤封闭技术。

①引扬黄灌区。播种前采取全田喷施封闭药剂＋浅混土措施，将药剂与土壤均匀混合，混土深度4～6厘米。推荐用96％精异丙甲草胺乳油80～100毫升/亩＋80％唑嘧磺草胺水分散粒剂3～4克/亩（或75％噻吩磺隆水分散粒剂3～4克/亩），兑水40～50千克均匀喷雾；或用50％乙草胺乳油100～150毫升/亩＋80％唑嘧磺草胺水分散粒剂3～4克/亩（或75％噻吩磺隆水分散粒剂3～4克/亩），兑水40～50千克均匀喷雾；或90％乙草胺乳油100～120毫升/亩＋80％唑嘧磺草胺水分散粒剂3～4克/亩（或75％噻吩磺隆水分散粒剂2～3克/亩），兑水40～50千克均匀喷雾。播前或播后苗前用96％精异丙甲草胺乳油80～100毫升/亩或90％乙草胺乳油100～120毫升/亩＋200克/升草铵膦水剂80～120毫升/亩进行封杀。施药机械可选用植保无人机、喷杆喷雾机或旋耕机自带的施药机。施药后应立即浅混土，镇压或轻耱后播种。

②宁南山区。采取“喷施封闭药剂＋覆膜”的方式。推荐用96％精异丙甲草胺乳油50～80毫升/亩＋80％唑嘧磺草胺水分散粒剂3～4克/亩（或75％噻吩磺隆水分散粒剂3～4克/亩），兑水30千克均匀喷雾；或用50％乙草胺乳油100～120毫升/亩＋80％唑嘧磺草胺水分散粒剂3～4克/亩（或75％噻吩磺隆水分散粒剂3～4克/亩），兑水30千克均匀喷雾；或用90％乙草胺乳油100～120毫升＋80％唑嘧磺草胺水分散粒剂3～4克/亩（或75％噻吩磺隆水分散粒剂3～4克/亩），兑水30千克均匀喷雾。在覆膜机或覆膜播种机上加装药箱和喷头，将除草药剂喷施在土壤上，并与土壤充分混合。药后应立即覆膜，适时播种。

（2）苗后除草。封闭效果不理想的，在玉米苗后3～5叶期，选择24％硝·烟·莠去津可分散油悬浮剂150～200毫升/亩，或10％烟嘧磺隆可分散油悬浮剂32～40毫升/亩＋36％氯氟吡氧乙酸异辛酯乳油35～45毫升/亩（或480克/升灭草松水剂150～200毫升/亩），或10％烟嘧磺隆可分散油悬浮剂32～40毫升/亩＋8％环磺酮可分散油悬浮剂75～105毫升/亩等除草剂除草；大豆2～3片三出复叶期，选择5％精喹禾灵乳油70～100毫升/亩，或28％高效氟吡甲禾灵微乳剂10～15毫升/亩，或240克/升烯草酮乳油30～40毫升/亩防除禾本科杂草，选择20％乙羧氟草醚乳油30～40毫升/亩，或480克/升灭草松水剂

156～208 毫升/亩，或 20%氟磺胺草醚乳油 70～90 毫升/亩防除阔叶杂草。施药机械按带宽加装隔帘或防护罩，进行定向喷雾。应选择无风无雨天气进行作业，防止雾滴漂移产生药害。

（3）中耕除草。玉米 5～7 叶时，采用中耕除草机对玉米行间进行除草作业，深度5～10 厘米。玉米拔节期后，选用装有窄型翼形铲、除草铲的中耕除草机，对大豆行间和大豆玉米带间进行一次性除草作业，深度 5～10 厘米。

2. 化学控旺技术

化学控旺技术是实现大豆玉米带状复合种植“玉米基本不减产，增收一茬大豆”目标的关键技术之一。生产中在通过品种选择、水肥管理等方式控制株高的同时，要使用化学药剂控制大豆旺长，防止倒伏。

引黄灌区于大豆分枝期、盛花期，亩用 5%烯效唑可湿性粉剂 25～50 克，兑水 30 千克，各进行 1 次化学控旺。可结合防病防虫、喷施植物生长调节剂（叶面肥）进行。分枝期亩用量不宜过大。喷施时间应避开高温时段，均匀喷施上部叶片即可，药液要先配成母液再稀释使用。

3. 病虫防治技术

遵循“预防为主，综合防治”的方针，加强田间管理，做到早防早治、统防统治。大豆玉米全生育期采用物理防治、生物防治与化学防治相结合的方法，利用杀虫灯、性诱捕器或粘虫板等诱杀害虫。

（1）播种期防治。大豆种子处理：每 100 千克大豆种子选用 62.5 克/升精甲·咯菌腈种子处理悬浮剂 300～400 毫升包衣，或 11%氟环·咯·精甲种子处理悬浮剂 200～400 毫升拌种，预防大豆根腐病、疫病，或 25%噻虫·咯·霜灵种子处理悬浮剂 600～800 毫升拌种，预防大豆根腐病、蚜虫。玉米种子处理：选用 40%溴酰·噻虫嗪种衣剂，按照每亩 10 毫升种衣剂兑水 100 毫升，拌玉米种子 3～4 千克的比例进行包衣，防治地下害虫，每 100 千克玉米种子选用 29%噻虫·咯·霜灵悬浮种衣剂 468～561 毫升包衣；预防玉米茎基腐病和蚜虫。已接种根瘤菌的，不进行种子包衣。

（2）理化诱控。光诱：利用杀虫灯诱控，每 2 公顷安 1 盏杀虫灯。性诱：每亩安装 1～2 个性诱捕器，诱杀草地贪夜蛾、棉铃虫、黏虫、地老虎、玉米螟等。色诱：每亩悬挂 20～30 张黄板诱杀蚜虫等。

（3）生物防治。在害虫卵和低龄幼虫期，选用苏云金芽孢杆菌、棉铃虫核型多角体病毒、球孢白僵菌、绿僵菌等生物农药控制其种群数量。

（4）化学防治。根据防治指标和防治适期开展化学防治。防治玉米草地贪夜蛾、黏虫、棉铃虫、玉米螟等害虫选用 25%乙基多杀菌素水分散粒剂 8～12 克/亩、5%氯虫苯甲酰胺悬浮剂 16～20 毫升/亩等。防治叶螨可选用 20%唑螨酯悬浮剂 7～10 毫升/亩等。防治玉米大斑病、小斑病、锈病可选用 25%吡唑醚菌酯悬浮剂 40～50 毫升/亩、28%丙环·嘧菌酯悬乳剂 35～50 毫升/亩、30%唑醚·戊唑醇悬浮剂 34～46 毫升/亩等。防治大豆食心虫选用 25 克/升高效氯氟氰菊酯乳油 15～20 毫升/亩、14%氯虫·高氯氟微囊悬浮-悬浮剂 10～20 毫升/亩、40%毒死蜱乳油 80～100 克/亩等。防治大豆蚜选用 22%噻虫·高氯氟微囊悬浮-悬浮剂 4～6 毫升/亩、20%氰戊菊酯乳油 10～20 克/亩等。防治豆荚螟可选用 200 克/升氯虫苯甲酰胺悬浮剂 6～12 毫升/亩、20%氰戊菊酯乳油 20～40 克/亩等。防治大豆造桥虫可选用 22%噻虫·高氯氟微囊悬浮-悬浮剂 4～6 毫升/亩等。

三、适宜区域

西北大豆玉米带状复合种植区。

四、注意事项

（1）正确施药，适期防控。采用无人机施药时要注意添加增效剂、沉降剂，保证每亩 1.5～2 升的药液量。特别是防治害虫时，要抓住低龄幼虫期防控，效果最佳，以保苗、保芯、保产为目标开展统防统治。

（2）合理使用除草剂。除草剂必须选择被农业农村部登记在玉米和大豆上使用的产品，田间不能积水。沙质土壤或有机质含量低的田块使用推荐药剂量的下限值。

（3）选对天气施药，防止药害。定向除草时要选择晴朗无风天气，使用分带隔离式喷杆喷雾机进行喷雾，喷药时间选择 10：00 前和 16：00 后，夏季高温季节中午不能喷药，阴雨天、大风天禁止用药，防止药效降低及雾滴漂移产生药害。如果发生除草剂药害，可在作物叶面及时喷施吲哚丁酸、芸苔素内酯、赤霉酸等缓解药害。

五、技术依托单位

宁夏回族自治区农业技术推广总站

联系地址：宁夏回族自治区银川市兴庆区北京东路 289 号
联系人：刘媛、李健荣、马景、梁晓宇
联系电话：0951-6733871
电子邮箱：nxzb2014@163.com

病虫害监测

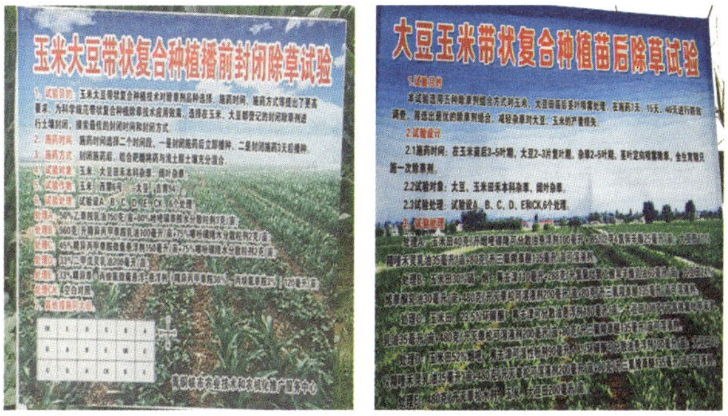

大豆玉米带状复合种植除草试验

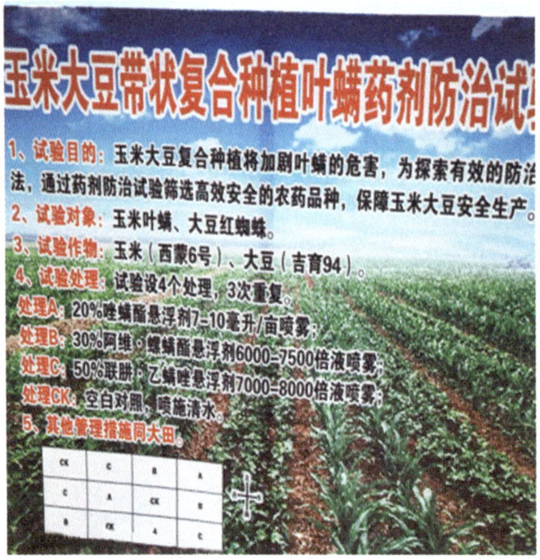

大豆玉米带状复合种植病虫害试验

大豆玉米带状复合种植化学调控试验

定西市安定区马铃薯病虫害全程绿色防控综合利用技术模式

定西市安定区根据马铃薯生产中主要病虫害发生特点，综合利用农业、物理、生物及化学防治等技术，将马铃薯与玉米、豆类、小麦及其他作物合理轮作倒茬，大力推进良种良法相结合、农机农艺相结合、行政科研相结合，总结出符合安定区的马铃薯病虫害全程绿色防控“安定”技术模式。根据马铃薯不同生育阶段分为5大技术模式，不断提高马铃薯种植及病虫害防控的标准化及集约化程度，全面提高绿色防控水平。

一、技术概述

1. 技术基本情况

安定区通过多年对马铃薯生产中病虫害的防治，集成了包括“‘豆—麦(玉米)—薯—胡麻(蔬菜)—豆轮作倒茬’＋机械深翻晾晒＋选择抗病品种＋应用脱毒种薯＋挑拣健康种薯＋切种刀具消毒＋种薯药剂处理＋科学配方施肥＋多施有机肥＋黑色全膜覆盖＋双行垄侧栽培＋株行合理密植＋预警预测预报＋种薯网棚防蚜＋灯光诱杀地下害虫＋生物农药统防统治＋收前割茎晒地＋收获薯块晾晒＋入窖药剂处理＋贮藏科学管理”20个环节的马铃薯病虫害全程绿色防控“安定”技术模式。

2. 技术示范推广情况

2023年安定区建设完成绿色防控试验示范区1个，面积1 070亩，示范带动防控面积1万亩以上，主要开展生态调控、农业防治、生物防治、理化诱控和科学用药等防控措施的示范，重点示范推广高效栽培、生物农药、理化诱杀、天敌利用等绿色防控技术。集中进行以全程绿色防控为核心的技术，设立马铃薯减药、马铃薯病害全程控制、筛选抗病新品种（系）、抗旱种植等多项试验及大区示范。定西市主要农作物病虫害绿色防控覆盖率达50%以上，农作物因病虫害造成的损失率控制在5%以下。同时组织开展农药和施药器械使用情况调查、农药包装废弃物回收处置等工作，有效降低农药包装废弃物对农业和农村生态环境的影响。

3. 提质增效情况

通过多项试验及大区示范，将筛选出的高产抗病品种、高效低毒农药以及生物有机肥等，在基地进行大面积示范推广应用，完成推广面积3 000亩，辐射带动3万亩。基地平均亩产量3 158千克，较对照常规防治田平均亩产量2 724.5千克增产433.5千克，增幅15.9%。病虫害防治效果达85%以上，危害损失率控制在5%以下，化学农药使用量减少20%以上，实现了高毒农药全面禁用，绿色优质抗病新品种、健康种薯繁育、种薯防病处理、农药减施高效利用、新型植保机械应用等马铃薯绿色防控核心技术的使用，确保了马铃薯增产和提质增效。

二、技术操作要点

该技术模式的 5 个时段。

1. 播种前农业＋化学防控虫害模式（3 月下旬至 4 月中旬播种前期）

指导种植户对耕地每 3 年进行机械深松耕 1 次，在播种前选用轮作倒茬后的田块进行旋耕碎土，同时施有机肥及配方肥（N∶P_2O_5∶K_2O＝14.3∶9.6∶7.3），再进行土壤处理，然后起垄全膜覆盖点播（全程机械化的地块实行起垄、施肥、播种、覆膜一次性完成）。

土壤处理：亩用 40％辛硫磷乳油 0.5 千克，兑水 2 千克，与 20～30 千克细沙混拌成毒土，撒施后覆膜，防治地下害虫幼虫。

2. 播种期农业＋物理＋化学防控病害模式（4 月下旬至 5 月中旬播种期）

（1）选种晒种。选用抗病品种，一般为晚熟品种，如陇薯 7 号、陇薯 10、青薯 9 号等，并种植脱毒种薯；加工型品种大多为早熟品种，一般不抗早疫病、晚疫病，种植脱毒种薯，加强中后期病害防控。马铃薯在种前严格拣种，晒种催芽 1 周左右再切薯播种。

（2）切刀消毒。切种薯时，彻底清除病薯，并且做到两把切刀轮换在 0.1％高锰酸钾溶液或 75％酒精中浸泡消毒使用，防细菌性病害传播。

（3）种薯处理。①浸种。将切好的种薯用稀土旱地宝复合微肥 300 倍液浸种 20 分钟（100 克稀土旱地宝复合微肥兑水 30 千克浸种薯 100～150 千克），捞出晾干后播种。②拌种（包衣）。用 2.5％咯菌腈悬浮种衣剂 50 毫升＋70％噻虫嗪种子处理可分散粉剂 30 克包衣 100 千克种薯；或用 72％霜脲·锰锌＋70％甲基硫菌灵或 50％多菌灵＋滑石粉按1∶1∶20 的比例制成混合剂拌种，1 千克混合剂可处理 100 千克种薯；或选用 58％甲霜灵·锰锌可湿性粉剂 100 克加 2～3 千克细土或细灰，混合均匀后拌 100 千克种薯，拌种时边撒边搅，搅拌均匀晾干（一般晾 1 天），薯块切口木栓化后播种，既可防土传病害，也可防地下害虫。

（4）播种。单垄采用机械双行垄侧栽培（全程机械化），全膜双垄使用马铃薯点播器人工点种。

3. 苗期至块茎膨大期物理＋化学防控病害模式（5 月下旬至 9 月中旬苗期、开花期及块茎膨大期）

（1）预警预报。在预警系统监测到晚疫病病原菌发生了 3 代时，早熟品种需在大田进行晚疫病调查，及时发布情报，指导科学防治；晚熟品种在预警系统监测到晚疫病病原菌发生了 4 代后，进行大田调查指导防治。

（2）统防统治。重点针对马铃薯早疫病、晚疫病进行叶面喷雾，在晚疫病已侵染但未显症前，可选用80%代森锰锌可湿性粉剂100克/亩第一次喷雾，发生后用58%甲霜·锰锌可湿性粉剂100克/亩，或72%霜脲·锰锌可湿性粉剂100克/亩，或0.3%丁子香酚可溶液剂100毫升/亩，或68.75%氟菌·霜霉威悬浮剂75毫升/亩，兑水45千克交替喷雾防治。使用大型机械防控、无人机飞防及统防统治，切实降低化学农药使用量，提高药效，提高马铃薯病虫害防控科学化水平。

（3）现蕾开花期正值金龟子羽化交配期、蚜虫繁殖危害高峰期，通过悬挂黄板、安装杀虫灯、放置糖醋液盆，控制蚜虫、叩头虫、金龟子幼虫及地老虎等虫害。

4. 收获期物理措施防控病害模式（9月下旬至10月上旬收获期）

当2/3叶片变黄时即可收获，收获前将植株地上部分茎叶割除并带出田外，覆膜地块揭膜并清理后带出田外，充分晒地，至地面露白为宜。宜在晴天或干燥天气收获，忌在雨天或露水多时收获，机械采收，挖得尽量深些、宽些，人工采挖时进行垄外斜挖，尽可能减少机械损伤。收获后仔细挑选，及时汰除病薯和伤薯。入窖薯块要充分晾晒，使黏附的泥土与薯块自然剥离，薯皮形成木栓化组织、伤口愈合后再入窖，做到科学收获，减少病原菌从薯块伤口侵入。

5. 贮藏期物理＋化学防控病害模式（10月中旬至翌年3月下旬收获期）

入窖前彻底打扫窖，通风排湿，地面撒生石灰吸湿消毒。种薯窖可用点燃的硫黄熏蒸，或用40%福尔马林喷洒窖壁，或用40%福尔马林＋高锰酸钾熏蒸闷窖杀菌等，确保薯块在干净的窖内贮藏。薯块散堆高不超过窖高的1/2，袋装码垛高不能高于7层。在贮藏初期，从入窖到11月底以降温散热为主，窖口通气孔要经常打开，做到白天大开，夜间小开或关闭，薯堆表面既不能有"出汗"现象，又要保持薯皮新鲜；贮藏中期，12月至翌年2月主要防寒保温，经常检查窖温；贮藏末期，翌年3～4月以通风控温为主，整个贮藏期窖内保持温度2～4℃，相对湿度保持85%左右。

三、适宜区域

适宜在与定西市安定区同纬度的旱作区及水浇地区全面实施。

四、注意事项

预警信息与大田调查结合，综合分析，及时指导科学防治；所用农药均为农业农村部推荐马铃薯病虫害绿色防控用药，杜绝应用高毒高残留农药；可因品种而异及时早收。收获时要先收种薯后收商品薯，品种不同，须分开收获。特别是种薯不能随便混杂，应保持种薯绝对纯度。马铃薯病虫害全程绿色防控过程中，生态调控、农业防治、生物防治、理化诱控和科学用药互相嵌套，互相促进，不可分割。

五、技术依托单位

1. 定西市安定区农业技术推广服务中心

联系地址：甘肃省定西市安定区公园路1号
联系人：崔元红、刘小平、冯静霞

2. 甘肃省植保植检站

联系地址：甘肃省兰州市城关区嘉峪关西路708号农业大厦
联系人：王得毓、左佳妮、赵维涛
联系电话：0932-8318918、15193112300、15095470587
电子邮箱：gszbfzk@163.com

宁夏马铃薯病虫害绿色防控技术模式

马铃薯是宁夏四大粮食作物之一，主要分布在宁南山区，年均种植面积在200万亩以上，是宁夏主导产业和农民增收致富的支柱产业，对促进宁夏农业经济发展起着十分重要的作用，2023年被宁夏回族自治区政府列为“6＋1”特色产业。病虫害是制约马铃薯产业发展的主要因素之一，据统计，宁夏每年马铃薯病虫害发病面积在280万亩次以上，其种类主要有晚疫病、早疫病、蚜虫等。

自2010年以来，针对监测手段落后、防控药剂使用不合理的问题，宁夏农业技术推广总站引进优化比利时CARAH马铃薯晚疫病监测预警模型，在此基础上开发出马铃薯晚疫病监测预警及防治决策系统平台，筛选出种薯处理、苗期预防的高效低毒农药配方组合和理化诱控技术，配备监测预警设备，提高了晚疫病预报准确率，实现了马铃薯病虫害防控技术决策智能化、用药精准化。

一、技术概述

1. 技术基本情况

根据马铃薯不同生育期、病虫害发生期和防治关键期，集成“预测预报＋选用抗病品种＋药剂拌种＋健身栽培措施＋理化诱控＋晚疫病监测预警系统防控决策＋全生育期科学安全用药”技术模式。该模式经济、简便、高效，可有效防控马铃薯晚疫病、早疫病、黑胫病、蚜虫等常发多发性病虫害。

2. 技术示范推广情况

2012年以来，建立“监测预警平台＋农药生产企业＋农业技术部门＋马铃薯种植基地”的马铃薯病虫害绿色防控技术模式，主要在原州区、西吉县、隆德县、泾源县、彭阳县、海原县、盐池县、同心县、红寺堡区等马铃薯主栽区示范推广应用，截至2023年，建立示范区50个，示范面积5万亩，累计推广面积1 500万亩，年均推广面积125万亩，马铃薯主要病虫害绿色防控覆盖率47.03%。在全区实现了晚疫病监测预警网络覆盖化、预警信息化，病虫害防控智能化、统防统治标准化，提升了宁夏马铃薯病虫害综合防治科技水平，为马铃薯病虫害绿色防控提供了技术支撑。

3. 提质增效情况

经济效益：绿色防控技术模式实施期间，马铃薯病虫害防效93%，较常规防治防效提高8%，马铃薯平均亩产量1 871.14千克，比常规防治平均亩增产312.16千克，增幅20.02%；平均亩产值1 684.02元，比常规防治亩增产值280.94元；平均亩成本51.98

元，比常规防治增加投入 24.69 元，亩增纯收益 256.25 元。

社会效益：通过本技术模式的推广应用，培养专业化统防统治组织 10 个，新建马铃薯晚疫病监测仪 8 台，新增大中型防治设备 50 多台，改善了马铃薯病虫害监测预警与综合防控工作基础设施与技术装备条件，提高了马铃薯病虫害的监测预警能力和病虫害应急防控能力，扩大了绿色防控技术的社会面，促进了南部山区生产方式的转变，提高了综合生产能力和抗旱减灾能力。

生态效益：技术模式的推广应用，提升了预报准确率，使用药时间更加精准，提高了农药利用率，减少了农药使用量和使用次数，有效提高了示范区农户防治马铃薯病虫害的技术水平，有效控制了马铃薯晚疫病的危害，降低了种薯带菌率，减少了因晚疫病造成的烂薯遍地、恶臭弥漫现状，有效地保护了生态环境。

二、技术操作要点

1. 预测预报

6 月上旬至 9 月中旬开展马铃薯病虫害系统调查和大田普查，结合马铃薯晚疫病监测预警系统及气象条件，预测病虫害发生情况，对未达到防治指标的田块不进行防治，达到防治指标的田块适时、适量、对症用药防治。

2. 选用抗病品种

选择抗性好的脱毒种薯品种，如青薯 9 号、庄薯 3 号、陇薯 3 号、陇薯 6 号、冀张薯 8 号等，有效防控黑胫病等种传病害。

3. 药剂拌种

播种前淘汰病烂薯，提倡小种薯播种，需切块时，切刀用酒精、高锰酸钾或福尔马林浸泡消毒；切好的薯块用 70%吡虫啉悬浮剂 30 毫升＋70%丙森锌可湿性粉剂 50 克拌种薯 100 千克，250 克/升嘧菌酯乳油 20 毫升拌种薯 80 千克，或用 68.75%氟吡菌胺霜霉可湿性粉剂 70 克拌种薯 100 千克，或用 15%甲霜·福美双可湿性粉剂 0.5 千克拌种薯 160 千克，充分拌匀阴干后播种，可有效防治马铃薯晚疫病、早疫病、蚜虫、地下害虫等。

4. 健身栽培措施

推广高垄、大垄栽培，控制氮肥施入，增施磷、钾肥等栽培措施；采取垄上播及平播后起垄等方式，降低薯块带菌率；避免与茄科、十字花科作物轮作或套种；当田间已经封垄，要积极开展叶面喷肥，亩用 15%多效唑可湿性粉剂 50 克，兑水 30 千克喷施，防止茎叶徒长；采用滴灌及喷灌等灌溉方式，降低田间湿度。

5. 理化诱控

4～9 月每亩挂黄、蓝色粘虫板 30 片，诱杀蚜虫等害虫，5～7 月棉铃虫、黏虫成虫活动高峰前每亩放 3 个性诱捕器，每 30～35 亩放置 1 盏杀虫灯诱杀棉铃虫、黏虫等害虫。

6. 马铃薯晚疫病监测预警系统防控决策

关注晚疫病监测系统防治提示，阴湿山区感病品种从第三代，抗病品种从第四、五代开始防治；半干旱区感病品种从第三、四代，抗病品种从第五、六代开始防治；中部干旱带感病品种从第四、五代，抗病品种从第六代开始防治。

7. 全生育期科学安全用药

播种期：播种时亩用25%嘧菌酯悬浮剂40毫升或68%精甲霜·锰锌120克，兑水30千克沟施。现蕾期后：结合晚疫病监测系统提示，喷施1～2次保护性杀菌剂，如50%代森锰锌可湿性粉剂、70%丙森锌可湿性粉剂、23.4%双炔酰菌胺悬浮剂、0.3%丁子香酚可溶液剂和1%申嗪霉素悬浮剂等复配10%氟啶虫酰胺悬浮剂、2.5%高效氯氰菊酯水乳剂。田间见病虫后，特别是出现晚疫病中心病株时，应立即开展统防统治，选用治疗性杀菌剂，如37.5%烯酰·吡唑酯悬浮剂、687.5克/升氟菌·霜霉威悬浮剂、36%霜脲·锰锌可湿性粉剂等药剂，喷雾防治2～3次。收获前：马铃薯收获前一周进行杀秧，把茎叶清理出田外集中处理，杀秧后地表喷施1次36%霜脲·锰锌可湿性粉剂或250克/升嘧菌酯悬浮剂预防块茎感病，选择晴天收获。贮藏期：入窖前薯块剔除病薯和有伤口薯块，在阴凉通风处堆放3天，贮藏前熏蒸消毒贮窖，贮存量控制在贮窖容量的2/3以内，贮藏期间加强通风，温度控制在1～4℃范围，湿度不高于75%。

三、适宜区域

该技术模式适用于宁夏中部干旱带、宁南山区马铃薯集中种植区域。

四、注意事项

①该技术模式中的“晚疫病监测预警系统防控决策技术”需要安装马铃薯晚疫病监测仪，通过监测设备提示开展相应的防控工作。

②该技术模式中所推荐的高效低毒农药品种是用于防控马铃薯病虫害的部分药剂，在应用过程中可依据农药登记情况自行更替。

③该技术模式中所推荐药剂的用量、用法等应按照农药使用说明使用。

五、技术依托单位

宁夏回族自治区农业技术推广总站

联系地址：银川市兴庆区北京东路289号

联系人：刘媛、李健荣、马景、梁晓宇

联系电话：0951-6733871

电子邮箱：nxzb2014@163.com

马铃薯晚疫病监测预警分析决策程序

马铃薯晚疫病监测仪

理化诱控技术示范

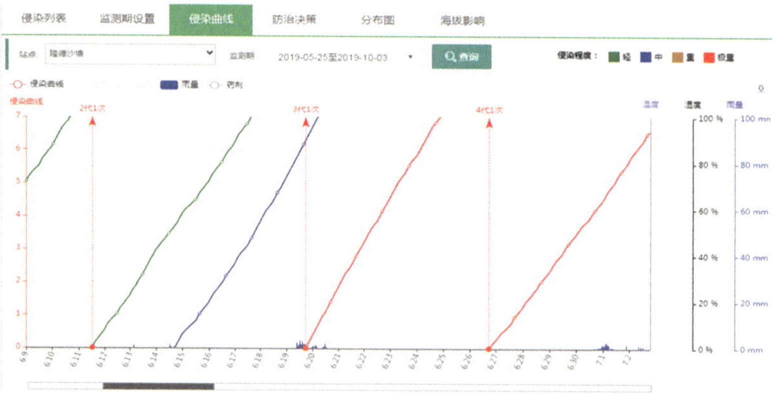

马铃薯晚疫病侵染防控决策平台

青海省马铃薯病虫害绿色防控技术模式

青海省地处青藏高原，气候冷凉，是全国马铃薯最佳生态种植区，也是马铃薯制种区之一。马铃薯产业是青海省当地的主导产业，常年种植面积 8 万公顷左右，实现高产、优质是马铃薯产业不断追求的目标。近年来，随着马铃薯生产的快速发展，品种调运、连作重茬日益频繁，病虫害种类越来越多，危害越来越重，马铃薯产量和品质受到影响。马铃薯晚疫病、早疫病、黑胫病、环腐病、病毒病、蛴螬、金针虫等是当地常发病虫害。

为寻找解决马铃薯主要病虫害，实现农药减量增效的新技术，青海省已开展了一系列马铃薯病虫害防控技术的研究和综合配套技术的集成与示范推广工作，初步形成了一套以农业防治、生物防治、物理防治、应用高效低毒低残留农药化学防治等为主要内容的马铃薯病虫害绿色防控技术。

一、技术概述

1. 技术基本情况

选用合理轮作＋马铃薯脱毒种薯＋生物防治＋高效低毒低残留农药化学防治＋杀虫灯防控等马铃薯病虫害绿色防控技术模式。

2. 技术示范推广情况

2021—2023 年创建的马铃薯主要病虫害绿色防控技术在青海省互助县、乐都区、平安区进行了推广和使用，累计示范推广面积 0.5 万亩，辐射带动 1.3 万亩，增产效果明显，新增销售额达 1 406.4 万元，新增利润 984.48 万元，生态环境和社会效益明显。

3. 提质增效情况

示范区通过应用农业防治、生物防控等绿色防控技术，取得了良好的经济、生态和社会效益，防治效果显著提高。

（1）经济效益。绿色防控示范区田间发病率 1.50%～6.11%，空白对照区田间发病率 8.83%～17.33%，示范区比对照区亩增产 555.3～722.5 千克。按照新增销售额＝增产量×平均收购价格；当地集中收获时平均收购价格按 1.2 元/千克计算，新增销售额 666.4～867.0 元/亩。按照新增利润＝新增销售额－新增成本；新增成本包括增产的收获成本、病害防治成本等，按新增销售额的 30%计算，新增利润 466.5～606.9 元/亩，经济效益明显。

（2）生态效益。运用绿色防控技术，大幅度降低了农药残留量，减轻了农药对土壤、大气、水源的污染。

（3）社会效益。本技术的实施降低了农药残留量，提高了马铃薯产品质量，增加了市场竞争力，保证了农产品质量安全和人畜健康，实现了农业增产、农民增收。同时带动了周边马铃薯种植户主动应用绿色防控技术，起到了积极的示范带动作用。

二、技术操作要点

1. 农业防治

（1）合理轮作。与非茄科作物小麦、青稞、油菜等进行合理轮作。

（2）选用脱毒抗性品种。建立脱毒种薯繁育基地，有条件的选用脱毒一级种薯，选用高产、优质、适应性强、商品性好的抗性品种青薯 2 号、青薯 9 号、青薯 10 等。

（3）切刀消毒。种薯切块前，切刀要用 0.5%的高锰酸钾或 70%～75%的酒精浸泡 5 分钟以上进行消毒。消毒的切刀切块 5 分钟或切到病薯时更换新消毒的刀具，防止马铃薯致病菌通过切刀传播。

（4）加强窖藏管理。入窖前，打开窖门和气眼晾窖，降低窖藏湿度，同时撒生石灰进行消毒。挑选健康薯块，通风晾置 10 天左右。入窖后要加强管理，贮藏期间适时通风换气，防止窖内温度过高，湿度过大，温度控制在 1～4℃，相对湿度控制在 75%左右。

（5）加强田间管理。播种、中耕、除草和收获过程中避免损伤薯块。田间发现病株，及时挖除，集中销毁病株，并在病穴及周边撒少许熟石灰消毒。开花初期补充 2 次叶面肥，每次间隔 7～10 天，提高植株抗病能力，延缓植株衰老。

2. 物理防治

地下害虫蛴螬发生严重的地区每 30～50 亩安装 1 盏杀虫灯，于害虫成虫发生期夜间开灯，可诱杀金龟子（蛴螬成虫）。

3. 生物防治

主要采用生物农药防治，药剂宜选择春雷霉素、春雷·王铜防治马铃薯黑胫病；选择丁子香酚防治马铃薯晚疫病。

4. 高效、低毒、低残留化学农药防治

苗期主要使用丙森锌、嘧菌酯、代森锌防治马铃薯早疫病；全生育期使用嘧菌·百菌清、甲霜·锰锌、丁子香酚+烯酰吗啉、噁酮·霜脲氰+霜脲·锰锌、霜霉威盐酸盐、双炔酰菌胺、氟吗啉·锰锌防治马铃薯晚疫病；苗期使用噻呋酰胺·嘧菌酯·精甲霜灵、嘧菌酯防治马铃薯黑痣病；及时防治蚜虫等传毒媒介，以防其传播病毒病，使用氟啶虫酰胺、氟啶虫胺腈防治蚜虫。

三、适宜区域

该模式适用于青海省马铃薯种植区。

四、注意事项

（1）马铃薯种薯拌种。①每150千克种薯使用47%春雷·王铜可湿性粉剂80克+70%甲基硫菌灵可湿性粉剂100克+滑石粉3千克进行药剂拌种，预防马铃薯黑胫病、环腐病、疮痂病等。②每150千克种薯使用6%春雷霉素可湿性粉剂30克+滑石粉3千克进行药剂拌种。

（2）晴天收获。成熟时选择晴天及时收获，注意减少机械损伤，薯块晾晒2~3小时后装袋。

五、技术依托单位

1. 青海省农业技术推广总站

联系地址：青海省西宁市城中区建新巷4号
联系人：徐淑华
电子邮箱：56097989@qq.com

2. 青海省乐都区农业技术推广中心

联系地址：青海省乐都区碾伯镇西关街5号
联系人：王桂兰
电子邮箱：846234810@qq.com

3. 青海省互助县农业技术推广中心

联系地址：青海省互助县威远镇北街61号
联系人：任利平
电子邮箱：renliping2660@226.com

马铃薯病虫害防治药效试验

科学用药

马铃薯种薯拌药

生物防治药效试验

太阳能杀虫灯诱杀害虫

青海省油菜病虫害绿色防控技术模式

党的十八大以来，大通回族土族自治县（以下简称大通县）以习近平新时代中国特色社会主义思想为指导，牢固树立“公共植保、绿色植保”理念，以打造绿色有机农畜产品输出地为目标，积极建立规模化、标准化农作物绿色防控示范基地，辐射带动全县绿色防控技术的普及，进一步引领全县农业特色产业高质量发展，形成适合在大通县乃至青海省东部农业区推广的油菜病虫害绿色防控技术模式。

一、技术概述

1. 技术基本情况

主要选用轮作倒茬等生态调控措施，灯诱、性诱和色诱等物化诱控技术，施用生物农药和高效低毒化学农药等绿色防控技术防治油菜“三甲”（蚤跳甲、茎龟象甲、露尾甲）、角野螟、小菜蛾等虫害。用菌肥和低毒高效杀菌剂科学拌种等技术防控油菜菌核病。

2. 技术示范推广情况

大通县多方争取和整合各类相关项目资金，引进油菜新品种新技术，打造有机绿色示范基地，加快农产品绿色认证，充分实现农产品优质优价，使油菜示范基地直接带动全县农业发展。依托绿色防控示范基地的建设和发展，初步构建了“旅游观光＋技术示范推广＋订单农业”的产业格局，形成了“企业＋合作社＋农户”的经营模式，不断地促进区域内乃至全县一、二、三产业融合发展，形成大通县集油菜生产、销售、加工、旅游于一体的发展产业链。一大批绿色油菜籽收购加工企业蓬勃发展，旅游观光农业发展喜人，每年吸引大批游客前来观光旅游。目前注册使用了“青清油”“吐浑”“什家河”“建录”“兰雀山通田”“甘树红”等青海省知名菜籽油商标，带动了大通县油菜籽加工企业发展自己的绿色特色农产品品牌。

3. 提质增效情况

通过绿色防控示范推广，大通县被评为全国绿色防控技术示范基地，绿色防控技术得到大面积应用。通过抗病品种的引进和轮作倒茬、化肥减量等新技术的推广，耕地质量提升0.1%，病虫害发生率逐步降低，绿色防控覆盖率提高到46.3%，农作物实现提质增效，化肥、农药减量分别达30%和20%以上。示范区内农村人居环境明显改善，农田生态系统中有益生物的种类和数量显著增加，农产品品质不断提升。

二、技术操作要点

1. 农业防治

（1）深翻晒垡、合理轮作。坚持开展秋深翻作业，翻深在20～40厘米为宜，若耕层较薄，可酌情递减；坚持与麦、豆、薯等作物轮作，尽量避免重茬；及时清除田间残株、枯叶及杂草。

（2）选用优良品种。按照不同生态区域，选择适宜的油菜品种，在海拔2 280～2 750米的地区选择青杂5号、青杂6号、青杂11、青杂15等中晚熟品种；在海拔2 750米以上的地区选择青杂3号、青杂7号等早熟品种。

2. 理化诱控

（1）灯光诱杀。按照每2～3.3公顷安装1盏频振式（或扇吸式）杀虫灯的密度，诱杀油菜角野螟、小菜蛾、甘蓝夜蛾、鳃金龟、地老虎等。

（2）色板诱杀。从油菜出苗期开始，将上端固定黄色粘虫板的竹竿插在地里，高度以黄色粘虫板下沿超过油菜生长点10～20厘米为宜，并随着油菜的生长灵活调整黄板高度，黄（蓝）色粘虫板大小因生产厂家不同存在差异，一般大田选择25厘米×30厘米规格黄（蓝）色粘虫板即可。每亩用30张，可有效防治油菜田黄条跳甲、蚤跳甲和茎象甲。从油菜蕾薹期开始，用同样方法挂蓝色粘虫板，可有效防治油菜露尾甲及蚜虫、潜叶蝇等。

（3）性诱剂诱杀。从油菜3叶期开始，以每亩安置2～3个配套小菜蛾性信息素诱芯的诱捕器为标准，诱杀小菜蛾成虫，诱捕器选择水盆式或船形诱捕器或注塑三角形诱捕器均可，每20天换1次诱芯。

3. 合理化防

（1）种子包衣。油菜播前3～7天，用70%噻虫嗪悬浮种衣剂+2.5%咯菌腈悬浮种衣剂按每10毫升拌0.4千克种子的剂量进行种子包衣，可有效防治油菜黄条跳甲、蚤跳甲、茎龟象甲、地下害虫、菌核病等。

（2）药剂拌种。播种前用70%噻虫嗪种子处理可分散粉剂或45%毒死蜱乳油，按适合的比例与种子搅拌均匀，晾干后即可播种。

（3）药剂防治。当田间黄曲条跳甲、蚤跳甲、茎象甲、角野螟等害虫密度较大时，根据检测结果，合理选用高效、低毒杀虫剂进行喷雾防治。

4. 生物防治

（1）保护和利用天敌。保护青蛙、蝙蝠、猫头鹰、蛇、七星瓢虫、食蚜蝇、草蛉、步行甲、猎蝽以及昆虫寄生蝇等动物，尊重自然，通过食物链中生物相互抑制作用而降低杂草和害虫等有害生物种群密度，从而达到防控病虫草害的目的。

（2）生物农药。利用动物、植物或者微生物本身或者它们产生的代谢物为原料加工而成的生物农药防治害虫。利用生物农药结合专业化统防统治作业开展高效率、无污染农作物病虫害防控工作。生物农药对人畜、天敌安全，且不会诱发病原菌、害虫抗药性的产生。但用药时要遵守科学选药、合理配药、适时施药和均匀施药的原则。

（3）生物菌肥。油菜生物菌肥既含有油菜生长所需的营养物质，又含有微生物，是活体生物及非活体有机、无机物质的混合体。试验表明，施用油菜生物菌肥不仅能有效保证油菜稳产，还能大幅度提升油菜品质，增加土壤活性，保护生态环境。

三、可复制易推广的油菜病虫害绿色防控技术模式

（1）轮作倒茬生态调控模式。通过引导和推广良种，逐步形成小麦、油菜和马铃薯等主要大田农作物规模化连片种植，并互相轮作，倒茬种植，逐年破坏害虫越冬条件和食源结构，降低虫口密度，调控病原菌生态环境，阻断浸染可能，减少病害蔓延。

（2）“三诱”技术模式。应用太阳能杀虫灯、性诱剂和蓝（黄）色粘虫板，综合利用光诱、性诱和色诱技术捕杀害虫。

（3）预报预测与精准施药结合模式。通过物联网监测和人工调查，在作物生长全生育期内，每月进行农田病虫害发生情况调查，并及时发布病虫情报，精准指导农户进行高效防控，做到“对症下药、精准施药、科学用药”。

（4）绿色防控与统防统治融合推广技术模式。在理化诱控、生物防治、生态调控等绿色防控措施的基础上，依托专业化植保服务组织，运用植保无人机、自走式喷杆植保机开展专业化统防统治工作，提高绿色防控专业化统防统治融合程度。近年来，成熟的“无人机群飞＋生物农药”模式就是绿色防控与统防统治融合示范的典型模式之一。

（5）形成植保社会化服务体系模式。鼓励和指导大通县 14 个专业化植保服务组织，通过政府购买服务方式落实项目，或者通过种植户根据农作物病虫害发生情况“按需下单”，积极开展专业化统防统治，形成植保社会化服务体系模式。

（6）“统防共治”模式。“统防共治”即将杀虫剂、杀菌剂、植物生长调节剂科学有效混配，实现一次施药就可以达到多种病虫害共同防治、节本增效和增加粒重的目的。

四、适宜区域

青海农业区域均适宜推广。

五、注意事项

（1）轮作倒茬。注意作物布局，小麦—马铃薯—小麦—油菜 4 年一轮回最为合理，也可根据生产需要略做调整。

（2）“统防共治”。该模式中农药混配需要掌握农药性质，如酸碱度、理化反应等，特别注意有些农药不能混配，如杀菌剂和菌类杀虫剂，会影响药效。

六、技术依托单位

1. 青海省农业技术推广总站

联系地址：西宁市城中区建新巷 4 号
联系人：徐淑华
联系电话：13109776706

2. 大通回族土族自治县农业技术推广中心

联系地址：青海省西宁市大通县桥头镇园林 16 号
联系人：杨占彪
联系电话：18197120354

性诱防控螟蛾类害虫

灯诱防控鳞翅目害虫

黄板诱杀油菜黄条跳甲和茎象甲

深翻晒垡

轮作倒茬

武穴市油菜病虫害绿色防控技术模式

武穴市是湖北省油菜生产大县，是全国绿色食品的原料标准化生产基地，油菜常年种植面积2.7万公顷左右，年总产量保持在7万吨左右。近年来在全国农业技术推广服务中心、华中农业大学、湖北省植物保护总站等单位院校的支持和指导下，根据武穴市油菜病虫害发生规律，积极开展油菜病虫害绿色防控技术试验示范，探索了一套节本增效、绿色高效的新型病虫害绿色防控技术模式，在武穴市油菜病虫害防控上得到了大面积推广与应用。

一、技术概述

1. 技术基本情况

武穴市油菜的主要病虫害有菌核病、霜霉病、病毒病、蚜虫、小菜蛾等。油菜病虫害防治坚持“预防为主，综合防治”的植保方针，科学运用农业、物理、生物、化学等综合绿色防控措施，有效控制油菜病虫害。

（1）农业防治。选用适合当地种植的耐密、高产、抗倒、抗病的优质高效油菜品种；实行水旱轮作；播种或移栽前选用盾壳霉、枯草芽孢杆菌等对土壤进行处理；清沟排渍；科学施肥；适当推迟油菜播种期，避开易感染病害的时段，减轻病虫害发生。

（2）理化诱控。选用风吸式太阳能杀虫灯、黄板诱杀菜青虫、小菜蛾、蚜虫。

（3）科学用药。在防治适期选用苦参碱、金龟子绿僵菌、乙蒜素、盾壳霉、氟唑菌酰羟胺、戊唑醇·咪鲜胺等生物农药和环境友好型化学农药防治油菜病虫害。用植保无人机开展统防统治。

2. 技术示范推广情况

武穴市常年春季雨水偏多，油菜菌核病常年发生较重，为了确保油菜稳产高产，大力开展油菜病虫害绿色防控技术示范与推广应用。主要技术示范推广情况如下：

（1）抗病良种全面覆盖。油菜是武穴市农业主导产业，武穴市委市政府非常重视，连续20年采取免费统一供种，双低抗病品种覆盖率达100%。

（2）水旱轮作全面普及。武穴市水旱轮作的油菜田面积达30万亩以上。

（3）种肥同播全面应用。机械种肥同播面积在25万亩左右，“宜施壮”油菜缓释肥应用面积在20万亩以上，亩节本增效在65元左右。

（4）生物技术全面推广。近五年来与华中农业大学合作在武穴市开展10^{10}个孢子/克盾壳霉可湿性粉剂防治油菜菌核病大面积示范，武穴市累计应用面积在5.5万亩以上，盾壳酶对菌核病平均防效达52%以上。

(5) 理化技术全面认可。太阳能杀虫灯一次投资可使用 3～4 年，同时可减少化学农药使用量，达到减量控害的效果。黄板绿色环保，效果好，成本低，使用方便，易于接受。近年来武穴市整合项目资金，先后在油菜—水稻主产区安装风吸式太阳能杀虫灯 1 530 余盏，悬挂可降解（20 厘米×25 厘米）黄色粘虫板 150 万张。

(6) 统防统治全面推进。加大政策扶持力度，遴选专业化、规模化的植保专业化服务组织，采用植保无人机开展油菜“一促四防”工作，2023 年武穴市全程化服务统防统治面积达 1.42 万公顷，统防统治覆盖率达 52.5%。

3. 提质增效情况

(1) 经济效益良好。武穴市在全国农业技术推广服务中心、华中农业大学的大力支持下，积极开展油菜病虫害绿色防控集成技术的推广与应用。近年来武穴市油菜病虫害绿色防控技术应用面积达 1.67 万公顷、绿色防控覆盖率已经达 61.8%，病虫害整体防效达 73.85%。总计节本增收 1 057.5 万元。

(2) 社会效益明显。一是化学农药使用量和使用次数明显下降，特别是示范区内农药减量达 26.4%，实现了农药减量增效目标。二是绿色防控与专业化统防统治相融合，提高了防治效果，解放了劳动力，增加了其他副业收入。三是农作物品质提档升级、农户效益也显著增加。“武穴双低油菜”“武穴菜籽油”获国家地理标志产品，其中福康油脂有限公司“接福”牌菜籽油获中国驰名商标，公司年平均产值达 8 500 万元。该技术模式对保障武穴油料产品质量安全、促进武穴油菜提质增效发挥了重要作用。

(3) 生态效益改善。油菜病虫害绿色防控技术的推广应用，实现了农药减量控害增效，保护了农田生态环境。一是天敌数量明显增加，绿色防控示范区天敌数量达 14.8 头/米^2，比自防区的 12.5 头/米^2 增加 18.4%。二是专业化统防统治实现了农药包装废弃物统一回收，减少了农业面源污染。

二、技术操作要点

(1) 选用良种，增强抗性。选用华杂 62、华油杂 50、阳光 2009 等耐密、高产、抗倒、抗病品种，亩用种量 250～300 克。

(2) 水旱轮作，减少菌源。结合武穴市种植习惯，推行“油—稻—稻”“油—稻”等水旱轮作模式。

(3) 清沟排渍，降低湿度。在油菜播种前开好厢沟、腰沟和围沟。

(4) 科学施肥、中耕培土。在 10 月上旬，采用机械种肥同播，每亩底施“宜施壮”油菜缓释肥 40～50 千克。在 3 月上旬油菜菌核病子囊盘盛发期进行中耕培土。

(5) 化调促壮，提高抗性。早播或长势过旺田块，在油菜 3～4 叶期亩用 15%多效唑 30～40 克，兑水 15 千克喷雾控旺。

(6) 生物防治，农药减量。在播种或移栽油菜前，用盾壳霉孢子粉剂（10^8 个/克）均匀覆盖地表，每亩用量约 200 克。油菜始花期，用盾壳霉孢子粉剂（10^9 个/克）每亩约 100 克，进行常规喷雾。

（7）理化诱控，降低虫量。①太阳能杀虫灯诱杀。每 20～30 亩安装 1 盏风吸式太阳能杀虫灯，诱杀菜青虫、小菜蛾等害虫。②黄板诱杀。直播油菜出苗后，在高出植株 30 厘米左右处用竹竿固定黄色粘虫板，诱杀蚜虫，平均每亩放置 20～30 张。

（8）精准用药，科学防控。①油菜菌核病。发生初期（始花期）开始防治，采用盾壳霉、多粘类枯草芽孢杆菌等生物农药防治，重点保护油菜茎基部；盛花期选用咪鲜胺、氟唑菌酰羟胺、菌核净等化学药剂适时防控。②霜霉病。抽薹至初花期，霜霉病病株率达 10%以上时，选用苦参碱乳油、代森锌可湿性粉剂等药剂防治。③病毒病和蚜虫。蚜虫发生达标时，选用金龟子绿僵菌 CQMa421 生物制剂防治。在防治好蚜虫的同时对病毒病也取得了很好的控制效果。④小菜蛾。可选用苏云金芽孢杆菌或印楝素等植物源农药防治，发生重时选用阿维菌素、氯虫苯甲酰胺等药剂防治。建议选用植保无人机开展统防统治，轮换用药，避免抗药性产生。

三、适宜区域

适用于长江中下游地区。

四、注意事项

在油菜病虫害大发生年份，建议选用高效低毒化学药剂开展防治。在油—稻、油—稻—稻种植地区，应开好厢沟、围沟、中沟。

五、技术依托单位

1. 全国农业技术推广服务中心

联系地址：北京市朝阳区麦子店街 20 号楼
联系人：刘慧
联系电话：13126816387

2. 华中农业大学

联系地址：湖北省武汉市洪山区狮子山街 1 号
联系人：谢甲涛
联系电话：18502736960

3. 湖北省植物保护总站

联系地址：武汉市洪山区珞狮南路 509 号
联系人：张求东
联系电话：13397103869

油菜蜜蜂授粉与病虫害绿色防控技术模式

一、技术概述

1. 技术基本情况

油菜是四川省重要的油料作物，应用绿色防控技术可保障蜜蜂授粉安全，对提高油菜产量与蜂产品质量意义重大。经过连续多年的技术研究和试验示范，形成了四川省油菜蜜蜂授粉与绿色防控集成技术模式。该技术成熟度高，先进适用，在四川省油菜生产上大面积推广应用，能有效控制病虫危害，显著提高油菜产量和油菜籽品质。目前，油菜蜜蜂授粉与病虫害绿色防控技术已在四川油菜产区推广 1 000 余万亩。

2. 提质增效情况

技术示范区内，经蜜蜂授粉的油菜花期明显缩短，成熟期提前，每亩增产 20～30 千克，增幅 12%～18%，农民每亩增收 130～240 元；应用绿色防控技术，对主要病虫害防效较常规防治平均提高 11.8%，全生育期减少化学农药使用次数 2 次以上，使用量降低 30%以上，瓢虫、草蛉、寄生蜂等有益生物显著增加，生物多样性显著提高。

3. 技术获奖情况

科技成果“蜜蜂授粉油菜提质增效及绿色防控融合技术创新与应用”获 2017 年度四川省科学技术进步奖三等奖；“蜜蜂授粉油菜提质增效与病虫害绿色防控融合技术推广”获 2016—2018 年度全国农牧渔业丰收奖三等奖。

二、技术要点

1. 蜜蜂授粉技术

（1）选择蜂种。应用于油菜的授粉蜂种主要有中蜂（中华蜜蜂的简称）和西蜂（西方蜜蜂的简称），根据油菜的生长特性、物候条件、蜂种特性及蜂源情况，选择适合当地的授粉蜂种；油菜集中连片种植区，宜选择规模化养殖的西蜂。

（2）进场时间。在当地繁蜂的，北方冻蜂完成后，10～11 月进入场地越冬春繁；不在当地繁蜂的，应在油菜开花 10%之前进场。

（3）合理配置。平原地区连片分布的油菜按每 3～6 亩配置 1 个群势大于 10 脾的西蜂授粉蜂群，或 2 个群势大于 5 脾的中蜂授粉蜂群，其他地区应增加授粉蜂群配置数量。

（4）蜂场布局。平原地区集中连片油菜种植区，根据交通道路情况，应均匀分散布置蜂场位置，相邻蜂场的间距达 2 千米以上，确保授粉区域全覆盖。蜂场地势应背风向阳。

（5）蜂群管理。日平均气温低于10℃时，需对蜂箱加盖保温物；合并弱群或补充健康子脾保持群势；提供干净水源；授粉初期，适当奖励饲喂糖浆提高授粉积极性；授粉中期，适当取蜜，西蜂辅以产浆和脱粉提高授粉效率；授粉后期，保持蜂群内储蜜充足，不足时及时调换蜜脾或饲喂蜂群。

2. 油菜病虫害绿色防控技术

（1）农业防治。选用中、晚熟甘蓝型抗病品种，温汤浸种或药剂拌种、包衣；采用水旱轮作或油菜与非十字花科作物轮作、深沟高厢、合理密植、清沟排渍、合理灌溉、测土配方施肥等健身栽培措施；用氰霜唑预防根肿病，苗床期在播种时和播种后5～7天各淋浇苗床1次，移栽时灌根1次；及时清除病株，在油菜抽薹前，去除老黄脚叶，压低田间菌源量。

（2）诱杀技术。授粉期除外，有翅蚜发生期，每亩安插10～15张黄色粘虫板。每亩分别悬挂斜纹夜蛾性诱剂1套、小菜蛾性诱剂3套，诱杀成虫，每月更换1次诱芯。

（3）生物防治。油菜播种期，使用盾壳霉进行土壤处理；油菜苗期，使用植物诱导免疫剂，减轻病害发生率和程度；油菜初花期和盛花期，使用盾壳霉、小盾壳霉等防治菌核病。

（4）科学用药。病虫害达到防治指标时开展防治，优先使用高效、低毒、低残留且对蜜蜂安全的农药，不同类型的农药应交替使用。

三、适宜区域

四川油菜种植区适用。

四、注意事项

授粉期间若必须施药，应选用对蜜蜂安全的药剂，并将施药时间与放蜂时间错开。山区、丘区往往种植果树，特别在果树花期应禁止在蜂场周围喷洒对蜜蜂有毒的农药。

五、技术依托单位

1. 四川省农业农村厅植物保护站

联系地址：四川省成都市武侯区武侯祠大街4号
联系人：田卉、喻枢玮、徐翔、封传红
联系电话：028-85520507
电子邮箱：562861447@qq.com、1159437475@qq.com

2. 四川省蜂业管理站

联系地址：四川省成都市武侯区武侯祠大街17号

联系人：赖康、黄枳腱
联系电话：028-85505852、18350038128
电子邮箱：864109114@qq.com、657070268@qq.com

加强油菜秋冬季病虫害生物防治

悬挂黄色粘虫板控制有翅蚜虫

苗期利用性诱剂诱杀斜纹夜蛾、甜菜夜蛾

加强蜂群冬季管理，喂食充足，做好采蜜前准备

初花期调整巢脾，取出缀脾，培育健壮蜂群

蜂箱摆放

蜂箱安装脱粉器，在采蜜期适当脱粉，避免粉压子圈，提高授粉积极性

蜂农正将幼虫放至产浆条内，做产浆准备

油菜初花期进行统防统治

山东省邹城市花生病虫草害全程绿色防控技术模式

山东省花生总产量高，稳居全国前列，是全国花生出口的重要支柱。邹城市是山东省的农业大县之一，耕地面积约为7.6万公顷，其中花生的常年种植面积在1.7万公顷左右，年总产达8.3万吨左右。随着产业结构调整，栽培技术及气候条件的变化，加之长期种植习惯的影响，花生病虫草害的发生呈现出显著的区域性和多元化的特点，且危害程度逐年加重。目前针对花生病虫草害的防控仍主要依赖化学防治手段，大量化学药剂的施用一定程度降低了花生品质、污染了环境，同时导致病虫草抗药性显著上升，防治更加困难。掌握病虫草害的发生动态，及时采取绿色防控技术措施，对推动花生绿色生产、提高花生的产量品质和保护生态环境具有重要的现实意义。

一、技术概述

1. 技术基本概况

邹城市花生生产始终坚持"以有效防控农作物重大病虫，提高农产品质量安全为目标"的工作主线，以"政府引导、财政支持、多元化投入、专业化管理"为主要抓手，在全国农作物病虫害绿色防控示范县建设项目的带动下，积极推进绿色防控技术的推广和应用，实现了邹城市花生绿色生产的全覆盖，取得了良好的生态效益、社会效益和经济效益。邹城市花生病虫草害全程绿色防控技术模式为：选用抗病良种＋种子包衣＋适期播种＋生态调控＋理化诱控（灯、色、性、食诱）＋适期防治＋化学调控技术。通过该技术的实施，邹城的花生生产化学农药使用量减少30%以上，防控效果达到90%以上，每亩可减少开支150元以上。

2. 技术示范推广情况

自2007年邹城市实施花生绿色防控技术以来，连续实施"万灯杀虫工程"、食诱、性诱、科学用药等技术措施，成功打造了峄山、香城、城前等7个镇的示范区，形成"邹城市花生病虫害全程绿色防控技术模式"，通过该模式的推广，实现了邹城市花生病虫害全程绿色防控全覆盖，促进了邹城市花生健康绿色可持续发展。

3. 提质增效情况

2007年以来，邹城市通过绿色防控技术集成应用，蛴螬成虫的诱虫量、田间幼虫发生量、危害损失率逐年下降。单灯日均诱虫量由2007年的2 880头下降到2022年的120头；田间幼虫发生量由2007年的25.3头/米^{2}下降到2022年0.5头/米^2，在不用化学农药防治蛴螬情况下，每亩花生产量由2008年的150千克提高到2022年的281千克，单产提高 87.33%，彻底改变了防治花生蛴螬单纯依赖高毒、高残留化学农药的历史。实施“一控双增”的示范区，病叶数和单叶病斑数明显下降，叶斑病防治效果达 85%以上，花生叶斑病发生盛期比常规防治区推迟 10～15 天，花生生长后期叶色青绿时间延长 10～15 天；对二代棉铃虫的防治效果达 97%以上。通过采用种子包衣、药剂除草、理化诱控、“一控双增”全程绿色防控集成技术，花生整个生长季施药次数平均减少 2.2 次，每亩减少化学农药用量 190 克以上，彻底改变了邹城传统上依靠高毒、高残留农药防治花生病虫害的历史。按照 2022 年邹城市花生种植水平计算，全市 25 万亩花生，每亩按照节支增收 350 元（节本 150 元+增收 200 元）计算，产生的效益将会相当可观，推广前景广阔。

二、技术操作要点

1. 农业防控

（1）精选抗病良种。根据土壤、气候、市场等条件，选用高产、优质、抗病、生态适应性好等综合性状优良的品种。大花生品种可选用花育 33、花育 36 等；小花生品种可选用花育 23、丰花 4 号等。

（2）合理轮作间作。根据各地种植模式与习惯，实行轮作换茬，以减轻病虫发生基数和危害程度。

（3）标准化种植。重点推广测土配方施肥、适期播种、机械精播、地膜覆盖等花生标准化种植技术，培育壮苗，增强植株抗逆能力。

（4）清洁田园。花生收获期结束，要及时将花生田内的枯枝烂叶清除干净，清除病虫残体，减少病虫越冬基数，减轻来年病虫草害发生率。

2. 生态调控

种植功能性植物，在 8 月，在花生示范田四周田埂上种植蛇床子等作物，为天敌生物寄生蜂、瓢虫等提供蜜露和花粉；在花生播种后在田埂上播种蓖麻、秋葵、红麻等对金龟甲进行诱杀，减少害虫发生程度。

3. 理化诱控

（1）灯光诱杀技术。按照每 30～50 亩/盏灯的密度呈 Z 形安装，可诱杀鳞翅目、鞘翅目、直翅目等 7 个目 13 个科的 30 多种主要害虫，尤其对金龟甲、棉铃虫、甜菜夜蛾、地老虎等常发性害虫成虫诱杀效果显著。

（2）粘虫板诱杀技术。利用害虫对特定颜色的趋性，通过悬挂适量的粘虫板诱控花生害虫。一般在花生蚜虫迁飞初期悬挂，不造成农药残留和害虫产生抗药性，可兼治多种虫害，绿色环保、成本低，全年应用可大大减少用药次数。每亩悬挂中型粘虫板（25 厘米×13.5 厘米）25 块，或大型粘虫板（40 厘米×25 厘米）20 块，悬挂高度一般要高出花生顶部 20～30 厘米，均匀分布即可。

（3）性诱技术。在花生害虫发生期间，通过悬挂性诱装置，在重要害虫的交配期，扰乱其正常的交配行为，降低田间落卵量，进而减轻害虫危害。邹城应用的性信息素及装置主要有诱捕棉铃虫、金龟甲和甜菜夜蛾等害虫的诱捕器。诱捕器每亩安装1～2个，诱芯每月更换1次，均能起到较好的诱捕效果。

（4）生物食诱技术。将植物挥发物与昆虫取食促进剂融合，再配以少量杀虫剂，达到控制和压低害虫种群数量，减少化学农药使用的目的。在鳞翅目等主要害虫成虫盛发期3～5天前，每亩使用生物食诱剂100毫升，与水按1∶1配比，然后以每升生物食诱剂加入200克/升氯虫苯甲酰胺药剂5克，混合均匀即可使用。可采取茎叶条带滴洒或悬挂方盒诱捕器两种施药方式进行田间处理。高峰期间隔5～7天施用2次。

4. 生物药剂防治

花生田施用绿僵菌制剂防治蛴螬和甜菜夜蛾、棉铃虫等多种害虫。使用方法：一是种子包衣。用100亿孢子/克金龟子绿僵菌可湿性粉剂500倍液进行种子包衣，对蛴螬、金针虫等地下害虫有较好的防治效果。二是茎叶喷雾。可在害虫发生初期，幼虫低龄期，用100亿孢子/毫升金龟子绿僵菌CQMa421可分散油悬浮剂30～50毫升/亩，均匀喷雾防治甜菜夜蛾、棉铃虫。

5. 科学用药

（1）种子包衣技术。花生播种前，每15千克花生种可选用25克/升咯菌腈悬浮种衣剂30毫升+600克/升吡虫啉悬浮种衣剂30毫升，加水100毫升均匀包衣。

（2）封闭除草技术。按照生产绿色、产品绿色、生态安全的理念，可选用960克/升精异丙甲草胺乳油或33%二甲戊灵乳油等除草剂。花生播后出苗前，每亩用960克/升精异丙甲草胺乳油75～100毫升，33%二甲戊灵乳油150～200毫升/亩，兑水30～40千克均匀喷施地表，然后覆膜。

（3）国光花生套餐技术。根据花生的生育进程，喷施国光套餐（杀菌剂、植物生长调节剂、水溶肥）能够促进花生有效分枝和下针、提高光合效率、调控花生营养生长和生殖生长，促进养分转移，促进荚果饱满，防病治病，延长功能叶寿命，从而达到提高花生产量和改善品质的效果。

（4）花生叶斑病防治。在病害发生初期，每亩使用60%唑醚·代森联水分散粒剂40～50克，或17%唑醚·氟环唑悬乳剂50～60克，或12.5%苯醚甲环唑30克+7.5%氟唑菌酰羟胺50毫升兑水30千克进行茎叶均匀喷雾。对花生褐斑病、黑斑病、焦斑病、网斑病等叶斑病具有较好的防效。用药时间和方法：在花生团棵期、开花下针期、荚果期连续喷施2～3次。

（5）叶螨防治技术。花生叶螨在天气比较干旱的年份危害较为严重。一般6月为危害盛期，危害方式是聚集在叶片背面，结成蛛网，吸食叶肉汁液，破坏叶绿素，影响叶片的光合作用。受害轻时，叶片停止生长，受害严重时，叶片脱落，植株枯死，造成严重减产。

于叶螨危害盛期（6月）选用1.8%阿维菌素乳油40～50毫升、20%哒螨灵乳油50～60毫升，兑水喷雾，可有效防控花生叶螨。喷药时，最好加入农药渗透剂有机硅，以有效提高防治效果。

（6）花生“一控双增”技术。其核心内容是在花生结荚期，采用杀虫剂、杀菌剂、植物生长调节剂一次性混合施药，达到控制花生生长中后期多种病虫害，保护叶片正常生长，防早衰，提高成熟度，实现花生增产、农民增效的目的。

杀虫剂每亩选用200克/升氯虫苯甲酰胺悬浮剂10～12克，40%氯虫·噻虫嗪干悬浮剂6～8克；杀菌剂每亩可用60%唑醚代森联水分散粒剂40～50克，17%唑醚·氟环唑悬乳剂50～60克，2.5%溴氰菊酯30毫升+25%吡唑·嘧菌酯20毫升与0.01%芸苔素内酯水剂20毫升、叶面肥混用，使用植保无人机或大中型施药机械开展专业化统防统治，达到省时省工减药，节本增产增收的效果。

三、适宜区域

花生病虫草害全程绿色防控技术适用于所有花生产区。

四、注意事项

该技术应用过程中，花生品种应结合当地实际择优选择，本技术提供花生品种仅供参考；药剂应选用正规厂家生产，确保使用效果；技术措施可以根据本地实际情况进行合理配套组合应用。

五、技术依托单位

1. 邹城市农业技术推广中心

联系地址：山东省邹城市欧兰路777号
联系人：王祥会
联系电话：15264722321
电子邮箱：zcswxh@126.com

2. 山东农业大学植物保护学院（山东省花生产业技术体系）

联系地址：山东省泰安市泰山区岱宗大街61号
联系人：赵海朋
联系电话：15163871767
电子邮箱：：haipeng@sdau.edu.cn

3. 济宁市农业技术推广中心（绿色防控技术创新团队）

联系地址：山东省济宁市任城区洸河路16号
联系人：胡英华
联系电话：13054999164
电子邮箱：hyhzbz@163.com

花生病虫草害全程绿色防控技术模式

月旬	4月	5月			6月			7月			8月			9月
	下	上	中	下	上	中	下	上	中	下	上	中	下	上
生育期	播种期		苗期			开花下针期				结荚期			饱果成熟期	
主控对象	地下害虫、苗期病害、杂草		根腐病、茎基腐病、蚜虫、金龟甲			蛴螬、叶螨、棉铃虫、甜菜夜蛾、茎基腐病、白绢病、叶斑病				蛴螬、叶斑病、白绢病			蛴螬、茎腐病、叶斑病、荚果腐烂病	
防控方案	选种＋种子包衣＋封闭除草					植物调节剂调控、棉铃虫性诱剂诱控、食诱剂诱控，粘虫板、杀虫灯、化学防治				生物防控；植物调节剂调控、棉铃虫性诱剂诱控、食诱剂诱控，粘虫板、杀虫灯、化学防治			清洁田园	
技术措施	精选良种：大花生选用花育33、山花9号、丰花1号、潍花8号；小花生选用花育23、潍花9号、山花8号、丰花4号、丰花6号；高油酸花生选用花育917、花育961等。 种子包衣：每15千克花生种子可选用25克/升咯菌腈悬浮种衣剂30毫升＋600克/升吡虫啉悬浮种衣剂30毫升，兑水100毫升均匀包衣；用100亿孢子/克金龟子绿僵菌可湿性粉剂500倍液拌种。 封闭除草：除草剂选择96%精异丙甲草胺乳油或33%二甲戊灵乳油等高效、低毒、低残留除草剂。96%精异丙甲草胺乳油每亩用75～100毫升，33%二甲戊灵乳油每亩用150～200毫升，兑水15～20千克，于花生播后出苗前均匀喷施。 理化诱控：①杀虫灯：安装杀虫灯，灯与灯之间的距离在120～150米，呈棋盘式分布，在使用过程中，要经常清理高压电网和灯管，特别是6～8月诱虫高峰期。使用时间：每年5月初安灯，9月上旬撤灯；②信息素诱控：在害虫始发期使用昆虫食诱剂、棉铃虫性诱剂诱杀棉铃虫、甜菜夜蛾、金龟甲等害虫，每亩2～3个为宜，距离花生植株顶部0.6米，1～2个月更换1次诱芯。③粘虫板：每亩悬挂中型粘虫板（25厘米×13.5厘米）25块，或大型粘虫板（40厘米×25厘米）20块，悬挂高度一般要高出花生顶部20～30厘米，均匀分布即可。④食诱技术：每亩使用科桐生物食诱剂100毫升，与水按1∶1配比，然后以每升生物食诱剂加入200克/升氯虫苯甲酰胺药剂5克，混合均匀撒施于花生植株即可。 种植功能性植物：花生播种后，在花生示范田四周田埂上种植蛇床子等，为天敌生物提供蜜露和花粉；种植蓖麻、秋葵和红麻等作物，趋避害虫，并利用这些作物对金龟子的胃毒作用，诱杀金龟子。 科学用药：每亩选用杀虫剂200克/升氯虫苯甲酰胺悬浮剂10～12克，40%氯虫·噻虫嗪干悬浮剂6～8克，杀菌剂每亩可用60%唑醚代森联水分散粒剂40～50克，17%唑醚·氟环唑悬乳剂50～60克，12.5%苯醚甲环唑30克＋7.5%氟唑菌酰羟胺50毫升，24%噻呋酰胺悬浮剂20毫升，0.01%芸苔素内酯水剂20毫升，国光3套餐等防治病虫害。														

功能性植物（左为蛇床子，右为蓖麻）

频振式杀虫灯诱杀技术

黄色粘虫板和金龟甲性诱装置

棉铃虫性诱装置

昆虫食诱剂+粘虫板诱杀技术

昆虫食诱剂条带洒施技术

国光套餐增产效果明显

花生“一控双增”实施无人机飞防

花生病虫害全程绿色防控技术模式

一、技术概述

优先选用抗病品种＋轮作换茬＋深翻细耙＋科学施肥＋性诱剂、食诱剂诱杀＋生物防治＋清洁田园＋深耕土地，结合应急防控，控制花生病虫害。

二、技术操作要点

1. 播种期

（1）选用抗病品种，轮作换茬。根据当地病虫害发生特点，选用综合抗性好的优良品种。一般 2～3 年与玉米、棉花等地下害虫不喜取食的作物轮作 1 次，减轻土传病虫害。

（2）翻耕灭茬，科学施肥，起垄栽培。夏直播花生在小麦收获后，根据土壤养分检测情况配方施肥，将氮、磷、钾肥和微量元素肥料撒施在地表，适当增加钙肥和硼、锌、铁等微量元素肥，用旋耕犁旋打 1～2 遍，将麦茬打碎，整地做到土松、地平、土细、肥匀。根据当地情况起垄栽培，一般垄高 10～15 厘米，垄距 70～85 厘米，垄面宽 40～50 厘米，垄沟宽 20～30 厘米，做到垄体一致，地表无坷垃，垄内无暗坷垃。

（3）种子处理。因地制宜，选用杀菌剂和杀菌剂合理复配的种衣剂进行种子处理，可用噻虫·咯·霜灵、苯醚·咯·噻虫等复配种衣剂进行种子处理，综合预防多种病虫害。

2. 苗期

防治对象：花生蚜虫、蓟马、叶螨等。

（1）保护利用天敌。在生产中保护天敌，减少使用对天敌杀伤作用大的触杀性化学农药，使用生物农药或内吸性高效低毒化学农药，加强对赤眼蜂、寄生蝇、瓢虫、草蛉、步甲、食虫虻、蜘蛛、鸟类和蛙类等自然天敌的保护，利用天敌控制田间害虫。当田间瓢虫与蚜虫比达 1∶（80～100）头时，可利用天敌控制蚜虫，不施农药。

（2）使用生物农药防治。根据害虫发生情况，可用阿维菌素、鱼藤酮或浏阳霉素等对水均匀喷雾防治花生蚜虫、蓟马、叶螨等害虫。

（3）放置食诱剂、性诱剂诱捕器或杀虫灯。在田间设置食诱剂诱捕器、甜菜夜蛾、棉铃虫等夜蛾类害虫性诱捕器或杀虫灯，诱杀害虫成虫，及时清理诱杀的害虫尸体。

3. 开花下针期至饱果成熟期

防治对象：甜菜夜蛾、棉铃虫、褐斑病、黑斑病等。

（1）合理排灌。田间应沟渠配套，灌排通畅；大雨后应及时排除田间积水。灌水应适时适量，优先采用喷灌、滴灌等节水灌溉技术，降低田间湿度。

（2）控旺促壮。在结荚初期，株高达35厘米左右时，可用多效唑进行控旺，防止倒伏和田间郁闭。

（3）免疫诱抗，补充叶面肥。后期防治病虫害时，可加入芸苔素内酯等免疫诱抗剂和磷酸二氢钾等叶面肥。

（4）使用生物农药防治。在病害发生初期，用生物杀菌剂多抗霉素、宁南霉素等兑水喷雾防治。在棉铃虫、甜菜夜蛾等夜蛾科害虫卵孵化盛期，用苏云金芽孢杆菌、多杀菌素或虫酰肼等兑水喷雾。在白绢病、根腐病、茎腐病发生初期，用春雷霉素、木霉菌等兑水喷淋花生茎基部。蛴螬卵孵化盛期至低龄幼虫期，用球孢白僵菌、金龟子绿僵菌等拌土撒施在花生茎基部周围后浇水或抢在雨前撒施，或兑水喷淋茎基部，使药剂渗入土中根际周围。

病虫害发生较重时，间隔7～10天再防1次，连防1～3次。

4. 收获后

清除田间地头的秸秆残茬和病残体、杂草，将腐熟有机肥撒施到地表后翻耕，每2～3年深耕1次，耕层深度25厘米以上。

5. 应急防控

当病虫害较重时及时开展应急防控，苗期花生蚜虫、蓟马、叶螨等刺吸式害虫用噻虫嗪、吡虫啉、高效氯氰菊酯等兑水喷雾防治。叶斑病用苯醚甲环唑、吡唑醚菌酯等杀菌剂兑水喷雾防治。甜菜夜蛾、棉铃虫等食叶害虫用氯虫苯甲酰胺、甲氨基阿维菌素苯甲酸盐等药剂兑水喷雾防治。白绢病用氟酰胺、噻呋酰胺等杀菌剂兑水喷淋花生茎基部，适当加大水量，做到喷匀喷透。花生茎腐病、花生根腐病用嘧菌酯、苯醚甲环唑或咯菌腈等兑水喷淋花生茎基部，适当加大水量，做到喷匀喷透。根据发病情况，间隔7～10天再防1次，连防1～3次。

三、注意事项

①夏季温度高，应在清晨或傍晚用药，避免发生中毒事件。
②施用农药时应穿戴防护服，防治结束后及时清洗暴露的皮肤。
③花生种植区域广、病虫害种类多、发生情况复杂，登记药物少，应先试用再使用。
④混用农药时，注意各种成分的理化性质，避免出现药害或降低防效。
⑤大田喷雾后4小时内如遇降雨，应及时补喷。

四、技术依托单位

河南省植物保护检疫站

联系地址：河南省郑州市农业路27号

联系人：李好海、张国彦、徐永伟、郭姝辰、王江蓉
联系电话：0371-65917978

杀虫灯

性诱捕器

食诱剂诱捕器

向日葵、西瓜、甜瓜病虫害绿色防控与蜜蜂授粉融合应用技术模式

针对农作物病虫传统防治中用药不当造成蜜蜂种群数量大幅度下降并严重影响作物授粉的重大难题，探明了向日葵和西瓜、甜瓜重大病虫成灾规律，证实了蜜蜂授粉贡献率，优化了授粉蜂群密度合理配置的量化关系，研发了融合关键技术，创制了授粉作物全程绿色防控与蜜蜂授粉融合技术模式，打造了作物绿色防控与授粉增效成功样板，

一、技术概述

1. 技术基本情况

（1）黄河流域“二维时空一提一控”授粉作物病虫害绿色防控与蜜蜂授粉融合技术模式。“二维时空”是指时间上以作物生育进程为主线集成相关技术体系，空间上合理协调蜜蜂为向日葵和西瓜、甜瓜安全授粉；“一提”是指蜜蜂授粉提质增效技术，即优化蜂种、优化摆放、优化管护，优化蜂群密度；“一控”是指控药减害保护蜜蜂安全授粉技术，重点集成抗性品种、药剂浸种、适期晚种、轮作改种、生物防治、生态调控、生物源农药、灯诱、性诱、色诱等实用型技术，保护蜜蜂安全授粉。

①播种期集成技术。

1）选用抗性品种及药剂浸种技术：根据当地主要病虫害控制对象，选用高抗或多抗的品种。甜瓜主要选择新洲蜜 17 号、塞上明珠等多抗品种。将硫黄配制成 200 倍液，浸种 30 分钟后水洗 5 次，每次洗 10 分钟并不断搅拌；或将溴硝醇原药配制成 1 000 倍液，浸种 1 小时后水洗 4 次，每次洗 10 分钟并不断搅拌，进行种子消毒；在向日葵黄萎病危害严重的区域可选种 SH363、SH361、3638c 等，列当危害严重的区域可选种免疫品种 TP3313 或高抗品种 TP3314、SH363 等，其中 SH363、JK601、TP3313 等多数主栽品种对蜜蜂授粉高度或中度依赖，要根据各地选用品种对蜜蜂授粉依赖度，提前统一规划部署蜜蜂授粉，向养蜂协会提供科学合理的蜜蜂授粉密度。

2）轮作改种技术：蜜蜂授粉区域内将向日葵和西瓜、甜瓜进行轮作，减轻土传病害的发生。

3）适期晚种技术：将向日葵短日期杂交品种播期调整为 5 月 25 日至 6 月 10 日，防控向日葵螟和黄萎病。

4）生物防治技术：选用生防制剂防控向日葵黄萎病等土传病害，使用量 3～6 千克/亩。

5）全程生态调控防病技术：田间整地，平畦覆膜，浇灌黄河水，土壤松干后播种西瓜、甜瓜。整个生育期不浇水或少浇水，降低田间湿度，减轻病害的发生；或采用高畦栽培防病技术，避免水与植株接触，降低植株间湿度，减轻病害的发生。

②苗期集成技术。

1）整枝打杈预防传病技术：西瓜、甜瓜整枝打杈前后，分别喷施 86.2%氧化亚铜可湿性粉剂 800 倍液，预防打杈过程中操作人员的手传播病菌，实施标准化喷药。

2）西瓜、甜瓜田间黄板诱杀害虫：每亩悬挂 40 片左右黄板，并均匀分布，诱杀西瓜、甜瓜棉蚜、白粉虱等，起到防控和监测作用。

3）补充瓢虫、草蛉接力式生防技术：根据西瓜、甜瓜棉蚜监测情报，发生初期按照草蛉幼虫 500 头/亩，成虫 300 头/亩的用量释放，每 3～4 周释放 1 次，连续释放 2 次；瓢虫按与棉蚜为 1∶100 的比例或每亩 200～300 头的标准进行释放；在棉蚜爆发期，补充释放草蛉和瓢虫，压低虫口数量。

4）机械膜间除草：在西瓜、甜瓜 4～5 叶期、向日葵 5～6 叶期利用机械铲趟进行膜间除草；向日葵田也可选用对蜜蜂安全的化学除草剂除草。

③现蕾期和开花期集成技术。

1）蜜蜂授粉提质增效技术：优化蜂种，主要选用意大利蜜蜂蜂种。优化密度，不集中连片种植情况下，每 5 亩 1 箱；集中连片种植超过 5 000 亩情况下，每 10～15 亩 1 箱，以 20 箱为 1 个授粉点。优化摆放，蜜蜂在授粉作物开花 10%之前入场，蜂场与授粉田间距离小于 100 米，根据田间地形选择单箱排列、多箱排列、圆形或 U 形排列，巢门背风向阳摆放。优化管护，通过调整巢脾，强群补弱群，保持蜂多于脾，维持箱内温度稳定，保证蜂群能够正常繁殖；检查蜂群的蜂蜜情况，及时采收蜂蜜和花粉，防止蜂蜜压子脾，提高蜜蜂访花的积极性，消除分蜂热；授粉期间，保证蜂群具有干净充足的水源；初花期适当奖励饲喂，提高蜜蜂授粉的积极性。SH363、JK601、TP3313 等多数主栽品种对蜜蜂授粉高度或中度依赖，要根据各地选用品种对蜜蜂授粉依赖度，提前统一规划部署蜜蜂授粉，向养蜂协会提供科学合理的蜜蜂授粉密度。

2）理化诱控及生物防治技术：在未进行调整播期避害的向日葵田，每亩放置 1～2 套向日葵螟诱捕器，可选干式诱捕器或三角式诱捕器，诱芯每月更换 1 次；每 30 亩挂置 1 盏杀虫灯诱杀成虫，杀虫灯底部距地面高度 1.5～1.8 米；释放赤眼蜂防控向日葵螟，放蜂量为 4.5 万头/亩，蜂卡放置在花盘下第 1～2 片叶子的背面，且均匀分布于田间。

④全生育期突发病虫害防控技术。向日葵和西瓜、甜瓜从播种期到成熟期优先选用高效、低毒、低风险且对蜜蜂安全的农药防控突发性病虫害。

综上所述，时间上以作物生育期为主线，空间上合理协调向日葵和西瓜、甜瓜蜜蜂授粉，构建黄河流域"二维时空一提一控"授粉作物病虫害绿色防控与蜜蜂授粉融合技术模式图（见下图）。

（2）阴山北麓"一提一控"授粉作物病虫害绿色防控与蜜蜂授粉融合技术模式。与马铃薯轮作，减轻病虫危害。授粉区域周围马铃薯主要选用抗耐病品种、脱毒种薯，使用高效低风险、对蜜蜂安全的农药，禁用危害蜜蜂安全的化学农药。

①蜜蜂授粉提质增效技术。参照上述 1）蜜蜂授粉提质增效技术。

②授粉作物病虫害绿色防控技术。

③现蕾期和开花期集成技术。

1）轮作改种：与马铃薯实施轮作，轮作 3 年以上。

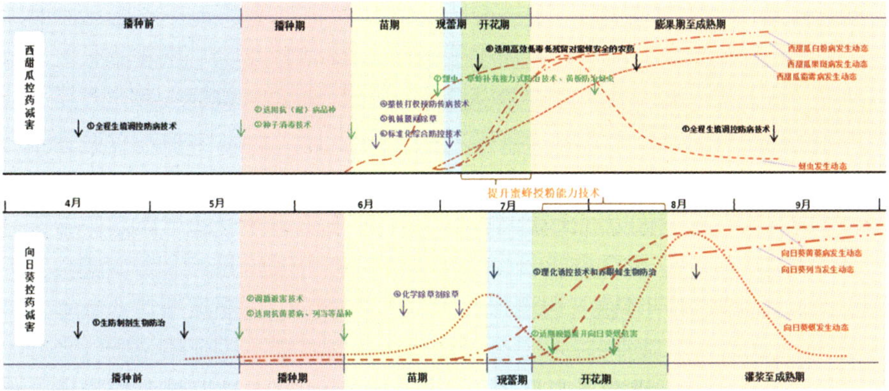

“二维时空一提一控”授粉作物病虫绿色防控与蜜蜂授粉整融合技术模式

注：向日葵和西甜瓜是河套灌区主要的虫媒授粉作物，西甜瓜蜜蜂授粉结束后，蜜蜂无须转场，向日葵开始蜜蜂授粉。

2）选用抗性品种：根据当地监测的病虫害发生动态，选用高抗或多抗的品种。在向日葵黄萎病发生较重的区域可选种 SH363、SH361、3638c 等，列当发生严重的区域可选种免疫品种 TP3313 或高抗品种 TP3314、SH363 等，其中 SH363、JK601、TP3313 等多数主栽品种对蜜蜂授粉高度或中度依赖，要根据各地选用品种对蜜蜂授粉依赖度，提前统一规划部署蜜蜂授粉，向养蜂协会提供科学合理的蜜蜂授粉密度。

3）理化诱控及生物防治技术：每亩放置 1～2 套向日葵螟诱捕器，可选干式诱捕器或三角式诱捕器，诱芯每月更换 1 次；每 30 亩挂置 1 盏杀虫灯诱杀成虫，杀虫灯底部距地面高度 1.5～1.8 米；释放赤眼蜂防控向日葵螟，放蜂量为 4.5 万头/亩，蜂卡放置在花盘下第一至二片叶子的背面，且均匀分布于田间。

4）授粉区域内作物全生育期突发病虫害防控技术：向日葵和周围地块马铃薯从播种期到成熟期优先选用高效低毒低风险且对蜜蜂安全的农药防控突发性病虫害。

2. 技术示范推广情况

2017—2021 年该技术模式在黄河流域和阴山北麓蜜蜂授粉保护区域巴彦淖尔市、包头市、鄂尔多斯市和乌兰察布市 4 地区杭锦后旗、临河区、五原县、乌拉特前旗、磴口县、乌拉特中旗、固阳县、乌审旗、伊金霍洛旗、察右后旗、察右中旗、商都县和四子王旗 13 县（旗区），通过“产学研用企农管服”的推广机制，即科研院校主导技术攻关、植保部门主导推广应用、企业无缝参与直供直销、农民主动参与绿色防控、蜂农放心参与释放蜜蜂、管理部门参与合理布局、服务组织参与高效专业，“整建制”大面积推广应用。累计建设示范区 142 个，应用总面积为 1 907.3 万亩。

3. 提质增效情况

黄河流域向日葵“二维时空一提一控”授粉作物病虫害绿色防控与蜜蜂授粉融合技术 2017—2021 年累计转化应用面积 1 524.3 万亩，平均亩产 271.7 千克，对照平均亩产 222.1 千克，亩均增产 49.6 千克，加权平均增产 22.6%；黄河流域西甜瓜“二维时空一提一控”融合技术 5 年累计应用面积 20.3 万亩，平均亩产 2 370.9 千克，对照平均亩产 2 113.6 千克，亩均增产 257.4 千克，加权平均增产 12.8%。

阴山北麓“向日葵一提一控”融合技术 2017—2021 年累计应用面积 362.7 万亩，平均亩产 276.3 千克，对照平均亩产 225.0 千克，亩均增产 51.3 千克，加权平均增产 22.9%。

二、技术操作要点

操作要点包括筛选蜂种（意大利蜜蜂、卡尔巴阡蜂、卡尼鄂拉蜂等西方蜜蜂及其杂交后代）、科学摆放（U 形、圆形排列）、合理密度（不集中连片种植情况下，每 5 亩 1 箱；集中连片种植超过 5 000 亩情况下，每 10～15 亩 1 箱，以 20 箱为 1 个授粉点；根据作物抗性品种对蜜蜂授粉依赖度，科学合理确定蜜蜂释放密度）、优化管护（调整巢脾、强群补弱群、维持箱内温度等）共 4 个环节；重点集成抗性品种（选择多抗或耐病品种）、药剂浸种（硫黄配制成 200 倍液对种子进行处理）、适期晚种（向日葵短日期品种播期调整为 5 月 25 日至 6 月 10 日）、轮作改种（向日葵和西瓜、甜瓜轮作）；生物防治（补充草蛉和瓢虫接力式防控棉蚜等）、生境调控（西瓜、甜瓜全程控水防病）等轻简化实用型技术。

三、适宜区域

内蒙古黄河流域和阴山北麓向日葵、西瓜、甜瓜集中种植区。

四、注意事项

向日葵和西瓜、甜瓜从播种期到成熟期优先选用高效、低毒、低风险且对蜜蜂安全的农药防控突发性病虫害。

五、技术依托单位

1. 内蒙古自治区植保植检中心

联系地址：内蒙古自治区呼和浩特市赛罕区鄂尔多斯东街尚东国际 2 号楼
联系人：杨立国、黄俊霞、乌恩
联系电话：13847171363
电子邮箱：ylg199@126.com

2. 中国农业科学院植物保护研究所

联系地址：北京市海淀区圆明园西路 2 号
联系人：张礼生
联系电话：13810338766
电子邮箱：zhangleesheng@163.com

3. 中国农业科学院蜜蜂研究所

联系地址：北京市海淀区香山北沟 1 号
联系人：黄家兴
联系电话：13811662851
电子邮箱：huangjiaxing@caas. cn

4. 全国农业技术推广服务中心

联系地址：北京市朝阳区麦子店街 20 号楼
联系人：周阳、赵中华
联系电话：18601034269
电子邮箱：zhouyang@agri. gov. cn

5. 巴彦淖尔市现代农牧事业发展中心

联系地址：内蒙古自治区巴彦淖尔市临河区新华西街农牧大楼
联系人：刘宝玉、王玉杰、武建华、李昊宇
联系电话：13296992209
电子邮箱：liubaoyu4558637@163. com

6. 鄂尔多斯市农牧技术推广中心

联系地址：内蒙古自治区鄂尔多斯市康巴什国泰商务广场塔五（CBD）1910
联系人：苗春乐、张朋飞
联系电话：15134882868
电子邮箱：erdoszbz@sina. com

蜜蜂授粉与自然授粉对照

敦煌市棉花病虫害绿色防控技术模式

棉花产业是敦煌传统农业的支柱产业，近年来，敦煌市依托高标准农田建设项目大力发展机采棉。通过大力推广棉花种植新品种、新技术，实施了敦煌市机采棉绿色生产基地建设等项目。在植棉过程中，通过建立示范区，推广棉花病虫害绿色防控技术，以病虫害绿色防控为抓手，构建了良好的棉田生态系统，保障棉花丰产丰收。通过不断试验探索，总结形成了敦煌市棉花绿色防控技术模式。

一、技术概述

1. 技术基本情况

目前，敦煌棉花病虫害以棉花枯萎病、黄萎病、棉蚜、棉叶螨、地老虎、棉铃虫等为主，针对这些病虫害的绿色防控，主要突出绿色控害，减药增效，从农田生态系统整体出发，以农业防治为基础，以选用抗耐病虫品种为主，以物理和生物防治为抓手，利用性信息素诱集、灯光诱杀技术，种植天敌诱集带，使用天敌性诱剂做好天敌保护利用，充分发挥天敌的自然生态调控作用，辅以高效低风险化学农药，与植保无人机统防统治相结合，进行棉花全生育期病虫害的综合防治，构建全程绿色防控技术模式，实现节本增效，保障棉花生产安全和农田生态安全。

（1）农业防治技术。

①轮作倒茬，合理布局。在棉花枯萎病、黄萎病发生严重的地块，实行与小麦、玉米等作物轮作，避免长期连作。棉田尽可能远离棚室，以防止烟粉虱、潜叶蝇等害虫向棉田扩散危害。

②选用抗病品种。选用高抗枯萎病、黄萎病的高产、优质棉花优良品种及无病包衣种子，剔除受伤、干瘪种子，保证一播全苗。

③秋翻冬灌。棉花收获割秆后，及时清除田间残枝落叶和田埂杂草，对有条件的地块进行秋翻冬灌，破坏病菌和害虫越冬环境，降低翌年病虫基数。

④做好田间管理。播前结合整地，铲除田间及四周地埂上的杂草；棉花生长期，及时中耕、定苗，合理追肥。

（2）物理防治技术。

①灯光诱杀。棉田安装杀虫灯，每 30～40 亩棉田安装 1 盏频振式杀虫灯，诱杀棉铃虫、甜菜夜蛾、地老虎等夜蛾类成虫。

②性诱捕器诱杀。在棉铃虫成虫盛发期，每亩均匀放置 3 套棉铃虫性诱捕器，配合性诱剂，每 2 月更换 1 次性诱芯。吸引性成熟的雄虫成虫，将其困死在笼中，减少田间雌雄成虫交配率，降低田间有效卵量，有效控制或减轻幼虫对棉花的危害性。

(3) 生物防治技术。

①选用生物制剂。尽量减少使用广谱性药剂，在田间发现中心病（虫）株需要防治时，应采用点片施药、隔行施药等挑治的方式，避免大面积、连片用药，以保护天敌。如用苏云金芽孢杆菌制剂、棉铃虫核型多角体病毒、甘蓝夜蛾核型多角体病毒防治棉田棉铃虫、地老虎等低龄幼虫。

②种植玉米诱集带。在棉田四周种植玉米诱集带，诱集棉铃虫，于7月中旬棉铃虫产卵孵化盛期集中喷药防治或砍除。

③田间留草引诱。中耕除草时可在行间留部分田旋花、灰藜等杂草诱集地老虎，并将诱集到的地老虎适时集中灭杀。

④悬挂天敌引诱剂。棉花出苗后在示范田每亩均匀放置3～5枚天敌引诱剂，悬挂于作物中上部，距离地面80～100厘米，吸引草蛉、瓢虫、食蚜蝇、捕食螨等天敌，发挥田间自然天敌控害能力，减缓农药施用时间和施药次数。

⑤保护利用天敌。种植显花植物，丰富棉田生物多样性，在棉田行间或周边种植荞麦、苜蓿等植物，引诱、涵养天敌，为天敌寄生蜂提供蜜源和栖息场所，增强天敌对棉蚜、棉铃虫、棉叶螨的控制能力。

(4) 化学防治技术。

①种子处理。针对苗期主要病虫种类，选用适宜的杀虫剂、杀菌剂、植物生长调节剂进行种子包衣。杀虫剂可选用吡虫啉、噻虫嗪等，杀菌剂可选用枯草芽孢杆菌、苯醚甲环唑、咯菌腈、吡唑醚菌酯、萎锈·福美双等，植物生长调节剂可选用芸苔素内酯、赤·吲乙·芸苔等。

②高效低风险农药应用。加强田间调查，根据棉花不同生育期不同病虫害，正确选用高效低风险化学农药，科学用药，做好棉蚜、棉叶螨、地老虎、棉铃虫等虫害的综合防治，提高防控效果。

棉铃虫：蛀铃率≤2%，防治的药剂可选用核型多角体病毒、15%茚虫威（在卵孵化盛期或低龄幼虫期施用）、5%虱螨脲、40%氯虫·噻虫嗪、10%阿维·氟酰胺、2.5%溴氰菊酯、2.5%氯氟氰菊酯等。

棉蚜：7月底，单块棉花卷叶株率≤10%，卷叶流油植株面积不超过本片区棉花面积的5%。防治的药剂可选用20%或36%啶虫脒、20%或70%吡虫啉。

棉叶螨：7月底，单块棉田内红叶面积不超过1亩，累计红叶面积不超过本片区棉田种植面积的1%；8月底，最大连片面积不超过2亩；累计红叶面积不超过本片区棉田种植面积的3%。防治的药剂可选用73%炔螨特、24%螺螨酯、20%四螨嗪、5%噻螨酮、5%阿维菌素等。

2. 技术示范推广情况

在敦煌市转渠口镇东沙门村设立棉花绿色综合防控示范区，配备绿色防控产品，指导绿色防控技术应用，大力推广农业防治、物理防治、生物防治及科学用药等技术措施。通过示范带动，敦煌棉花绿色防控覆盖率逐年提高。

3. 提质增效情况

通过绿色防控技术措施的综合应用，棉花生产在经济效益、生态效益、社会效益方面都取得了一定的成效，得到了广大农户的认可。

（1）经济效益。据测产，绿色防控示范区平均籽棉亩产量 375.22 千克，农户自防区平均籽棉亩产量 380.98 千克。对照农户自防区，绿色防控区亩减产 5.76 千克。在棉花生长期，绿色防控区使用生物农药防治棉田害虫 7 次，农户自防区防治棉田害虫 10 次，全程施药减少 3 次，每次用药成本在 20～25 元，每亩降低用药和人工成本 60～75 元。开展棉花病虫害绿色防控，明显减少了化学农药使用次数，降低了防治成本和病虫危害损失，解决了棉田用药恶性循环，提高了棉花品质，符合棉花可持续发展需求。

（2）生态效益。绿色防控技术的应用，减少了农药使用次数和使用量，保障了棉花生产安全，同时，减轻了药剂对环境的污染，降低了农产品药剂残留风险。棉田生物多样性增加，有益生物种群数量增加，生态效益显著，保障了农田生态系统稳定和安全。

（3）社会效益。绿色防控技术措施的推广应用，逐步提高了示范区棉农的绿色防控意识，由不规范大量使用农药向使用高效、低风险、低残留农药及生物农药转变。通过培训有效地提高了示范户的绿色防控技术运用水平，农户认识到保护天敌比经常施药更重要，克服了防治用药的盲目性和随意性，达到了提高防效、减少农药使用量的目的，提升了防虫治病能力，保障了农产品更加环保安全。

二、技术操作要点

1. 加强监测，做好预测预报

准确的预测预报工作是进行病虫害绿色防控的必要前提，要摸清病虫发生规律和危害特点，合理设置监测点，适时适量布设诱捕器、杀虫灯等监测设备，做到“早发现、早预报、早防控”。

2. 精准施策，科学用药

针对不同的病虫害，要根据发病时间和病虫基数合理搭配绿色防控措施，充分发挥不同技术措施的作用，达到棉花病虫害高效防控的目标。

棉花枯黄萎病：抗枯耐黄品种＋科学拌种＋苗期至蕾期喷施氨基寡糖素、枯草芽孢杆菌、乙蒜素等。

棉蚜：农业措施（清洁田园，消灭虫源）＋天敌控害（天敌引诱剂、种植显花植物）＋高效低风险化学农药（双丙环虫酯、氟啶虫胺腈、氟啶虫酰胺、吡虫啉等）。

棉叶螨：农业措施（清洁田园，消灭虫源）＋天敌控害＋高效低风险化学农药（阿维菌素、乙螨唑、炔螨特等）。

棉铃虫：农业措施（秋翻冬灌、铲埂除蛹）＋灯光诱杀成虫＋性诱诱杀成虫＋食诱诱杀成虫＋高效低风险化学农药（棉铃虫核型多角体病毒、甘蓝夜蛾核型多角体病毒、氯虫苯甲酰胺、氟苯虫酰胺、甲氨基阿维菌素苯甲酸盐等）。

三、适宜区域

该技术适用于敦煌市机采棉种植区。

四、注意事项

①做好农作物病虫监测工作，病虫测报点要安排专职测报人员，全面掌握棉花病虫发生种类和规律，定期巡查预测预报设备，并结合气象条件作出病虫害发生趋势精准预测。

②要定期清理杀虫灯、诱捕器，一般7～10天清理1次，效果最佳。

③根据棉田虫害发生实际情况，及时采取化学防治，科学精准使用高效低风险农药，按照药剂的使用说明，选择有效的使用浓度和药量，不可随意加大或降低药剂的使用浓度和剂量。同时，应交替使用农药，以增强药效，延缓抗性产生，控制病虫害蔓延危害。

五、技术依托单位

1. 敦煌市农业技术推广中心

联系地址：甘肃省敦煌市沙州镇阳关路60号
联系人：余彩芬、赵媛
联系电话：0937-5933061、18093780919

2. 甘肃省农业科学院植物保护研究所

联系地址：甘肃省兰州市安宁区农科院新村
联系人：周昭旭、罗进仓
联系电话：13893186024

棉田田埂周围安装棉铃虫诱捕器

棉田行间种植荞麦保护天敌

太阳能杀虫灯防控越冬代夜蛾类成虫

棉田行间田埂周围种植玉米诱集带

调查棉铃虫诱捕器诱虫数量

使用无人机进行化学防治

使用天敌引诱剂吸引天敌

新疆兵团棉花病虫害绿色防控技术模式

近年来，兵团在植棉过程中，以病虫害绿色防控为抓手，构建良好的棉田生态系统，依托绿色技术措施的推广应用，保障了棉花丰产丰收，为棉花产业可持续发展奠定了基础。通过建立示范区，集成、示范、推广棉花病虫害绿色防控技术，并不断加以完善和配套，形成了棉花绿色防控技术模式。

一、技术概述

1. 技术基本情况

目前，兵团棉花病虫害以棉花枯萎病、黄萎病、铃病、蚜虫、叶螨、棉铃虫等为主，针对这些病虫害的绿色防控，从农田生态系统整体出发，以农业防治为基础，以物理和生物防治为抓手，辅以高效低风险化学农药，做好天敌保护利用，充分发挥天敌的自然生态调控作用，进行棉花全生育期病虫害的综合防治，构建全程绿色防控技术模式，保障棉花生产安全和农田生态安全。

（1）农业防治技术。

①精选种子。选用抗（耐）病虫品种，剔除受伤、干瘪种子，保证一播全苗。

②秋翻冬灌。有条件的团场及时进行秋翻冬灌，破坏病菌和害虫越冬环境，降低翌年病虫基数。

③健身栽培。适期播种，早春中耕提地温，促苗早发；合理密植，科学化调，营造良好的生长环境；科学水肥运筹，培育健壮植株。

（2）物理防治技术。

①灯光诱杀。每30～40亩棉田安装1盏频振式杀虫灯，诱杀棉铃虫、甜菜夜蛾、地老虎等夜蛾类成虫。

②性诱笼诱杀。在棉铃虫成虫盛发期，在棉田放置配套性诱剂的性诱笼，吸引性成熟的雄虫成虫，将其困死在笼中。

③粘虫板诱虫。利用蚜虫对黄色的趋性，在棉蚜开始迁往棉田时悬挂黄板诱虫，在棉田周边每隔10～15米放置一块黄板，依据诱虫情况及时更换。

④杨枝把诱杀。棉铃虫成虫高发期，将萎蔫2天的杨枝把高于棉株10厘米，摆放在距地头10米处诱集棉铃虫成虫，黎明前收回杨枝把并捕获藏在其中的成虫。

（3）生物防治技术。

①选用生物制剂。如用苏云金芽孢杆菌制剂、棉铃虫核型多角体病毒、甘蓝夜蛾核型多角体病毒防治棉田棉铃虫、地老虎等低龄幼虫。

②保护利用天敌。棉铃虫常发区，棉田周边种植玉米诱集带，诱集棉铃虫，集中杀

灭。在田边和林带下种植苜蓿等植物，引诱、涵养天敌，增强天敌对棉蚜、棉铃虫、棉叶螨和棉盲蝽的控制能力。

（4）化学防治技术。

①种子处理。针对苗期主要病虫种类，选用适宜的杀虫剂、杀菌剂、植物生长调节剂进行种子包衣。杀虫剂可选用吡虫啉、噻虫嗪等，杀菌剂可选用枯草芽孢杆菌、苯醚甲环唑、咯菌腈、吡唑醚菌酯、萎锈·福美双等，植物生长调节剂可选用芸苔素内酯、赤·吲乙·芸苔等。

②高效低风险农药应用。根据棉花不同生育时期不同病虫害，正确选用高效低风险化学农药，科学用药，提高病虫害防控效果。

2. 技术示范推广情况

兵团农业技术推广总站每年制定推广项目计划，在主要植棉区设立绿色防控与统防统治融合示范区，配备绿色防控产品，指导绿色防控技术应用，大力推广农业防治、物理防治、健身栽培、科学用药等技术措施，每年核心示范区不少于 10 万亩。通过示范带动，兵团农作物绿色防控覆盖率逐年提高，2022 年兵团农作物绿色防控覆盖率达 58.62%。

3. 提质增效情况

通过绿色防控技术措施的综合应用，棉花生产在经济效益、生态效益、社会效益方面都取得了一定的成效，得到了广大职工的认可。

（1）经济效益。通过应用棉花病虫害绿色防控技术措施，可有效推后病虫害暴发时间，降低病虫危害程度，每年较常规防治区可减少用药次数 2～3 次，每次用药成本＋机械人工成本 15～20 元/亩，总体可节约种植成本 45～60 元/亩；通过降低病虫危害程度，间接提高棉花产量 10～20 千克/亩，按照棉花价格 7.5 月/亩计算，棉花产量收益可增加 75 元/亩左右；综合测算总体经济效益可增加 90～210 元/亩。

（2）生态效益。绿色防控技术的应用，保障了农田生态系统稳定和安全，提高了病虫害防治效果，减少了化学药剂的使用次数和使用量，保障了棉花生产安全；同时，减轻了药剂对环境的污染，降低了农产品药剂残留风险。

（3）社会效益。绿色防控技术措施的推广、宣传和大面积应用，可有效提高广大职工的绿色防控意识，也使农产品更加环保安全。通过培训，提高了广大职工的科学选药和用药水平，提升了防虫治病能力，降低了盲目用药产生的药害风险。

二、技术操作要点

1. 加强监测，做好预测预报

准确的预测预报工作是进行病虫害绿色防控的必要前提，要摸清病虫发生规律和危害特点，合理设置监测点，适时布设诱捕器、黄板、孢子捕捉仪等监测设备，安排专职技术人员每周进行 2～3 次巡查监测，做到“早发现、早预报、早防控”。

2. 精准施策，科学用药

针对不同的病虫害，要根据发病时间和病虫基数合理搭配绿色防控措施，充分发挥不同技术措施的作用，达到棉花病虫害高效防控的目标。

（1）棉花枯萎病、黄萎病。抗枯耐黄品种＋科学拌种＋苗期至蕾期喷施氨基寡糖素、枯草芽孢杆菌、乙蒜素等。

（2）棉花铃病。合理密植＋科学化调＋高效低风险药剂（多抗霉素、春雷霉素、乙蒜素等）。

（3）棉蚜。农业措施（清洁田园，消灭虫源）＋黄板诱蚜＋天敌控害＋高效低风险化学农药（双丙环虫酯、氟啶虫胺腈、氟啶虫酰胺、吡虫啉等）。

（4）棉叶螨。农业措施（清洁田园，消灭虫源）＋天敌控害＋高效低风险化学农药（阿维菌素、乙螨唑、炔螨特等）。

（5）棉铃虫。农业措施（秋翻冬灌、铲埂除蛹）＋灯光诱杀成虫＋性诱成虫＋食诱诱杀成虫＋杨枝把诱集成虫＋高效低风险化学农药（棉铃虫核型多角体病毒、甘蓝夜蛾核型多角体病毒、氯虫苯甲酰胺、氟苯虫酰胺、甲氨基阿维菌素苯甲酸盐等）。

三、适宜区域

该技术适用于新疆兵团机械化大规模棉花种植区。

四、注意事项

1. 强化监测，精准预测

病虫测报点要有专门的测报人员，全面掌握属地棉花病虫发生种类和规律，定期巡查预测预报设备，并能够结合气象条件作出病虫害发生趋势精准预测。

2. 预防为主，综合防治

根据病虫害的发生情况，及时采取相应的绿色防控技术措施，做到“预防为主，综合防治”，最大程度发挥绿色防控技术效果。

3. 抓好时机，科学用药

根据棉田实际情况，及时采取化学药剂防治，找准时机，科学使用高效低风险农药，控制病虫蔓延危害。

五、技术依托单位

1. 新疆生产建设兵团农业技术推广总站

联系地址：新疆维吾尔自治区乌鲁木齐市新市区高新街48号

联系人：朱玉永、马江锋
联系电话：0991-3663875、15276653132

2. 第一师农业技术推广站

联系地址：新疆维吾尔自治区阿拉尔市军垦大道东1731号
联系人：李勇、柯贤浩
联系电话：15899370646

3. 第二师农业技术推广站

联系地址：新疆维吾尔自治区铁门关市迎宾大道农业综合大厦
联系人：王映山
联系电话：18999611808

4. 第三师农业技术推广站

联系地址：新疆维吾尔自治区图木舒克市东莞北路8号
联系人：王嶽
联系电话：13579306024

5. 第五师农业技术推广站

联系地址：新疆维吾尔自治区双河市和平路29号
联系人：翟振平、范爱华
联系电话：17799093592

6. 第六师农业技术推广站

联系地址：新疆维吾尔自治区五家渠市农水大厦
联系人：王燕萍
联系电话：13579621365

7. 第七师农业技术推广站

联系地址：新疆维吾尔自治区胡杨河市创业西路860号
联系人：方红联
联系电话：13369928993

8. 第八师农业技术推广站

联系地址：新疆维吾尔自治区石河子市西环路128号
联系人：张新全、陈爱群
联系电话：13031337601

太阳能杀虫灯防控越冬代夜蛾类成虫

棉田边行种植苘麻诱集带

棉田使用性诱剂诱杀棉铃虫

棉田使用杨枝把诱蛾

石家庄市鹿泉区甘薯地下害虫绿色防控技术模式

甘薯是重要的粮食、饲料、生物能源作物。主要害虫为蛴螬等地下害虫，地下害虫的危害是导致甘薯产量、品质下降的重要因素，其具有活动能力强、范围大、危害时期长、控制时期难以掌握等特点。地下害虫危害薯块后，可使薯块表面出现明显的孔洞和伤口，影响甘薯的经济价值和商品性，且易引起病害的发生。

目前，防治甘薯地下害虫的主要方法仍然以农药防控为主，生产中防治地下害虫使用化学药剂往往用量大、用药次数频繁、毒性高、残留重，不仅危害环境，而且为农产品安全带来隐患。针对上述问题，经过研究和实践，总结形成了甘薯地下害虫绿色防控技术模式。

一、技术概述

1. 技术基本情况

针对蛴螬等甘薯地下害虫，树立“公共植保、绿色植保”理念，积极转变病虫防控方式，促进农药减量增效和农产品质量安全，在保障不危害环境、安全食用的同时提高甘薯产量与品质，研究形成了甘薯地下害虫绿色防控技术模式。

主要通过杀虫灯诱杀成虫、深翻暴晒防治幼虫，应用金龟子绿僵菌CQMa421防治幼虫等物理措施、农业措施、生物措施，替代传统化学防控措施，减轻甘薯地下害虫危害，实现提质增效，推动甘薯产业绿色可持续发展。

2. 技术示范推广情况

于2021年在鹿泉区黄壁庄镇上吕村吉武农产品专业合作社红薯基地进行试验示范，取得了良好的应用效果。2022—2023年连续在鹿泉区、行唐县、元氏县推广应用，并不断熟化和完善，累计推广应用面积1.2万亩。

3. 提质增效情况

该项技术应用后，地下害虫防效持续在75%以上，较常规化学农药防效增加25%，同时亩减少化学农药使用量25%。甘薯每亩增产289千克，增产率11%，按1元/千克计算，亩增收289元。甘薯储存期明显增长，较常规化学防治区储存期可增长1～2个月。不仅能提高甘薯品质和经济效益，且有利于保护环境。

二、技术操作要点

1. 冬前土壤深翻

冬前对下年度种植甘薯的大田深翻30厘米晒垡，打破犁底层，有利于甘薯根系下扎发育、水分下渗上升、防涝保墒，可使土壤疏松，有利于块根膨大，最重要的是可以破坏病虫越冬环境，利用低温实现物理防虫。幼虫翻出地表后，人工捡出杀死。

2. 品种选择

选用市场上受欢迎的优质、高产、稳产、薯形好、口感好、商品性好的品种。

3. 严选健康种苗

从正规种薯种苗企业引进所需甘薯品种的脱毒种苗或健康大田苗。引进种苗，须严格剔除弱苗、差苗，并用药剂消毒处理。

4. 安装杀虫灯

按照每 50 亩 1 盏的密度，安装太阳能杀虫灯，诱杀成虫，降低虫源量。

5. 精细田间管理

（1）定植用药。5 月上中旬定植。起垄施肥施药定植一体化机械作业，每亩施用商品颗粒有机肥 40 千克、金龟子绿僵菌 CQMa421 颗粒剂 3 千克。定植后随浇水追施 30%辛硫磷微囊悬浮剂 750 毫升。及时查苗、补苗，确保全苗。补苗应选用壮苗，在阴雨天或晴天午后进行。补苗栽插后遇晴天浇水。

（2）灌溉与排涝。土壤相对湿度保持在 60%～70%为宜（地表 5 厘米以下土壤湿度以手握成团、松开即散为宜），干旱时及时浇水，涝时及时排水，防止积水。

（3）控制旺长。甘薯地上部有旺长时趋势时，采用打顶机控旺，封垄后采用清垄机控旺。

（4）追肥追药。块根膨大期随水追施 80 亿孢子/毫升金龟子绿僵菌 CQMa421 可分散油悬浮剂 40 毫升/亩，可叶面喷施 0.2%磷酸二氢钾 1～2 次，间隔 5～7 天。

6. 收获

收获时间为 10 月上中旬，一般在霜降前晴天上午刨收。

三、适宜区域

本技术模式适合河北省石家庄市甘薯产区。

四、注意事项

①杀虫灯需连续使用三年以上，可有效防控蛴螬等地下害虫危害。

②使用金龟子绿僵菌 CQMa421 颗粒剂，必须使用有机肥做基质，促进金龟子绿僵菌 CQMa421 不断繁殖，提升防效。且不得使用杀菌剂，防止杀死金龟子绿僵菌 CQMa421，降低防效。

③甘薯要适期收获。收获过早会人为缩短生长期，导致产量下降，收获过晚不利于贮藏，也影响食用，进而影响甘薯的经济效益。收获时要做到“四轻”，即轻刨、轻装、轻运、轻卸，减少甘薯薯块破损。避免在雨天和土壤太湿收获。

五、技术依托单位

1. 石家庄市鹿泉区农业技术推广中心

联系地址：河北省石家庄市鹿泉区获鹿镇顺城关供销社院内
联系人：张燕、张星
联系电话：15028196836、15175123997

2. 石家庄市鹿泉区新能源服务中心

联系地址：河北省石家庄市鹿泉区北斗路胜利大厦9楼
联系人：张立娇
联系电话：13931112355

冬前深翻出地表的地下害虫

机械栽秧

机械打蔓

机械刨收

刨收后晾晒

检查病虫害

临沭县甘薯主要病虫害绿色防控技术模式

甘薯是临沭县主要大田作物，是农民增收致富的一项支柱产业，2021年临沭甘薯顺利通过地理标志认证。为促进临沭甘薯产业的健康发展，临沭县紧跟时代步伐，大力推广甘薯病虫害绿色防控技术，取得了满意的效果。本文主要介绍了临沭县甘薯绿色防控技术的示范推广、提质增效情况，重点阐述了甘薯病虫害绿色防控的应用技术，为我国甘薯种植区提供了1套甘薯主要病虫害绿色防控技术模式。

随着人民生活水平的不断提高，甘薯作为世界卫生组织评选的六大健康食品之一，其营养保健功能越来越受到消费者的青睐。甘薯是临沭县第三大主栽作物，为实现甘薯产业绿色发展，提高甘薯的产出效益，临沭县积极推广甘薯病虫害绿色防控技术，取得了较好的社会效益、经济效益与环境效益。

一、技术概述

1. 技术基本情况

连作栽培导致临沭县甘薯病虫害逐年加重，加之不恰当的病虫害防治方法和药剂的应用，甘薯的质量和品质受到影响。为生产出绿色、环保、优质、高产、营养、保健的甘薯，临沭县积极探索甘薯病虫害绿色防控技术，综合运用农业、物理、生物、高效低毒的化学农药防治方法，采用有效的绿色防控手段，减少农药使用次数和使用量，控制甘薯病虫害的发生，促进农业生产安全、农产品质量安全、农业生态安全和农业贸易安全。

2. 技术示范推广情况

自2018年在山东省临沂市各县区及周边进行示范推广以来，得到了种植区广大薯农的认可，并积极应用和推广，取得了良好效果。该技术的推广提高了甘薯产量，改善了甘薯品质，甘薯的商品率明显提高，各种病虫害得到了有效控制，病虫害发生率在3%以下。

3. 提质增效情况

甘薯主要病虫害绿色防控技术的推广应用，为临沂市周边地区种植甘薯提供了病虫害绿色防控的模式样本，实现了农药减量控害目标，促进了全县甘薯生产的可持续发展，达到了农业增效、农民增收的目的。每年推广面积在50 000公顷以上，平均亩产量为3 200千克，比常规种植亩产量2 800千克增产500千克，产生了显著的经济效益，有效促进了农业增产与农民增收。

二、技术操作要点

1. 植物检疫

使用经过植物检疫部门检疫的甘薯种薯或薯苗，严禁私引乱调，以免给当地甘薯生产造成重大损失。

2. 农业防治

（1）种薯的选择。根据栽培目的，选用抗耐病虫，适宜加工、鲜食或贮藏保鲜的品种，且经过脱毒、优选、无病虫害的种薯或薯苗。

（2）育苗地选择。育苗地应选在生茬地或3年以上未种甘薯的地块，背风向阳，排水良好，土层深厚，土壤肥沃，土质不过黏过沙，无病菌，靠近水源，管理方便和不易遭受意外损失。

（3）配方施肥。根据土壤的地力水平、目标产量以及品种特征特性等因素配方施肥，配施有机肥、农家肥或生物菌肥。施肥掌握以基肥为主、追肥为辅，控施氮肥、稳施磷肥、增施钾肥、配施微量元素的原则。一般氮、磷、钾肥复合肥，氮、磷、钾比例为2∶1∶3，配施钙肥多种微肥。

（4）选地与管理。选择耕层深厚、疏松通气、排灌方便的地块，冬季耕翻可减少甘薯病虫的发生基数，起垄栽培，创造适宜甘薯生长的良好环境条件，实行健身栽培。

（5）适期栽培与收获。春季甘薯苗栽插不能过早。一般在4月中下旬进行，以免地温过低，不利于甘薯生长；夏甘薯也不能收获过晚，以免受冻导致甘薯不耐贮藏。

（6）轮作换茬，清洁田园。甘薯病虫害发生严重的地块，要实行3年以上的轮作换茬。甘薯生长过程中、收获后以及贮藏期，要认真清除田间地头杂草，还要清除病残株并进行集中处理。

3. 物理防治

（1）虫害的防治。可利用害虫的趋光性、趋化性进行诱杀或人工捕杀。如利用黑光灯或糖醋液诱杀金龟子等成虫，利用杨柳枝把诱杀甜菜夜蛾成虫，利用泡桐叶诱集地老虎幼虫，然后集中捕杀。人工捕杀甘薯天蛾幼虫，耕翻时捡拾虫蛹等。

（2）病害的防治。将甘薯苗距离苗床3厘米以上的部位剪下作为定植苗，可预防甘薯黑斑病等；防止甘薯在贮藏期发生涝渍或冻害，可减轻软腐病的发生程度。

4. 生物防治

主要是利用生物技术、保护和利用自然天敌生物以及生物农药防治病虫，如利用甘薯茎尖脱毒方式进行组织培养繁育种薯或薯苗，以防治病毒病并获得高产。几种常见病虫的生物药剂防治方法如下：

（1）地下害虫。防治金针虫、地老虎、蛴螬等地下害虫时，可以选用150亿孢子/克球孢白僵菌可湿性粉剂250～300克/亩制成毒土撒施，也可用0.5%苦参碱水剂300～500

倍液灌根。

(2) 蚜虫、叶螨。防治蚜虫时．可用0.5%苦参碱水剂1 000～1 500倍液喷防，还可兼治其他害虫和病害；防治叶螨时，可用1.8%阿维菌素乳油2 000～3 000倍液喷防，也可兼治其他害虫。

(3) 甘薯天蛾、斜纹夜蛾、甘薯麦蛾、烦夜蛾等。可以选用16 000IU/毫克苏云金芽孢杆菌可湿性粉剂1 500～2 250克/公顷，或10亿多角体/克斜纹夜蛾核型多角体病毒可湿性粉剂750～900克/公顷喷防，或用25%灭幼脲悬浮剂1 000倍液喷防。

(4) 甘薯茎线虫病。可以用1.8%阿维菌素乳油3 000～5 000倍液灌根，防治药液用量为40～50毫升/株。

5. 化学防治

严格按照防治指标进行防治，一药多治或合理混配，适期用药。有限制使用高效、低毒、低残留农药品种。严格按照规定使用剂量和安全间隔期标准使用农药。

(1) 地下害虫。选用3%辛硫磷颗粒剂60千克/公顷，于起垄栽插时进行土壤处理。

(2) 蚜虫。可选用高效氯氰菊酯、吡虫啉等喷雾防治，具体用量可参考农药使用说明书。

(3) 叶螨。可选用哒螨灵、联苯菊酯等防治，注意甘薯叶片背面也要均匀着药。

(4) 茎线虫病。用50%辛硫磷乳油200倍液浸根6～10厘米，时间为20分钟，进行薯苗药剂消毒。

(5) 病毒病。在发病初期，每亩用20%吗胍·乙酸铜可湿性粉剂160～250克，兑水30千克喷雾处理，或2%氨基寡糖素水剂160～270克，兑水30千克喷雾处理，隔7～10天喷施1次，连喷3次。

(6) 甘薯天蛾、甘薯麦蛾、斜纹夜蛾、甜菜夜蛾。掌握在幼虫三龄以前的低龄期用药，选用高效低毒农药如敌百虫、高效氯氰菊酯、高效氯氟氰菊酯、氯虫苯甲酰胺、甲氨基阿维菌素等单剂或混配防治。当甘薯天蛾幼虫发生密度达到2～3头/米^2、斜纹夜蛾幼虫发生密度达到5头/米^{2}时喷药防治。

(7) 黑斑病。一是种薯处理，用50%多菌灵可湿性粉剂500倍液浸种3～5分钟，一次配药可以连续浸种10～15次。二是药剂浸苗处理，将根部根尘以上6～10厘米用50%甲基硫菌灵可湿性粉剂500～700倍液或50%多菌灵可湿性粉剂250倍液浸泡2～3分钟。

(8) 根腐病。药剂防治方法同黑斑病。

(9) 贮藏期黑斑病、疮痂病、软腐病。选择未受冻和涝渍、在收获后无明显创伤、耐贮藏的夏甘薯，剔除带病薯块，先用50%多菌灵可湿性粉剂1 000倍液浸泡薯块3分钟，捞出沥干水，入窖存放。入窖前要用多菌灵、硫黄等消毒窖室；入窖后注意通风排湿，保持温度在10～14℃，防止烂薯。

三、适宜区域

该技术适应性广，适宜在全国甘薯种植区推广应用。

四、注意事项

发生初期最好选用生物、物理等非化学防治措施。理化诱控诱杀害虫，应大面积连片应用。生物、物理措施的应用受天气影响，有一定的局限性，要根据天气合理选择。灯光诱杀尽量减少对天敌和非靶标生物的伤害。严格按照农药使用操作规程，遵守农药安全间隔期，确保产品质量安全。

五、技术依托单位

1. 山东省农业技术推广中心

联系地址：山东省济南市历城区闵子骞路25号
联系人：杨勤民
联系电话：13954154901

2. 临沂市农业技术推广中心

联系地址：山东省临沂市北城新区东方慧景
联系人：徐德坤
联系电话：13013522361

3. 临沭县农业技术推广中心

联系地址：山东省临沂市临沭县沂沭新街38号
联系人：吴书宝、刘娜
联系电话：13685390202

虫害监测

地膜覆盖水肥一体化栽培

黄板诱杀

设施豇豆病虫害全程绿色防控技术模式

为落实农业农村部部署，解决豇豆农药残留超标问题，山东省探究协调应用生态调控、健身栽培、生物防治、理化诱控和科学用药等措施，形成豇豆病虫害全程绿色防控技术模式，实现控制豇豆主要病虫害，保障豇豆生产安全和质量安全。

一、技术概述

1. 技术基本情况

当前，豇豆农药残留仍存在问题，为解决豇豆禁用农药检出和常规农药残留超标问题，山东探究豇豆病虫害全程绿色防控技术模式。

该技术模式在豇豆生育期全程协调应用了生态调控、生物防治、理化诱控等绿色防控技术，在田间形成稳定的生态，有效控制豇豆各种病虫害发生，实现化学农药替代，保障豇豆的安全生产。

该模式集成了土壤微生态调控防控根腐病等土传病害技术，多种天敌融合绿僵菌、白僵菌协同防控蚜虫、粉虱、蓟马、叶螨技术，蓟马引诱剂理化诱控技术，枯草芽孢杆菌、木霉菌、四霉素等生防菌剂防控锈病、灰霉病技术，氟吡呋喃酮、螺虫乙酯应急精准防控害虫技术。该技术模式的应用，能够减少化学农药使用量95%以上，减少设施豇豆病虫害造成的损失，延长采收期，增加产量，并从根本上解决豇豆农药残留超标问题。

2. 技术示范推广情况

在山东省聊城市莘县妹冢镇开展豇豆病虫害全程绿色防控技术模式示范，示范面积10亩。实施设施豇豆病虫害全程绿色防控技术，以微生物菌剂替代化学杀菌剂，以天敌昆虫和微生物菌剂完全替代化学杀虫剂，除豇豆后期灰霉病暴发使用腐霉利烟剂熏棚外，基本实现化学药剂全替代。开展的小范围豇豆病虫害绿色防控技术的试验取得了良好的防效，2023年通过举办培训班、现场观摩，培训山东省近百位植保技术人员和种植者，下一步将大范围进行设施豇豆病虫害全程绿色防控技术示范推广。

3. 提质增效情况

生态效益：设施豇豆示范区，相较于常规对照区，主要病虫害相对防效分别为蓟马47.95%、斑潜蝇39%、锈病13.95%、灰霉病12.12%，示范棚和化防对照棚均未发现豆荚螟和根腐病危害；减施化学农药99%，生态效益显著。

经济效益：示范棚亩产豇豆鲜豆角4 750千克，对照棚亩产4 300千克，增产10%，平均每亩产值增加4 500元，每亩净收入增加3 600元，经济效益显著。

全程绿色防控技术生产的豇豆质量安全、零农残，社会效益显著。

二、技术操作要点

1. 生态调控

（1）选用抗（耐）性品种。宜选用商品性好、适合当地种植的抗（耐）性品种。

（2）轮作。与玉米、大蒜等或非豆科蔬菜轮作倒茬，保持适宜豇豆种植的良性土壤环境。

（3）清洁田园。及时清理残株、败叶、杂草等，并进行堆沤等无害化处理。

（4）翻耕晒垡。播种前，深翻土地30厘米以上，再晾晒5～7天。

（5）科学施肥。施足基肥育壮苗，多施有机肥和菌肥，定植时随水冲施木霉菌LTR-25千克/亩、绿僵菌40毫升/亩，直播田播种前整地时撒施木霉菌肥，预防根部病害和地下蓟马等害虫。

（6）种植功能植物。在棚室内外种植蛇床草、白三叶、芝麻、波斯菊等栖境植物，增加对瓢虫、草蛉、食蚜蝇、姬蜂等天敌的诱集招引，减少豇豆虫害。

2. 生物防治

（1）释放天敌昆虫防治豇豆害虫。选择优势天敌种类，针对不同的防治对象选择相应的优势天敌昆虫，抓住关键防治期，释放天敌昆虫防治害虫要“抓早、抓少”，在棚室内蔬菜定植7～10天或初见害虫时就要释放天敌昆虫。释放丽蚜小蜂2 000头/亩防治粉虱类害虫，释放食蚜瘿蚊400头/亩防治蚜虫，释放东亚小花蝽500头/亩防控蓟马类害虫，释放智利小植绥螨9 000～15 000头/亩防控叶螨类害虫。

（2）使用生物制剂防治各类病虫害。定植前，将木霉菌LTR-25千克/亩、金龟子绿僵菌CQMa421、芽孢杆菌等微生物菌剂撒施后旋耕与土壤混匀，或随定植水冲施，预防根部病害和地下蓟马等害虫。苗期开始，用1 000CFU/克枯草芽孢杆菌可湿性粉剂100克/亩、短稳杆菌100毫升/亩、绿僵菌CQMa421 40毫升/亩混合喷雾，兼治豇豆叶部病害和斑潜蝇等害虫。

3. 理化诱控

（1）防虫网阻隔。在棚室门口和通风口处安装60目银灰色防虫网，防虫网要完整，底边用土压实、封严；门口防虫网的底部用铁杆等重物压住，使门封严，不留空隙。在条件许可时，最好使用双层门。

（2）诱杀蓟马。使用蓟马引诱剂结合绿僵菌、白僵菌等诱杀蓟马；昆虫性信息素诱杀。安装斜纹夜蛾、豆荚螟等性信息素诱捕器诱杀成虫。根据豇豆生长期调整诱捕器进虫口的高度，苗期高出植株顶部15～20厘米，生长中后期高出地面1～1.5米。

（3）地膜覆盖。覆盖黑色或银黑双色地膜，银色朝上驱避蓟马、蚜虫等害虫，同时防止害虫落土化蛹，阻止害虫羽化出土；黑色朝下防治杂草，四周用土封严盖实。优先选用可降解膜。

4. 科学用药

豇豆害虫发生重、基数大时，选用氟吡呋喃酮+螺虫乙酯等高效低毒且对天敌昆虫安全的化学药剂防治一遍，降低害虫基数后释放天敌昆虫防治。喷施氨基寡糖素提高植株抗病能力，喷施嘧啶核苷类抗菌素水剂 150 毫升/亩防治锈病。

三、适宜区域

山东省豇豆种植区域。

四、注意事项

释放天敌防治害虫应抓住关键防治期，初见害虫时释放天敌，选择在 16：00 以后释放天敌。释放天敌以后切忌使用化学杀虫剂，以免杀灭天敌昆虫，影响害虫防治成效。

生物菌剂应选择在傍晚或阴天时施用。

五、技术依托单位

1. 山东省农业技术推广中心

联系地址：山东省济南市闵子骞路 21 号
联系人：孙作文、孟璐璐
联系电话：13791121020

2. 聊城市农业技术推广服务中心

联系地址：山东省聊城市财干东路 80 号
联系人：柳婷婷
联系电话：15006378301

3. 莘县农业技术推广中心

联系地址：山东省聊城市莘县通运路 10 号
联系人：赵时峰
联系电话：13563547280

海南省“全覆盖式防虫网＋”豇豆绿色防控技术模式

海南省地处热带与亚热带交界处，冬春季气候温暖，是我国冬春季豇豆主产区之一。因气候条件适宜，晚稻种植结束后，每年 10 月下旬至 11 月上旬开始种植豇豆，翌年 4 月上旬采收结束。全省年种植豇豆面积 10 多万亩，当地豇豆主要以露天种植为主，冬春季温暖干旱的气候条件有利于豇豆虫害发生，加上露天种植，以及多年来以化学防控为主的技术模式，导致当地豇豆蓟马、斑潜蝇等害虫年年暴发成灾，单季豇豆种植户施药 18 次以上，在害虫发生的高峰期，种植户常高频次施药，农药残留超标问题异常严峻，亟须改变当地豇豆种植户的种植模式，解决农药残留超标问题。针对当地生产实际，在乐东县、三亚市等市县建立“全覆盖式防虫网＋”豇豆病虫害绿色防控示范点，现将海南省“全覆盖式防虫网＋”豇豆绿色防控技术模式概述如下。

一、技术概述

1. 技术基本情况

本技术模式以全覆盖式防虫网为基础，配套使用物理诱杀技术、生物防控技术和化学防控技术，与同时期露地种植豇豆相比，在第二轮翻花之前，蓟马种群数量比露地种植减少 75%左右，综合防控效果在 85%以上；在进入第二轮翻花后，网内蓟马种群数量呈上升趋势，与同时期露地种植豇豆相比，斑潜蝇种群数量比露地种植减少 50%左右，综合防控效果在 80%左右。对于斑潜蝇，整个生育期网内种群数量控制在较低水平，与同时期露地种植豇豆相比，斑潜蝇种群数量比露地种植减少 80%以上，综合防控效果在 90%左右。化学农药减量成效明显，经初步统计，“全覆盖式防虫网＋”示范基地与露天种植同期相比，化学农药减量 40%以上。

2. 技术示范推广情况

（1）绿色防控示范基地建设情况。海南省植物保护总站根据安排，分别在乐东县、三亚市、东方市、澄迈县、海口市、陵水县、定安县等主要豇豆种植市县，累计建立 8 个豇豆病虫害防控示范点，示范面积 650 亩，辐射劳动面积 50 000 亩。

（2）技术宣传培训情况。各级农技部门在各乡镇、豇豆主产区、冬季瓜菜种植基地开展豇豆病虫害防控集成技术宣传培训，涵盖豇豆病虫害绿色防控技术、禁用农药种类、农事操作和科学用药等，累计举办室内培训 198 期次，以示范点为基础开展现场观摩培训会 21 场次，累计培训 15 803 人次，发放资料 35 693 份、张贴海报 671 张，转发推送短视频 1 017 次。

3. 提质增效情况

2022—2023年度豇豆“全覆盖式防虫网+”防控豇豆主要病虫害技术示范区豇豆采收期平均80天，当地传统露地种植豇豆采收期平均40天，示范区采收期延长40天左右，示范区豇豆平均亩产量约2 750千克，传统种植豇豆平均亩产量约1 500千克，示范区豇豆平均亩产量较传统露地种植区增加约1 250千克，技术示范区豇豆每亩总纯收益11 120元/亩，较露地种植区4 740元/亩增加6 380元/亩。通过对示范点豇豆进行农药残留抽检，产品合格率达100%。

二、技术操作要点

1. 播种前

（1）针对主要问题。预防后期枯萎病，减少整个生育期蓟马、斑潜蝇等害虫危害。

（2）具体措施。深翻土地30厘米，晾晒土地3～5天，利用紫外线杀菌和消灭部分虫卵；搭建简易全覆盖式防虫网室，使用竹竿搭建框架后覆盖60目防虫网，5～6米1根竹竿，搭建高度2.7～3.0米，上端用铁丝相连，周围防虫网用泥土覆盖，连片5亩左右搭建1个防虫网；深沟高畦栽培使用银灰色地膜覆盖垄面，阻隔害虫入土化蛹和防治杂草。

2. 播种期

（1）针对主要问题。用药剂处理种子预防苗期根腐病，减少后期枯萎病的发生程度。

（2）具体措施。豇豆种子使用62.5克/升精甲·咯菌腈悬浮种衣剂拌种，方法为每100千克豆种用制剂300～400克兑少量清水拌匀，然后进行播种。

3. 苗期

（1）针对主要问题。促进豇豆根系生长，预防土传性病害，提高豇豆苗期长势和抗病能力；防治豇豆蓟马、斑潜蝇；预防低温寒害。

（2）具体措施。

①出苗后1周左右，使用枯草芽孢杆菌0.5千克/亩+氨基酸水溶液肥2千克/亩灌根1次。

②由于使用全覆盖式防虫网，出苗后虫害发生一般较轻，每个心叶有1～2头蓟马和少量斑潜蝇危害时进行药剂防治（出苗后15天左右），使用的药剂为60克/升乙基多杀菌素1 000倍液、10%吡丙醚1 000倍液、50%灭蝇胺1 500倍液。

③苗期关注天气预报，若即将迎来低温天气，在低温来临前和低温期间，使用5%氨基寡糖素1 000倍液全株喷雾。

4. 伸蔓期

（1）针对主要问题。防治蓟马、斑潜蝇，预防或防治锈病；预防低温寒害。

（2）具体措施。防治蓟马田间每亩悬挂蓝色粘虫板30张，其间施药2～3次，可用药剂有70%吡虫啉3 000倍液、10%吡丙醚1 000倍液、60克/升乙基多杀菌素1 000倍液、25%噻虫嗪1 500倍液、5.7%甲氨基阿维菌素苯甲酸盐1 500倍液；防治斑潜蝇每亩悬挂黄色粘虫板30张，可用药剂有50%灭蝇胺1 500倍液、5%阿维菌素2 000倍液、10%溴氰虫酰胺750倍液；防治锈病可用药剂有80%代森锰锌500倍液、24%吡唑醚菌酯1 000倍液。

（3）伸蔓期遇低温，低温来临前和低温期间，使用5%氨基寡糖素1 000倍液全株喷雾。

5. 开花结荚期

（1）针对主要问题。防治豇豆蓟马、斑潜蝇、锈病、炭疽病等；保花保果；避免农药残留超标。

（2）具体措施。期间5～7天施药1次。防治蓟马用60克/升乙基多杀菌素1 000倍液、100克/升溴虫氟苯双酰胺3 000倍液、80亿孢子/毫升金龟子绿僵菌750倍液、10%吡丙醚1 000倍液、0.5%苦参碱750倍液、22.4%螺虫乙酯1 500倍液等；防治斑潜蝇用10%溴氰虫酰胺750倍液、60克/升乙基多杀菌素1 000倍液；防治锈病、炭疽病用32.5%苯甲·嘧菌酯1 500倍液、25%丙环唑3 000倍液；保花保果使用细胞分裂素、磷酸二氢钾；销售豇豆前开展农药残留检测。

三、适宜区域

本技术适宜在海南省豇豆种植区应用。

四、注意事项

安装简易防虫网后，网内通透性较露天种植差，需配套滴管设施，如采用沟内漫灌，需提高垄面至30厘米。此外，网内锈病略重于露天种植。

五、技术依托单位

1. 海南省植物保护总站

联系地址：海南省海口市兴丹路16号
联系人：李涛
联系电话：0898-65347769

2. 乐东黎族自治县农业技术推广服务中心

联系地址：海南省乐东黎族自治县抱由镇乐安路319号
联系人：张龙
联系电话：18689510322

北京地区越冬茬设施番茄病虫害绿色防控技术模式

北京地区越冬茬番茄多于日光温室内生产。番茄育苗期为 8 月，定植期为 8 月底至 9 月，采收期至翌年 5～6 月。为指导越冬茬设施番茄绿色生产，提高对病虫害绿色防控技术应用水平，保障番茄生产安全和质量安全，特制定本技术模式。

一、技术概况

1. 技术基本情况

以“源头控制、分区治理、绿色防控”为原则，通过产前防控、产中防控和产后植株残体无害化处理，协调应用田园清洁、土壤消毒、培育无病虫壮苗、理化诱控、生物防治和药剂防治等措施，有效控制越冬茬设施番茄烟粉虱、番茄潜叶蛾、斑潜蝇、蓟马、蚜虫、叶螨等主要虫害，灰霉病、晚疫病、叶霉病、病毒病、细菌性病害和根结线虫病等病害，降低农药残留风险，确保番茄生产安全。

2. 技术示范推广情况

本技术模式已在北京市 13 个区的越冬茬设施番茄生产地推广应用，示范推广面积 3 万余亩。

3. 提质增效情况

该技术模式采用农业防治、理化诱控、生物防治和药剂防治，有效防控越冬茬设施番茄病虫害。一是使越冬茬设施番茄种植区病虫发生率下降 80%以上；二是使越冬茬设施番茄种植区主要病虫防治率提升 90%以上，总体防控效果 90%以上，危害损失率控制在 10%以内；三是选择优质番茄品种，施用生物药剂，改善番茄口感，提高番茄红素、维生素 C、总酸和还原糖等内含物指标，保障番茄产品质量安全；四是应用多项病虫防控技术，提高番茄商品竞争力，增加经济效益；五是减少农业面源污染，保护生物多样性，促进农业可持续发展。

二、技术操作要点

1. 产前防控

（1）田园清洁。生产前彻底清除设施内和棚室周边植株残体、杂草及生产废弃包装物，带至棚外集中无害化处理，降低病虫基数。农事操作时，及时摘除老叶、病叶、病果等。

（2）合理轮作。与非茄科植物开展 2～3 年轮作。

（3）选用抗病品种。抗番茄黄化曲叶病毒病可选用京采6、京番309、浙粉702、硬粉8号等；抗根结线虫病可选用京番308、仙客8号等。

（4）棚室表面消毒。定植前选用广谱性杀虫剂，使用常温烟雾施药机或喷雾器均匀细致喷洒棚室表面，密闭棚室4小时以上，敞气1天即可定植。选用烟剂在设施内多点、均匀布放，由内向外依次点燃；或借助常温烟雾施药机和热烟雾机等穿透性强、均匀性好的器械施药，施药后密封4小时以上，次日打开通风口，烟雾排出后方可进入。

（5）土壤消毒。在7～8月，设施休茬期，深翻土壤30～40厘米，加入碎玉米秸秆1 000千克/亩、生鸡粪或生牛粪4米^3/亩，与土壤翻耕均匀，浇透水后，地表覆透明塑料膜，四周压实，保持温度达60℃以上，密闭15～45天，利用高温有效杀灭害虫。

番茄定植前一周，在整好地的土壤表面铺好滴灌管，密闭覆严地膜，选用异硫氰酸异丙酯等药剂均匀滴入土壤深层，密闭熏蒸3～5天，揭膜散气3天后定植。处理后可增施白僵菌、绿僵菌和枯草芽孢杆菌等有益菌剂。

（6）培育无病虫壮苗。避免购买不明来源番茄种子，减少调运番茄病虫发生严重地区的种苗，避免在番茄生产棚室内育苗。育种前可将种子置于50～55℃温水中浸泡20～30分钟，防除种子表面携带的病菌。预防细菌性病害可使用1％柠檬酸溶液，预防病毒病可使用10％磷酸三钠溶液浸种。

搭建隔离育苗棚，在苗棚通风口、出入口处设置40～50目防虫网，阻隔烟粉虱、蚜虫等小型害虫。

番茄苗出棚前加强炼苗，提高对不良逆境抵抗能力。根据病虫发生情况，开展药剂防控，确保净苗出棚。定植前选用生物菌剂进行蘸根处理，预防土传病害。待真叶展开后，叶面喷施植物免疫诱抗剂或植物生长调节剂等，提高秧苗抗病性。

2. 产中防控

（1）色板诱杀。番茄定植后，利用斑潜蝇、粉虱和蚜虫趋黄性，蓟马趋蓝性，悬挂黄色粘虫板和蓝色粘虫板各3块/亩，用于监测害虫发生动态。害虫发生初期，悬挂25厘米×30厘米粘虫板20块/亩，25厘米×20厘米粘虫板30块/亩进行诱杀。粘虫板悬挂高度距番茄生长点10～20厘米。粘虫板粘满害虫需及时更换，并妥善处理。

（2）防虫网阻隔。在棚室出入口和通风口完全覆盖防虫网，防控蝶类、蛾类害虫选择20～30目防虫网，防控粉虱、蚜虫、斑潜蝇等害虫选择40～50目防虫网。

（3）遮阳网覆盖。覆盖遮阳网可降低种植环境温度，预防番茄黄化曲叶病毒病等多种蔬菜病毒病。

（4）人员消毒。棚室操作间配置工作服、工作鞋，在棚室入口设消毒池（垫），工作人员进入棚室前要消毒，防止农事操作时人为携带病虫，在不同棚室间传播。消毒液可选用双链季铵盐类、含氯消毒剂等，或干燥的熟石灰粉。

（5）熊蜂授粉。在初花期放入授粉蜂群。使用授粉熊蜂1箱（60只/箱）/亩。熊蜂授粉棚室尽量选用对熊蜂低毒和残效期短的农药，不可使用吡虫啉、噻虫嗪、高效氟氯氰菊酯等农药。施药时将蜂箱搬出棚室，残效期过后再搬回棚室。

（6）灯光诱杀。成虫发生期，在连片种植田设置杀虫灯（365～375纳米），露地每5～

10 亩设置 1 盏，保护地每棚室设置 1 盏，光源高出地面 1.0～1.2 米，集虫装置适量加水（含 0.2%洗涤液）。

（7）性信息素防控。监测诱杀：针对番茄潜叶蛾等害虫，在成虫扬飞前，将组装好的诱芯及诱捕器棋盘式悬挂于田间诱杀成虫，悬挂高度距地面 0～60 厘米为宜，普通诱芯 1 个月更换 1 次，长效诱芯 4 个月更换 1 次，虫量大时应及时更换粘虫板。监测悬挂 1 套/亩，防治悬挂3～5 套/亩，每套间隔 12～15 米。

交配干扰：针对番茄潜叶蛾等害虫，成虫扬飞前，将迷向丝或迷向管棋盘式悬挂于作物中下部或通风良好的枝条上，迷向丝悬挂数量为每亩 40～70 个，迷向管每亩悬挂 20～30 个，使害虫延迟或减少交配，减少有效卵数量，降低虫口密度。

（8）天敌利用。在害虫低密度发生时，释放东亚小花蝽、捕食螨等防治蓟马，释放丽蚜小蜂、烟盲蝽等防治粉虱；释放姬小蜂或潜蝇茧蜂等防治斑潜蝇，释放食蚜蝇、异色瓢虫等防治蚜虫。

（9）免疫诱导。及时关注天气预报，在低温来临前及过后 1～2 天，采用叶面喷施方式施用植物诱抗剂，起到提高番茄抗逆、抗病性的作用。

（10）药剂防控。病虫害发生时，根据作物和病虫害种类选择相应的登记药剂进行防控，施药时间选择晴朗天气 10：00 前或 16：00 后，优先选用生物农药或低毒高效低残留农药，不同作用机理的药剂交替、轮换使用，避免或延缓抗药性产生，施药时以喷匀、喷透为原则，勿留死角，以提高防治效果，施药后严格执行安全间隔期的规定。

病害防控：防控灰霉病可施用 2 亿孢子/克木霉菌可湿性粉剂、10 000 亿 CFU/克枯草芽孢杆菌可湿性粉剂、50%啶酰菌胺水分散粒剂和 50%异菌脲可湿性粉剂等药剂。防控晚疫病可喷施 2%几丁聚糖水剂、0.3%丁子香酚可溶液剂、80%烯酰吗啉水分散粒剂和 50%氟啶胺悬浮剂等药剂。防控叶霉病可喷施 5%多抗霉素水剂、250 克/升嘧菌酯悬浮剂和 35%氟菌・戊唑醇悬浮剂等药剂。防控病毒病可喷施 5%氨基寡糖素水剂、2%香菇多糖水剂和 30%毒氟磷可湿性粉剂等药剂。防控细菌性病害可喷施 3%春雷素・多粘菌悬浮剂、20%噻森铜悬浮剂等药剂。防控根结线虫病可沟施 5 亿孢子/克淡紫拟青霉颗粒剂、10%噻唑膦颗粒剂等药剂，或在番茄生育期用 400 克/升氟吡菌酰胺悬浮剂、10%阿维菌素悬浮剂等药剂灌根。

虫害防控：防控烟粉虱可喷施 99%矿物油乳油、17%氟吡呋喃酮可溶液剂、22.4%螺虫乙酯悬浮剂和 20%呋虫胺可溶粉剂等药剂。防控番茄潜叶蛾可喷施苏云金芽孢杆菌、甲氨基阿维菌素苯甲酸盐、乙基多杀菌素、溴虫氟苯双酰胺和虫螨腈・氯虫苯甲酰胺等药剂。防控斑潜蝇可喷施 10%溴氰虫酰胺可分散油悬浮剂、4.5%高效氯氰菊酯乳油和 16%高氯・杀虫单微乳剂等药剂。防控蓟马可喷施 100 亿孢子/克金龟子绿僵菌可湿性粉剂、19%溴氰虫酰胺悬浮剂和 28%阿维・螺虫酯悬浮剂等药剂。防控蚜虫可喷施 1.5%苦参碱可溶液剂、28%阿维・螺虫酯悬浮剂和 14%氯虫・高氯氟微囊悬浮-悬浮剂等药剂。防控叶螨可喷施 20%丁氟螨酯悬浮剂。

3. 产后植株残体无害化处理

番茄拉秧后，将番茄植株集中清理至棚室外，选择平整向阳的地块堆放，选用 12～

14 丝废旧棚膜覆盖，四周压实进行高温发酵堆沤，杀灭残存病原菌和害虫。依据天气决定堆沤时间，晴朗高温天气，堆沤 10～20 天，堆沤期间多阴雨天气，需适当延长堆沤时间。

三、适宜区域

本技术模式适用于北京地区温湿度、光照、通风和密闭性控制良好的设施番茄生产地的病虫防控。

四、注意事项

本技术模式应用时应注意农业面源污染、操作人员安全、番茄生产及质量安全，病虫抗药性等事项。

五、依托单位

1. 北京市植物保护站

联系地址：北京市西城区北三环中路 9 号
联系人：王帅宇、王胤、胡彬、李云龙、曹金娟、张小利
联系电话：010-82074102

2. 北京市密云区植物保护站

联系地址：北京市密云区新南路 42 号
联系人：李清波、杨美、郑子南、程波
联系电话：010-69042622

3. 北京市昌平区植保植检站

联系地址：北京市昌平区瑞明路 1 号
联系人：李锦、李威威、钟连全
联系电话：010-89741346

棚室表面消毒

悬挂粘虫板

熊蜂授粉

释放天敌

新绛县设施番茄病虫害绿色防控技术模式

番茄果实柔软多汁，酸甜适口，并且含有丰富的维生素C和矿质元素，深受广大消费者的喜爱，已成为我国主要栽培的蔬菜之一。设施番茄在新绛县栽培时间已达30年，主要栽培茬口为延秋茬口、越冬茬口、早春茬口、越夏茬口，年种植面积稳定在5万亩以上，年产量38万吨。

一、技术概述

1. 技术基本情况

贯彻落实农业绿色发展要求，牢固树立“公共植保、绿色植保”理念，积极转变病虫害防控方式，以设施番茄生产、产品品质和农业生态环境安全为目标，以减少化学农药使用为目的，坚持“预防为主，防治结合”的原则，发展早期监测预警，优先使用农业防治、物理防治、生物防治和生态调控等绿色防控技术，选用农药减量施用技术，达到控制农作物病虫害，不断提高绿色防控覆盖率，促进农药减量增效和农产品质量安全的目的，实现优质高产，增加农民收入。

2. 技术示范推广情况

该技术在新绛县已大面积应用，每年应用面积在3.8万亩以上，辐射带动山西省中部、南部及陕西省韩城、河南省三门峡等县市，栽培面积10万亩以上。

3. 提质增效情况

该技术应用后，化学农药用药量减少16%～38%，番茄商品率提高3.2%～6.0%，番茄品质得到提升，亩产量增长5%，农民亩收入增加2 000元。

二、技术操作要点

1. 农业防治技术

（1）抗性品种选择。越冬茬、早春茬栽培选用耐低温弱光，品质良好，抗灰霉病、叶霉病、早疫病等的品种；延秋茬、越夏茬栽培选用耐高温、丰产性好、抗番茄病毒病的品种；长季节栽培选择对病害高抗、多抗，抗逆性好、连续结果能力强的品种。

（2）清洁田园。

一清：上茬作物秸秆、落叶、落果全部清理出温室进行集中处理。

二清：温室内四周的杂草，特别是温室前面的杂草清理干净。

三清：清理棚室内的地膜、化肥农药袋瓶（作物秸秆和地膜要分开处理）、滴灌管、吊蔓绳等整理。

（3）棚体消毒。可采用紫外线消毒法、臭氧消毒法、烟雾剂熏蒸法、高温闷棚等办法进行棚内消毒，农民常用烟雾剂熏蒸法。

烟雾剂熏蒸法具体操作：在定植前对棚室采用硫黄熏蒸法消毒，每亩用量3千克或每立方米空间用量4克，锯末8克，点燃后密封棚室24小时后再放风排烟。

（4）轮作倒茬、休耕压绿。针对连作带来的病虫草害恶性循环，土壤营养失衡，作物有毒分泌物富集，有益微生物数量减少等问题，实行轮作倒茬，不与茄科作物连作；连续栽培多茬番茄的设施在夏季进行休耕；玉米秸秆还田技术，适合越冬茬、早春茬，主要利用夏季休耕期种植玉米，在玉米扬花后结合高温闷棚技术进行秸秆还田。

（5）集约化育苗技术。集约化育苗技术是在人工创造的最佳环境条件下，采用科学化、机械化、自动化等技术措施和手段，进行批量生产优质种苗的一种先进生产方式。集约化育苗技术具有缩短苗龄、减少病虫害发生、提高种苗质量、推广新技术等优点。

培育壮苗：设施番茄育苗采取基质穴盘育苗技术，由专门的育苗企业生产，穴盘为50穴、72穴，基质使用草炭、珍珠岩等。为了防止苗期病害，提早出苗，在播种前进行苗床消毒、种子消毒和浸种催芽。可用50～55℃恒温热水浸泡20～25分钟，再放入25℃水中浸泡6～8小时；或用10%磷酸三钠溶液浸泡20分钟，再用清水浸泡6～8小时。浸种后在25～28℃条件下催芽，露芽后使温度降低2～3℃，以苗齐苗壮。

（6）水肥一体化技术。采用水肥一体化灌溉施肥技术，可以根据番茄生长需求，进行全生育期需求设计，把水分和养分定量、定时、按比例直接提供给番茄作物，不破坏土壤结构，土壤内部水、肥、气、热经常保持适合番茄生长的良好状态，蒸发损失小，可以有效地提高化肥利用率，避免化肥造成浪费，减少农药使用量，增产增收效果明显，有利于提高蔬菜质量。

（7）环境调控技术。创造棚室内适宜作物生长、不适宜病虫害发生的环境，可通过减少叶片结露时间、放风降低湿度、宽行铺设玉米秸秆稻壳等降低湿度、短时间高温杀菌等技术，降低农药使用量和施药次数。

2. 物理防治技术

（1）杀虫灯。利用害虫成虫趋光性，采用频振式杀虫灯等对鳞翅目、鞘翅目害虫进行诱杀，降低雌雄虫交配率和田间着卵量。安装频振式杀虫灯诱杀成虫，每棚安装1盏，接虫口距离地面以1～1.5米为宜；作物超过1.5米时，灯的高度略高于作物。一般每日20：00开灯，次日4：00闭灯，有光控系统的可根据自然光的亮度自动开关。

（2）性诱杀。针对番茄潜叶蛾、小菜蛾等害虫，选择相应诱芯和诱捕器诱杀成虫。布设高度：苗期以高出作物5～10厘米为宜，生长中后期以作物中部偏下位置为宜。每亩放置1～3套诱捕器，棋盘式分布悬挂于田间。

（3）防虫网。人工构建隔离屏障，达到防虫、提高物理防治效果、降低害虫传播病毒病概率的目的。60目防虫网阻止蚜虫、白粉虱、番茄潜叶蛾等迁入。

（4）遮阳网。早春茬后期、越夏茬、延秋茬，可采用遮阳网进行遮阳，栽培上使用的遮阳网为银灰色、黑色为主，遮光率60%～70%，早盖晚揭。

（5）黄蓝板。利用害虫对黄色粘虫板或蓝色粘虫板的特殊趋性，控制和减轻害虫及其携带的病毒发生危害的程度。黄色粘虫板防治对象有蚜虫、粉虱、飞虱、黄曲跳甲、斑潜蝇；蓝色粘虫板的防治对象有蓟马、叶蝉等。设施番茄以黄色粘虫板为主，每亩悬挂20块，规格25厘米×40厘米，悬挂于作物生长点20厘米以上，越冬茬、早春茬悬挂位置以棚室后部为主；越夏茬、延秋茬悬挂位置以棚室前部为主。

（6）高温闷棚。利用6月中旬到7月中旬的高温天气，拉蔓后进行深耕（30～40厘米）将秸秆就地还田再浇透水，用废旧塑料膜覆盖好闷1个月左右就行。对于有根结线虫危害的大棚，可以配合使用威百亩进行高温闷棚。在这个操作中需要注意使用威百亩所需的土壤条件，要彻底移除前茬作物残渣。深耕（30～40厘米）并施用适宜剂量的肥料。施用天然有机肥如粪便之后至少留3周的等待期再施用威百亩，以避免威百亩被肥料吸收进而引起其使用效果的下降。采用漫灌的，土壤可在空气中稍微风干后旋耕。轻沙质土风干时间为4～5天，重黏质土为7～10天。采用旋耕机耕作，以保持土壤在处理前适度均匀、通气。土壤质地、湿度和土壤pH对威百亩的释放有影响。在处理前，应确保无大土块；土壤湿度必须为50%～75%，在表土5.0～7.5厘米处的土温为5～32℃。塑料膜应紧贴土壤以确保威百亩良好的渗透进土壤，从而达到最佳的闷棚效果。

（7）电解水防病技术。通过电解水生成器将纯化水在电解槽阳极生成酸性电解水，利用酸性电解水中的次氯酸破坏细胞壁和病毒外壳，以及破坏细菌病毒内部的核酸和酶，快速杀灭细菌、病毒、真菌等致病微生物。

3. 生物农业防治技术

（1）放置捕食性天敌。在害虫发生之初，提前在棚室内释放一定数量的捕食螨、捕食性瓢虫等天敌，创造有利于天敌繁育、生存的环境，采用以虫治虫，有效控制害虫，实现比较理想的害虫防治效果。

（2）生物农药防治。可用1.5%除虫菊素水溶剂、0.3%印楝素、0.3%苦参碱水剂等防治蚜虫、烟粉虱、菜青虫等；用4.0%小檗碱水剂、大黄素甲醚、2%武夷菌素水剂、枯草芽孢杆菌、蜡质芽孢杆菌、中疏根宝等防治番茄叶霉病、灰霉病、白粉病、疫病等。

4. 化学农药减量防控技术

（1）田间监测。精准测报田间病虫害发生情况，在发病初期、虫害较低基数时，及时用生物农药、化学农药进行预防，真正做到“预防为主，综合防治”。

（2）土壤消毒技术。可选用太阳能消毒技术（高温闷棚）、火焰消毒技术、灭生性药剂消毒技术（可选用棉隆、威百亩、石灰氮），以达到消毒、灭虫、防病的效果。

（3）弥粉法施药防病技术。通过精量电动弥粉机及配套研发的微粉剂，实现无水施药，避免喷雾施药增加棚室湿度，解决低温高湿、雨雪雾霾天气传统喷雾无法使用的问题。主要用于防治设施高湿环境下发生的蔬菜灰霉病、霜霉病、黄瓜棒孢叶斑病、番茄灰叶斑病、黄瓜细菌性角斑病等各类设施蔬菜病害。

（4）施药技术。采取低量喷雾技术、静电喷雾技术等精准喷药，针对不同病虫害选择适宜的喷药时间，添加功能助剂、选准农药、配好药剂，轮换用药，可减少农药使用量，提升病虫害防治效果。

（5）化学防治药剂。防治灰霉病选用腐霉利、异菌脲、吡唑醚菌酯、嘧菌环胺等单剂或甲基硫菌灵与乙霉威的复配剂等。防治晚疫病选用甲霜灵、烯酰吗啉、嘧菌酯、霜霉威盐酸盐。防治叶霉病选用多抗霉素、春雷霉素、苯醚甲环唑、戊唑醇。防治早疫病选用代森锰锌、百菌清、精甲霜灵。防治白粉病选用福美双、苯醚甲环唑、戊唑醇、粉唑醇。防治细菌性斑点病选用氢氧化铜、噻唑锌、春雷王铜、叶枯唑。防治白粉虱、烟粉虱、蚜虫选用啶虫脒、吡虫啉、吡蚜酮、螺虫乙酯。防治叶螨选用哒螨灵、阿维菌素、联苯肼酯。

三、适宜区域

适宜黄淮海日光温室栽培区、北方拱棚栽培区。

四、注意事项

番茄设施栽培应注意加强通风换气管理，以防棚内温度过高和湿度过大，导致病虫害发生加重，另外在通风口安装防虫网，以防棚外昆虫从风口进入棚内危害，最后还要注意加强水肥管理和病虫害防治。

五、技术依托单位

1. 山西省植物保护植物检疫中心

联系地址：山西省太原市迎泽区双塔西街98号
联系人：张东霞、郑卫峰、王丽英、刘一景、胡浩
联系电话：0351-7821270

2. 运城市植物保护检疫站

联系地址：山西省运城市河东东街159号
联系人：史华锋、申晓晨、关青兰、张英霞、胡辉
联系电话：0359-2022846

3. 新绛县农业农村局

联系地址：山西省运城市古新绛县朝殿路88号
联系人：王军、王欣、杨静国
联系电话：13191242424

4. 山西瑞恒农业股份有限公司

联系地址：山西省运城市古新绛县泉掌镇王守庄村蔬菜高新技术示范园

联系人：晁瑞玲
联系电话：18636355959

集约化育苗技术

悬挂黄、蓝色粘虫板

性诱杀

邯郸市永年区番茄病虫害绿色防控技术模式

番茄又名西红柿，是常见的浆果类蔬菜，果实营养丰富，风味独特，为人们所喜食。番茄在棚室生产中，病虫害发生种类较多，防控困难。通过多年经验总结，邯郸市永年区制定了一套较为完整的番茄病虫害绿色防控技术模式，该技术模式以全程应用防虫网、粘虫板、滴灌、熊蜂授粉、科学安全用药等绿色防控技术为主，通过合理施肥、健身栽培、番茄秸秆腐熟利用，达到番茄病虫害绿色防控、绿色生产，有效减少化学农药使用，减量增效的目的。

一、技术概述

1. 技术基本情况

番茄病虫害绿色防控技术全程应用防虫网阻隔、色板诱杀、滴灌、熊蜂授粉、科学安全用药等技术，通过合理施肥、健身栽培、番茄秸秆腐熟利用等，有效减少化肥、农药使用，达到番茄病虫害绿色防控，番茄绿色生产的目的。主要包括以下技术：

（1）物理防控技术。通过在棚室四周、门口处和顶部设置防虫网，物理阻隔害虫进入，减轻危害。棚内悬挂粘虫板（黄板、蓝板），物理诱杀蚜虫、粉虱、斑潜蝇、蓟马，每亩悬挂35～40张。粘虫板悬挂在高于番茄顶部20～30厘米处，当板上粘虫面积达到板表面的60%以上及时更换。

（2）生态防控技术。采用管道滴灌方式，有效降低棚内空气湿度，减轻土传病害和气传病害的发生程度。棚室顶部增加放风设置，合理调控棚内温度和湿度，让番茄生长在适宜的环境中。

（3）番茄熊蜂授粉。棚室按照1～1.2亩/箱蜂的密度熊蜂投放，减少畸形果、空洞果，杜绝激素蘸花，降低劳动成本，提升番茄品质，提升商品果率，增加种植收益，实现良好的生态效益和社会效益。

（4）科学安全用药技术。定植期番茄苗根部隐蔽用药，生长期根据天气特点预防用药，使用氨基寡糖素、氨基酸叶面肥进行生长调控，轮换使用杀菌剂。

2. 技术示范推广情况

该技术在棚室番茄区推广，以春茬番茄、秋延后番茄为主，在永年区推广面积1 000亩。

3. 提质增效情况

通过应用番茄病虫害绿色防控技术，能够有效减少化学农药使用，番茄果型周正、汁多味鲜，卖相好，深受客商青睐。通过对比，两茬番茄亩产量达到1.5万千克，亩增收2 000元以上。

二、技术操作要点

1. 定植前准备

（1）合理施肥，精细整地。定植前亩撒施堆沤腐熟的番茄秸秆有机肥 5 米^3，氮磷钾（15-15-15，硫酸钾型）复合肥 25 千克，然后用旋耕机把土地旋耕 2 遍，平整土地，做长畦待定植。

（2）选用抗病品种。选用新型优等丰产抗病品种，进行工厂化育苗，待苗 4 片叶龄时开始定植。

（3）隐蔽用药，预防苗期病虫害。定植前可通过药液浸蘸育苗盘底部，预防苗期茎基腐病和蚜虫、烟粉虱、蓟马等。常用药剂有嘧菌酯、咯菌腈等。

（4）加设防虫网，棚室全面消毒。在棚室四周及放风口安装 50～60 目防虫网，防止蚜虫、粉虱、斑潜蝇及棉铃虫、甜菜夜蛾等进入棚室危害。通过熏蒸或喷雾等方式对棚室内支架、墙壁等消毒。

2. 定植后

定植 10 天后，叶面喷施 10%苯醚甲环唑悬浮剂 20 毫升/亩、根蜜乐叶面肥，预防番茄早疫病，促进植株健壮生长。

定植 20 天后，叶面喷施 31%噁酮・氟噻唑悬浮剂 30 毫升/亩，混合氨基寡糖素和安必神叶面肥，预防番茄晚疫病、病毒病，注意天气变化，在连续阴雨前防治。

棚内悬挂粘虫板（黄板、蓝板），物理诱杀蚜虫、粉虱、斑潜蝇、蓟马，每亩悬挂 35～40 张。粘虫板悬挂在高于番茄顶部 20～30 厘米处，当板上粘虫面积在板表面的 60%以上及时更换。

3. 结果期

在番茄第一穗花开 10%～20%时，在棚内放置熊蜂，每箱熊蜂授粉 1～1.2 亩最佳。有效减少畸形果、空洞果，提升果实品质。

番茄第一穗果实初长成，第二穗开始坐果时，叶面喷施 43%氟菌・肟菌酯悬浮剂 30 毫升/亩，混合氨基酸叶面肥 30 毫升/亩。预防灰霉病和叶霉病。

番茄盛果期，第二穗果长成后，叶面喷施 43%氟菌・戊唑醇悬浮剂 30 毫升/亩，混合氨基酸叶面肥 30 毫升/亩。预防晚疫病和叶斑病。

4. 采摘期

重点防治烟粉虱、蓟马，及时更换粘虫板。

5. 采摘后秸秆无害化处理

早春茬番茄采摘结束后，棚内所有通风处全部封闭，高温闷棚 5～7 天后，利用高温杀灭病菌、害虫，番茄秧、杂草全部干枯后拉出来粉碎堆沤，棚内清理干净后定植下一茬。

三、适宜区域

该技术模式适用于早春和秋延后拱棚番茄，能够很好地控制番茄整个生育期病虫害，给种植户带来可观的收益。

四、注意事项

原则上杀菌剂10天左右喷施1次，要根据天气变化适当调整，喷施时避免高温。熊蜂入棚时间要根据番茄生长情况确定，当番茄第一穗花开10%～20%时，按照1～1.2亩1个蜂箱的密度放置。

五、技术依托单位

1. 邯郸市永年区盛业家庭农场

联系地址：河北省邯郸市永年区东杨庄镇杨庄村
联系人：杨永刚
联系电话：18931007937

2. 邯郸市永年区农业农村局

联系地址：河北省邯郸市永年区临洺关镇名园街3号农业农村局植保植检站
联系人：李利平
联系电话：0310-6835185

番茄潜叶蛾以性信息素为主的绿色防控技术模式

番茄潜叶蛾是番茄、马铃薯等茄科农作物重要的外来入侵害虫，在茄科作物茎叶及果实内取食危害，破坏植株生长，造成农作物减产甚至绝收。2017 年该虫传入我国后，严重威胁农作物生产安全。建立科学的防控技术模式，有效控制番茄潜叶蛾危害，是保障我国农业安全生产的重要举措。性信息素诱捕技术，既可用于害虫发生期预测预报，也可用于大规模诱捕诱杀，是一种经济有效的绿色防控技术，具有操作简便、专一性强等优点，目前在番茄潜叶蛾种群动态监测和控制中最为常用。

一、技术概述

1. 技术基本情况

以昆虫信息素、天敌、生物农药、灯光诱杀等绿色防控产品应用和农业防治、生态调控技术应用为主线，构建针对番茄潜叶蛾以性信息素为主的绿色防控技术模式。

在番茄潜叶蛾防治区域内，成虫扬飞前，将组装好的诱芯及诱捕器棋盘式分布悬挂于田间，距地面高度 0～60 厘米为宜。用于监测虫情，诱捕器安装密度 1 套/亩，即每隔 25 米左右悬挂 1 套；用于防治虫害：3～5 套/亩，即每隔 12～15 米悬挂 1 套。

成虫扬飞前，将番茄潜叶蛾迷向散发器棋盘式悬挂于作物 1/3 处通风良好的枝条上。亩用量 33～66 根，虫口密度大可以增大悬挂密度。田间持效期为 5 个月左右，1 年悬挂 1 次。

2. 技术示范推广情况

北京市各个区均已示范。在密云区、丰台区、朝阳区、延庆区、顺义区、怀柔区等已经推广使用。

3. 提质增效情况

番茄潜叶蛾潜叶、蛀果严重影响番茄产量和品质。其转株危害，使防控难度加大，开展药剂防治，需每 3～5 天施药 1 次，生育期至少施药 10 次以上，使投入品和劳动力成本增加。番茄潜叶蛾诱捕器，在番茄定植后挂置 1～3 套/亩，起到监测作用，定期更换诱芯。一旦发现成虫，应立即防治，做到早发现，早预防，减少农药用量，提高防治效果。番茄潜叶蛾迷向散发器，在番茄定植后悬挂 33～66 根/亩，起到预防作用。在农业生产中，还可搭配 3 套番茄潜叶蛾诱捕器使用，更好地监测预防番茄潜叶蛾发生，确保番茄产量和番茄品质。

二、技术操作要点

1. 合理轮作

与非茄科作物开展2～3年轮作。

2. 作物阻隔

棚室周围种植非茄科作物，防止作物成为番茄潜叶蛾的虫源及传播“媒介”作物，阻止番茄潜叶蛾进入棚室内。

3. 田园清洁

彻底清除设施内外植株残体、杂草及投入品包装废弃物，带至棚外集中无害化处理，降低虫口基数。及时摘除老叶、虫叶和蛀果等。

4. 棚室表面消毒

番茄定植前选用广谱性杀虫剂，使用常温烟雾施药机、热烟雾机或喷雾器均匀细致喷洒棚室表面，密闭棚室4小时以上，敞气1天即可定植。选用烟剂在设施内多点均匀布放，由内向外依次点燃。

5. 土壤消毒

7～8月，深翻土壤25～30厘米，每亩加入碎玉米秸秆1吨，生鸡粪或生牛粪4米^3，与土壤翻耕均匀，浇透水后，地表覆透明塑料膜，四周压实，温度达60℃以上，密闭15～45天，利用高温有效杀灭害虫。或在11月至翌年2月低温冻棚30天以上。番茄定植前1周，选用辣根素等药剂均匀滴入土壤深层，之后覆膜，密闭熏蒸3～5天，揭膜散气3天后定植。或选用白僵菌、绿僵菌等药剂，适量拌细土后均匀撒施，可有效杀灭土壤中害虫卵、幼虫和蛹。

6. 无虫育苗

不从番茄潜叶蛾发生区购买番茄苗，避免在生产棚室育苗。搭建隔离育苗棚，开展基质、穴盘和育苗区域表面消毒，在苗棚出入口和通风口安装60目防虫网。番茄苗出棚前，选用苏云金芽孢杆菌、乙基多杀菌素等药剂开展防控，确保净苗出棚。

7. 性信息素配合使用诱捕装置（番茄潜叶蛾诱芯诱捕器）监测

性诱芯：反-3，顺-8，顺-11-十四碳三烯乙酸酯和反-3，顺-8-十四碳烯醇乙酸酯是番茄潜叶蛾雌性成虫释放的性信息素的主要成分，2种组分以91∶9的比例配成性诱剂，对雄性成虫进行大规模的诱杀，可明显降低番茄潜叶蛾的虫口数量，利用该技术可以对番茄潜叶蛾起到很好的监测作用，也可以起到一定的诱杀效果。且与杀虫剂联合应用防效更佳。

三角形（诱捕器）粘虫板及诱芯：覆膜粘虫板，胶面朝上。用短铁丝一头穿过诱芯薄壁处并固定，另一头挂在绿色塑料板顶部中间圆孔处，使诱芯距离底面1～2厘米。

悬挂方式：蔬菜或矮生植物，诱捕器距离地面0～60厘米。

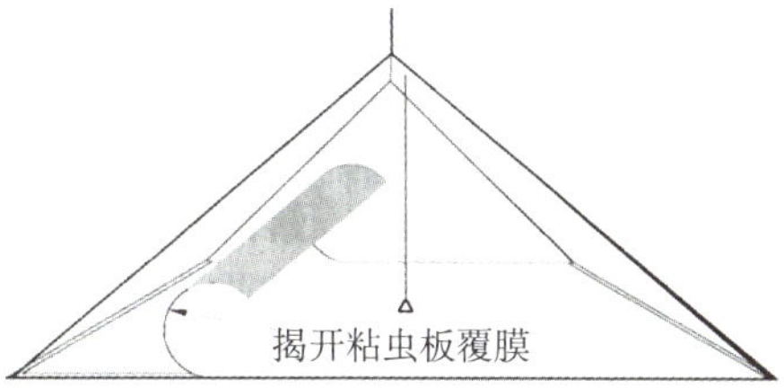

三角形粘虫板组装示意

8. **迷向散发器预防**（番茄潜叶蛾迷向）

有效成分：番茄潜叶蛾性信息素。

缓释载体：红色PE管；番茄潜叶蛾迷向散发器使用33～66根/亩，持效期5个月，在番茄定植后立即悬挂，具有较好的预防潜叶蛾效果。

迷向散发器布局示意

9. **灯光诱杀**

成虫发生期，在连片种植田设置蓝紫光诱虫灯（波长360～380纳米），露地每5～10亩设置1盏，保护地每棚室设置1盏，光源距离地面0～60厘米。

10. **生物天敌防治**

种植蜜源植物（金盏菊、芝麻、荞麦或苦荞麦等）涵养天敌，应用姬小峰、烟盲蝽、赤眼蜂和瓢虫等天敌防治。

11. **应急药剂防治**

田间试验表明，溴虫氟苯双酰胺、氯虫·高氯氟、虫螨腈·氯虫苯甲酰胺、甲氨基阿维菌素苯甲酸盐、乙基多杀菌素和苏云金芽孢杆菌等药剂具有较好的防治效果。应在番茄定植后，待真叶展开，或初见幼虫潜道、性诱捕器初见成虫等关键时期开展防治。施药时间选择晴朗天气10：00前或16：00后，施药时以喷匀、喷透为原则，勿留死角，以提高防治效果，并注意轮换用药。

三、适宜区域

发生番茄潜叶蛾的区域。

四、注意事项

番茄潜叶蛾诱捕器和迷向散发器应提前悬挂，起到监测作用，发现成虫要尽快防治，以防害虫大面积发生。下茬作物种植前，要进行棚室和土壤消毒。对带有番茄潜叶蛾的植株残体进行无害化处理。

五、技术依托单位

1. 中捷四方（北京）生物科技有限公司

联系地址：北京市通州区景盛南四街17号院20号楼1至3层101
联系人：崔国卿
联系电话：13331008768
电子邮箱：772456449@qq.com

2. 北京市植物保护站

联系地址：北京市西城区北三环中路9号
联系人：王帅宇、王胤、胡彬、李云龙、曹金娟、张小利
联系电话：010-82074102

保护地韭菜病虫害全程绿色防控技术模式

韭菜作为原产我国的传统风味蔬菜，备受百姓的青睐，是首都百姓日常餐桌上重要的蔬菜。长期以来韭菜食品安全问题比较突出，韭菜农药残留超标时常见于报道，备受社会各界关注，严重影响了群众消费韭菜的信心，同时也严重冲击了各地韭菜产业的健康发展，导致部分传统韭菜产区出现萎缩和消亡。近年来，北京市广泛开展韭菜病虫害防治的试验和集成示范工作，大力推进韭菜病虫害绿色防控技术的推广应用，保障韭菜质量安全的同时也较好地促进了京郊韭菜产业发展。

一、技术概述

1. 技术基本情况

韭菜的一虫一病导致农药残留超标问题突出。韭菜最主要的有害生物是韭蛆和灰霉病，二者极易发生，防治难度大，防治依赖化学农药，使用不当极容易导致农药残留超标问题。为解决上述问题，北京市植物保护站成立专门技术团队，与中国农业大学、北京市农林科学院和中国农业科学院等科研单位合作，发动区县级植物保护站系统技术力量，在北京市范围开展了大量的韭菜绿色生产相关的试验、示范和技术集成推广工作。目前，集成技术能够在全面替代化学农药的情况下，较好地解决韭蛆和灰霉病等韭菜主要病虫害的有效防控问题，破除了防控韭菜主要病虫害对化学农药的依赖。该项技术覆盖到的韭菜种植园区和种植户效益普遍良好，最高的年均收益在每亩 10 万元以上，产品在春节等需求高峰期往往供不应求。

根据北京市市场监督管理局关于印发《2022 年北京市地方标准制修订项目计划（第二批）》的通知，北京市农业标准化技术委员会《关于开展 2022 年农业农村地方标准制修订工作并如期提交征求意见稿的通知》（京农标〔2022〕3 号）的要求，北京市地方标准《韭菜生产技术规程》（项目编号为 20221141）已经编制完毕，2023 年底有望报批发布。该规程的核心技术就是保护地韭菜病虫害全程绿色防控技术。

2. 技术示范推广情况

该项技术推荐用于京津冀和华北北部地区的温室、塑料大棚等保护地韭菜生产。目前，该项技术已经在北京地区韭菜生产中推广应用，主要在京郊的通州、房山、大兴、昌平、顺义、延庆、平谷等主要韭菜生产区、大型韭菜种植园区和零散种植区应用。

3. 提质增效情况

该项技术重点采用农业防治、物理防治和生物防治措施，实现对化学农药的全部替代。一是可显著提升韭菜的品质；二是重视通过健身栽培技术提升韭菜的抗病性，健身栽培措施普遍有利于营养物质积累，提升韭菜口感、风味等；三是避免了农药的面源污染问题，减少了对生态系统中天敌的伤害；四是重视通过土壤配肥和合理水肥来提升韭菜长势和抗病性，有利于保护耕地；五是该项技术生产的产品竞争力强，普遍售价较高，总体效果良好。

二、技术操作要点

核心技术有三个部分，一是病虫源头控制技术，韭菜养根期转入生产期时，压低病虫害发生基数；二是综合防控技术，在韭菜生产期延缓病虫害蔓延；三是精准收割管理，合理安排茬口，管控韭菜单茬生长期在30天左右，连续收获一般不超过3刀。以下是其配套技术。

1. 病虫害源头控制技术

（1）田园清洁。清理韭菜田及周边的杂草、植株残体等病虫草害源头，清除农药包装及地膜废弃物、未腐熟有机肥等污染物，防止有毒有害物质污染土壤。

（2）高温闷棚。设施空棚和老根养根田内均可使用。利用夏秋季晴好天气，覆盖棚膜，密闭棚室，白天棚内温度在42℃以上，连续密闭棚室5～7天。

（3）臭氧消毒。韭菜平茬后可用，采用适宜的臭氧发生装置在棚内释放臭氧，杀灭棚室内的病菌和害虫。

（4）土壤消毒。翻耕土壤、平整田块后，选择夏秋季天气晴好，且日最高气温超过25℃的早晨，用厚度为0.10～0.12毫米透明塑料薄膜覆盖土地。待膜内土壤5厘米深处温度在40℃以上且持续超过4小时，即可揭开薄膜。

（5）冬春季生产宜晚扣棚。根据上市计划往前推算确定扣棚时间，利用秋冬低温压低病虫基数。

（6）养根期间管理。应及时除草和清除韭菜植株的病、黄、老叶，控水蹲苗，防止韭菜郁闭、倒伏。夏季养根期间可用树枝、铁丝架设支架，防韭丛倒伏，或将绿叶向上拢起，蓬松捆扎，防止韭叶接触地面，或适当保留整根假茎，留高茬割叶。及时摘除韭菜薹，8月下旬以后开始水肥管理。

2. 产中综合防控

（1）品种选择。秋冬季生产应选择不休眠或浅休眠、低温寡照条件下速生性强的品种；春提前和春夏季露地韭菜生产应选择深休眠、早发性好的品种；优先选用叶色深绿、直立性强的品种。应选择生产期至播种期不超过1年的健康种子。

（2）穴盘育苗移栽。穴盘苗苗龄50～70天，具有5～6片真叶即可移栽。宜选择根系丰满、根坨完整、无病虫苗，整穴移栽。

（3）合理施肥。基肥应以腐熟有机肥、复合肥等为主。追肥宜用复合肥、微生物肥料，注意补充中微量元素肥料。收获前20天内不宜追施无机氮肥。

（4）灌溉。设施生产宜采用滴灌，高温季节可采用喷灌。

（5）温湿度调控。棚室生产韭菜应及时通风排湿，气温宜控制在12～24℃，空气湿度宜控制在50%～70%。

（6）理化诱控。一是防虫网隔离，在棚室通风口、出入口处设置40目防虫网，阻控害虫进入棚室内；二是粘虫板诱杀，在平茬后设置粘虫板诱杀蚜虫、韭菜迟眼蕈蚊、种蝇、蓟马等害虫。粘虫板上缘高出韭菜叶片顶部5厘米左右；可挂设25厘米×30厘米粘虫板30块/亩或30厘米×40厘米的粘虫板20块/亩。应定期观察粘虫板的虫量变化，虫量较大时尽快更换粘虫板。

（7）日晒高温覆膜法。秋季可在韭蛆发生严重地块采用日晒高温覆膜法防治韭蛆幼虫，还可兼防蚜虫、蓟马和葱须鳞蛾等。

（8）天敌释放。可在害虫少量发生时释放天敌，重点释放位置是虫害初始发生区域及其周边，具体方法如下：防治韭蛆可选择释放昆虫病原线虫，宜在韭菜封垄时释放，释放量以15万～30万头/米^{2}为宜；设施生产防治蚜虫可选择异色瓢虫，天敌与蚜虫的数量比例应达到1：（30～60），14天后视情况再释放1次；设施生产防治蓟马和韭菜迟眼蕈蚊可选择释放剑毛帕厉螨，宜在春秋季释放，按照150～200头/米^{2}的密度释放。

（9）生物农药。虫害发生时，优先选用绿僵菌、苦参碱等登记的生物农药防治，严格执行农药安全间隔期。

（10）植株残体无害化处理。及时清理韭菜植株残体和田间杂草，粉碎后使用臭氧或者堆肥发酵等方式进行无害化处理。

3. 收获管理

（1）收割方法。宜选择晴天清晨或者傍晚时收割，宜采用锋利、洁净的刀具，切口整齐并靠近地面。应及时清理收割后田间遗留的植株残体和杂草，并带离田块。收割后用50～60目防虫网或遮阳网覆盖田块2天，待韭菜切口愈合后揭除，减少韭菜迟眼蕈蚊等产卵。

（2）收割间隔。韭菜连续收割次数不宜超过3次，根据市场需求、韭菜长势和病虫害发生情况及时收割；头茬韭菜生长期不宜超过40天，二茬韭菜生长期不宜超过30天，三茬韭菜生长期不宜超过28天。

三、适宜区域

该技术适用于京津冀以及邻近华北地区。

四、注意事项

在非有机标准的韭菜生产中，也可以在韭菜育苗期、养根期以及平茬后施用化学农药，应注意采用登记药剂，按照农药标签说明使用农药。

五、技术依托单位

北京市植物保护站

联系地址：北京市北三环中路9号
联系人：胡彬
联系电话：010-82074102、15910662671
电子邮箱：hdashuai@126.com

韭菜穴盘育苗

色板诱杀监测害虫

收割后用50～60目防虫网覆盖田块，阻隔韭蛆成虫产卵

收割后清理病残体

廊坊市设施蔬菜病虫害全程绿色防控技术模式

廊坊市位于河北省中部偏东，地处北京、天津两大直辖市之间，市域西北部、北部紧邻北京，市域东部与天津接壤。廊坊市属暖温带大陆性季风气候，四季分明，光热充足，雨热同季，有利于农作物生长。土地耕作条件较好，98%的土地为平原，土层深厚，平坦肥沃，适耕性好。土壤保土保肥性能强，垦殖率较高，适宜种植多种作物。廊坊市设施蔬菜种植面积 61.65 万亩，每年产量约 299 万吨，并常年为北京、天津各大菜场、超市供货。主要种植的品种有黄瓜、番茄、生菜、茄子等。发生的病害主要有灰霉病、晚疫病、早疫病、病毒病、白粉病等；虫害主要有烟粉虱、蚜虫、甜菜夜蛾等。为防治病虫害，菜农们大量使用化学农药，随意增加用药次数和用药量，对农药等化工产品的依赖性越来越大，非常不利于控制蔬菜农药残留和保障农产品质量安全。

2021 年，廊坊市在永清县建立了蔬菜病虫害全程绿色防控示范基地，积极探究设施蔬菜病虫害绿色防控技术，初步形成了综合采用农业防治、理化诱控、生物防治、生态控制和科学用药等技术措施，集成全程绿色防控技术模式。

一、技术概述

1. 技术基本情况

水肥一体化＋秸秆生物反应堆＋太阳能消毒＋农业废弃物回收＋荷兰熊蜂授粉＋丽蚜小蜂＋斯氏钝绥螨＋黄板、蓝板诱虫＋植保机＋促生机＋补光灯＋科学用药。

2. 技术示范推广情况

在廊坊市中部地区（设施蔬菜种植面积约 30 万亩），选取管理较规范，设施较健全，技术水平较高的规模化种植园区或公司基地等区域推广。

3. 提质增效情况

通过本模式的应用，设施蔬菜产量和品质明显提高，绿色防控示范区天敌种群和数量明显高于非示范区，获得了明显的经济效益和生态效益。

（1）经济效益。诱虫板黄板、蓝板配合使用防虫网阻断、粘捕温室内粉虱、蚜虫等，有效防控病毒病及各种刺吸性害虫的危害；番茄、茄子、西葫芦等授粉蔬菜使用荷兰熊蜂辅助授粉，减少化学激素药剂的使用；释放天敌昆虫捕食螨、斯氏钝绥螨、丽蚜小蜂防治叶螨、蓟马、白粉虱等害虫。滴灌带配合使用过滤器减少空气湿度、精准施肥，减少病虫害发生。绿色防控示范区蔬菜整个生育期病虫害绿色防控主推技术到位率达到 100%。同非示范区比较，以上各项措施每亩地一年减少施药 6～8 次（每次 100 元左右），相应减少施药人工费500元，化学药剂的使用量减少了30%，提高了亩产，提升了蔬菜品质，市场销售量提高了20%，价格提高了20%，具有良好的经济效益。

（2）生态效益。示范区与对照区相比，在农药的使用以及绿色防控等各方面加以规范与控制，使其对生态环境的破坏降到最小，既保护了生态环境，也为持续稳定地发展蔬菜生产创造了有利条件，同时也保护了人类的身体健康，其生态效益显著。

二、技术操作要点

1. 生态调控技术

（1）水肥一体化技术。该技术是将灌溉与施肥融为一体，借助压力灌溉系统，将可溶性固体肥料或液体肥料配兑而成的肥液与灌溉水一起，均匀、准确地输送到作物根部土壤。采用灌溉施肥技术，可按照作物生长需肥规律，进行全生育期施肥设计，把水分和养分定量、定时、按比例直接提供给作物。以设施栽培的番茄为例，目标产量为10 000千克/亩，每生产1 000千克番茄吸收N 3.18千克、P_2O_5 0.74千克、K_2O 4.83千克，养分总需求量是N 31.8千克、P_2O_5 7.4千克、K_2O 48.3千克；设施栽培条件下当季氮肥利用率57%～65%，磷肥为35%～42%，钾肥为70%～80%，实现上述产量应亩施N 53.12千克、P_2O 18.5千克、K_2O 60.38千克，合计132千克（未计算土壤养分含量）。据此可拟定番茄各生育期施肥方案。我们目前主要采用滴灌形式。采用的肥料为进口水溶肥，在苗期、开花期、结果期定量精准施用，具有“三节”（节水、节肥、节药）、“三省”（省工、省力、省心）和“三增”（增产、增收、增效）的良好效果。

（2）秸秆生物反应堆技术。利用作物秸秆做原料，拌上特制的菌种，使秸秆快速分解放出大量CO_2、热量、抗病微生物孢子。秸秆生物反应堆所用的专用菌种中有16种有益微生物，它们在分解秸秆的同时，能繁殖产生大量抗病微生物及其孢子，这些微生物及其孢子分布在土壤中、叶片上，它们有的能抑制病菌生长，有的能杀灭病菌，防治效果在30%～60%，可以有效减少用药量，实现绿色防控。此外，还有增加CO_2浓度、提高光合作用、放出热量、提高地温等多项优点。

（3）太阳能消毒技术。土壤太阳能高温消毒技术，也称高温闷棚技术，是指在夏季高温时期，利用棚室土地闲暇期，田块盛满水，用塑料薄膜密封大棚，并且在强光照射下，提高棚温和地温，使大棚内地表的日最高气温达60～70℃，地表下10厘米处地温达50～60℃，地表下20厘米处达40～50℃。大部分病原菌可在不到60℃的温度条件下经短时间处理而死亡，一般来说，病原菌对湿热的耐性较低，若再缺乏氧气供给，病原菌的生存数量会明显减少。另外，若进行变温处理，只要达到所需的累计时间也可以灭菌。40℃以上的累计时间达到8～14天，菌数会急剧减少，可达到土壤消毒的目的。

（4）农业废弃物回收制度。生产中将病株残体采取集中收集、集中堆沤制成有机肥再施用到大田中，既控制了病原菌的二次侵染，又实现了废物利用；将空药瓶、药袋、肥袋等农用废弃物放入指定回收箱，集中处理。将基地的废旧农膜、滴灌带、地膜等进行统一收集，依托专业处理公司。对上述废弃物进行有效处理，达到循环生产、废物利用的目标。

2. 生物防治技术

（1）荷兰熊蜂授粉技术。棚室内种植的蔬菜自然结实率较低时，农户一般选用激素类药剂进行喷花处理，增加坐果率，我们主要采用荷兰熊蜂授粉技术，每箱蜂量在80～100头，可使用60天左右。既可保证蔬菜的安全性又能提高蔬菜产品的品质。番茄、茄子、西葫芦、辣椒等，采用荷兰熊蜂授粉，效果更加理想。

（2）丽蚜小蜂。丽蚜小蜂是一种专性寄生蜂，专性寄生白粉虱、烟粉虱。其雌成虫体形微小（约0.6毫米长），头胸黑色，腹部黄色，雄性罕见，体呈黑色。它将自己的卵产到粉虱大龄若虫和预蛹上寄生，寄生约8天后粉虱若虫（或蛹）变为黑色，通称“黑蛹”，丽蚜蜂幼虫继续发育，10天即可从“黑洞”背面咬孔羽化出成虫，利用粉虱的营养帮助自己发育成长，同时羽化成虫可取食粉虱若虫体液补充营养，从而达到控制粉虱的作用。每头雌虫可产卵100余粒。

（3）斯氏钝绥螨。斯氏钝绥螨是一种自然天敌（多食性的捕食螨），它能捕食蓟马、粉虱、叶螨等害虫，并且特别喜欢捕食蓟马和粉虱。在适宜的条件下，斯氏钝绥螨从卵发育至成螨只需5～6天。经研究表明，斯氏钝绥螨雌成螨在平均26℃左右的温度下发育历期最短，并在此温度范围内对朱砂叶螨若螨保持着较强的捕食能力。

3. 理化诱控技术

（1）黄板、蓝板诱虫技术。在棚室放风口处设置1.5米宽防虫网（40目），人工构建隔离屏障，将害虫拒之网外，减少害虫传播。而棚内害虫采用黄板、蓝板诱杀技术，即利用害虫对特殊颜色的趋光性，进行色板物理诱杀害虫。黄板、蓝板主要粘捕蚜虫、美洲斑潜蝇、白粉虱、蓟马等害虫。通过在大棚内悬挂黄板和蓝板可有效防治以上蔬菜害虫。

（2）植保机与促生机。植保机是一款具有病虫害防治、养殖场所消毒灭菌、公共场所消毒除味等多种功能的设备。设备应用于农业设施可实时监测环境的温湿度、光照强度、土壤温湿度、二氧化碳浓度等，并将检测数据上传到服务平台，最终通过用户手机APP展现出来。同时可以通过手动控制风机、诱虫灯等设备工作。也可通过设置自动工作模式，实现自动消毒、灭菌、杀虫。温室电除雾防病促生机：包括主机、绝缘子、电极线、时间控制器。空间电场设备的应用在整体空间内雾气的消除与抑制、湿度的降低与控制、植物气传病害的预防、阴天下雨导致的弱光、低根温和二氧化碳短缺引起的植物生理障碍的预防、促进植株生长、增产的示范试验方面取得了很好的效果。

（3）补光灯。植物生长补光灯主要在自然光照不充分的情况下进行光照的补充，可有效提高棚室蔬菜的产量和缩短生长周期。根据不同作物的最佳光照时间，每天定时补光2～4小时，以促进植株光合作用与花芽分化，达到防止畸形果，提早上市的效果。果菜棚灯距4米，安装36盏/亩，遇雾、雪、阴雨天气全天补光，为节省人力，棚内可安装电子自动定时开关装置。

4. 科学用药技术

各类蔬菜均采用绿色防控大处方技术，该保健性防控技术具有简单化、系列化、方案化等优点，配合滴灌施药，大大减少施药的人工成本，延长药剂的持效期，定植期、幼苗期、结果初期不同阶段配合优质、高效、低残留的绿色蔬菜允许使用的农药，可使植株在整个生育期保持健壮生长。采收期停止用药，从而达到产品检测无残留，符合绿色食品要求的目的。

三、适宜区域

该模式适用于设施蔬菜的种植模式，适用于管理较规范，设施较健全，技术水平较高的规模化种植园区或公司种植基地等。

四、注意事项

1. 水肥一体化技术

注意按照作物生长需求，进行全生育期需求设计，把水分和养分定量、定时，按比例直接提供给作物。

2. 秸秆生物反应堆技术

秸秆生物反应过程中，要注意控制温度、通气量并控制水分，恰当的温度有利于微生物的生长，一般情况下温度控制在 50～60℃；适当的通气量有利于维持秸秆生物反应的正常状态，通气不良会引起恶臭物质的生成，影响秸秆生物反应堆的运行和周边环境；秸秆生物反应涉及微生物的代谢和降解，水分的多少对其存在很大影响，水分过多或过少均会影响秸秆生物反应的正常运行。

3. 太阳能消毒技术

对棚室先进行清棚处理，注意棚室封闭要严，有破损要及时修补，闷棚时间要充足。

4. 荷兰熊蜂授粉技术

荷兰熊蜂适宜温度为 8～30℃，相对湿度为 70%～80%，每平方米 0.1～0.2 头熊蜂即可满足授粉要求。放蜂前温室的通风口要用纱网封住，防止熊蜂飞出。熊蜂对农药特别敏感，使用熊蜂授粉期间要尽量避免使用农药，特别是杀虫剂。

5. 丽蚜小蜂治虫

应用丽蚜小蜂防治的关键是控制好温室的温度，室内温度白天控制在 20～35℃，夜间不低于 15℃，同样需要注意封好通风口和放蜂期间尽量避免使用农药。以示范区棚室面积约 1 亩为例，一棚 50 行，每行放 3～4 张蜂卡，悬挂整个生长季。

6. 斯氏钝绥螨治虫

以示范区棚室面积约 1 亩为例，一棚需放 10 瓶，每瓶约 30000 只捕食螨，每种作物每个生长季释放 1 次。

7. 黄板、蓝板诱虫技术

在作物定植后悬挂黄板、蓝板，规格为 25 厘米×20 厘米，棚室可先挂 10～15/亩，高度以离植株顶部 10～15 厘米为宜，并随植株生长随时抬升，视情况加挂和更换黄板、蓝板。

8. 植保机与促生机

需安装在有电的棚室，尤其是促生机需要高压电。开关机时间需要根据具体栽种的作物而定。

五、技术依托单位

1. 廊坊市植保植检站

联系地址：河北省廊坊市广阳区祥云北道 58 号市民服务中心
联系人：刘玥
联系电话：0316-2266071

2. 廊坊海泽田农业开发有限公司

联系地址：河北省廊坊市永清县永清镇廊坊海泽田农业开发有限公司
联系人：刘东冉
联系电话：15373283639

水肥一体化

秸秆反应堆

太阳能消毒

农业废弃物回收

熊蜂授粉

释放丽蚜小蜂

释放斯氏钝绥螨

悬挂黄板诱虫

植保机

补光灯

辽宁省设施蔬菜土传病害绿色防控技术模式

辽宁省是设施蔬菜生产大省，每年种植面积稳定在15万公顷左右。土传病害是设施蔬菜生产的重大瓶颈问题，一般棚室造成减产15%～20%，重发生棚室可达30%～50%，甚至更多，是影响辽宁省蔬菜生产和农民增收的主要问题，发生面积大，危害损失重，全省每年因其危害造成的产量损失在20万吨以上。为有效控制土传病害，经过多年探索，研究制定了辽宁省设施蔬菜土传病害绿色防控技术模式。

一、技术概述

1. 技术基本情况

在多年试验和实践的基础上，采用以定植前进行土壤处理、定植后采用免疫诱抗、健身栽培培育壮苗、发病初期采用生物化学治疗等综合措施为主的设施蔬菜土传病害全程绿色防控技术。通过技术集成，并在辽宁省大范围应用，获得了良好的经济、生态、社会效益。

2. 技术示范推广与提质增效情况

2009年以来，通过连续多年实施设施蔬菜土传病害综合防控项目、设施蔬菜病虫害防控项目，累计推广应用面积达到300万亩次以上，以推广太阳能（或棉隆、或石灰氮）土壤消毒、植物免疫诱抗剂提高抗性、健身栽培培育壮苗、发病初期采用生物化学药剂治疗等绿色防控措施和技术。在辽宁省进行推广，达到了降低危害、增产增效的效果，防效总体在85%左右，确保了设施蔬菜土传病害总体危害率降低到5%以下的目标。近年来，该技术模式继续在沈阳、大连、朝阳、锦州等设施蔬菜产区进行推广，年推广面积达到50万亩次以上，经济效益、社会效益和生态效益显著。

二、技术操作要点

1. 休茬期和定植前病土处理

采用太阳能热消毒技术、石灰氮等药剂进行土壤处理，灭杀或抑制土壤病原物。太阳能热消毒技术要点：选择在夏季高温棚室休茬期进行。每亩用稻草、玉米、小麦等秸秆粉碎后的草碎500～800千克撒于地面；在草碎上撒施生石灰100千克（或石灰氮70～80千克）；用传统铧犁翻地深30～40厘米，尽量将草碎翻压到地下，然后平整地面：用旧棚膜或塑料薄膜将处理区域全部密封，四周用土镇压严实；从薄膜下往畦间灌水，直至畦面40厘米土层充分湿润。在夏日高温强光下密闭闷棚15～20天。生石灰或石灰氮中遇水放热，促使草碎腐烂，增加田间有机肥含量。夏季高温，棚膜保温，地热升温，白天地表温度可高达60℃以上，10厘米地温高达50℃以上，可杀灭或钝化土壤中各种病原物和杂草种子。处理结束后揭膜，翻耕土壤，即可种植作物。

2. 选用抗病品种或者抗性砧木

选用抗病品种，或者采用嫁接技术，通过品种或砧木对土传病原物的抗性或者砧木对连作土壤恶劣环境的抵抗能力，从而达到抗病防控效果，在番茄、辣椒、茄子、黄瓜等作物栽培上常用。

3. 诱导免疫

设施蔬菜喷施植物免疫诱抗剂，在种子发芽期、苗期和成株期、结果期等分别喷施1次5%氨基寡糖素，可提高作物本身抗性，起到一定防治土传病害的效果。

4. 加强栽培管理

通过增施农家肥、滴灌及微喷浇水技术、适当补充微量元素等方法，降低土传病原菌的传播速度，建立一个良好的促进作物生长，不利于病原物发展的生态环境。

5. 发病初期采用药剂防治

在发病初期，采用申嗪霉素、梧宁霉素、中生菌素、阿维菌素等适用药剂进行灌根处理。灌根时进行扒土露根，使药剂和病根充分接触，可取得良好的防治效果。

三、主要技术组装模式

在试验示范的基础上，分别对根结线虫病、中轻度土传病害、重度土传病害集成了不同的模式。

1. 根结线虫病绿色防控技术模式

针对设施蔬菜根结线虫病发生田块，集成了以生物防治、高温闷棚、敞棚冻地等生物与生态调控为核心，综合了抗性品种、抗病砧木、高效低毒环保型药剂防治等技术的设施蔬菜根结线虫病绿色防控技术模式。

2. 中轻度土传病害绿色防控技术模式

针对设施蔬菜土传真菌病害中、轻度发生田块，集成了以多黏类芽孢杆菌剂、申嗪霉素处理土壤为核心，综合了抗病品种、嫁接技术、微生物菌肥、植物免疫诱抗的中轻度设施蔬菜土传病害绿色防控技术模式。

3. 重度土传病害绿色防控技术模式

针对重度发生设施蔬菜土传真菌病害的田块，集成了以土壤棉隆熏蒸、热力处理等理化控制技术为核心，综合了自主研制生物制剂、抗性品种、生物菌肥、免疫诱抗等技术的重度设施蔬菜土传病害绿色防控技术模式。

四、适宜区域

本技术模式适合辽宁省全域。

五、注意事项

土传病害进行土壤消毒处理后，要及时补充有益菌剂，抑制有害微生物发生。

六、技术依托单位

1. 辽宁省绿色农业技术中心

联系地址：辽宁省沈阳市长江北街39号
联系人：张丹
联系电话：024-86121771

2. 朝阳市植物保护站

联系人：李大伟
联系电话：042-12911586

蔬菜病虫害绿色防控技术模式

蔬菜是江西主要农作物，近年来发展较快，2019—2022 年，年播种面积由 1 092 万亩增长到 1 200 万亩，总产量由 1 800 万吨增长到 1 920 万吨，设施蔬菜面积由 50 万亩增长到 120 万亩。蔬菜病虫害种类多，病虫害寄主范围广，年发生代次多，周年在不同种类蔬菜间辗转危害，各茬蔬菜连续受害，设施蔬菜也严重受害。

使用绿色防控技术，减少使用化学农药，减少蔬菜农药残留，是政府、大众都十分关注的问题。近年来，我们对蔬菜害虫绿色防控技术进行了试验研究和示范推广，取得了显著的经济、社会和生态效益，获得多项推广成果，如“基于甘蓝夜蛾核型多角体病毒的农业绿色防控技术集成应用”2020 年获得江西省科学技术进步奖一等奖，“无公害蔬菜生产中农药减残技术的研究”2004 年获得江西省科学技术进步奖三等奖。

一、技术概述

1. 技术基本情况

吸收基于防虫网的“设施蔬菜害虫轻简化绿色防控技术”和近年来在蔬菜害虫绿色防控实践中进一步熟化形成的应用技术，集成一套“蔬菜病虫害绿色防控技术”，主要包括防虫网阻隔、“三诱”杀虫（性诱、灯诱、色诱）、生物农药等技术。

2. 技术示范推广情况

2018 年以来，在江西蔬菜主要产区示范推广，应用面积逐年扩大，2022 年江西省蔬菜绿色防控覆盖率 50.2%。计划将蔬菜害虫绿色防控技术作为 2023 年主推技术，进一步扩大推广应用面积，提高蔬菜绿色防控覆盖率。

3. 提质增效情况

据调查，蔬菜病虫害绿色防控示范区与非示范区相比，一是化学农药用量显著降低。设施种植大白菜、甘蓝、小白菜、花椰菜、青花菜等十字花科蔬菜，一般不用化学杀虫剂；种植番茄、黄瓜、辣椒、茄子等茄果类、瓜类蔬菜，少量使用化学杀虫剂；露地蔬菜化学农药用量减少 30%以上。二是增产提质增效明显。蔬菜单产增加 10%以上，优质品率提高 10～20 个百分点，亩均节本增效 30%以上。

二、技术操作要点

1. 核心技术

（1）选用抗（耐）病蔬菜品种。针对不同类型蔬菜的主要病害，选用抗（耐）较强的高产优质品种。如抗（耐）疫病、青枯病、枯萎病、病毒病等病害的茄果类（辣椒、番茄、茄子等）蔬菜品种，抗（耐）病毒病、根肿病、线虫等病害的十字花科（大白菜、甘蓝、菜心、青花菜、萝卜、卷心菜、油菜）蔬菜品种，抗（耐）病毒病、疫病、枯萎病、霜霉病等病害的葫芦科（黄瓜、冬瓜、丝瓜、苦瓜、南瓜、西葫芦等）蔬菜品种。

（2）防虫网技术。选用30～40目防虫网，露地蔬菜用插在地里的竹片或玻璃纤维杆搭防虫网，设施蔬菜在拱棚上覆盖防虫网，网四周压紧，防止害虫进入菜地。

（3）性诱剂诱杀害虫。露地蔬菜种植区，每亩1～5套配套诱芯的诱捕器，诱杀斜纹夜蛾、甜菜夜蛾、小菜蛾、实蝇等害虫。根据害虫性诱剂的持效期，及时更换或加滴性诱剂，及时清理诱捕器内虫体。

（4）色板诱杀害虫。在菜地插挂可降解黄色或蓝色粘虫板诱杀蔬菜害虫。葱、蒜等蔬菜地，用蓝色粘虫板诱杀蓟马、种蝇等害虫；茄果类、十字花科蔬菜地，用黄色粘虫板诱杀粉虱、蚜虫、斑潜蝇等害虫，每亩挂25厘米×35厘米的粘虫板20～25块，色板下端高出蔬菜顶部10～20厘米。

（5）灯光诱杀害虫。每30～40亩菜地安装1盏频振式太阳能杀虫灯，灯距120～160米，诱杀斜纹夜蛾、甜菜夜蛾、小菜蛾、棉铃虫、粉虱、地老虎成虫等害虫。叶菜类蔬菜地，接虫器距地面0.8～1米；棚架蔬菜地，接虫器距地面1.2～1.6米。

（6）生物农药和高效低毒化学农药治虫防病。优先选用生物农药进行防治。可选用核型多角体病毒、苏云金芽孢杆菌、印楝素、阿维菌素等防治小菜蛾、斜纹夜蛾、甜菜夜蛾等，用多杀霉素防治小菜蛾、蓟马等，用春雷霉素防治枯萎病、细菌性角斑病等。适时适量施用高效、低毒、低残留对路农药，在害虫低龄幼虫期和病害发病初期施药防治。注意轮换和交替使用农药，严格执行农药合理使用准则和农药安全间隔期规定。

2. 配套技术

（1）清洁田园。蔬菜采收完后，清除菜地杂草、残株、烂叶等，集中到远处堆沤，减少病虫源。菜地翻耕后，土壤消毒或晾晒7天以上再播种或移栽下茬蔬菜。

（2）土壤消毒。一是棚室消毒。设施塑料大棚，在清园后定植前密闭大棚，亩用10%异丙威烟剂35克、45%百菌清烟剂65克进行熏蒸，杀灭棚内病虫源。熏蒸后及时通风，完全通风后方可进棚进行农事操作。二是高温闷棚。设施塑料大棚，在夏季休闲期（7～8月），清洁设施后进行高温闷棚。闷棚前，可施入农作物秸秆或鸡粪、土杂肥和石灰氮，灌水至饱和，覆盖塑料薄膜，关闭通风口，连续闷棚15～30天。露地菜地收完上茬菜后，于7～8月高温暴晒15～30天。闷棚结束后及时翻耕土壤，晾晒10～15天后方可播种或定植下茬蔬菜。三是用微生物菌剂处理土壤。如10%多抗霉素可湿性粉剂1 000倍液、2亿孢子/克淡紫拟青霉2千克/亩。

（3）种子消毒。播种前日光晒种1～2天后，进行种子消毒。一是温汤浸种。十字花科、茄果类、豆类蔬菜种子，用50～55℃温水浸15～20分钟。二是药液浸种。茄果类、葫芦科蔬菜种子用10%磷酸三钠液浸20～30分钟。

三、适宜区域

该技术适宜在江西省各蔬菜种植区推广应用。

四、注意事项

（1）防虫网阻隔害虫技术。适用于叶类、根茎类、豆类、茄果类、单性结实和强雌性黄瓜等不需要授粉的蔬菜。连阴雨天气时，要做好排水、起高垄、及时采收等措施。

（2）灯诱、性诱、色诱害虫技术。需大面积连片集中使用，及时更换性诱剂诱芯，清理诱捕器中的虫体；定期清理杀虫灯接虫袋（瓶）中的虫体，清刷灯管上残留的虫体。粘虫板上布满虫体后应及时更换。使用后的诱捕器要及时收回，杀虫灯要保管好、维护好。

（3）生物农药和高效低毒化学农药。要按照标签和说明书上推荐的剂量使用，不能随意加大用药量。注意交替、轮换用药，避免连续使用同一种农药。

（4）严格遵守农药安全使用操作规程，执行农药安全间隔期。

五、技术依托单位

1. 江西省农业农村产业发展服务中心

联系地址：南昌市青山湖区民安路451号
联系人：邱高辉
联系电话：0791-88116127
电子邮箱：ghqiuhntk@126.com

2. 南昌市农业科学院

联系地址：江西省南昌市红谷滩区庐山南大道348号
联系人：葛洪滨
联系电话：0791-83888248
电子邮箱：375274067@qq.com

3. 中国热带农业科学院热带生物技术研究所

联系地址：海南省海口市龙华区学院路4号
联系人：高建明
联系电话：0898-66963162
电子邮箱：gjmhust@163.com

防虫网隔虫技术

色板诱杀技术

性诱剂诱杀技术

获嘉县大白菜病虫草害绿色防控技术模式

新乡市获嘉县地处豫北平原，常年种植大白菜1万余亩，远销北京、上海、郑州等地。获嘉县植物保护站近年来连续开展大白菜病虫害绿色防控工作，形成了一套大白菜病虫害绿色防控技术模式。

一、技术概述

1. 技术基本情况

大白菜的主要病虫害包括软腐病、细菌性角斑病、病毒病、干烧心病、菌核病、霜霉病、小菜蛾、甜菜夜蛾、菜青虫、蚜虫、蟋蟀、蜗牛等。在大白菜田间管理期间依照“预防为主，综合防治”的植保方针，贯彻“公共植保、绿色植保、科学植保的植保理念”，以选用抗（耐）病品种为基础，协调运用农业防治、物理防治、生物防治以及科学、合理、安全使用化学农药的技术措施，综合防治病虫草害，确保大白菜生产安全、质量安全和农业生态环境安全。

2. 技术示范推广情况

“大白菜病虫草害绿色防控技术模式”从2019年8月开始实施并逐步完善，每年示范面积500亩以上，进行技术示范推广、生产技术人员培训及技术资料发放等工作。通过宣传培训和现场观摩，辐射带动获嘉县太山镇、大新庄乡、照镜镇等乡镇5 000亩，大白菜病虫害绿色防控水平显著提高，农产品质量安全和农业生态环境安全得到进一步保障。

3. 提质增效情况

平均每亩减少农药使用次数1.5次，减少农药使用量200克，降低成本25.4元，增产15%，比常规技术增收800元。减少农药使用量及环境污染，降低农药残留，达到增产、高效、环保、提高农产品质量的目标。

二、技术操作要点

1. 植物检疫

禁止危险性病虫草等有害生物随种子、种苗、无性繁殖材料及有害生物的载体传播。

2. 农业防治

（1）耕作管理。清理田间病株残体与杂草，集中堆沤并深翻土壤，集中防治前茬残虫，减少菌源和虫源，降低病虫害基数。

(2) 茬口安排。适时适量播种，切忌过早播种，避开一些病虫害的发生高峰期。前茬以茄果类、瓜类、葱蒜类为宜，避免与十字花科蔬菜连作或邻作。

(3) 整地施肥。高畦直播，防涝降湿；使用生物有机肥，增施磷、钾肥。

(4) 选用抗病、耐病的优良品种。选用抗逆性强、适应性广、耐贮藏、商品性好的品种，如新乡小包23、秦白2号等。

3. 物理防治

(1) 利用黄（蓝）色板、反光膜等诱杀蚜虫。利用害虫趋黄、趋蓝性，每亩悬挂30厘米×40厘米的黄、蓝色粘虫板各40～50张。黄、蓝色粘虫板下缘高于植株5～10厘米，并随作物的生长调整高度，也可张挂铝银灰色或乳白色反光膜避蚜。

(2) 杀虫灯诱杀成虫。利用害虫趋光性，每30亩设置1盏频振式杀虫灯或黑光灯，虫害成虫发生期每天日落后开灯3小时。

(3) 性诱剂诱杀成虫。在田间每亩放置3～4套专用性诱器，诱杀甜菜夜蛾、小菜蛾等害虫成虫。

4. 生物防治

创造有利于天敌生存的环境，释放捕食螨、寄生蜂等天敌捕杀害虫，或采用银纹夜蛾病毒、甜菜夜蛾病毒、小菜蛾病毒及白僵菌、苏云金芽孢杆菌等制剂防治鳞翅目害虫，或用性诱剂诱杀鳞翅目害虫成虫。

5. 化学防治

(1) 播种期。播种前用50℃温水浸种20～30分钟，后立即移入冷水中降温，晾干后播种；或用种子量0.4%的50%福美双可湿性粉剂或25%甲霜灵可湿性粉剂拌种，防治霜霉病、黑斑病、炭疽病。

播后苗前使用48%氟乐灵乳油100毫升/亩或33%二甲戊灵乳油75～120毫升/亩，兑水喷洒土表防除杂草。

移栽田可于移栽前1～3天喷施土壤封闭性除草剂33%二甲戊灵乳油150毫升/亩，移栽时尽量不要翻动土层或尽量少翻动土层；如果土壤墒情较差或沙质土，可施用48%氟乐灵乳油150～200毫升/亩，施药后注意及时混土2～3厘米。

(2) 苗期。重点防治病毒病、霜霉病、蚜虫、菜青虫、黄条跳甲、甜菜夜蛾、小菜蛾、蟋蟀、地下害虫；在第一次间苗时要预防蚜虫、蟋蟀和地下害虫；小水勤浇，降低地湿，切忌受旱，可明显减轻病毒病发生。

防治蟋蟀、地下害虫用90%敌百虫晶体50克溶于500克水制成药液，拌入2～3千克炒香的米糠、油饼、麦麸制成毒饵，于傍晚前顺垄撒施诱杀。

蜗牛发生地块用6%四聚乙醛颗粒剂0.5～0.6千克/亩，拌干细土10～15千克在雨后傍晚均匀撒施。

防治蚜虫用50%抗蚜威可湿性粉剂2 000倍液或10%高效氯氰菊酯乳油1 500倍液喷

雾防治。

防治小菜蛾、菜青虫，甜菜夜蛾等鳞翅目害虫在幼虫低龄期施药，采用虫酰肼、氟虫脲、氟铃脲、灭幼脲、虱螨脲等昆虫生长调节剂与虫螨腈、茚虫威、甲氨基阿维菌素苯甲酸盐、高效氯氟氰菊酯等高效农药交替轮换混用，延缓或避免产生抗药性，也可采用甜菜夜蛾颗粒体病毒、核型多角体病毒、苜蓿银纹夜蛾核型多体病毒和芹菜夜蛾核型多角体病毒预防。

在禾本科杂草 3～5 叶期，选用 10%精喹禾灵乳油 40～60 毫升/亩或 10.8%高效氟吡甲禾灵乳油 20～40 毫升/亩均匀喷雾除草。

（3）莲座期。加强中耕除草，控制水分，适当蹲苗，以提高植株抗性。根据田间发病情况防治霜霉病、黑腐病、黑斑病等，可用 70%乙膦铝·锰锌可湿性粉剂 500 倍液或 75%百菌清可湿性粉 600 倍液喷雾，同时喷洒 0.7%氯化钙+50 毫克/升萘乙酸+0.3%磷酸二氢钾的混合液预防干烧心病。

（4）包心期。加强肥水管理，及时追施氮、磷、钾复合肥，封垄前进行田间病虫害的普查与防治，采收前半个月停止用药。重点防治霜霉病、黑斑病、软腐病、黑腐病、细菌性角斑病、蚜虫、菜青虫、甜菜夜蛾等。

防治软腐病、黑腐病、细菌性角斑病用新植霉素可湿性粉剂 4 000 倍液，或 20%噻菌铜可湿性粉剂 600 倍液，或 5%菌毒清水剂 300 倍液喷雾或灌根，及时拔除病株，病穴用生石灰或药剂消毒并填土压实，以防浇水或雨后病菌传播蔓延。

（5）收获期。尽量避免伤口，有病植株与健康植株分别收获，避免交叉感染。

三、适宜区域

适宜新乡市及其周边产地环境、田间栽培技术措施符合绿色防控技术要求的秋播大白菜种植区。

四、注意事项

在病虫害发生初期优先选用生物、物理等非化学防治措施，注意保护利用自然天敌。严格执行农药使用操作规程，遵守农药安全间隔期，注意合理轮换用药和交替使用。部分农药对十字花科植物容易产生药害，请在农技人员指导下科学选用药剂。

五、技术依托单位

获嘉县农业农村局

联系地址：河南省获嘉县城区和平大道中段

联系人：张清军

联系电话：13598676543

电子邮箱：hjxnyncjzbz@163.com

绿色防控示范田

施　肥

忻府区辣椒病虫害全程绿色防控技术模式

辣椒是近年来忻府区的优势产业，种植面积持续稳定在9万亩左右，辣椒病虫害绿色防控是提升辣椒产量和品质的技术保障。忻府区连续五年承担山西省绿色防控暨农药减量示范基地建设项目的实施，摸索出一套比较成熟的绿色防控技术模式，通过集成应用、示范推广，起到了很好的辐射带动作用，取得了一定的经济效益、社会效益和生态效益，推动了忻府区辣椒产业做大做强。

一、技术概述

1. 技术基本情况

坚持贯彻“预防为主，综合防治”的植保方针，以“减量控害，产品提质增效”为宗旨，从辣椒整个生态系统出发，采取以生态调控为基础、理化诱控和生物防控为核心，化学防治为辅助的综合防治措施。集成应用了“轮作+深翻晾土+抗病品种+起垄栽培+膜下滴灌+玉米间套+害虫诱杀+生物防治+科学用药”的技术模式，实现了全程绿色防控，达到了降低病虫危害损失、减少农药使用量的目的。

2. 技术示范推广情况

忻府区农业农村局很重视示范基地建设项目的实施，为了充分发挥示范基地的样板田作用，每年在示范基地新技术、新试验展示期间都要组织各乡镇分管领导、农技人员以及种植大户召开观摩会，参会人数均在100人左右。2022年的示范基地建设由忻府区强盛辣椒专业合作社承担，基地位于九原街道流江村，示范面积200亩，全程采用了该技术模式，辐射带动面积20 000亩。示范区先后接受相关植物保护部门和有关领导的检查指导，周边县市和忻府区的部分辣椒种植大户进行现场观摩。还被定为第五届中国农民丰收节山西活动主场暨有机旱作标准化生产基地观摩点，观摩人数达300余人，示范效果受到与会领导和大家的一致肯定。

3. 提质增效情况

（1）防控效果。通过示范，病虫害综合防治效果达95%以上，化学农药使用量减少55%以上。绿色防控示范区炭疽病、疫病的发病株率在1%左右，常规生产田在5%左右；示范区病毒病发病株率在2%左右，常规生产田在8%左右；示范区蚜虫的蚜株率在1%左右，常规生产田在10%左右。全程减少了打药次数2次以上。

（2）提质增效。示范应用中未因蚜虫、粉虱、蓟马、烟青虫、甜菜夜蛾、根腐病、病毒病、青枯病、疫病、炭疽病、疮痂病和软腐病等主要病虫害造成严重减产。连续几年的测产结果显示，通过绿色防控平均可增产 177.5 千克/亩，增产率 10.8%，取得了很好的效果。虫蛀果率控制在了 1%以内，商品率也明显提高。

二、技术操作要点

1. 生态调控技术

（1）选用抗病品种。选用优质、高产、抗病、商品性好的品种。适宜本地栽植的品种主要有辣丰 3 号、香辣 3 号、红丽、北京红等。

（2）种子消毒处理。播种前选晴天晒种 2～3 天，用 50～55℃温水浸种 10～15 分钟。

（3）培育无病壮苗。采用营养钵、穴盘和绳编育苗，播种前进行苗床土壤消毒，定植时选用优质适龄壮苗。

（4）轮作倒茬。与禾本科、豆科、十字花科、葱蒜类等非茄科作物实行 3 年以上轮作。

（5）膜下滴灌，起垄栽培。采用 80 厘米宽的地膜起垄栽培，一膜双行平行栽植，株距 30 厘米，垄高 15～20 厘米，一般亩留苗 4 000～4 500 株。起垄有利于根系下扎，雨后不易形成积水。采用膜下滴灌水肥一体化管理更有效。

（6）合理施肥。一般每亩施用腐熟农家肥 1 500 千克，或商品有机肥 200～250 千克，或生物有机肥 100 千克，实行测土配方施肥，增施磷、钾肥，及时追肥，花期和结果期喷施含有钙的中微量元素叶面肥。

（7）清洁田园。缓苗后至封垄前及时中耕松土 2 次以上，结合中耕及时清除残枝败叶及病残体，铲除田间地头杂草，消灭病虫中间寄主。

（8）及时排灌。土壤要见干见湿，雨后及时排水，防止田间形成积水。

（9）玉米间套辣椒。辣椒初花期，每隔 6～8 行辣椒穴播 1 行玉米，株距 50 厘米，可减轻辣椒疫病、日灼病、炭疽病等病害的发生。玉米选择生育期相对较短的品种。

2. 理化诱控技术

（1）灯光诱杀。5 月中下旬田间安装杀虫灯，杀虫灯安装高度以接虫口离地面 1.5～1.7 米为宜，每 3～3.5 公顷安装 1 盏。

（2）色板诱杀。辣椒移栽定植后，在田间安插粘虫板，黄色诱杀蚜虫、白粉虱、斑潜蝇等害虫，蓝色诱杀蓟马。每亩用规格为 20 厘米×25 厘米的粘虫板 30～40 张，规格为 25 厘米×30 厘米的粘虫板 25～30 张，悬挂高度高于植株 10～20 厘米。

（3）性信息素诱杀。5 月中下旬，田间布设性诱诱捕器或信息素光源信息诱捕器诱杀地老虎、烟青虫、斜纹夜蛾、甜菜夜蛾等害虫。每个诱捕器与田边的距离不少于 5 米，诱捕器固定高度为诱芯高于植株 10～20 厘米，诱芯每 30 天更换 1 次。每亩布设 3～5 套诱捕器。

3. 生物防治技术

（1）释放天敌昆虫。释放捕食螨捕杀辣椒蚜虫、叶螨、粉虱、蓟马等害虫，每亩放置

4瓶。悬挂异色瓢虫卵卡捕杀蚜虫，每亩放置15张卡。

（2）生物农药。防治立枯病选用2.4%井冈霉素水剂4～6毫升/亩泼浇苗床；防治病毒病选用0.5%香菇多糖水剂300～400毫升/亩喷雾；防治炭疽病选用0.7%香芹酚水剂100毫升/亩喷雾。防治地下害虫选用100亿孢子/克白僵菌可湿性粉剂250～300克/亩地面处理；防治蚜虫、粉虱和蓟马等选用10%多杀霉素悬浮剂30毫升/亩，或0.3%印楝素悬浮剂100毫升/亩，或1.5%苦参碱水剂30～40毫升/亩喷雾；防治烟青虫、甜菜夜蛾等选用20亿多角体/毫升甘蓝夜蛾核型多角体病毒悬浮剂50～90克/亩。

4. 科学用药技术

在采用生态调控、理化诱控、生物防控这些技术不能有效控制其危害，且可能给生产造成损失时，选用高效、低毒、低残留、环境友好型农药喷雾防治。防治疫病选用47%烯酰·唑嘧菌悬浮剂60～80毫升/亩喷雾；防治炭疽病选用43%氟菌肟菌酯悬浮剂20～30毫升/亩喷雾；防治蚜虫选用50克/升双丙环虫酯可分散液剂10～16毫升/亩；防治烟青虫、甜菜夜蛾选用200克/升氯虫苯甲酰胺悬浮剂10～15毫升/亩或1%甲氨基阿维菌素苯甲酸盐微乳剂10～23.3毫升/亩。

三、适宜区域

适宜区域要求：地势平坦、地块规整、肥力中上等、排灌设施齐全、交通便利。

四、注意事项

①杀虫灯安放位置尽量远离其他光源，要及时清扫杀虫网，并及时用毛刷清理灯上的虫垢，袋内虫体深埋或作饲料用。

②粘虫板安插时底部略高于植株顶部15～20厘米，在田间要均匀分布。害虫偏多时要加密使用，粘虫板黏度下降或粘满虫体和灰尘后要及时更换。

③性诱捕器在害虫越冬代即将羽化前开始悬挂，取用诱芯时必须把手洗净、擦干，诱捕器进虫部位与植株高度基本一致或略高。诱芯每月更换1次。

④捕食螨于傍晚或阴天释放，瓢虫卵卡于傍晚或清晨悬挂在蚜虫危害部位附近，悬挂位置应避开阳光直射的地方。

⑤科学使用农药。严格遵守安全间隔期，严禁超剂量、超范围施用。轮换用药，使用增效助剂（如激健等）效果更好。做好农药包装废弃物回收工作。

五、技术依托单位

1. 山西省植物保护植物检疫中心

联系地址：山西省太原市迎泽区双塔西街98号
联系人：张东霞、郑卫锋、王丽英、刘一景、胡浩

联系电话：0351-7821270

2. 山西省忻州市农业产业发展中心

联系地址：山西省忻州市七一北路48号
联系人：于志清、李书琴
联系电话：0350-3032357、18503505132

3. 山西省忻州市忻府区农业产业发展中心

联系地址：山西省忻州市忻府区学道东街5号
联系人：尹辛亥、王素芬、魏录珍、张林丽
联系电话：18634613517

起垄栽培技术

膜下滴灌技术

玉米套辣椒技术

灯光诱杀技术

释放捕食螨捕杀害虫

悬挂瓢虫卵卡捕杀害虫

色板诱杀技术

性信息素诱杀技术

靖远县辣椒病虫害绿色防控技术模式

近年来，靖远县辣椒种植面积不断扩大，病虫害发生日趋加重，为有效控制辣椒病虫害发生，切实保障全县蔬菜生产安全、产品质量安全和生产环境安全，靖远县以实施绿色防控技术为抓手，突出种子处理、理化诱控和科学安全用药等技术措施，总结制定辣椒病虫害绿色防控技术模式，指导各地辣椒种植有效开展绿色防控工作，有效减少化学农药使用量，切实提高防控效果，促进农业绿色可持续发展。

一、技术概述

1. 技术基本情况

靖远县辣椒病虫害主要有猝倒病、立枯病、青枯病、炭疽病、灰霉病、病毒病、疫病、白粉病、粉虱、蚜虫、茶黄螨、斜纹夜蛾、甜菜夜蛾、棉铃虫、烟青虫等。靖远县辣椒病虫害绿色防控技术涵盖生态调控、农业措施、物理防治、生物防治、化学防治等多个方面，具体包括：选用抗性品种、清洁田园、合理轮作、增施有机肥、配方施肥、集中育苗等农业措施；推广滴灌、粘虫板、防虫网、太阳能消毒以及生防菌剂处理土壤防治土传病害；辣椒定植后，使用碧护培育壮苗，利用氨基寡糖素等诱抗剂提高辣椒抗病性；利用性诱剂防治甜菜夜蛾、小菜蛾等；利用防虫网阻隔鳞翅目、粉虱等害虫；优先选用枯草芽孢杆菌、苦参碱、除虫菊素、甘蓝夜蛾核型多角体病毒等生物药剂防治病虫害。

2. 技术示范推广情况

靖远县 2014—2023 年连续被列为“绿色防控”示范县，靖远县充分利用“农作物病虫绿色防控与专业化统防统治融合示范”项目资金，结合蔬菜园区集约化育苗基地、绿色防控技术示范推广、技术培训等，示范带动全县蔬菜产业特别是辣椒产业提质增效，引领蔬菜产业绿色发展，以园区为中心，科学遴选示范基地，创建了辣椒标准化绿色防控示范基地 2 个，示范面积 0.5 万亩，辐射带动周边蔬菜绿色防控面积 10 万亩。通过示范推广辣椒病虫害生态调控、农业措施、物理防治、生物防治、科学用药等绿色防控技术，示范区辣椒产品农药残留检测达到绿色食品指标要求，高效、低毒、低残留农药、生物天敌、理化诱控等绿色防控产品使用面积占比 100%，通过示范推广，辐射带动全县主要农作物病虫害绿色防控覆盖率达 48%以上，主要蔬菜专业化统防统治覆盖率达 50%以上，病虫害综合防控效果达 85%，农作物病虫害损失率控制在 5%以下。

3. 提质增效情况

（1）*经济效益*。通过该技术模式的集成应用，靖远县范围辣椒疫病、青枯病、粉虱、蚜虫重大病虫害得到有效控制，辣椒全生育期病虫害均控制在防治指标内，未发生大流行，示范区辣椒亩增产150千克以上，经济效益显著。

（2）社会效益。减少了防治成本，提高了防治效果。农业、物理防治面积所占比例不断提高，节约了大量农药，统防统治的开展节约了人工支出，示范基地减少农药使用次数2～4次，亩降低防治成本132元。通过各项植保绿色防控技术实施，有效控制了蔬菜主要病虫害的危害，辣椒主要病虫害防效达85%以上。

（3）生态效益。提升了辣椒品质，保护了农业生态环境。随着绿色防控技术不断普及，靖远县蔬菜生产正逐步从增加产量向提升品质转变。截至目前，靖远县蔬菜共认证“三品一标”17类30个产品，病虫害绿色防控技术实施助推靖远县蔬菜产业转型升级。同时，绿色防控技术实施有效减少了化学农药使用量，有力保障了农业环境安全。

二、技术操作要点

1. 农业防治

（1）选用抗病良种。适宜日光温室种植的辣椒品种主要有陇椒2号、中寿12、亨椒1号、宝禄、长剑等；甜椒品种主要有海神、曼迪、红太极等；辣椒嫁接砧木品种主要有格拉夫特、威壮贝尔F1、688-椒类砧木。

（2）种子消毒，清洁田园。降低虫源数量，实行轮作、换茬，采用玉米—椒、豆—椒、葱—椒、黄瓜—椒等轮作换茬，减少中间寄主或初侵染源，创造适宜的生育环境条件，妥善处理废弃物，降低病源和虫源数量。

（3）加强栽培管理，集中育苗、培育健壮植株，加强水肥管理。辣椒正常生长所需的土壤全盐浓度为2 000～3 000毫克/千克，超过6 500毫克/千克、施肥过重会导致土壤全盐浓度偏高，辣椒根系会出现反渗透而干枯。从而减弱辣椒长势，更易发生病虫害。

2. 理化防治

（1）色板诱杀。黄色粘虫板主要用来诱杀蚜虫、粉虱、斑潜蝇；蓝色粘虫板主要诱杀蓟马。

（2）杀虫灯。宽谱诱虫光源对于鳞翅目类各种成虫，鞘翅目类的金龟子、天牛、步甲、跳甲、象鼻虫等，双翅目类的蚊子、蝇、蠓、虻等，同翅目类的飞虱、叶蝉等，直翅目类的蝼蛄等有特效。

此外，近年来人们把性诱剂、杀虫灯、诱食剂、粘虫板通过组合开发出各类复合诱虫杀虫技术，增强了杀虫效果，扩大了杀虫范围，获得了较好的生产效益。

（3）诱食剂、性诱剂（迷向剂）：应用性诱剂诱杀害虫，是利用释放人工合成的昆虫性激素（雌性信息素）诱杀雄性昆虫，阻止昆虫交配、产卵，达到控制害虫数量的作用。迷向剂本质上也是性诱剂，只是使用方式的不同，性诱剂是直接诱杀害虫，而迷向剂是通过多点布置，干扰昆虫对性信息源的定位，从而实现阻碍昆虫交配繁殖的目的。

（4）防虫网。各种防虫网是目前物理阻断最为常用的方式，积极推广防虫网覆盖栽培技术，可切断害虫的入侵途径，减少化学农药使用。

3. 生物防治

示范推广香芹酚、苦参碱、除虫菊素、甘蓝夜蛾核型多角体病毒、棉铃虫核型多角体病毒等生物农药，防治烟青虫、斜纹夜蛾、棉铃虫、蛴螬、金针虫、蝼蛄、地老虎。

4. 化学防治

（1）防治早疫病、炭疽病、白粉病。发病初期可选用苯醚甲环唑、肟菌·戊唑醇、嘧菌酯·戊唑醇、氟菌·肟菌酯、咪鲜胺、霜脲·氰霜唑、苯甲·吡唑酯等喷雾防治，交替用药。

（2）防治病毒病。发病前选用氯溴异氰尿酸、甾烯醇、辛菌胺醋酸盐等喷雾防治，交替用药。

（3）防治青枯病、软腐病、疮痂病。发病初期选用氯溴异氰尿酸、噻霉酮、硫酸铜钙、噻唑锌等喷雾防治，交替用药。

（4）防治蓟马、蚜虫、粉虱。可选用吡虫啉、吡丙·呋虫胺、氟啶虫胺腈、阿维·氟啶、啶虫脒、氟啶·联苯、氟啶·啶虫脒、吡蚜酮·呋虫胺等喷雾防治，交替用药。

（5）防治叶螨、茶黄螨。可选用螺螨酯、阿维·乙螨唑、阿维·螺螨酯、顺氯·啶虫脒、乙唑螨腈，喷雾防治，交替用药。

（6）防治甜菜夜蛾、棉铃虫、烟青虫。可选高效氯氰菊酯、甲氨基阿维菌素苯甲酸盐、四唑虫酰胺、氯虫高氯氟、噻虫·高氯氟、氯虫苯甲酰胺、溴氰虫酰胺防治。

三、适宜区域

该技术适合靖远县及周边地区日光温室、塑料大棚及露地辣椒病虫害防控，其他辣椒生产区可根据当地病虫发生情况参考调整使用。

四、注意事项

一是昆虫病原微生物的使用要求一定的温湿度条件和害虫发育阶段，使用前需要根据气象和害虫发生期选择最佳使用时期；二是菊酯类等农药安全性好但易产生抗药性，注意不要连续使用；三是注意农药安全期，一般在7～14天，具体参考农药使用说明；四是要科学用药，禁止农药的滥用乱用。

五、技术依托单位

1. 靖远县农业技术推广中心

联系地址：甘肃省靖远县乌兰镇农机巷30号
联系人：李秀芬、王进明、樊东隆、朱久锋、牛玉斌

2. 甘肃省植保植检站

联系地址：甘肃省兰州市城关区嘉峪关西路708号农业大厦
联系人：王得毓、左佳妮
联系电话：0943-6121570、15009431602、15193112300
电子邮箱：gszbfzk@163.com

集中育苗

悬挂粘虫板

设置杀虫灯、粘虫板

性诱剂诱捕器

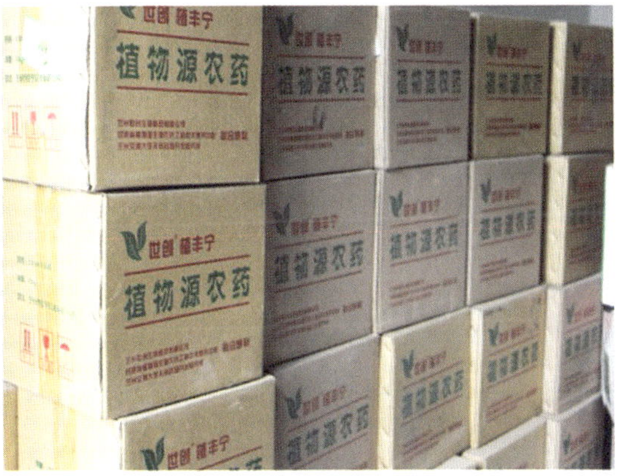

植物源农药

大蒜病虫害全程绿色防控技术模式

由于连年种植，大蒜病虫害发生有加重趋势。通过连续多年在兰陵县针对大蒜全生育期病虫开展研究，集成全程病虫害绿色防控技术模式并推广应用。该技术的应用使当地农药使用量逐年下降，生态环境大幅改善，获评全国首批农作物病虫害绿色防控示范县。

产自兰陵县的“苍山大蒜”历史悠久，有2000多年的栽培历史，常年种植面积20 000公顷以上。“两蒜”品质高端、深受青睐、市场畅销。获评“国家无公害农产品”“国家地理标志产品”“世界地理标志品牌”，入选《中欧地理标志协定》100个首批名单，品牌价值300亿元。1999年兰陵县被国家列为优质大蒜生产基地县、优质大蒜出口基地县，被命名为“中国大蒜之乡”。“苍山大蒜”及加工品在1999年昆明世界园艺博览会获银奖。2016年“苍山大蒜”荣获农产品地理标志金奖，成为山东省唯一一个获得此奖项的产品。2018中国农产品区域公用品牌价值275.21亿元，位居保健蔬菜之首。

调查显示，兰陵大蒜的病害有10余种，主要有病毒病、锈病、紫斑病、叶枯病、灰霉病、疫病、褐色根腐病等，虫害主要是蒜蛆、韭蛆、蓟马和刺足根螨等。大蒜二次生长、面包蒜等异常生长情况也时有发生。由于多年连作，大蒜病虫害发生有加重趋势。

一、技术概述

1. 技术基本情况

采用翻耕土壤以及枯草芽孢杆菌＋胶冻样芽孢杆菌菌肥处理土壤，防治土传病害；用苯醚·咯·噻虫拌种预防病虫，用氨基寡糖素等诱抗剂提高大蒜抗病性；悬挂粘虫板防治有翅蚜虫、粉虱和斑潜蝇、蓟马、蒜蛆成虫等害虫；用糖醋液诱杀蒜蛆成虫；使用苦参碱、多抗霉素、农用链霉素、阿维菌素、枯草芽孢杆菌等生物药剂防治病虫害。

2. 技术示范推广情况

在神山镇、磨山镇、长城镇、芦柞镇、卞庄镇等乡镇建成10个绿色防控示范基地，基地辐射带动11 133公顷，占兰陵县大蒜种植面积的55.7%。2018年实施“大蒜病虫害绿色防控技术研究与示范推广项目”获得临沂市科学技术进步奖二等奖；总结大蒜病虫害绿色防控工作，成功创建首批“全国农作物病虫害绿色防控示范县”。

3. 提质增效情况

（1）筛选出一批高效、低毒、低残留的防治药剂。集成新型高效生物农药，对大蒜整个生育期的主要病虫害针对性用药，有效避免了高残留化学农药的使用，在保障大蒜病虫害可控的前提下，保障了大蒜产品质量，降低了化学农药残留。

（2）研究出新型绿色防控关键技术措施进行应用。结合试验示范，分阶段分重点开展了绿色防控技术应用，利用色板诱杀蚜虫、蓟马、潜叶蝇等害虫，优先使用生物农药，实现了由防治病虫害只依赖化学农药到逐步认可使用绿色防控产品的意识转变。通过使用绿色、生态的防控产品，从生产源头上减少化学农药投入量，减少因化学农药使用而产生的农业污染，为实现产出高效、产品安全、环境友好提供技术支撑。

二、技术操作要点

1. 播种期

（1）轮作换茬。玉米—大蒜或黄瓜—大蒜轮作换茬。

（2）整地。做到深耕与旋耕相结合，旋耕2～3年深耕1次，耕翻深度一般为20～25厘米。耕翻后，要适当晒垡，然后耙透、耙平、耙实，达到上松下实，以利于提高播种、覆膜质量。

（3）土壤处理。大蒜连作3年以上的地块，使用石灰氮进行土壤处理，均匀撒施石灰氮50～75千克/亩；根腐病发生较轻的地块，撒施10亿芽孢/克枯草芽孢杆菌·胶冻样芽孢杆菌菌剂40千克/亩。然后，将腐熟的有机肥均匀撒于地表，用量2 000千克/亩，旋耕土壤，深度20厘米为佳。

（4）种子处理。

选种：选蒜头大、无损伤、不霉烂、整齐的蒜瓣做种。

晒种：播前晒种2～3天，打破休眠、增强发芽势，促进大蒜出苗齐、匀、壮。

拌种：使用石灰氮处理的地块，可用100亿芽孢/克枯草芽孢杆菌可湿性粉剂100克+1.8%阿维菌素乳油200克拌种子100千克；使用枯草芽孢杆菌处理的地块，可用27%苯醚·咯·噻虫悬浮种衣剂30毫升，兑水250毫升，拌种子15千克。

播种：大蒜适宜的发芽温度是15～20℃，播期为9月28日至10月5日。具体栽培密度应根据栽培管理条件、生产水平而确定，苍山大蒜栽培密度以亩栽3.5万株为宜，条件差的可栽3万株以下，土壤肥力高，管理水平高，可进行高产栽培，每亩3.8万～4万株。播后覆膜，预防蒜蛆。覆膜时将地膜边缘压入土中，注意尽量拉平地膜，以贴紧地面。

2. 苗期及越冬期

播后一般9～10天出苗，13天齐苗，及时破膜露芽。出苗后视土壤墒情和出苗整齐度可浇1次小水，并冲施枯草芽孢杆菌。蒜蛆危害时，应及时用40%辛硫磷乳油800倍液防治。根据墒情及温度，可于11月上中旬浇透越冬水，越冬水切勿在结冰时浇灌。

3. 返青期

翌年2月下旬，在返青前后可喷施5%氨基寡糖素水剂800倍液。4月上旬，地温稳定在15℃以上时，浇“起身水”，并每亩随水冲施100亿芽孢/克枯草芽孢杆菌可湿性粉剂 1 000 克。同时，喷施 50%灭蝇胺可湿性粉剂 1500 倍液，或 0.5%苦参碱水剂 500 倍液防治蒜蛆；使用 30%宁南·戊唑醇悬浮剂 10 毫升＋腐殖酸水溶肥 30 毫升＋100 亿孢子/克枯草芽孢杆菌可湿性粉剂 50 克，兑水 15 千克（约 1 桶）喷雾，每亩用量 2 桶，隔 7～10 天再喷 1 次，防治叶枯病和锈病等叶部病害。

4. 抽薹期

4 月以后，韭蛆、蒜蛆、蓟马蚜虫等虫害逐渐加重，可采用黄色粘虫板和灯光诱杀、银灰色反光膜趋避等物理措施进行防治。4 月下旬浇“催薹水”，浇水量要大，并随水冲施可溶性海藻酸肥料 20 千克/亩。5 月上旬，拔完蒜薹后，浇“催头水”，大水浇足浇透，并喷施 100 亿芽孢/克枯草芽孢杆菌可湿性粉剂 500 克＋腐殖酸水溶肥 1 000 毫升＋2%宁南霉素水剂 500 毫升/亩预防真菌类病害，如叶枯病、灰霉病等；用 1.8%阿维菌素微乳剂 400～600 毫升/亩或 200 亿 CFU/克苏云金芽孢杆菌可湿性粉剂 2～3 千克/亩随水浇灌冲施防治蒜蛆。

采薹后，可根据长势，在采薹后再追施速效性的磷、钾肥，同时要小水勤浇，保持土壤湿润，降低地温，促进蒜头膨大。蒜头收获前 5 天要停止浇水，防止田内土壤太湿造成蒜皮腐烂，蒜头松散，不耐贮藏。

三、适宜区域

本技术适用于山东兰陵、沂水、平邑等鲁南地区，以及江苏大丰、射阳、丰县、沛县等地。

四、注意事项

优先采用理化诱控及生物农药等措施，做好病虫监测，适期开展化学防治。严格按照农药使用操作规程，遵守农药安全间隔期，注意轮换用药。选好蒜种、适期播种，预防大蒜二次生长。加强水肥管理，平衡施肥，减少“面包蒜”的产生。

五、技术依托单位

兰陵县农业技术推广中心

联系地址：山东兰陵县城文峰路中段

联系人：董宇奎

联系电话：15094700277

电子邮箱：cszhbzh@163.com

整 地

拌 种

覆 膜

云南省东川区大蒜病虫害绿色防控技术模式

东川区位于昆明市最北端，全区立体气候显著，年平均气温14.9℃，日照时长，积温充足，素有“天然温室”之美称，同时也是昆明市唯一的河谷热区。“紫铜大蒜”作为东川区重点发展的优势农特产品之一，种植历史悠久，据《东川府志》记载，最早可追溯到清朝道光年间。东川大蒜兼具早熟、可溶性固形物含量高、品质好、含水率低、香辣味重、耐储运等优势，常年种植面积1万余亩，占蔬菜种植面积的16.3%，年均产量1.1万吨以上，年产值过亿。东川区大蒜主要病虫害有紫斑病、根腐病、疫病、锈病、蚜虫、根蛆、葱蓟马。近年来，为打造提升“东川大蒜”的品牌形象和品牌价值，东川区积极申报“东川大蒜”地理标志产品，加大大蒜规范化种植及病虫害绿色防控方面的资金投入，提高了东川大蒜品质和产量，同时，相关部门通过生产实践集成了一套大蒜绿色高质高效种植技术模式，现将技术模式总结如下。

一、技术概述

1. 技术基本情况

农业防治+配方施肥（“两增两减一补充”，即增施优质有机肥、增施生物菌肥，减少化学肥料、化学农药的使用，补充中微量矿质肥料）+色板诱杀葱蓟马+高效植保器械喷施优质生物菌剂或低毒、低残留农药防控蚜虫。

2. 技术示范推广情况

自2020年试验成功以来，东川区累计示范推广大蒜病虫害绿色防控技术共计14 870亩次，其中，2021年示范推广1 500亩，占大蒜总种植面积的14.7%；2022年示范推广面积5 750亩，占大蒜总种植面积的52.5%；2023年示范推广面积7 620亩，占大蒜总种植面积的67.4%。连续3年的示范推广，群众对技术模式接受度高，逐渐形成自发应用绿色防控技术的良好氛围。

3. 提质增效情况

通过大蒜绿色防控技术模式的推广应用，大蒜产量增加，品质提升，经济效益、生态效益显著。

（1）经济效益。据2022年测产统计，采用绿色防控技术模式生产的大蒜，平均亩产1 220千克，较对照平均亩产1 082千克增产138千克，增幅12.7%。按照市场价8.5元/千克计算，亩增收452.2元以上。

（2）生态效益。应用大蒜绿色防控技术模式，大蒜病虫害防控效果达90%以上，推广使用有机肥和微生物菌肥，使有益微生物菌群在土壤中快速增殖，有效分解土壤里的病菌和虫卵寄生，从源头上减少土传病虫害的发生。大蒜种植绿色防控区整个生长期内用药1～2次，以生物农药为主，以高效、低毒、低残留化学农药为辅，有的甚至可以不用农药；常规防治区用药6～7次，且以化学农药为主。整个生育期，绿色防控区与常规防治区相比，减少化学农药使用量达50%以上，生态效益明显。

二、技术操作要点

优先采用农业防治、生物防治、物理防治，配合科学安全用药，推进大蒜病虫害绿色防控。

1. 农业防治

（1）选用抗（耐）性品种。选用抗病性、抗逆性强、适应性强、商品性好的早熟秋播大蒜红七星（硬叶子、四六瓣、温江蒜）等品种。

（2）种子处理。播种前采用农友云植物疫苗（复合微生物肥）300倍液或者生物菌液300倍液拌种，晾干（以种蒜表面无明显液体）即可播种，对干腐病、白腐病、叶枯病及病毒病等多种病害起到良好的预防作用。

（3）配方施肥。根据东川区大蒜主产区土壤检测结果，采用配方施肥，增施有机肥和微生物菌肥，补充微量元素，减少化肥和化学农药使用。每亩施用优质有机肥1 000千克以上，或生物菌肥500千克以上，生物菌剂5 000毫升，矿质肥料硅钙镁磷肥作为100千克底肥施用，增加土壤有机质和微生物菌群的多样性，促进土壤有机质形成。

（4）清洁田园。蓟马、紫斑病重发地块的大蒜植株避免直接还田，应离田后无害化处理。

（5）合理轮作。推广水稻—大蒜或大蒜—玉米等轮作模式，打破病虫循环侵染危害，降低病虫基数，有效减轻危害。

2. 生物防治

播种前，施用基肥时，每亩混施100亿孢子/克金龟子绿僵菌油悬浮剂80毫升，有效防治地老虎、蛴螬、蝼蛄等地下害虫。

3. 物理防治

按黄、蓝色粘虫板1∶4比例悬挂20～25块/亩，有效诱杀葱蓟马、蚜虫、飞虱等害虫。悬挂高度为板下端距作物顶部10～20厘米，随着植株高度变化及时调整粘虫板高度，并定时更换。每30亩安装1盏太阳能杀虫灯，悬挂高度130～150厘米，诱杀地老虎、蛴螬等成虫。

4. 科学用药

（1）掌握施药适期，科学合理施药。每年“白露”节令前后，大蒜播种前，结合整地和施基肥，每亩用100亿孢子/克金龟子绿僵菌油悬浮剂80毫升防治地下害虫。

花芽和鳞芽分化期。每年10月下旬至11月上旬，气温高于25℃时，易引发蓟马危害。蓟马成长的最适温度为23～28℃，最适湿度为40%～70%。防治葱蓟马，在幼虫发生盛期，每亩可选用20%乙基多杀菌素10克或5%啶虫脒乳油24克等农药喷雾防治。

花茎伸长期。11月下旬至12月上旬，是紫斑病高发阶段。在蒜薹采收后，紫斑病发病初期，每亩用75%百菌清可湿性粉剂500倍液和72%霜脲·锰锌可湿性粉剂150克轮换使用，隔10天喷1次，连续防治2次。

（2）选择高效施药器械，提高防效，减少农药用量，降低施药成本。农户自防选用低容量超延长节水喷头的电动背负式喷雾机，统防选用高效植保机械如植保无人机等，减少农药使用量，提高农药利用率和防治效果。

三、适宜区域

该技术模式适用于东川区大蒜连片种植区域，面积越大，防控效果越好。

四、注意事项

①化学药剂防治应达标用药，生物农药应适当提前施用，确保药效。

②当虫量较多或持续雨天应及时更换粘虫板以保证粘虫效果。

③施药宜在清晨或傍晚，用水量要足，施药部位要精准。

④重视交替轮换用药，有效延缓或防止产生抗药性。提倡不同作用机理药剂合理轮用，避免同一种药剂在不同地块间或同一种植区内循环、连续使用。提倡使用高含量单剂，避免使用低含量复配剂。根据抗药性监测结果，限制使用已产生中等以上抗性的药剂。

⑤严格遵守农药使用操作规程，执行农药安全间隔期，确保大蒜质量安全。

五、技术依托单位

1. 昆明市东川区植保植检站

联系地址：云南省昆明市东川区炎山路12号

联系人：张天华

联系电话：0871-62151918

电子邮箱：869455945@qq.com

2. 昆明市东川区经济作物技术推广站

联系地址：云南省昆明市东川区铜都街道春晓路36号

联系人：舒兴香、杨树琼

联系电话：0871-62121259

电子邮箱：764726539@qq.com

云南省昆明市东川区大蒜绿色防控技术

<table>
<tr><td>月份</td><td colspan="2">9月</td><td colspan="3">10月</td><td colspan="2">11月</td><td colspan="2">12月</td><td colspan="3">翌年1月</td><td colspan="2">2月</td><td>3月</td></tr>
<tr><td>旬</td><td>中</td><td>下</td><td>上</td><td>中</td><td>下</td><td>上</td><td>下</td><td>上</td><td>下</td><td>上</td><td>中</td><td>下</td><td>上</td><td>下</td><td></td></tr>
<tr><td>生育期</td><td colspan="2">播种期</td><td>萌芽期</td><td colspan="2">幼苗期</td><td colspan="2">退母期</td><td>花芽和鳞芽分化期</td><td colspan="3">抽薹期</td><td colspan="2">蒜头膨大期</td><td colspan="2">生理休眠期</td></tr>
<tr><td>主控对象</td><td colspan="5">地下害虫</td><td colspan="10">蛴螬、葱蓟马、紫斑病等</td></tr>
<tr><td>防治措施</td><td colspan="15">选种：选用抗病虫、抗逆性强、适应性强、商品性好的早熟秋播大蒜红七星等品种。
生物防治：施基肥时，每亩混施金龟子绿僵菌油悬浮剂（100 亿孢子/克）80 毫升，防治地老虎、蛴螬、蝼蛄等地下害虫。
物理防治：按黄、蓝色粘虫板 1∶4 的比例悬挂 20～25 块/亩，诱杀葱蓟马等害虫。悬挂高度为板下端距作物顶部 10～20 厘米，随着植株高度及时调整粘虫板高度，并定时更换。每 30 亩安装 1 盏太阳能杀虫灯，悬挂高度 130～150 厘米，诱杀地老虎、蛴螬等昆虫成虫。
科学用药：花芽和鳞芽分化期。每年 10 月下旬至 11 月上旬，气温高于 25℃时，加强葱蓟马防治，在幼虫发生盛期，每亩可选用 20%乙基多杀菌素 10 克或 5%啶虫脒乳油 24 克等农药喷雾防治；花茎伸长期。11 月下旬至 12 月上旬，在紫斑病发病初期，每亩用 75%百菌清可湿性粉剂 500 倍液和 72%霜脲·锰锌可湿性粉剂 150 克，轮换使用，隔 10 天喷 1 次，连续防治 2 次</td></tr>
<tr><td>适用范围</td><td colspan="15">该技术模式适用于东川区大蒜连片种植区域，面积越大，防控效果越好</td></tr>
<tr><td>经济效益</td><td colspan="15">亩增产 138 千克以上，增收 452.2 元以上</td></tr>
</table>

设施芦笋病虫害绿色防控技术模式

长兴县自 2008 年芦笋品种——格兰德 F1 代进行大棚试种以来，芦笋产业快速发展，芦笋病虫害也随之成为芦笋产业发展的重要影响因子。为此，开展了设施芦笋病虫发生规律调查和防治技术的试验示范，形成了设施芦笋病虫害绿色防控技术模式，有效控制了芦笋病虫危害，保障了芦笋产业的健康发展。

一、技术概述

1. 技术基本情况

芦笋为百合科、天门冬属多年生草本植物，原产于欧洲地中海沿岸，属温带植物，是一种适应性较强的作物，以嫩茎供食用，芳香鲜美，柔软可口，富含多种维生素和氨基酸，营养价值高，深受消费者喜欢，被誉为“蔬菜之王”。长兴县作为浙江省芦笋的重要产区，设施芦笋种植面积近 700 公顷。随着芦笋种植面积不断扩大，病虫害发生日益严重，主要有根腐病、茎枯病、甜菜夜蛾、斜纹夜蛾、蓟马等，已经成为制约芦笋产业的重要因子，加上农户不合理使用化学农药，致使抗药性的产生，给防治工作带来了很大困难。本技术在明确设施芦笋病虫害的发生规律和特点的基础上，综合应用农业、物理、生物、生态、化控等技术措施，科学制定防治策略，有效防控了芦笋病虫害，减少了农药使用，提升了芦笋产品安全与品质指标，促进了芦笋产业绿色发展。

2. 技术示范推广情况

长兴县 2014 年开展了芦笋病虫害绿色防控项目建设，进行了病虫发生规律的监测调查及防控技术的研究；2018 年开始建立长兴县和平镇长城村芦笋病虫害绿色防控示范区，集成示范芦笋病虫害绿色防控技术，在全县芦笋生产区大力推广应用；2019 年示范区作为湖州市农作物病虫害绿色防控现场会的观摩现场，在全市进行了推广；2021 年示范区获浙江省省级农作物病虫害绿色防控示范区。至 2023 年，累计推广应用面积 6 万余亩。

3. 提质增效情况

一是病虫害得到有效控制，新笋危害损失率控制在 3%以内。二是农药用量得到有效减施，全年病虫害防控用药量（折百）275 克/亩，全季病虫害防治化学农药使用量 26.7 克/亩，比非绿色防控区减少用药次数 4.3 次，减少用药（折百）量 18.6 克/亩，提升了产品质量，保护了园区环境。三是形成品牌效应，长兴许长蔬菜合作社通过绿色食品主体认证，“许长”牌芦笋通过绿色产品认证，先后荣获市级名牌农产品、省级名牌农产品，并入选全国名特优新农产品目录，受到上海、杭州等周边大中城市消费者的欢迎。

二、技术操作要点

1. 农业防治措施

①选用抗逆性强、适应性广、优质丰产的品种，如格兰德 F1、阿特拉斯 F1、太平洋早生 F1 等适宜生产绿芦笋的 F1 良种。

②采用大棚避雨栽培，做好开沟排水，降低大棚内湿度，减轻病害发生。

③实施平衡施肥，重施有机肥，追施氮肥、钾肥，补施中微量元素。

④定期中耕除草，结合农事操作，摘除芦笋茎秆、拟叶上夜蛾类害虫的卵块和幼虫并集中处理。

⑤在 7～8 月或 12 月开展季节性清园，应用“芦笋秸秆—湖羊—有机肥”生态循环技术，降低病（虫）源基数，增加土壤有机质，改良土壤理化性能，提高芦笋抗病虫等抗逆能力。

2. 物理防治措施

①采用昆虫专用性信息素诱杀夜蛾类害虫。4～10 月每亩悬挂 2～4 个专用诱捕器，悬挂位置一般高出作物顶部 20～30 厘米，定期更换诱芯。

②采用色板诱杀蚜虫、蓟马等害虫。每亩芦笋棚内悬挂黄色粘虫板和蓝色粘虫板各 30 片，悬挂位置高出芦笋顶部 20～30 厘米。

③在芦笋种植区域内，在棚外安装风吸式杀虫灯，每 30～50 亩安装 1 盏灯，距离地面 150～200 厘米，4～10 月开灯诱杀。

④在芦笋生长期内，在田间铺设银灰膜，或在距离地面 150 厘米左右处悬挂银灰膜条，趋避害虫。

⑤在通风口及四周设置防虫网阻隔害虫入内危害。

3. 生物防治措施

①人工释放捕食螨等天敌，提高天敌种群基数，增强天敌控害能力。

②应用苏云金芽孢杆菌、金龟子绿僵菌剂、核型多角体病毒防治甜菜夜蛾或斜纹夜蛾，在一至二龄幼虫期或在成虫高峰后 3～5 天用药，在阴天或傍晚喷雾。

4. 生态调控措施

在棚间、沟渠边种植大豆、芝麻、百日菊等蜜源植物，为天敌提供食物和栖息场所，保护利用寄生蜂等天敌，减少除草剂的使用，促进生物多样性，发挥农田生态系统的自然控害作用。

5. 科学用药措施

①加强种子处理，用 50%多菌灵可湿性粉剂 250 倍液浸种 6 小时消毒，再置于25～30℃温水中浸种；或将种子置于 25～30℃温水浸泡后，用 2.5%咯菌腈悬浮种衣剂包衣。

②加强土壤处理，结合冬季清园，增施有机肥，土壤 pH 小于 5.5 时配施土壤调理剂，一般亩用量 50～100 千克。

③加强病虫害监测，推广应用高效、低毒、低残留农药，在低龄幼虫（若虫）期和发病初期应及时开展达标用药防治。

三、适宜区域

浙江北部芦笋生产区。

四、注意事项

①设施芦笋一般周年生产，应及时开展土壤调理，减轻连作障碍影响。

②性诱技术应根据产品特性及时更换诱芯，以充分发挥性诱作用。

③色板在粘满虫或黏性减弱后应及时更换，以确保粘虫效果。

④风吸式杀虫灯需适时清理，防止装虫袋虫满影响杀虫效果。

⑤芦笋设施栽培，应注意台风、暴雪等自然灾害影响，以免影响一些病虫防控措施的实施。

⑥大棚芦笋栽培时，适宜的温度和湿度为斜纹夜蛾和甜菜夜蛾提供了有利的越冬条件，增加了虫源基数。成虫高峰期在 6 月中下旬、9 月下旬至 10 月中旬，自 5 月上中旬开始危害，8～10 月进入主害期，危害期比露地蔬菜长，需加强监测。

五、技术依托单位

1. 浙江省植保检疫与农药管理总站

联系地址：浙江省杭州市江干区秋涛北路 131 号
联系人：殷琛
联系电话：13958153957

2. 长兴县农业技术推广服务总站

联系地址：浙江省长兴县龙山街道锦绣路 8 号兴国商务楼 3 号楼
联系人：毛晓梅、解静、宁国云
联系电话：13567237092

3. 长兴许长蔬菜专业合作社

联系地址：浙江省长兴县和平镇长城村
联系人：刘成成
联系电话：13506723687

江苏省宝应县荷藕病虫害绿色防控技术模式

宝应县位于江苏省中部地区，县内河湖纵横交错、水系发达、物产丰富，是“中国荷藕之乡”“中国特色农产品（宝应荷藕）优势区”“江苏省荷藕标准化示范区”，是全国最大的荷藕产业化基地，全县常年荷藕种植面积10万亩左右。地标品种“大紫红”应用面积占荷藕总种植面积的75%以上，为国家地理标志保护产品。目前全县拥有荷藕加工企业60多家，已初步形成以荷藕加工为核心的农产品加工集群，形成保鲜藕、休闲食品、藕汁饮料等16大系列230多个品种，年加工藕制品在6.5万吨以上，产品经销全国和出口日本、欧美、东南亚等国家和地区。荷藕病虫害主要有食根金花虫、莲缢管蚜、斜纹夜蛾、腐败病、褐斑病等，尤其是食根金花虫是宝应地区荷藕上的主要害虫，严重时可造成减产15%～20%，而且损伤藕段外观，影响荷藕的生产加工及商品性。近年来，宝应县坚持“预防为主，综合防治”的植保方针，积极实践和探索荷藕绿色防控关键技术集成与示范应用，取得了较好的经济效益、社会效益和生态效益，对保障荷藕生产安全，保护农田生态环境，增加农户收入起到了积极作用。

一、技术概述

1. 技术基本情况

针对食根金花虫等主要害虫，采取“生态调控＋物理防控＋科学用药”技术模式，综合运用清洁田园、综合套养、灯光诱控、科学用药等措施，有效控制荷藕主要害虫。其中，荷藕种植、采收期分别为3月底至4月初、10月初至翌年4月；小龙虾投放、捕获期分别为7月中旬、10月下旬；草鱼投放、捕获期分别为6月初、11月下旬。

2. 技术示范推广情况

近年来，宝应县依托绿色防控示范区建设，积极推广荷藕病虫害绿色防控技术，2020—2022年累计推广应用面积0.35万亩，辐射劳动面积近5 000亩。

3. 提质增效情况

（1）经济效益。从2021年宝应县广洋湖喜育荷藕种植家庭农场调查的情况看，亩产荷藕1 650千克，按每千克荷藕平均售价2.2元计，亩收益3 630元；亩产小龙虾50千克，按每千克小龙虾平均售价36元计，亩收益1 800元，扣除药剂成本58元/亩、肥料成本700元/亩、用工成本265元/亩、田租1 200元/亩、藕种340元/亩、虾种及鱼苗308元/亩，累计亩纯效益2 559元，与常规种植户相比，亩可增收约500元。

（2）生态、社会效益。实施藕田套养及灯诱、科学用药等技术措施，有效控制了藕田主要虫害，既降低了农药使用量，促进了农田生态环境改善，又增加了种植户收入。

二、技术操作要点

1. 生态调控

选用纯种无病虫危害的主藕为种藕，科学管理水肥；清洁田园，荷藕生长前期（4～5月）实施人工除草，尤其要及时清除眼子菜和鸭舌草；实行藕田套养小龙虾、草鱼，控制杂草及害虫，6月初，每亩投放草鱼0.5千克（草鱼规格为150尾/千克），7月中旬，每亩投放小龙虾15千克（小龙虾规格为120～150只/千克）。

2. 物理防控

选用太阳能杀虫灯诱杀食根金花虫、斜纹夜蛾等成虫，有效压低虫口基数，控制害虫种群数量。每15～20亩安装太阳能杀虫灯1盏，定期清理接虫袋，袋里的残虫富含蛋白质，可以用来喂鸡、喂鱼等。

3. 科学防治

选用高效、低毒、低残留化学农药防治害虫，4月底5月初每亩示范田使用20%氯虫苯甲酰胺悬浮剂20～30毫升拌湿润细土20千克撒施或兑水泼浇，用药时水层放浅，保持水层7～10天以提高防治效果。防治蚜虫可选用5%啶虫脒乳油20～30毫升/亩、10%吡虫啉可湿性粉剂10～20克/亩、25%吡蚜酮可湿性粉剂12～18克/亩；防治腐败病、褐斑病可选用50%多菌灵可湿性粉剂50～60克/亩、250克/升丙环唑乳油20～30毫升/亩、250克/升嘧菌酯悬浮剂1 500倍液。

三、适宜区域

该项技术适合以食根金花虫为主要害虫的深水藕种植区。

四、注意事项

（1）清除藕田杂草。荷藕生长前期要及时人工清除藕田杂草，尤其应及时清除眼子菜和鸭舌草，以减少食根金花虫取食及产卵场所。

（2）注意周边田用药情况。密切关注周边其他作物田用药情况，尤其是除草剂、杀虫剂，以防影响荷藕、小龙虾安全生长。

五、技术依托单位

1. 宝应县农业技术综合服务中心植物保护科

联系地址：江苏省扬州市宝应县泰山东路52号

联系人：陈金宏、韩萌萌、马秀凤、高波
联系方式：0514-88222014

2. 江苏省植保植检站

联系地址：江苏省南京市鼓楼区凤凰西街277号
联系人：褚姝频、卢鹏
联系电话：025-86263841

太阳能杀虫灯

示范区

捕获小龙虾

英山县茶叶病虫害绿色防控技术模式

自 2009 年开始，在全国农业技术推广服务中心、湖北省植物保护总站的大力支持下，英山县茶叶病虫害绿色防控工作一直持续开展，通过引进、探索、试验、示范和推广，取得了良好的经济效益、生态效益和社会效益，初步形成了一套适合英山县推广和应用的茶叶病虫害绿色防控技术模式，其模式结构为农业防治（冬季封园、耕锄、除草、修剪）＋生态调控＋物理诱杀（灯、性信息素、色板）＋生物防治（金龟子绿僵菌、短稳杆菌、苦参碱、苏云金芽孢杆菌）＋以虫治虫＋农药减量控害＋合理化防。

一、技术概述

1. 技术基本情况

英山县现有茶园面积 27.14 万亩，年产干茶 3.04 万吨，综合产值 76.15 亿元，茶叶规模位居全国第四、湖北省第一，全县已建成 5 个万亩茶叶带，50 多个千亩茶叶小区，60 多个茶叶专业村，全县 10 多万人从事茶叶种植、加工、销售，已初步形成了较完整的茶产业体系。自 2009 年开始，在全国农业技术推广服务中心和湖北省植物保护总站的支持和指导下，大力开展茶叶病虫害绿色防控技术试验、示范、推广工作，应用农业防治、生态调控、物理诱杀、生物防治、寄生蜂防治、农药减量控害与合理化防等茶叶绿色防控技术，集成优化成熟配套的茶叶病虫害绿色防控技术模式，改变长期依赖化学农药的防控习惯，茶园生态环境良好，逐步实现茶园病虫综合治理、农药减量控害与农药面源污染控制，减少了农药的使用量，提高了茶产品的品质，增加了茶产品的附加值和竞争力。

2. 技术示范推广情况

年创办茶叶病虫害绿色防控高标准示范园 6 个，示范面积 16 500 亩，辐射带动面积 16.8 万亩以上。在示范园内推广以农业防治为基础，合理搭配物理防治、生物防治、生态调控等绿色防控技术并与专业化统防统治技术有机融合，推行“空中挂灯、（茶）棚面插板、园内统防统治”的立体生态防控模式。2020 年，英山县成功创建第一批全国农作物病虫害“绿色防控示范县”，2022 年，湖北志顺茶业股份有限公司被农业农村部认定为“首批 100 个全国农作物病虫害绿色防控技术示范推广基地”。

3. 提质增效情况

通过各项绿色防控技术的集成、优化和推广应用，病虫害综合防控效果达 90%以上，减少化学农药 60%以上。茶产品农药残留符合国家绿色食品 A 级农产品标准，同时，示范区茶叶品质、汤色、香气、味道都超过非示范区，目标产量亩增产干茶 3.9 千克，茶产品价格上升4.47%，亩增收800元以上，危害损失率控制在3%以内，茶产品农残检测合格率达100%，茶叶病虫害绿色防控平均覆盖率在60%以上。

二、技术操作要点

1. 农业防治

①推广鄂茶1号、楮叶齐、浙农113等高抗品种，培育健康壮苗。

②推广配方施肥和生物有机肥，并结合使用植物免疫诱抗技术，提高植株抗病能力。

③冬季或开春适时耕锄，耙除茶尺蠖虫蛹，减少越冬虫源。

④茶园实施合理修剪。疏通茶树通风透气条件，修剪的残枝、枯叶带出田外集中烧毁，减少害虫基数。

⑤分批勤采。春茶2～7天采摘1次，摘除分布在嫩梢上的茶小绿叶蝉。

2. 生态调控

(1) 行间铺草。春、冬季在茶树行间铺草，既防暑防寒又增加养分，并在茶园周边和梯壁保留一定数量的杂草，为蜘蛛、瓢虫等天敌提供栖息场所。

(2) 种树。茶园周围或田埂上种植四季青、桂花等多种风景树，改善茶园生态环境，发挥自然生态调控能力。

(3) 间作。茶行间及周边间作豆类、芝麻等作物，为瓢虫、草蛉、捕食螨等天敌提供栖息繁殖场所和补充食料。

3. 物理诱杀

(1) 杀虫灯诱杀。安装太阳能杀虫灯，平地按每25亩安装1盏，山坡地按每20亩安装1盏，4月中旬至10月夜晚开灯诱杀茶尺蠖、茶毛虫、黑刺粉虱、茶假眼小绿叶蝉等成虫。

(2) 性诱剂诱杀。茶尺蠖、茶毛虫发生较重的茶园，在成虫始期每亩放置2枚性引诱剂诱杀雄蛾。

(3) 色板诱杀。茶棚面安插粘虫板或粘虫板＋性信息素，诱杀黑刺粉虱和茶小绿叶蝉，每亩使用20～25片，色板的底部高于茶棚5～7厘米。在黑刺粉虱或茶小绿叶蝉一代发生初期开始使用。粘虫板虫满后涂胶再利用或更换新板。

4. 生物防治

(1) 根据茶园虫情监测情况，在茶尺蠖、茶毛虫卵孵化盛期或低龄幼虫期，选用茶尺蠖核型多角体病毒、苦参碱、苏云金芽孢杆菌、金龟子绿僵菌、短稳杆菌等生物农药防治。

(2) 我们在3月上中旬茶芽萌动前，应用普绿通、海岛素等植物免疫蛋白或杀菌剂，激活或诱导植物产生相关的化学物质来杀死或抑制病原菌的生长，增强茶叶抗病和抗逆作用。

5. 以虫治虫

释放茶尺蠖、茶毛虫寄生蜂。根据监测情况，在茶园茶尺蠖、茶毛虫卵、蛹发生高峰期，分散释放寄生蜂（松毛虫赤眼蜂寄生茶尺蠖卵，周氏啮小蜂寄生茶尺蠖蛹），每亩每次释放松毛虫赤眼蜂 2 袋（5 000 头/袋）和周氏啮小蜂 2 茧（5 000 头/茧）。每年释放2～3 次，在放蜂后严禁使用化学农药。

6. 合理化防

当茶园病虫超过防治指标且无法控制时，采用符合生产要求的高效、低毒、低残留化学农药及时控害。科学选用石硫合剂、噻嗪酮、联苯·甲维盐等高效、低毒、低残留化学农药，由专业化合作社统一开展专业化统防统治，采用挑治和全面普防的方式。在防控时亩加兑“激健”助剂 15 克，提高防效和减少农药用量，同时为减轻茶园病虫害的抗性，应精准施药，合理轮换用药。

三、适宜区域

本技术模式适用于长江中下游鄂东北部区的茶叶生产。

四、注意事项

①该技术模式适用于种植面积 150 亩以上的连片种植茶园，茶树树龄 3 年以上的成茶园。

②要求茶农对新技术接受较快，具备初中毕业以上的文化程度。

③严禁在茶树上使用国家禁用和限用的高毒高残留农药。

五、技术依托单位

1. 全国农业技术推广服务中心

联系地址：北京市朝阳区麦子店街 20 号楼
联系人：刘慧
联系电话：13126816387

2. 湖北省植物保护总站

联系地址：湖北省武汉市洪山区珞狮南路 521 号
联系人：张求东
联系电话：13397103869

3. 英山县植物保护站

联系地址：湖北省黄冈市英山县温泉镇金石北路 9 号
联系人：段巧枝
联系电话：13636076338

4. 湖北志顺茶业股份有限公司

联系地址：湖北省黄冈市英山县金铺镇龙潭河村

联系人：陈海军

联系电话：13581265999

施用生物有机肥

农业防治

园内种树

安装杀虫灯

性诱捕器

色板诱杀

茶尺蠖核型多角体病毒

生物农药

释放松毛虫赤眼蜂

周氏啮小蜂

统防统治

飞　防

减量控害

岳西县茶园病虫害绿色防控技术模式

岳西县位于安徽省西南部，地处大别山腹地，全县茶园面积18.5万亩。为有效控制茶树主要病虫危害，确保茶叶生产和质量安全，通过多年实践摸索和优化完善，形成了一套操作简便、节本增效、适宜本地推广的茶园病虫害绿色防控技术集成模式。

一、技术概述

1. 技术基本情况

本技术模式规定了岳西县茶园的农业防治、生态调控、理化诱控、生物防控、应急防治等绿色防控措施。

2. 技术示范推广情况

本技术模式2022年在岳西县茶园推广面积14万亩，绿色防控覆盖率76.5%。

3. 提质增效情况

通过推广应用茶园病虫害绿色防控技术模式，化学农药使用量减少50%～80%，病虫害综合防效90%以上，茶叶农残检测合格率达100%，茶叶品质进一步提升，售价提高，平均亩节本增效450元左右。

4. 技术获奖情况

2021年岳西县荣获全国“绿色防控示范县”称号。

二、技术操作要点

1. 农业防治与生态调控

从改善茶园环境，发挥生态调控入手，创造有利于茶树生长和天敌繁殖而不利于病虫发生危害的环境条件。

（1）农业防治。选用适宜本地种植的抗（耐）性强茶树品种，如石佛翠、石佛香等；测土配方施肥，以有机肥为主，有机肥施用前应经腐熟等无害化处理；及时中耕除草，采用人工与机械除草、覆盖抑草、茶行种鼠茅草或白三叶草抑草等方法，不使用化学除草剂；疏枝清园；秋末结合施基肥，进行茶园深耕，降低土中越冬虫蛹的成活率；11月用石硫合剂封园，每亩用水75千克，全园喷透。

（2）分批采摘，合理修剪。分批、多次、及时采摘，降低茶园病虫密度，抑制茶小绿叶蝉、茶尺蠖、茶饼病等芽叶病虫害的发生。采用深修剪或重修剪等技术措施，减轻毒蛾类、蚧类、黑刺粉虱等虫害，减少螨类的越冬基数。

（3）改善茶园生态环境。实行茶与林、竹邻作，保护茶园周边野生映山红、兰草花等植物，茶园四周种植芝麻、三叶草、万寿菊、紫云英等蜜源作物，茶园套种桂花树、松树等，丰富茶园植被，增强茶园生态系统恢复能力。

2. 理化诱控

理化诱控是一种清洁、安全、有效的植保新技术，对茶园害虫虫口数量有一定的控制效果，主要有灯光诱杀、性信息素诱杀、色板诱杀。

（1）灯光诱杀。推广使用天敌友好型窄波 LED 杀虫灯。主要诱杀茶尺蠖、茶毛虫、茶蚕、茶小卷叶蛾、茶细蛾、茶蓑蛾、茶小绿叶蝉等害虫。3 月上旬开灯运行，挂灯高度根据树高而定，一般以接虫口高于茶树树冠 50 厘米左右为宜，单灯控制面积 20～30 亩。开灯时间为 20：00 至次日 2：00。11 月关闭杀虫灯。

（2）性信息素诱杀。安装茶毛虫、茶尺蠖、茶蚕性信息素诱捕器，主要诱杀茶毛虫、茶尺蠖、茶蚕雄成虫。于茶毛虫、茶尺蠖、茶蚕主害代成虫羽化前安装到位。诱捕器高过树冠 20～30 厘米，每亩安装相应诱捕器 4 个，每 2～3 个月更换 1 次性诱芯。

（3）色板诱杀。利用害虫对不同颜色的趋性进行诱杀，主要诱杀茶小绿叶蝉、黑刺粉虱、茶黄蓟马等。放置时间为春茶结束修剪后和 9 月上中旬，色板要高过树冠 15～20 厘米。每亩安装全降解天敌友好型粘虫板 25～30 片。

3. 生物防控

利用有益生物及其代谢产物控制有害生物种群的发生或减少危害。

（1）保护自然天敌。保护茶园中的寄生蜂、草蛉、瓢虫、猎蝽等天敌昆虫，以及蜘蛛、蛙类、捕食螨、鸟类等有益生物，减少人为因素对天敌的伤害。茶园修剪、台刈下来的茶树枝叶，先集中堆放在茶园附近，让天敌迁回茶园后再集中处理。

（2）人工释放天敌。在害虫发生前期，人工释放捕食螨、寄生蜂等天敌，补充茶园自然天敌种群，促进天敌对害虫的自然控制能力。

4. 应急防治

当茶园病虫害达到或超过防治指标，在其他防控措施效果不明显时，为不影响茶叶产量，应急防治应选择国家允许在茶园登记使用的农药，优先选用生物农药，慎用或不用化学农药。

防治灰茶尺蠖选用甘蓝夜蛾核型多角体病毒、茶核·苏云菌、短稳杆菌、联苯菊酯、甲维·虫螨腈等。防治茶小绿叶蝉选用除虫菊素、茶皂素、茚虫威、虫螨腈、唑虫酰胺、联苯菊酯等。防治茶炭疽病在发病初期喷施苯醚甲环唑、啶氧菌酯、吡唑醚菌酯等药剂。防治茶饼病在发病初期喷施多抗霉素、枯草芽孢杆菌等药剂。推荐一药多治或不同类型的农药合理混用。出口茶叶产品茶园应同时遵循产品输入国的要求，慎重选择农药品种。产品具体使用浓度、使用方法及安全间隔期须仔细阅读标签和说明书。

三、适宜区域

皖西南大别山名优茶区。

四、注意事项

在技术推广应用过程中，应根据本地茶树病虫发生情况，对绿色防控技术操作要点进一步细化，形成本地的防控技术模式。

五、技术依托单位

1. 中国农业科学院茶叶研究所

联系地址：浙江省杭州市西湖区梅灵南路 9 号
联系人：蔡晓明
联系电话：15990020770

2. 安徽省农业科学院茶叶研究所

联系地址：安徽省黄山市屯溪区黎阳镇高山大道 28 号
联系人：张家侠
联系电话：13665597263

3. 岳西县农业农村局

联系地址：安徽省岳西县天堂镇建设东路 12 号
联系人：左言龙
联系电话：13705568407
电子邮箱：yxxzbz2009@163. com

茶园间种白三叶草、鼠茅草，以草抑草

理化诱控技术在茶园的集成应用

茶园应用捕食螨、毒・蜂杀虫卡

安吉白茶病虫害绿色防控技术模式

安吉白茶外形形似凤羽，色泽翠绿间黄，光亮油润，香气清鲜持久，滋味鲜醇，汤色清澈明亮，叶底芽叶细嫩成朵，叶白脉翠，安吉白茶富含人体所需的18种氨基酸，其氨基酸含量在5%～10.6%，比普通绿茶高3～4倍。安吉县种植该茶17万亩，安吉白茶已是安吉县农业的主导产业之一。随着安吉白茶的种植面积增加，部分种植区域存在乱用和滥用肥药的情况，安吉白茶绿色生产模式的示范与推广已刻不容缓。

一、技术概述

1. 技术基本情况

白茶茶园病虫防控（农药减量）主要技术措施：通过集成应用原位覆盖、生态治理、健身栽培、生物防治、理化诱控等绿色防控技术来减少化学农药的施用，做到安吉白茶农药减量、控制病虫草害、增加经济效益、保护有益生物，同时做到科学用药（统防统治）。

2. 技术示范推广情况

生态调控：全县安吉白茶茶园基本实现全覆盖。

农业措施：重修剪全县茶园实现全覆盖、种草压草推广面积2万亩。

生物防治：全县使用生物防治面积10万亩以上。

理化诱控：色板防控面积15万亩以上，杀虫灯防控面积10万亩以上，性诱防控面积6万亩以上。

科学用药：全境推广低毒（微毒）农药，禁止使用高毒和中毒农药，全境实施统防统治，飞防面积90%以上。

3. 提质增效情况

全年每亩茶园平均减少化学农药用量55%以上，保障安吉白茶品质，促使安吉白茶实现了“质”和“量”的全面突破，助力“安吉白茶”先后荣获国家地理标志产品、中国驰名商标、中国地理标志农产品品牌声誉茶叶类十强等荣誉。

二、技术操作要点

1. 生态种植

茶园山坡步道为“之”字道，工作步道种植香樟、桂花等芳香类树种，主干道种植广玉兰、香樟等行道树，茶园四周山巅防护隔离带的空缺部分补种杉树苗等树种，对全县白茶园进行生态修复。在沿路及茶园空地种植秋英、孔雀草等显花植物。改善了白茶茶园的生态环境，有利于茶园的生物多样性，有利于茶园害虫天敌的生存和繁殖，也相应地改善了茶叶的品质。

2. 农业措施

（1）修剪还田。9 月底开始，结合茶园基肥施用，开沟翻耕茶园，改良茶园土壤结构，提高肥力，健壮茶树，提高茶树抗病能力。修剪的茶树枝条还田于茶树垄间，既保护了水土，抗旱保墒，腐烂后也是一种很好的有机肥料，同时掐断了害虫食源。

（2）种草压草。可有效提高土壤有机质含量，有效疏松土壤，能以草治草，清除茶园杂草。常种植品种有鼠茅草，根系一般深达 30 厘米，根须细小，枯黄后易腐烂，可补充土壤中有机质，疏松土壤，保持土壤渗透性，防止地面积水，保持土壤通气性，增强茶树的抗旱能力。鼠茅草自然枯萎后覆盖茶园，避免了其他杂草的生长，在夏秋季起到很好的保湿降温作用，并自然降解回归茶园土壤，增加茶园土壤的氮磷钾养分与有机质含量。1 次种植，4～5 年不用除草，节省人工除草成本。

（3）秸秆覆盖。施肥后采用秸秆覆盖方法，即可以实现秸秆的资源化利用，同时减少地表裸露和水土氮磷流失，抑制茶园杂草生长，起到保水增墒的作用。试验表明，秸秆覆盖模式茶园土壤的有机质含量提高 3.79 克/千克，有效增加了土壤养分含量，提升了土壤肥力。

3. 理化诱控

在春茶采摘前，3 月中旬按每亩 40 片，安装性信息素粘虫色板，防治黑刺粉虱，保证春茶采摘品质。安装太阳能杀虫灯，从 3～10 月每天晚上定时开灯，诱杀小绿叶蝉和茶尺蠖成虫。在 6 月按照每亩 1 套性诱剂诱捕器，捕杀茶尺蠖成虫。

4. 生物防治

保护茶园害虫天敌资源，在茶园周围种植杉、棕等防护林和行道树，幼龄茶园间种绿肥，以给天敌创造良好的栖息、繁殖场所，也可以在茶园周围种植一些不同时期开花的蜜源植物，以延长天敌昆虫的寿命和增加产卵量。利用蜘蛛捕食茶园害虫，推广使用金龟子绿僵菌 CQMa421、短稳杆菌等生物农药防治茶小绿叶蝉和茶尺蠖。

5. 科学用药（统防统治）

选择高效、低毒、低残留化学农药，优先使用生物制剂、植物源、矿物源农药治虫（如用矿物油防治茶橙瘿螨、黑翅粉虱，用鱼藤酮防治茶尺蠖，用矿物油秋冬封园防治黑刺粉虱等）。根据病虫发生实际和茶树生长期，抓好重点时期、重点病虫，选用对口药剂，掌握用药适期，提高科学用药水平和防治效果。

6. 源头把控

实施农药销售实名制购买，加大对农业投入品的监管力度，精准定位农资产品从准入到流通全过程，有效防止高毒高残留农药和假冒伪劣农资产品流入市场，2019 年安吉县农资经销店实行了农药购买实名制登记制度，详细登记购买者的姓名、身份证、联系电话、药品种类、数量及用途等。积极开展农药废弃包装物回收处置工作，促进农业生态环境修复治理，连续五年农药废弃包装物回收率在95%以上，处置率100%。同时在安吉县主要茶产区的农资经销门店实行茶叶用药绿色专柜制度，目前已有19家农资经销门店设置了茶叶用药绿色专柜。

三、适宜区域

安吉白茶种植区域。

四、注意事项

注意虫害调查时间。6～7月初重点做好茶尺蠖和小绿叶蝉的虫害调查，8～9月主要做好茶尺蠖和茶螨虫的病虫调查，确保对症用药。

春茶采摘结束后需进行重修剪，有效降低当年茶橙瘿螨、黑刺粉虱和茶小绿叶蝉的发生基数。

五、技术依托单位

1. 安吉县植物保护检疫站

联系地址：浙江省湖州市安吉县递铺街道阳光工业园区二区县农业农村局
联系人：李军
联系电话：13967273577

2. 浙江省植保检疫与农药管理总站

联系地址：浙江省杭州市江干区秋涛北路131号
联系人：沈颖
联系电话：13732229895

生态茶园

茶叶收获

种草压草

田间安装性诱剂诱捕器

科学施药

苏州市茶叶病虫害绿色防控技术模式

苏州市地处长江三角洲和太湖之滨，地势以平原为主，在太湖周边有零星低山丘陵分布。由于气候温和，雨量充沛，十分有利于茶叶种植，其中“洞庭碧螺春”更是成为国家地理标志保护产品。近年来，苏州市坚持生态优先、绿色发展理念，从保障农产品供给安全、质量安全和生态安全的高度出发，全面加强农作物病虫害绿色防控示范建设，按照“特色产业、特色作物、特色模式”建设要求，聚焦“碧螺春”茶产业，分别在吴中区（东山、金庭）、常熟市（虞山）和高新区（贡山）建成6个茶叶病虫害绿色防控示范区，核心面积共计71.07公顷。各示范区探索熟化、创新集成、推广应用绿色防控技术模式，逐步形成一套茶叶病虫害全程绿色防控技术体系，同时成功将绿色防控建设与茶产业赋能增效有机结合，辐射带动太湖一级保护区和长江流域等“两湖两线”区域农药减量，推动“碧螺春”茶产业绿色高质量发展。

一、技术概述

1. 技术基本情况

碧螺春茶种植多为茶果间作，主要病虫害包括茶尺蠖、茶毛虫、茶小绿叶蝉、茶橙瘿螨、茶黄螨、蓟马、绿盲蝽、黑刺粉虱，以及炭疽病和根腐病。绿色防控技术主要模式为“农业防治＋理化诱控＋生物防控＋科学用药”。近年来结合绿色防控示范区建设，大力推广应用这一绿色防控技术模式，有效控制了病虫害的发生与危害，减少了农药使用量，提高了产量，改善了品质，保障了茶叶的质量安全。

2. 技术示范推广情况

示范区运用该技术模式后，全年用药约2次，与非绿色防控示范区相比，平均全年可减少施用农药次数1.6次，按每次亩成本30元计算，减少用工用药成本约48元，使用绿色防控措施增加成本90元。但随着防控方式的优化，病虫害的减少，茶叶产量和品质得到明显提升，优质鲜叶产量平均每亩增加5%以上，并提升了优质优价的品牌效应，以此带动每亩效益增收800元左右。综上，每亩纯经济效益增加758元，按照全市茶叶病虫害绿色防控示范区核心面积，总经济效益增加约80万元。

3. 提质增效情况

茶叶绿色防控示范区建设积极推动“碧螺春”茶叶品牌提质增效，提升了品牌绿色内涵，品牌的提升又进一步带动了示范区建设，形成了绿色防控示范区建设与品牌提质增效的互促机制。在对外推介、产品展销、品牌评比中，增加了品牌竞争力。同时各示范区推广应用农业防治、理化诱杀、生物防治等绿色防控技术，辐射带动周边农户改变传统单纯依赖农药习惯，丰富了防控技术选择，有效减少了化学农药的使用量，降低了生产过程中的作业事故风险，提高了农户科学安全用药意识。

绿色防控技术的推广应用，有助于保护生物多样性，降低病虫害暴发率，可显著减少农药使用，降低农药残留超标风险，减少农药包装废弃物，进一步减少太湖周边土壤、水体等面源污染，降低病虫害防控对农业生态环境的负面影响。

二、技术操作要点

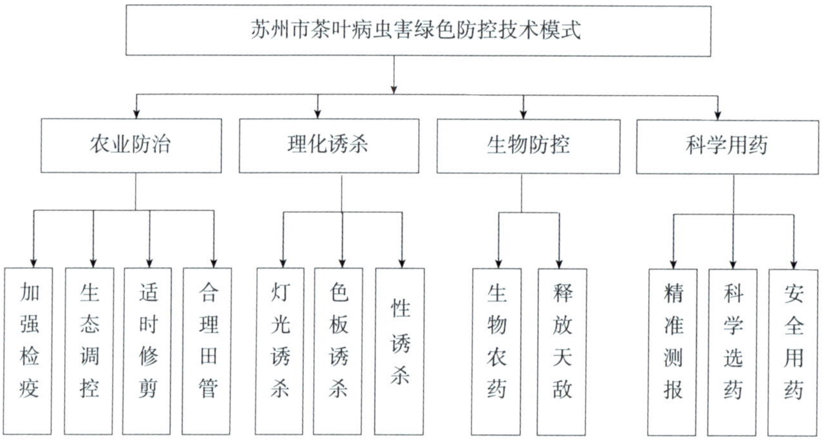

1. 农业防治

（1）加强检疫。茶园在更新老茶株和引进新茶苗时，应选用抗病虫品种和无毒茶苗，同时要加强植物检疫，不得将检疫性病虫草害随种苗引入。

（2）生态调控。根据“碧螺春”茶果间作及山坡种植模式，利用果树作为蜜源植物，涵养天敌，茶园梯坎保留一定数量的杂草，丰富茶园植被，创造有利天敌生存的环境，保护和利用当地茶园中的草蛉、瓢虫、蜘蛛、捕食螨、寄生蜂等有益生物，发挥自然天敌的控害作用。

（3）适时修剪。依据茶小绿叶蝉、茶黄螨、茶蚜等虫害的田间发生情况，适时多次分批采茶控制病虫害发生。春茶结束之后在5月上中旬进行修剪，修剪高度以50～65厘米为宜。秋季修剪应在高温天气结束以后，对发生蚧类、黑刺粉虱、螨类、茶炭疽病等病虫较多的枝叶重点剪除，修剪过程中可利用害虫的群聚性和假死性，人工捕杀灰茶尺蠖、茶毛虫等，修剪的枝条及时带出茶园。

（4）合理田管。秋末结合耕翻松土在行间施基肥，以有机肥为主，同时将杂草和根际落叶埋入土中，减少表土中病原菌积累和越冬病虫基数。冬季封园时，采用石硫合剂对茶株中下部叶片背面喷施，防治茶小绿叶蝉和黑刺粉虱等害虫。强化水肥管理并尽量减少根部物理损伤，培育健康茶树，增强植株抗逆性，减少根腐病发生。

2. 理化诱杀

（1）灯光诱杀。利用害虫的趋光性，在茶园安装风吸式太阳能杀虫灯，诱杀茶尺蠖、茶毛虫、金龟子、叶甲等鳞翅目和鞘翅目害虫，一般每 10～15 亩配 1 盏杀虫灯，灯离地面 1.5 米左右。4 月下旬至 10 月底每天傍晚开灯 6 小时左右。其余时间不开灯，减少对天敌的伤害。

（2）色板诱杀。利用害虫对颜色的趋性，春季修剪后在茶行间均匀插挂色板，使用黄色粘虫板诱杀黑刺粉虱、蚜虫，蓝色粘虫板诱杀小绿叶蝉。每亩均匀插挂粘虫板 20～25 张，色板高出茶树树冠 10～20 厘米。

（3）性诱诱杀。利用昆虫对性信息素的趋性诱杀茶尺蠖等害虫，干扰害虫正常交配，降低茶园虫口基数。每亩放置 1～1.5 套诱捕器，诱捕器间隔 30 米以上，每个诱捕器与路边距离 10 米，诱捕器悬挂在茶树树冠上方 10～20 厘米处。

3. 生物防治

（1）生物农药。茶小绿叶蝉第一峰若虫虫量较大的茶园可用苦参碱、金龟子绿僵菌、球孢白僵菌、印楝素等生物农药防治。茶尺蠖在幼虫二龄以前可选用苦参碱、短稳杆菌、印楝素、苏云金芽孢杆菌等生物农药进行防治。茶黄螨、茶橙瘿螨等螨类可用矿物油防治。

（2）释放天敌。利用“以螨治螨、以虫治虫”，在茶株悬挂天敌制剂，释放异色瓢虫、胡瓜钝绥螨等天敌，捕食茶园蚜虫、螨类等害虫。于 4 月和 9 月分别进行释放，每亩投放天敌量 3 万头左右。

4. 科学用药

（1）精准测报。设置智能性诱虫情测报灯，对茶尺蠖等虫害开展日常监测，及时巡查茶园，掌握病虫害发生发展动态，开展精准测报，抓住虫害低龄期、病害始见期施药防治。

（2）科学选药。防治小绿叶蝉可选用虫螨腈、丁醚脲、啶虫脒、呋虫胺、唑虫酰胺、氟啶虫酰胺等农药；防治黑刺粉虱可选用氟啶虫胺腈、螺虫乙酯、噻虫嗪、噻嗪酮等农药；防治螨类可选用乙螨唑、噻螨酮、螺螨酯；防治茶尺蠖可选用茚虫威、氯虫苯甲酰胺、甲氧虫酰肼、甲氨基阿维菌素苯甲酸盐等农药；在春茶修剪后，一芽一叶期喷施吡唑醚菌酯、苯醚甲环唑、代森锰锌、甲基硫菌灵等农药防治炭疽病。

（3）安全用药。按照农药标签使用方法、浓度及安全间隔期，交替轮换用药，每种农药 1 年内只使用 1 次，防止病虫产生抗药性，造成农药残留。推荐使用静电喷雾器等低容量喷雾器，根据病虫危害部位，对茶叶植株顶部、下部以及叶背进行低容量定向喷雾。

三、适宜区域

该模式是在苏州市茶园试验示范基础上总结得出，因此适宜太湖周边茶果间作的丘陵山区、面积在 50 亩以上的规模化茶园推广应用，面积较小的茶园，灯光诱杀、性诱杀无法起到良好的防控效果。

四、注意事项

①杀虫灯在诱杀害虫的同时也会误杀一些天敌，为减少对天敌的伤害，应尽可能使用对天敌友好的杀虫灯，如风吸式杀虫灯。茶园粘虫板放置时间可以选在春季修剪后的6～8月，进一步减少对天敌的伤害。

②绿色防控产品需要定期更换，如诱捕器诱芯、粘虫板、集虫袋等，茶农往往忽视这些物品的更换和维护，需要技术部门在生产中加强指导，引导茶农主动防控，确保绿色防控产品起到长效控制作用。

五、技术依托单位

1. 苏州市植保植检站

联系地址：江苏省苏州市竹辉路158号
联系人：查国贤
电子邮箱：12468486@qq.com

2. 苏州吴中区农技植保推广站

联系地址：江苏省苏州市吴中区越溪苏街198号
联系人：彭青
联系电话：13776057207

3. 常熟市农业技术推广中心

联系地址：江苏省常熟市珠江路384号
联系人：陆建国
联系电话：13601556008

灯光诱杀

智能性信息素诱虫情测报灯

色板诱杀

福建省福鼎市茶树（白茶）主要病虫害绿色防控技术模式

福鼎市位于福建省东北部，地处闽浙交界，是中国十大产茶县之一，2006 年被国家林业局命名为“中国白茶之乡”，2022 年被国际茶叶委员会授予“世界白茶发源地”“世界白茶文化产业科技中心”称号。茶产业是福鼎市农业支柱产业，常年茶树种植面积达 2.4 万公顷。2023 年茶叶总产量 3.1 万吨、茶产业综合产值 138.91 亿元。病虫害是茶树生长过程中的重要障碍因子。长期以来，茶农主要依赖化学农药进行防治，易造成茶叶农药残留超标，害虫产生抗药性，大量杀伤天敌，引起害虫的猖獗，给福鼎市茶叶质量安全和环境保护造成巨大的压力。为此，福鼎市始终坚持茶产业绿色发展、质量兴茶战略，为持续推动茶产业持续健康发展，2018 年提出全市茶园及茶园周边禁止使用除草剂，2020 年提出全市茶园不使用化学农药。推广应用茶树主要病虫害绿色防控技术模式，取得明显成效。

一、技术概述

1. 技术基本情况

据福鼎市植保植检站常年监测调查，茶树主要病虫害有茶小绿叶蝉、黑刺粉虱、茶丽纹象甲、茶叶害螨、灰茶尺蠖、茶黄蓟马和茶赤星病、茶赤叶斑病、茶煤病、茶炭疽病等 10 余种，其中以茶小绿叶绿、黑刺粉虱、灰茶尺蠖发生危害最重。近年来，随着气候和生态环境的变化，茶树病虫害总体呈中等发生，局部重发生。根据福鼎茶树主要病虫害的发生规律，结合多年来的试验示范推广的成功经验，集成一套以生态调控为基础，冬季清园、土壤施菌、园中挂板、空中挂灯为主的茶树主要病虫害绿色防控技术模式。

2. 技术示范推广情况

2021 年以来，福鼎市受全国农业技术推广服务中心的委托，开展了茶树病虫害绿色防控新技术试验与示范推广，建立绿色防控示范区，按照市委、市政府提出的茶园不使用化学农药的目标要求，集成推广以生态调控、农业防治、理化诱控、生物防治及科学用药等绿色防控措施为重点的茶树主要病虫害绿色防控技术模式，取得了较好的推广应用效果。目前，该技术模式在福鼎市示范面积 3 万多亩，并在福鼎市国家（白茶）产业园得到全面推广应用，应用面积达 25.1 万亩，占比 69.7%。

3. 提质增效情况

示范区茶园全面纳入基地化管理，全面禁止使用化学农药，推广应用生物农药等绿色防控技术，茶叶质量实现零农残，年用药次数减少 3～4 次。茶企与茶农签收购订单，茶青收购价高于市场价格10%～20%，亩可节本增效720元以上。

通过大力推广应用茶树主要病虫害绿色防控技术模式，有效保护了茶园生态环境，促进了茶园生态平衡，保障了茶叶质量安全，增加了茶农收入，促进了福鼎茶产业健康良性可持续发展，因此，经济效益、生态效益、社会效益显著。

二、技术操作要点

1. 核心技术

（1）生态调控。改善茶园生态环境，构建有利于蜘蛛、寄生蜂、瓢虫、草蛉等天敌的栖息与繁殖场所，充分发挥天敌的自然调控作用。

一是在茶园道路两侧及茶园周边适当种植桂花、樱花等树木，构建茶—林—果等复合型茶园。二是茶园因地制宜套种豆科等植物，如苕子、三叶草等，提高土壤肥力。三是茶园生草。在茶园梯壁、周边适当保留浅根、低矮的阔叶类杂草，在茶行间及茶园周边适当种植鼠茅草、万寿菊、艾草、格桑花、波斯菊等，抑制茶园恶性杂草生长。

（2）农业防治。一是加强茶园栽培管理，增强树势，提高茶树抗逆性。秋冬季进行耕翻施肥，增施有机肥和茶叶专用配方肥，改善土壤结构，破坏土中害虫的栖息场所。二是秋冬季12月前喷施29%石硫合剂水剂100倍液或97%矿物油150倍液，全面封园和清园管理，减少越冬虫口基数，减轻翌年茶叶螨类、粉虱、蚧类等虫害和病害，注意喷湿茶树中下部叶背，提高封园效果。三是及时分批采摘与合理修剪。及时分批采摘，可有效摘除芽叶上的虫卵，减轻叶蝉、茶叶螨类等虫害。合理修剪可以剪除病虫枯枝，促进茶园通风透光，减轻病虫害。

（3）理化诱控。

①色板诱杀。在3月上中旬前，悬挂天敌友好型粘虫板25～30片/亩（粘虫板底部高于茶蓬面5～10厘米为宜），诱杀茶小绿叶蝉越冬残存虫口、黑刺粉虱和茶蚜成虫等，减轻或避免春茶受害。

②灯光诱杀。根据茶园不同坡度，每15～20亩安装1盏太阳能诱虫灯，安装高度以灯管高于茶树蓬面60厘米为宜，防治用需大面积集中连片使用。一般于每年2月底至3月上旬开灯，11月底关灯。可诱杀茶小绿叶蝉、茶天牛、金龟子以及灰茶尺蠖、茶毛虫、卷叶蛾等鳞翅目害虫。

（4）生物防治。

①保护利用与人工释放天敌。在保护利用茶园已有天敌的基础上，根据茶园主要害虫发生情况，因地制宜释放捕食螨携菌体（如胡瓜钝绥螨＋白僵菌）或捕食螨携菌体＋异色瓢虫＋赤眼蜂等，防治茶叶螨类、茶蚜等，兼治小绿叶蝉、粉虱、灰茶尺蠖、茶毛虫等害虫。

②白僵菌毒土法施菌。茶丽纹象甲发生严重茶园，可在2～3月间，于茶树树冠下开浅沟（10厘米），每亩用2千克白僵菌菌粉拌细土或有机肥，均匀撒施到浅沟内，并覆土，防治土中茶丽纹象甲幼虫和蛹。

（5）科学用药。防治茶小绿叶蝉，在若虫盛发期可选用茶皂素、香芹酚、印楝素、绿僵菌等；防治灰茶尺蠖、茶毛虫等鳞翅目害虫，在低龄幼虫期可选用苏云金芽孢杆菌、苦参碱、短稳杆菌、茶毛虫核型多角体病毒等；防治黑刺粉虱、螨类，可选用矿物油；防治炭疽病、叶斑病，在发病初期可选用多抗霉素。

2. **配套技术**

（1）加强病虫监测。在福鼎市不同区域茶园共建立病虫监测点 11 个，根据《农作物有害生物测报技术手册》（全国农业技术推广服务中心）开展茶小绿叶蝉、灰茶尺蠖、茶黑刺粉虱等主要病虫监测调查，每 5 天调查 1 次，实时掌握茶园主要病虫害的发生动态，及时掌握防治适期，为茶园适期防治提供科学依据。

（2）伏季休茶。休茶时间为立夏至夏至，即 5 月 5 日至 6 月 20 日，为期 46 天不进行采摘，任其自然生长，休茶结束前 7～10 天对新梢进行适当修剪。

三、适宜区域

福建省闽东（宁德）连片种植面积约 100 万亩的茶区。

四、注意事项

①推广理化诱控害虫，需大面积集中连片使用。严格按照诱虫灯和黄板悬挂技术标准实施，尽量减少伤害茶园天敌。

②施药前加强调查，按照防治指标适时防治。茶小绿叶蝉防治标准：夏茶为 6 头/百叶、秋茶 12 头/百叶。灰茶尺蠖防治标准为 4 500 头/亩或 10 头/米茶行。害螨防治标准为 3～4 头/厘米^{2}叶面积，或有螨叶率＞40%。病害防治时需在发病初期或前期施药。

③释放天敌时，需选择有利于天敌生存繁殖的天气条件。

④应用生物药剂防治时，施药期应适当提前，同时应选择阴天或傍晚施药，避免烈日下施药，确保药效。

⑤严格按照农药使用范围、技术和方法，做好农药废弃包装物集中收集、统一处理。

五、技术依托单位

1. **福建省福鼎市乡村振兴服务中心**（福鼎市植保植检站）

联系地址：福建省福鼎市太姥大道 152 号
联系人：王怀震
联系电话：13950511086
电子邮箱：fdszbz@163.com

2. **福建省宁德市植保植检站**

联系地址：福建省宁德市蕉城区闽东西路 8 号
联系人：杨莹

联系电话：13950596369
电子邮箱：ndszbzjz@163.com

3. 福建省植保植检总站

联系地址：福建省福州市冶山路24号省农业农村厅5号楼
联系人：林锌
联系电话：13328228748
电子邮箱：fjfzk2011@163.com

茶叶采摘

色板诱杀

灯光诱杀

释放天敌昆虫

制作毒土

茶叶病虫害绿色防控技术模式

江西是产茶大省，其茶文化更是历史久远。近年来，江西各级政府在国家“脱贫攻坚”“乡村振兴”战略的指引下，以庐山云雾茶、宁红茶、婺源绿茶、浮梁茶、遂川狗牯脑等“四绿一红”五大茶叶品牌为引领，大力做大做强茶产业品牌。江西省人民政府印发的《江西省农业七大产业高质量发展三年行动方案（2023—2025年）》，更是明确提出要主攻名优茶，做大出口茶，力争到2025年茶产业综合产值达200亿元。因此，为进一步提升茶叶品质，打造无公害、有机茶叶品牌，推进江西茶产业高质量发展，江西茶叶绿色防控技术集成推广任务重大。

根据常年监测，江西茶叶主要病虫害有茶小绿叶蝉、茶尺蠖、茶毛虫、蚜虫、炭疽病、轮斑病、茶云纹叶枯病、夜蛾类、刺蛾、茶蓑蛾、茶橙瘿螨、潜叶蛾、赤叶斑病、白星病、茶饼病等。在监测到的江西省茶叶主要病虫害种类的基础上，制定了茶叶绿色防控技术集成模式。

一、技术概述

1. 技术基本情况

采用以农业防治为基础，以理化诱控、生物防治、生态调控为重要手段，以化学防治为应急措施的策略。重点防治重大病虫，优先采用健身栽培、生物农药以及保护利用天敌等绿色防控技术，安全、科学、合理使用高效、低毒、低残留农药，尽量减少化学农药使用量，提高生物多样性，保障茶产品质量安全和茶园生态环境安全。

2. 技术示范推广情况

以绿色防控示范区建设为抓手，集成推广以生态调控、理化诱控、生物防治、科学安全用药等绿色防控技术为重点的茶叶病虫害全程绿色防控技术模式。当前，该技术已在江西省各茶叶主产区较大范围推广应用，技术应用主要集中在九江、上饶、宜春、吉安、景德镇等地，技术示范面积8.4万亩。

3. 提质增效情况

根据九江、宜春等地初步测算，茶园绿色防控示范区内化学农药减量达20%以上，每亩节省100元以上，估算每亩多采茶鲜叶价值400元以上，综合效益每亩增收500元以上，茶园茶叶质量稳步提升。同时，绿色防控示范区带动周边农户采茶增收，带动其他茶场自行购置绿色防控产品形成辐射带动区。

通过推广茶叶病虫害绿色防控技术，实现农药减量增效，减轻对生态环境的污染，保护病虫害天敌，维护生态平衡，提高农户收益，促进茶产业绿色发展，经济效益、生态效益、社会效益显著。

二、技术操作要点

1. 农业防治技术

加强茶园管理，增强树势。结合修剪和深耕施肥，清理茶园内枯枝落叶和茶树上的病虫枝叶，捡除茶尺蠖蛹茧，带出茶园集中销毁，减少病虫基数；及时分批多次采摘，摘除有虫芽叶、害虫卵块、虫苞和病叶，减轻蚜虫、茶小绿叶蝉、茶橙瘿螨、白星病等病虫害。

2. 理化诱控技术

（1）灯光诱杀害虫。茶园每 20～50 亩安装 1 盏杀虫灯（优先选用天敌友好型杀虫灯），安装时灯管高于茶树蓬面 20～60 厘米，4 月上旬至 10 月底 19：00～22：00 开灯，诱杀茶尺蠖、茶毛虫、茶小绿叶蝉等害虫。

（2）性诱剂诱杀害虫。3 月上旬至 10 月，茶园每亩安装 1～2 套性诱捕器，内置茶尺蠖或茶毛虫性诱剂诱芯，悬挂至高于茶树蓬面 25 厘米处，诱杀其雄性成虫。及时、定期更换粘虫板和诱芯。

（3）粘虫板诱杀害虫。茶园每亩均匀插挂 20～25 片粘虫板（优先选用天敌友好型粘虫板），棋盘式布局，色板底部高于茶树蓬面 10～20 厘米，诱杀黑刺粉虱、茶小绿叶蝉、蚜虫等害虫。

3. 生物防治技术

优先选用生物农药进行防治。防治茶饼病、白星病、炭疽病，在发病初期使用多抗霉素；防治茶毛虫、茶尺蠖选用短稳杆菌、核型多角体病毒、苏云金芽孢杆菌、鱼藤酮、蛇床子素、苦参碱、印楝素等；防治茶小绿叶蝉，选用茶皂素、白僵菌等。湿度大的天气施用生物农药，效果更佳。有条件的地方可释放捕食螨，控制茶园中的害螨。

4. 生态调控技术

改善茶园生态环境，构建茶园天敌的栖息、繁殖场所，保护利用瓢虫、草蛉、盲蝽、寄生蜂、蜘蛛等天敌，促进茶园生态系统良性循环。生态调控技术：①套种豆科绿肥植物（如：三叶草、紫云英等），能起到固氮作用，提高土壤肥力。②夏、冬季在茶树行间铺草，给天敌创造良好的栖息、繁殖场所。③适当保留茶园浅根、低矮的自然杂草，在茶园内种植鼠茅草、藿香蓟、三叶草、万寿菊等，抑制茶园恶性杂草生长，改善茶园生态环境，保护利用天敌。

5. 科学用药技术

适时适量施用高效、低毒、低残留化学农药防治茶树病虫害。可在害虫低龄幼虫高峰期，选用虫螨腈、联苯菊酯等药剂防治茶尺蠖和茶毛虫；选用虫螨腈、茚虫威、联苯菊酯等药剂防治茶小绿叶蝉。在病害发生初期，选用啶氧菌酯、吡唑醚菌酯等药剂防治茶炭疽病等。

三、适宜区域

适宜江西省各茶园主产区大范围推广，实施技术时应注意结合当地实际，根据具体茶园园相和防治对象的不同，选择搭配不同的防控方法，以最优配置为原则，尽量降低防控成本，提升防控效果。

四、注意事项

①做好监测，根据防治指标适时防治（防治指标：灰/茶尺蠖，4 500 头/亩或 10 头/米茶行，三龄前喷施；小绿叶蝉，夏茶 6 头/百叶，秋茶 12 头/百叶；害螨，3～4 头/厘米叶面积或有螨叶率＞40％）。

②防治炭疽病等病害时，需在发病初期或前期施药。

③理化诱控诱杀害虫，应大面积连片应用。

④种植三叶草应注意种植前深耕施肥除草，并于三叶草生长初期人工拔除其他恶性杂草，确保三叶草等良性杂草为优势种成长。

⑤应用生物药剂品种时，施药期应提前 2～3 天，确保药效。

⑥提倡不同作用机理药剂合理轮用与混配，避免长期、单一使用同一药剂。严格按照农药使用规程操作，遵守农药安全间隔期，保障茶产品安全。提倡使用高含量单剂，避免使用低含量复配剂。

五、技术依托单位

1. 江西省农业农村产业发展服务中心

联系地址：江西省南昌市青山湖区民安路 451 号
联系人：曹申文
联系电话：0791-8816127
电子邮箱：hongshangcsw@qq. com

2. 九江市农业技术推广中心

联系地址：江西省九江市浔阳区甘棠街道南湖支路 24 号
联系人：张晓阳
联系电话：0792-8584892
电子邮箱：jjzbzj@163. com

修剪茶园

杀虫灯诱杀害虫

性诱捕器诱杀害虫

天敌友好型粘虫板

信阳市平桥区茶叶病虫害全程绿色防控技术模式

为贯彻“预防为主，综合防治”的植保方针和牢固树立“公共植保、绿色植保”的理念，平桥区植保站在平桥区太平山生态茶基地连续七年推广应用绿色防控技术防治茶叶病虫害，取得了很好的成效。经过几年的推广应用、示范，逐渐探索出一套产出高效、产品安全、资源节约、环境友好、适应浅山区的茶叶病虫害全程绿色防控技术模式。

一、技术概述

1. 技术基本情况

平桥区茶叶病虫害全程绿色防控技术模式是平桥区植物保护站在平桥区太平山生态茶基地，经过几年的推广应用、示范，逐渐探索出的一套适应浅山区的茶叶病虫害全程绿色防控技术模式，具体技术包括“病虫测报＋农业措施＋物理诱控＋生物防控＋生态调控＋科学用药”。

2. 技术示范推广情况

平桥区茶叶种植面积 11.6 万亩，开采面积 7.95 万亩，病虫害绿色防控核心示范区面积2 000亩，辐射带动 2 万亩，在已开采茶园推广茶叶病虫害绿色防控面积近 5 万亩。

3. 提质增效情况

通过示范茶叶病虫害绿色防控技术，全程不施用化学农药，提高了茶叶产量和质量、增加了收入，减少了污染、保护了生态环境，集成了一套茶叶病虫害全程绿色防控技术模式，同时也起到了辐射带动作用，带动茶农采取绿色防控技术防治茶叶病虫害。主要体现在三方面，一是经济效益，在茶园正常管理的基础上，使用太阳能杀虫灯杀虫、色板诱杀和性诱等绿色防控措施，物化投入每亩 80 元，人工费每亩 60 元，每亩多收干茶 8 斤，收益比茶农自防区多收入近 1 500 元，比空白对照区多收入 1 800 元左右，投入产出比为1∶10 左右；二是生态效益，应用生态防控措施，减少使用化学农药使用次数 3 次以上，一方面保护利用了天敌，茶园天敌种群的种类和数量明显增加，对害虫的自然控制能力提高，另一方面减少了环境污染，提高了茶叶品质，从而提高了茶叶的食用价值；三是社会效益，绿色防控和统防统治融合示范，不仅保护了环境，提高了茶叶的品质，而且统防统治大大降低了劳动强度，提高了劳动效率。通过示范推广大面积应用，对于推进农药使用减量增效，保证农业生产安全、农产品质量安全和生态环境安全，保证农业可持续发展具有十分重要的意义，具有显著的社会效益。

（1）农业防治效果。合理施肥是茶树健身栽培的一项重要措施；春茶采摘后，及时修剪，并把剪枝带出茶园，减少了一些趋嫩性害虫的基数，修剪控制害虫防效达 92%以上，从而减少了施药次数和施药量。总之，推广农业防治，提高了茶树抗逆能力，减少了病虫基数。

（2）杀虫灯诱杀技术防效。据我们调查，太阳能杀虫灯能诱杀茶毛虫、茶尺蠖、茶小绿叶蝉、绿盲蝽、铜绿丽金龟、暗黑金龟、大黑金龟、蝼蛄、扁刺蛾、黄刺蛾、茶蜡蝉、茶天牛等 30 多种害虫，7～8 月成虫发生高峰期，害虫发生高峰期每盏杀虫灯 1 天最高可诱杀害虫 400～800 头，可有效杀灭茶园 80%以上的害虫，减少施药次数 2 次以上。

（3）色板诱杀技术防效。小绿叶蝉发生高峰期的 7 月中下旬，我们在清晨调查了同时使用色板诱控和太阳能灯杀虫区与空白对照区小绿叶蝉发生量，发现防控区小绿叶蝉远远少于空白对照区，防控区小绿叶蝉每百叶 3～5 头，空白对照区小绿叶蝉平均每百叶近百头。

（4）生物防控防效。鸡食虫草，鸡粪肥地，防虫增肥效果好。应用植物源和微生物源制剂控制茶园病虫害，春茶采摘后，选用呻嗪霉素、海岛素等防治茶树病害，近些年来示范基地病害均发生较轻；选用苦参碱、阿维·苏云菌、茚楝素等成熟产品防治一些重发、多发虫害。

（5）生态控制防效。生态控害技术的应用可改善提高茶园生态环境，保护和利用天敌控制茶树害虫发生。据调查，绿色防控示范区瓢虫、蜘蛛、草龄等天敌平均 3～5 头/米^2，比对照多 2～3 头/米^2。

二、技术操作要点

1. 病虫测报

加强病虫预测预报，掌握害虫发生动态和防治适期，指导好病虫害防治。

2. 农业防治

春季沟施有机肥，清洁茶园，提高茶树抗病虫能力；春茶后和秋季封园后及时修剪；秋季结合中耕除草检出土壤中蛹，清理病虫枝叶带出园外集中销毁，降低病虫越冬基数；初冬时根据配方施肥施足基肥，提高茶树抗逆能力。

3. 物理诱控

（1）应用太阳能频振式杀虫灯诱杀技术。每 30～50 亩安装太阳能频振式杀虫灯 1 盏，开灯时间 4 月底至 8 月底。

（2）应用色板诱杀技术诱杀。利用一些茶树害虫对颜色的趋性，采用黄色粘虫板控制茶假眼小绿叶蝉、茶蚜、茶黑刺粉虱等害虫，采用蓝色粘虫板控制茶蓟马。每亩悬挂粘虫板 25 张，位置高于茶蓬顶部 15 厘米，安放时间在 4 月、7～8 月。

（3）性信息素诱控技术。利用昆虫的性信息素控制茶毛虫、茶尺蠖等主要害虫。5 月上中旬安装茶尺蠖、茶毛虫杀虫平台，每 30 天更换 1 次诱芯，监测茶尺蠖、茶毛虫成虫羽化高峰时间，预报幼虫发生危害期。

4. 生物防控

根据茶园病虫草害发生种类和危害程度，实施以家禽治虫、应用植物源和微生物源制剂等生物防控技术。在茶园释放鸡，可控制茶园中各类害虫，每亩释放 10 只鸡；应用植物源和微生物源制剂控制茶园病虫害，春茶采摘后，选用申嗪霉素、海岛素等防治茶树病害；选用苦参碱、印楝素、苦皮藤素、苏云金芽孢杆菌等成熟产品防治一些重发、多发虫害。

5. 生态控制

应用以草治草技术控制草害，在茶园种植白三叶草，抑制茶园杂草生长，防止水土流失，同时也给茶叶害虫天敌提供适宜的生存环境。实行茶林间作，保留茶园内及周边灌杂树丛，茶园间套种桂花树、豆科植物等丰富茶园植被，维护生物多样性，增加茶园蜘蛛、寄生蜂、草蛉等天敌的种群数量，利用天敌来控制茶尺蠖、茶毛虫、茶蚕、茶小绿叶蝉、茶蚜等虫害。

6. 科学用药

茶园病虫发生以虫害为主，虫害以鳞翅目为主。根据测报，在病虫发生较重、生物农药不能控制时，有限制使用在茶叶上登记的高效、低毒、低残留的农药。在 5～6 月、8～9 月幼虫高峰期前，施药防治。选用 25%吡虫啉可湿性粉剂或 20%甲氰菊酯乳油等进行防治。

三、适宜区域

本套茶叶病虫害全程绿色防控技术模式是根据平桥区茶叶种植特点探索出的一套产出高效、产品安全、资源节约、环境友好、适应浅山区的茶叶病虫害全程绿色防控技术模式。

四、技术依托单位

信阳市平桥区植物保护检疫站

联系地址：河南省信阳市平桥区平桥镇农林胡同
联系人：杜晓辉
联系电话：13503769748

茶园虫害测报

调查测报灯诱虫情况

茶园秋季修剪

太阳能频振式杀虫灯

茶园黄色粘虫板诱杀害虫

杀虫平台诱杀的茶毛虫成虫

茶园种植白三叶控制杂草

茶园套种豆科植物维护生物多样性

湖南省桃江县茶叶病虫害全程绿色防控技术模式

桃江县是湖南省茶叶大县，茶园面积 5 467 公顷，海拔范围 60～800 米。2016—2022 年连续 7 年为湖南省茶叶病虫害绿色防控集成示范县，2022—2023 年连续 2 年承担全国农业技术推广中心的茶叶病虫害疫情监测与防治任务，经过连续 8 年开展茶叶病虫害疫情监测、绿色防控技术研究、集成示范和推广，形成了以生态调控为基础，轻防轻控为原则，应急防控为辅助，区域统防统治为手段的茶叶病虫害绿色防控技术模式，并大面积推广应用，在减量控害与提质增效方面取得了显著成效。

一、技术概述

1. 技术基本情况

桃江县茶园发生的主要病虫害有茶毛虫、灰茶尺蠖、茶小绿叶蝉、茶蚜、炭疽病等，7 年以上老茶园常见病虫害以茶毛虫、灰茶尺蠖、茶小绿叶蝉、炭疽病为主，新茶园常见虫害以茶小绿叶蝉、茶蚜为主。针对新老茶园病虫害发生种类不同，因地制宜采取绿色防控技术措施。技术要点是利用种植遮阳乔木、蜜源植物建立茶园生态调控基础，通过理化诱控、生物防治技术将病虫控制在防治指标以下，如在此轻防轻控的基础上仍出现的局部害虫暴发，则选择高效环保型化学农药，组织开展统防统治和应急防控，将病虫害危害损失控制在 8%以下。

（1）*老茶园病虫害防控技术模式*。以生态调控为基础，以茶毛虫、灰茶尺蠖、茶小绿叶蝉等靶标害虫为防控重点，采取风吸式太阳能杀虫灯诱杀、全降解黄板诱杀成虫降低发生基数；使用苏云金芽孢杆菌、短稳杆菌、苦参碱、藜芦碱、印楝素、除虫菊素等生物农药进行防治；使用赤・吲乙・芸苔或氨基寡糖素等植物免疫诱抗剂防控炭疽病等病害；在茶毛虫、灰茶尺蠖大量发生且生态调控、理化诱控、生物防治等措施无法控制时，使用茚虫威、高效氯氰菊酯等药剂开展应急防控。

（2）*新茶园病虫害防控技术模式*。以生态调控为基础，以茶小绿叶蝉、茶蚜等靶标害虫为防控重点，采取全降解黄板＋性诱诱杀降低茶小绿叶蝉发生基数；通过使用金龟子绿僵菌、苦参碱、藜芦碱、印楝素、球孢白僵菌等生物农药进行防治；在发生密度大的区域，采取及时采摘、修剪、深耕施肥等农艺措施；在茶小绿叶蝉、茶蚜大量发生且生态调控、农艺防治、理化诱控、生物防治等措施无法控制时，使用茚虫威、吡虫啉等药剂开展应急防控。

2. 技术示范推广情况

桃江县以连续 7 年创建湖南省茶树病虫害绿色防控集成示范县为契机，累计创建 15

个茶叶病虫害绿色防控技术集成示范基地，示范面积 1 333 公顷，推广面积 26 667 公顷，绿色防控覆盖率超过 60%，其中生态调控面积 26 667 公顷，农艺措施面积 26 667 公顷，理化诱控面积 6 667 公顷，生物防治面积 20 000 公顷，应急防控面积 200 公顷，全县科学用药面积 46 667 公顷，应用面积比例 90%以上。

3. 提质增效情况

（1）*增加经济效益*。桃江县茶叶生产以绿茶为主，黑毛茶为辅，每亩茶园茶青平均产值 4 000 元左右，绿色防控示范区平均每亩减少化学农药用量 60%，每亩节省农药成本 50 元左右，每亩绿色防控投入成本 200 元左右，绿色防控推广覆盖区的茶叶品质全面提升，每亩茶园茶青产值增加 1 500 元左右，每亩净节支增效 1 300 元左右，7 年累计推广面积 26 667 公顷，增产效益超过 5 亿元。并成功创建国家地理标志产品“桃江竹叶”“甘泉玉绿”等茶叶品牌，通过了绿色农产品认证。

（2）*减少农药用量*。按绿色防控技术应用面积每亩减少化学农药用量 60%计算，7 年累计减少化学农药用量超过 35 吨，节约化学农药成本 1 800 万元。

（3）*改善生态环境*。据对茶园天敌种群数量跟踪调查，灯诱＋色诱＋生物农药绿色防控区蜘蛛、草蛉等天敌数量为 220 只/百丛、90 只/百丛，分别是常规化学防控区蜘蛛、草蛉等天敌数量 50 只/百丛、20 只/百丛的 4.4 倍、4.5 倍。通过绿色防控提质扩面，大力推广使用生物药剂和高效低毒化学药剂，天敌得到有效保护，生物多样性指数大幅提高，农田水资源得到保护，农田生态系统步入良性轨道，取得了良好的社会和生态效益。

二、技术操作要点

1. 生态调控技术

在茶园四周和中间适当种植杉树、棕树等遮阳乔木，桂花、玉兰等蜜源树木，茶行间套种茶肥 1 号等绿肥植物，以及万寿菊、三叶草等蜜源植物，以改善茶园生态环境、保护茶园生物群落结构、维持茶园生态平衡、构建茶园生物链和茶园天敌栖息繁殖场所、增加茶园天敌种群数量。防治对象主要针对茶小绿叶蝉、灰茶尺蠖、茶毛虫和茶园杂草等。

2. 农业防治技术

依据茶小绿叶蝉、茶蚜等虫害的发生情况，适时多次分批采摘或及时修剪控制虫害；秋末结合施基肥深耕茶园，减少土壤中越冬的茶毛虫、灰茶尺蠖等鳞翅目害虫；使用矿物源农药和石硫合剂进行冬季封园，将茶丛中下部的叶片喷湿，控制茶小绿叶蝉等害虫。

3. 理化诱控技术

（1）*灯光诱杀*。利用害虫的趋光性，在茶园安装风吸式太阳能杀虫灯诱杀灰茶尺蠖、茶毛虫、茶小绿叶蝉等害虫，每 1.3～2.0 公顷安装 1 盏，4 月下旬至 10 月底每天傍晚开灯 6～8 小时。

（2）*色板诱杀*。在害虫集中危害重的茶园于 4 月中旬开始悬挂黄板，按东西方向悬挂，每亩插挂25块，色板下沿距茶蓬面10厘米，在茶小绿叶蝉秋季（8月上旬）更换1次黄板。

（3）性信息素诱杀。利用昆虫性信息素诱杀灰茶尺蠖、茶毛虫、茶小绿叶蝉等害虫。

4. 免疫诱抗技术

防治对象炭疽病，利用赤·吲乙·芸苔或氨基寡糖素等植物免疫诱抗剂诱导或激发茶树产生抗性物质，对炭疽病等病原物产生抗性或抑制病菌生长，达到控制炭疽病等病害的技术。

5. 生物防治技术

一是人工释放赤眼蜂寄生灰茶尺蠖、茶毛虫等鳞翅目害虫卵块；二是使用金龟子绿僵菌、苦参碱、藜芦碱、印楝素、球孢白僵菌等生物农药防治茶小绿叶蝉等害虫；三是使用苏云金芽孢杆菌、短稳杆菌、苦参碱、藜芦碱、印楝素、除虫菊素等生物农药防治灰茶尺蠖、茶毛虫等鳞翅目害虫；四是使用苦参碱、鱼藤酮、藜芦碱、印楝素、除虫菊素等防治蚜虫。

6. 科学用药技术

加强茶园主要病虫害系统监测，及时预警，严格按防治指标开展防治；在病虫害大量发生且生态调控、理化诱控、生物防治等措施无法控制时，严格按照茶园用药要求和安全间隔期要求施用高效、低毒、低残留农药；区域统防统治，采用“先查后打，边查边打，小孔点杀”的原则。

三、适宜区域

适宜湖南省桃江县全县范围推广，同时也可在茶园生态条件类似的区域推广。根据新老茶园、高山与平原茶园的病虫害发生差异、发生程度，侧重选择不同绿色防控技术措施，突出技术优势，提高防控效果。

四、注意事项

1. 加强示范推广

按照技术要求管理好茶叶病虫害绿色防控示范区，开展现场观摩，深入乡镇、基地、种植大户广泛开展培训指导、发放技术资料等，从而推动绿色防控技术大面积推广应用。

2. 把握技术要点

做好预测预报，把握茶园病虫害不同虫态发生关键时间节点，采取针对性绿色防控技术措施，是确保茶叶全生育期绿色防控效果的重要保证。在实际农业生产中，许多农户很容易错过防治关键时期，大大降低了减量控害效果。

3. 加强技术指导

组织实施主体就病虫发生特点、技术要求、时间节点、设备维护、回收利用等方面进行专题技术培训，使每一单项技术措施达到理想的控害效果，重视绿色防控产品回收利用，节约成本，减少资源浪费。

五、技术依托单位

1. 桃江县植保植检站

联系地址：湖南省桃江县桃花江镇金盆北路（桃江县农业农村局）
联系人：丁朝辉、莫长安、王启威、王立军、彭海波
联系电话：13875338430、18673479898
电子邮箱：tjzhbz@163.com

2. 湖南省植保植检站

联系地址：湖南省长沙市岳麓区枫林一路9号省农业农村厅西院
联系人：李耀明、张曦
联系电话：13308472100
电子邮箱：yaoming.li@163.com

生态调控

可降解色板诱杀

风吸式杀虫灯诱杀

茶叶病虫害绿色防控技术集成示范区

四川茶园主要病虫害生物防控技术模式

一、技术概述

1. 技术基本情况

四川茶叶种植面积已超过585万亩，干茶产量32.5万吨，毛茶产值300亿元，综合产值突破1 000亿元，是四川特别是贫困地区精准扶贫和农民脱贫奔康的支柱产业。四川茶园病虫害发生种类多、分布广、危害重和防治难的特点，以及在防控上主要依赖化学农药，导致茶叶农残超标风险极大和污染茶园生态环境等问题突出，严重影响四川茶叶的高质量绿色发展，为实现茶叶"农药残留低、品质高"的目标，在国家"茶园化肥农药双减"重点研发计划和省茶叶创新团队等重大项目的支持下，四川省农业科学院植物保护研究所等单位按照"生态调控为基础、生物防治为核心"的茶园病虫害绿色防控的思路，对茶园病虫害绿色防控技术进行了系统而深入的研究。研究出了化学农药用量明显减少、防病治虫效果极大提升和茶叶农药残留风险明显降低的茶园主要病虫害生物防控技术，为四川茶园病虫科学管理提供了技术支撑。经多年多点的试验示范和应用表明茶园绿色防控技术体系已成熟，科学实用，具安全、高效、提质和对环境友好等特点，符合当前绿色农产品生产的要求，应用前景十分广阔。

2. 技术示范推广情况

推荐技术已经实现较大范围推广应用，已在成都市、雅安市、乐山市、眉山市、宜宾市、泸州市、自贡市、达州市、巴中市、广元市和绵阳市等11市（州）、50余县（区）应用，2017—2022年累计推广应用面积达200余万亩次。

3. 提质增效情况

应用茶园主要病虫生物防控技术，对主要病虫害总体防治效果达80%以上，病虫害损失率较低，茶叶质量整体符合我国茶叶绿色产品质量要求，部分达到有机产品质量标准要求。

二、技术要点

1. 冬季清园

秋末及时清除茶园枯枝落叶，铲除茶园内及周边的杂草并集中处理。结合冬耕施肥将茶丛根际的表土及落叶扒入沟内，施肥盖土。喷施石硫合剂、矿物油封园。

2. 科学修剪

春茶后适时修剪，进行树冠改造、改善通风透光条件。茶饼病、炭疽病、茶圆赤星病、茶网蝽、介壳虫等病虫危害较重的茶树，于春茶采摘后进行重剪或深剪，剪去茶树蓬面以下 10～15 厘米的衰老退化枝、病虫枝和细弱枝、枯死枝等；对部分未老先衰茶树可采取重修剪，使骨架枝条分布均匀，层次分明，提高树势。秋末进行轻修剪。

3. 适时采茶

春茶分批勤采，夏秋茶提倡机采，提高鲜叶下树率，恶化害虫营养条件和庇护场所，带走部分卵、若虫和成虫。

4. 生态调控

在茶园行间种植三叶草、苜蓿、黑麦草等绿肥或牧草，实施以草治草，控制茶园恶性杂草。茶园周边种植木春菊、万寿菊、三叶草、苜蓿等蜜源植物。茶园合理间作桂花、黄柏、银杏、马尾松等遮阳景观树。

5. 免疫诱导

春季芽头萌动，春茶采摘前全园喷施氨基寡糖素、几丁聚糖、S-诱抗素等免疫诱抗剂，间隔 7～10 天，连喷 2～3 次。在病害发生初期间隔 5～7 天，连续喷施 2～3 次植物诱导免疫剂。

6. 生物防治

（1）茶小绿叶蝉。在虫口密度高峰期前 7～10 天或低龄若虫高峰期，选用藜芦碱、除虫菊素、桉油精、金龟子绿僵菌、印楝素、球孢白僵菌等生物农药喷雾防控。

（2）螨类。释放胡瓜钝绥螨、巴氏钝绥螨等益螨，实施“以螨治螨”防治技术。印楝素清园后当每叶害螨平均低于 2 只即可释放益螨。释放时间以阴天或傍晚为佳，最好选释放后 2～3 天不下雨的天气。释放每亩以 20～25 袋（每袋 1 500 头左右）为宜，均匀挂放在茶树行间主枝上。也可用木屑或谷壳与捕食螨混匀后，均匀地撒施在茶蓬上，每亩释放 45 000～50 000 头。

（3）茶蚜。在茶蚜发生初期，将七星瓢虫、异色瓢虫卵卡悬挂于蚜虫附近叶片背面，每亩在有蚜枝挂设 4～5 张卡，间隔 5～7 天连续挂卵卡 2～3 次，连片 100 亩以上使用效果更佳。

（4）茶尺蠖、茶毛虫等鳞翅目害虫。达防治指标茶园于低龄幼虫期喷施甘蓝夜蛾核型多角体病毒、短稳杆菌等生物制剂防治。在害虫羽化初期，连片使用配置茶尺蠖、茶毛虫等昆虫的性信息素诱芯的诱捕器，每亩均匀悬挂 2～4 套，诱捕器下端距茶蓬 10～20 厘米，视诱芯有效期及时更换。

（5）茶饼病、炭疽病、茶圆赤星病等病害。选用抗病品种，平衡施肥。非采茶期和非采摘茶园于病害发生初期喷洒枯草芽孢杆菌、多抗霉素等药剂进行预防。

三、适宜区域

本技术适合四川茶叶种植区应用。

四、注意事项

严禁在茶园使用国家禁用和限用的高毒、高残留农药，施用农药严格执行农药的安全间隔期。

五、技术依托单位

1. 四川省农业农村厅植保站

联系地址：四川省成都市武侯区武侯祠大街4号
联系人：徐翔、田卉、喻枢玮、尹勇、封传红
联系电话：028-85513437
电子邮箱：sichuanipm@163.com

2. 四川省农业科学院植物保护研究所

联系地址：四川省成都市锦江区净居寺路20号
联系人：蒲德强、肖科军、伍兴隆
联系电话：18581868405
电子邮箱：pdqpudeqiang@163.com

茶园释放赤眼蜂

茶园性诱防控

茶园灯诱

茶园撒施捕食螨

茶园无人机飞防

茶园茶网蝽综合防控技术模式

陕西省茶叶种植区域集中在陕南汉中、安康和商南 3 市，种植面积 290 多万亩，干毛茶产量 11 多万吨，一产产值 180 多亿元。茶产业是陕西重要的区域特色优势产业，是区域巩固拓展脱贫攻坚成果、促进农民增收致富、全面推进乡村振兴的支柱产业。然而，茶网蝽（*Stephanitis chinensis* Drake）自 2010 年传入汉中镇巴，现已扩展到西乡、紫阳等 10 多个茶叶大县。茶网蝽危害隐蔽、繁殖力强，喜集中危害，轻者使叶片失绿茶树一片灰白，背面出现大量黑色黏质物及滋生霉菌，茶叶失去商品价值；重者致使茶芽细小或发芽停滞，叶片脱落，树势衰弱甚至枯死，对茶叶产量和品质均造成严重影响。

为此，陕西省植物保护工作总站在系统监测茶网蝽危害特点和发生规律的基础上，结合陕西茶区实际，研究明确关键防治时期，筛选生物药剂和绿色化学药剂等关键防治技术，集成了综合防控技术模式，并在陕西省茶叶产区进行了大面积示范应用。

一、技术概述

1. 技术基本情况

本技术模式坚持“预防为主，综合防治”，以健身栽培和生态调控为基础，以虫情系统监测为依据，以生物药剂防治为主，非采茶期适时采取化学药剂应急防治，连片茶园组织专业防治队伍，统一实施联防联治。集成的茶网蝽全程综合防控技术模式，形成了陕西省地方标准《茶网蝽综合防控技术规范》(DB61/T 1578)。

2. 技术示范推广情况

本技术模式依托茶叶种植大户、茶叶生产企业、茶叶专业合作社等新型经营主体，分区域在茶叶生产大县建立示范区，发挥植保系统技术优势，点上试验示范与面上技术推广相结合，线上与线下培训相结合、理论培训与实践指导相结合，进行了大面积应用推广。5 年来累计应用面积 120 多万亩，有效控制了茶网蝽危害。

3. 提质增效情况

本技术模式示范应用后，总体防效 95%以上，有效控制了茶网蝽危害，提高了茶叶品质。示范区春茶提早萌发，鲜叶提早采摘上市，价格高于晚采茶，每亩茶园平均增产 16%以上，亩均增收 460 元。促进了茶叶提质增效，保障了茶产业高质量发展，经济效益、社会效益和生态效益明显。

二、技术操作要点

1. 做好虫情监测预报

海拔500米以下区域3月中旬开始调查，500米～1 000米区域从3月下旬开始调查，1 000米以上区域从4月中旬开始调查，每5天调查1次，持续30天，越冬代成虫出现后，每周调查1次。选择代表性茶园5点取样，每点取1个茶蓬或1米茶丛，随机调查叶片20张，春季调查年前秋枝叶和新生枝叶，夏季调查当年春枝叶和新生枝叶。根据虫口密度或有虫叶率确定发生程度级别。当茶网蝽发生程度达1级，即有虫叶率5%时发出防治预报。

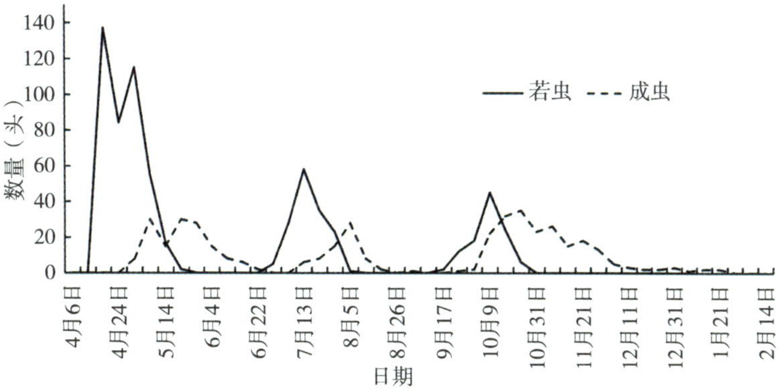

茶网蝽成虫和若虫发生消长规律

2. 加强栽培管理

（1）施肥。秋季增施有机肥或混配茶园专用生物菌肥。

（2）修剪。有虫叶率30%以下茶园正常修剪，有虫叶率30%以上茶园需剪除树冠一半以上枝条及基部老叶，有虫叶率50%以上茶园在春茶采摘结束后进行台刈，即剪截或割去距离地面3～10厘米以上全部枝条，彻底改造树冠。

（3）清洁茶园。修剪或台刈后的病虫枝叶带出茶园集中处理。清除茶园周边寄主植物。

3. 生态调控

茶树行间人工种植鼠茅草等植物。茶园应及时清除植株高大、根系发达、地上部木质化、有攀缘缠绕习性的恶性杂草，适当保留浅根、低矮的自然杂草。茶园间作桂花等行道树，不宜种植樱花等网蝽类寄主植物。

4. 物理防治

4月上旬开始，茶园悬挂天敌友好型粘虫板，棋盘式布局，悬挂于茶树树冠下方15厘米处。

5. 药剂防治

（1）药剂清园。茶树停止发芽（10月下旬至11月中旬）后，喷施石硫合剂或矿物油封园。

（2）早春防治。春茶采摘结束，即选用双丙环虫酯、苦参碱、藜芦碱、印楝素、茶皂素、球孢白僵菌、金龟子绿僵菌 CQMa421 等植物源或微生物源药剂。

（3）夏秋防治。坚持达标防治。茶网蝽一代若虫始盛期或有虫叶率 5%时，选用植物源或微生物源药剂防治；二代若虫始盛期或有虫叶率 20%时即开展化学药剂防治，可选用氟啶虫酰胺、啶虫胺、联苯菊酯等化学农药单剂或其复配剂，按照推荐用量叶面喷雾。

（4）施药技术。弥雾机、静电喷雾器等器械施药，亩施药液量 15～30 千克，施药时喷头向上，确保叶背着药。选用无人机施药时应添加适量超低容量喷雾飞防专用助剂，亩施药液量 2～3 升，飞行高度距离茶蓬 2～3 米，飞行速度 3～5 米/秒。施药后 6 小时内遇雨需要重新补喷。

三、适宜区域

该技术模式适宜秦巴山区茶叶主产区推广应用，其他茶网蝽发生区可参考应用。

四、注意事项

各茶产区气候、生态环境、茶叶采摘期等区域条件不同，应根据区域实际，适当调整防治时期和技术组合。

五、技术依托单位

陕西省植物保护工作总站

联系地址：陕西省西安市莲湖区习武园 27 号
联系人：王亚红、冯小军、魏会新
联系电话：029-87321497、13709282375
电子邮箱：wyahong2002@163.com

茶网蝽形态及危害状

茶叶采摘

生态茶园

辽宁省环渤海湾地区苹果病虫害全程绿色防控技术模式

辽宁环渤海湾果区包括大连、营口和葫芦岛果区，果区以丘陵地多，平原低地少，气候适宜，年平均气温 10.5℃，年降水量 550～950 毫米，全年日照总时数为 2 500～2 800 小时，十分适合果树种植，是辽宁省的苹果主产区。本区域内苹果树主要病虫害有 18 种。梨小食心虫、叶螨以及苹果枝干病害发生严重，防治困难，探索应用全程绿色防控模式非常必要。

一、技术概述

1. 技术基本情况

在多年研究实践的基础上，推广应用苹果树全程绿色防控技术模式，采用农业防治、生态控制、理化诱控、生物防治和科学使用化学农药等技术，在全省果区大范围应用，取得较好的经济效益、社会效益和生态效益。

2. 技术推广与提质增效情况

2017 年以来，推广苹果树全程绿色防控技术模式近 1 000 万亩次，解决了生产中遇到的果树病虫害防控实际难题，为果品绿色生产保驾护航，对提高果品质量和增加效益具有重要意义。综合防控效果达 90%以上；病虫果率明显减轻，在 5%以下；危害损失率控制在 9.5%；优质果率增加，一级果率达 90%以上，产量达 2 500 千克/亩以上，减少化学农药使用量 37.5%，实现示范区果品农药残留不超标，农产品质量进一步提高，单位面积经济效益提高 10%以上。

二、技术操作要点

1. 桃小食心虫

花前树盘覆膜在苹果树谢花后桃小食心虫出土前进行。萌芽后悬挂杀虫灯，每盏杀虫灯可以控制 30～50 亩。套袋在苹果谢花后 1 个月左右的幼果期进行，解袋在苹果采收前 1 个月进行。性诱灭成虫在 6 月初桃小食心虫出土期进行。应用性迷向技术干扰成虫交配产卵，最好选择持效期较长的迷向丝或迷向诱芯，在 6 月底 7 月初悬挂，迷向丝直接缠到距离地面 1.5 米高的树枝上，氯虫苯甲酰胺或苏云金芽孢杆菌喷施灭幼虫时间是 7 月初幼虫蛀果前，要求根据性诱芯测报结果喷施，在成虫高峰期后推 3～5 天施药。

2. 梨小食心虫

冬前清园在10月底11月初进行，剪除病虫枝、病果、病叶等病残体和田间杂草等并深埋或烧毁，刮老翘皮前树下先铺好塑料膜或直接用筐接着，刮下的老皮和病皮带出果园外集中烧毁。枝干涂白在树叶脱落后至土壤封冻前进行。利用性诱灭成虫、迷向丝干扰成虫交配、杀虫灯诱杀成虫等技术与桃小食心虫相同，树干绑诱虫带在采收前1个月进行，初冬季节解下集中烧毁。氯虫苯甲酰胺或苏云金芽孢杆菌喷施灭幼虫在梨小幼虫前期进行，最好用性诱芯测报，在成虫高峰期后推3～5天施药。

3. 叶螨

冬前清园、刮老翘皮、枝干涂白同梨小。芽前喷石硫合剂在4月初，即清明以后进行，采用5波美度的石硫合剂对树枝进行淋洗式喷施。喷施阿维菌素灭成螨在叶螨幼、成螨期进行。

4. 苹小卷叶蛾

冬前清园、刮老翘皮、芽前喷石硫合剂同叶螨，天敌主要以释放赤眼蜂为主，通过其寄生在苹小卷叶蛾卵中消灭害虫，一般苹小卷叶蛾化蛹率达到20%时后推10～12天即可放蜂，放蜂量每次每亩3万头，每隔5天释放1次，共放3～4次，方法是直接把蜂卡放于树枝外围大枝中部叶片背面，用细草棍别上。甲氨基阿维菌素苯甲酸盐防苹小卷叶蛾幼虫在苹果萌芽初幼虫出蛰期或幼虫发生初期喷施。

5. 蚜虫

冬前清园、芽前喷石硫合剂，可在果树枝条上悬挂黄板诱杀有翅蚜，每亩悬挂30块左右。

6. 苹果轮纹病

冬前清园。芽前喷石硫合剂。喷施波尔多液主要是对苹果树叶片起保护作用，一般在7月初开始喷施，每隔10～15天喷施1次，一定要注意硫酸铜、生石灰、水的配比为1：（2～3）：（200～240）。

7. 苹果腐烂病

冬前清园、枝干涂白、芽前喷石硫合剂。采用丁香菌酯和武宁霉素涂干，先要刮治病斑，在早春用快刀将腐烂病斑全部刮掉，深达木质部，把周围好皮斜切1～2厘米，切面要光滑，刮完后用0.15%梧宁霉素水剂5～10倍液涂抹喷施或涂抹，隔7～10天后，涂抹第二次。萌芽前，树体细致喷布1次0.15%梧宁霉素水剂400倍液或20%丁香菌酯悬浮剂500毫克/升。

三、主要技术组装模式

1. 桃小食心虫全程绿色防控技术模式

树盘覆膜＋杀虫灯诱杀成虫＋幼果期套袋＋性诱灭成虫＋迷向干扰成虫交配产卵＋氯虫苯甲酰胺或苏云金芽孢杆菌喷施防治幼虫。

2. 梨小食心虫全程绿色防控技术模式

冬前清园＋刮老翘皮＋枝干涂白＋剪除受害新梢＋性诱防治成虫＋迷向丝干扰成虫交配产卵＋杀虫灯诱杀成虫＋幼果期套袋＋树干绑诱虫带＋氯虫苯甲酰胺或苏云金芽孢杆菌喷施防治幼虫。

3. 叶螨全程绿色防控技术模式

冬前清园＋刮老翘皮＋枝干涂白＋芽前喷石硫合剂＋天敌（捕食螨＋果园生草）＋施阿维菌素防治成螨。

4. 苹小卷叶蛾全程绿色防控技术模式

冬前清园＋刮老翘皮＋芽前喷石硫合剂＋天敌（赤眼蜂寄生灭卵）＋杀虫灯诱杀成虫＋喷施甲氧虫酰肼或甲氨基阿维菌素苯甲酸盐防治幼虫。

5. 蚜虫全程绿色防控技术模式

冬前清园＋芽前喷石硫合剂＋黄板诱杀＋释放天敌（瓢虫）。

6. 苹果轮纹病全程绿色防控技术模式

冬前清园＋套袋＋芽前喷石硫合剂＋喷施波尔多液。

7. 苹果腐烂病全程绿色防控技术模式

冬前清园＋枝干涂白＋芽前喷石硫合剂＋丁香菌酯或武宁霉素喷施或涂抹。

四、适用区域

本绿色防控技术模式适用于辽宁环渤海苹果产区。

五、注意事项

开展苹果树病虫害绿色防控技术模式的前提是要重视健身栽培技术，要适时清园、合理负载、加强土肥水管理等。要应用好免疫诱抗技术，使用纯天然植物生长调节剂“碧护”，可以提高果树抗病虫能力和抗逆性，减少农药使用量，分别在开花前、幼果期、果实膨大期结合施药进行，每亩用碧护 6～9 克。

六、技术依托单位

1. 辽宁省绿色农业技术中心

联系人：张丹
联系电话：024-86121771

2. 普兰店现代农业发展服务中心

联系人：林文忠
联系电话：0411-83113986

苹果病虫害全程绿色防控技术模式

<table>
<tr><td>时间</td><td>12～2 月</td><td>3 月</td><td>4 月上旬</td><td>4 月中旬</td><td>4 月下旬</td><td>5 月上旬</td><td>5 月中旬</td><td>5 月下旬</td><td>6 月</td><td>7 月</td><td>8 月</td><td>9 月</td><td>10 月</td><td>11 月</td></tr>
<tr><td>生育期</td><td>冬眠期</td><td>休眠期</td><td>萌芽前期</td><td colspan="2">萌芽期</td><td>开花期</td><td>谢花期</td><td>坐果期</td><td colspan="2">幼果期</td><td colspan="2">果实膨大期</td><td>成熟期</td><td>落叶期</td></tr>
<tr><td>主控对象</td><td>越冬病虫</td><td>腐烂病</td><td colspan="12">梨小食心虫、桃小食心虫、叶螨、苹果卷叶蛾、轮纹病、蚜虫</td></tr>
<tr><td rowspan="3">防治措施</td><td rowspan="2"></td><td>石硫合剂</td><td></td><td colspan="2" rowspan="2">迷向</td><td colspan="2" rowspan="2">树盘覆膜、园艺地布</td><td rowspan="2"></td><td colspan="3">波尔多液</td><td rowspan="2"></td><td colspan="2" rowspan="2">清园＋
枝干涂白</td></tr>
<tr><td colspan="2">果园种草</td><td colspan="3">套袋、释放赤眼蜂、
性诱剂、树干绑带</td></tr>
<tr><td colspan="2">刮病斑</td><td colspan="10">杀虫灯＋黄板＋食诱剂</td><td></td></tr>
<tr><td>备注</td><td colspan="14">石硫合剂：采用 5 波美度的石硫合剂对树枝进行淋洗式喷施。
树盘覆膜：在苹果树谢花后桃小食心虫出土前进行，在果树垂直投影下的树盘内进行，应用黑色园艺地布效果好，注意地布四周要压到土下面。
套袋：在苹果谢花后 1 个月左右幼果期进行，可以应用纸袋或特制塑膜袋，最好全树套袋，解袋在苹果采收前 1 个月进行，如果套双层纸袋，必须先摘外层袋，一周后再摘内层袋，特制塑膜袋不用摘袋。
清园：在 10 月底至 11 月初进行，剪除病虫枝，清理病果、病叶等病残体和田间杂草等，然后深埋或烧毁，刮老翘皮最好在上冻前进行，刮前除主干老粗翘皮，尽量不伤木质部，刮前树下铺好塑料膜或直接用筐接着，刮下的老皮和病皮带出果园外集中烧毁。
枝干涂白：在树叶脱落后至土壤封冻前进行，涂白剂可以用生石灰 6 千克，氯化钠 1～1.5 千克，大豆汁 0.3 千克，水 20 千克配制。先把优质生石灰用水化解开，再加入大豆汁和氯化钠，搅拌成糊即可。
刮病斑：早春用锋利的刀将腐烂病斑全部刮掉，深达木质部，把周围好皮斜切 1～2 厘米，切面要光滑，刮完后用 0.15%梧宁霉素水剂 5～10 倍液喷施或涂抹，隔 7～10 天后，涂抹第二次。
波尔多液：喷施波尔多液主要是对苹果树叶片起保护作用，一般在 7 月初开始喷施，每隔 10～15 天喷施 1 次，一定要注意硫酸铜、生石灰、水的配比为 1：（2～3）：（200～240）。
果园种草：可以栽种白三叶、早熟禾等，草长成后要及时收割，在高约 30 厘米时开始割，割草后草的高度为 10～15 厘米，全年割草 2～5 次，生草 3～5 年后要及时翻压，再种新草。
释放赤眼蜂：一般苹小卷叶蛾化蛹率达到 20%时后推 10～12 天即可放蜂，放蜂量每次每亩 3 万头，每隔 5 天释放 1 次，共放 3～4 次，方法是直接把蜂卡放于树枝外围大枝中部叶片背面，用细草棍别上。
性诱剂：应用桃小食心虫性诱剂在 6 月初桃小食心虫出土期进行，梨小食心虫性诱剂在 4 月初梨小出蛰期进行，可以制作使用水盆式诱捕器，水盆式诱捕器必须经常添水，也可以用三角板诱捕器或房式诱捕器，诱芯和底部粘板最好 1 个月换 1 次新的，每亩地悬挂 10～20 个即可。迷向丝可干扰成虫交配产卵，最好选择持效期较长的迷向丝或迷向诱芯，在 5 月底至 6 月初悬挂，迷向丝直接缠到距离地面 1.5 米高的树枝上，每株树缠 1 个，迷向诱芯用细铁丝穿起，悬挂于距离地面 1.5 米高的树枝上。
树干绑带：树干绑诱虫带在采收前 1 个月进行，初冬季节解下集中烧毁。
杀虫灯：每盏杀虫灯可以控制 30～50 亩。最好在 4 月初开灯，同时诱杀桃小食心虫和梨小食心虫、苹小卷叶蛾。
黄板：每亩悬挂 30 块左右，选择在晴天的每棵树体中部向阳处悬挂，主要诱杀有翅蚜</td></tr>
<tr><td>适用范围</td><td colspan="14">该技术适用于所有果园，最小规模种植区 3～5 亩</td></tr>
<tr><td>经济效益</td><td colspan="14">本模式每亩药剂投入 280 元，肥料投入 800 元，人工费用 1 030 元（套摘袋 700 元，施药 120 元，修剪 60 元，其他 150 元），药械等费用 30 元，杀虫灯 40 元，合计 2 180 元，优质果率增加，达 91%，平均亩产 2 735 千克，毛收入 27 350 元，净收入 25 170 元。非示范区（常规管理）每亩药剂投入 280 元，肥料投入 800 元，人工费 330 元，合计 1 130 元，非示范区病虫果率达 28.6%，优质果仅为 71.4%，平均亩产 1 980 千克，毛收入 17 880 元，净收入 16 750 元，比示范区减少收入 8 420 元</td></tr>
</table>

苹果园灯诱等绿色防控措施“4+4”模式配套组合技术

为加快推进苹果产业绿色高质量发展，促进苹果产业转型升级，筛选了一套适合山东省等环渤海湾苹果主产区的绿色防控措施配套组合技术，以灯光诱控这一绿色防控手段为主，包括“合理设置杀虫灯开关时间、性诱及灯光诱控结合、合理选择杀虫灯类型、设置天敌保护灯”等4项核心技术，以及“果园生草、理化诱控、统防统治、农业防治措施”等4项配套技术，经过推广应用证明，本技术模式经济、简便、高效，提质增效明显，具有很强的推广应用价值，适合作为苹果园绿色防控模式的样板和典范。

我国是世界上苹果生产和消费第一大国，苹果产业一直在我国产业发展和国际贸易中处于重要地位。当前苹果病虫害的防控主要依赖化学农药，普遍存在乱用、滥用化学农药现象，化学农药残留对人类及生态环境造成重大潜在的安全风险。太阳能杀虫灯由于杀虫谱广、数量多、耗电成本低、操作简单等，近年来在果园害虫防治方面发挥了巨大作用，成为果树害虫绿色防控技术装备的重武器。然而当前仍有很多因素制约了太阳能杀虫灯在果园的应用和发展，例如一次性投入过高，使用过程中的不规范、不科学，对天敌昆虫和环境昆虫造成误杀，以及对农业昆虫生态系统稳定性造成影响等，规范和提高杀虫灯的应用水平，进而促进果园病虫害防治精准到位，实现果业绿色转型发展已是当务之急。

一、技术概述

1. 技术基本情况

本技术以灯光诱控这一关键绿色防控技术为重点，围绕解决太阳能杀虫灯应用中的主要问题，以“简便、实用、节本、增效”为原则，核心技术是“合理设置杀虫灯开关时间、性诱及灯光诱控结合、合理选择杀虫灯类型、设置天敌保护灯”等4项，配套技术是“果园生草、理化诱控、统防统治、农业防治措施”等4项，形成了以灯光诱控为主、其他措施为辅的果园灯光诱控等绿色防控措施“4+4”模式，为果园灯光诱控等绿色防控模式集成和应用提供了可复制、可推广的样本和典范。

以本技术作为核心技术完成的成果“苹果园灯诱技术创新与应用”，获2022年山东省农业技术推广成果合作类优选计划。核心技术专利如下：

①一种保护自然天敌瓢虫的荧光保益灯，专利号：ZL 2021 1 1659277.1。

②一种监测趋光性害虫夜间上灯节律的方法及监测灯，专利号：ZL 2020 1 0635613.8。

③一种迷向杀虫两用的控虫装置，专利号：ZL 20222 1495087.0。

2. 技术示范推广情况

2018 年，在项目区内建设了 2 个核心示范区，示范面积分别为 600 亩和 450 亩，以果树专业合作社、专业化防治组织等为示范主体，有侧重点地部署不同示范产品和技术，辐射带动周边种植户 5 000 亩。2021 年，在山东省临沂地区全面推广，并且在烟台市牟平区、招远市的 7 个新型经营主体的苹果产区开展了绿色防控和农药减施增效关键技术筛选和技术模式集成，推广应用面积 20 万亩左右，促进了山东省苹果园病虫害绿色防控技术水平的提升和进步，推动了苹果产业绿色发展。

3. 提质增效情况

示范区在采用灯诱技术后，全年施药次数较对照区减少 5 次，亩用药量（折纯）减少 833 克，减少化学农药使用量达 29.54%，节约用药成本约 250 元，节约施药成本 320 元。通过示范和推广，科学指导和普及了杀虫灯控害保益效果，以及灯诱技术在实际使用中的作用，提高了公众对于绿色防控技术和产品的认知度和接受度，有利于我国果品产业的绿色转型提升，经济效益、社会效益和生态效益都十分显著。

二、技术操作要点

1. 技术情况

（1）合理设置杀虫灯开关时间。根据苹果园主要害虫和天敌不同时段的扑灯规律，合理设置开关时间，节能减排、减少对天敌的误杀。选择每年 6 月上中旬、7 月上中旬和 8 月中下旬等害虫集中危害高峰期开灯，其他时间关闭，其中每天 19：00～23：00，是苹果园害虫扑灯高峰期，杀虫灯应开启。

（2）性诱及灯光诱控结合。于每年 4～9 月悬挂梨小食心虫、苹果绿盲蝽、苹小卷叶蛾、金纹细蛾等性诱捕器，诱捕器之间间隔 15 米左右，每亩悬挂 3～5 个，预测害虫发生危害高峰期，达到防治指标后及时开启杀虫灯诱杀。

（3）合理选择杀虫灯类型。以鳞翅目昆虫危害为主的果园，选择风吸式杀虫灯诱集效果最好；以鞘翅目昆虫危害为主的果园，选择普通频振式杀虫灯诱集效果最好；注重天敌保护利用的绿色防控果园选择普通频振式杀虫灯控害保益效果最好。

（4）设置天敌保护灯。根据当地天敌种类，选择黄光 580 纳米或橙光 625 纳米的 LED 风吸式灯在每年的 6 月中旬至 7 月下旬的 19：00～23：00 和 5 月中下旬到 6 月中旬的 21：00～23：00 吸引天敌，设置吸引、保护天敌的诱虫灯，以此增加果园内天敌的数量。

2. 配套技术

（1）果园生草。通过自然生草、行间种草等增肥保墒，保护天敌。草种以鼠茅草、白三叶草、紫花苜蓿、田菁等豆科牧草为好，利用果园杂草进行自然生草时，高秆、深根的杂草要去掉。行间生草，行内压草，生草当年最多刈割 1～2 次，一般留茬 5～10 厘米为宜，定期喷白僵菌、绿僵菌、苏云金芽孢杆菌或者其他高效、低毒的杀虫剂，消灭金龟子幼虫。

（2）理化诱控。结合主要虫害诱杀金纹细蛾、苹小卷叶蛾、桃小食心虫等害虫雄虫，每亩果园放置诱盆2～3个，选用水三角板诱捕器或房式诱捕器，诱芯和底部粘板每月换1次。高度为距离地面1.2米为宜，诱芯间距15米，呈梅花形排列。其中金纹细蛾和苹小卷叶蛾性诱芯悬挂时间为4月上旬至9月上旬；桃小食心虫性诱芯悬挂时间为5月中旬至8月中旬。

（3）统防统治。抓住果树开花前、落花后、幼果期、套袋前、果实膨大期、采果后休眠期等关键生育期，根据病虫害发生规律和危害特点，使用植保无人机、果林风送机等高效植保器械，对症选用多抗霉素、灭幼脲等高效绿色药剂开展统防统治作业，提高防治效果，降低作业成本。

（4）农业防治措施。做好春季清园工作，减少病虫基数。春季清园主要做好“锯、剪、刮、涂、清、喷”6个字，即锯掉腐烂大枝，剪除病虫死枝，刮除病皮和坏死组织，涂抹大小锯口、剪口和病疤，清除残枝落叶，花芽刚萌发时喷施1次石硫合剂，结合生长季节人工摘除苹小卷叶蛾虫苞、落卵等措施。

三、适宜区域

山东省等环渤海湾苹果主产区。

四、注意事项

①杀虫灯对蚜虫和叶蝉的防治十分有限，诱虫量较少，应综合信息素诱杀、人工捕杀、生物防治等防治方法才可达到更佳的效果。

②杀虫灯周围昆虫的密度有较为明显的上升趋势，应结合性信息素进行防控或对灯区周围局部喷药杀灭。

③部分外壳坚硬和个体偏大的害虫如绿丽金龟等，可以适当增加电击强度或风吸力度，以提高杀虫效果。

五、技术依托单位

1. 山东省农业技术推广中心

联系地址：山东省济南市历城区闵子骞路25号
联系人：杨勤民
联系电话：13954154901

2. 山东农业大学

联系地址：山东省泰安市岱宗大街61号

联系人：何邦令
联系电话：13053884868

3. 临沂市农业技术推广服务中心

联系地址：山东省临沂市北城新区东方慧景
联系人：徐德坤
联系电话：13013522361

4. 沂水县农业技术推广中心

联系地址：山东省临沂市沂水县沂蒙山东路 18 号
联系人：左利波、赵成华
联系电话：15963359019

苹果园太阳能杀虫灯应用情况

性诱及灯光诱控结合

统防统治

杀虫灯诱虫情况

果园自然生草

苹果主要病虫害全程绿色防控技术模式

陕西苹果规模位居全国首位，面积近千万亩，年总产超千万吨，年产值千亿元，整个苹果产业链从业近千万人，苹果产业成为陕西区域农业经济、巩固脱贫成果、乡村振兴的支柱产业和长效产业。然而，危害苹果的病虫种类多达100多种，年发生面积4 300多万亩次，年危害损失100多万吨，造成经济损失50多亿元，成为制约苹果产业健康发展的主要因素之一。为此，针对陕西省苹果主要病虫害规律演变掌握不足、长期依赖化学药剂防治、缺乏绿色防控技术体系的实际，陕西省植物保护工作总站系统监测主要病虫害发生动态及危害演替规律，研究绿色高效、操作简便和环境友好的关键防控技术，科学制定和实施防控新策略，创新集成全程绿色防控技术体系，并进行大面积推广应用。

一、技术概述

1. 技术基本情况

本技术模式在全面普查的基础上，根据病虫发生程度、面积、危害造成的损失等，确定了苹果腐烂病、褐斑病、炭疽叶枯病、金纹细、蚜虫、叶螨“三病三虫”为主要防控对象，系统研究其演替规律，确定六个防控关键时期，开展免疫诱抗、理化诱控、天敌控害、药剂组合、高效药械等绿色防控技术研究，探明绿色防控技术路径，组装、集成了“基数控制＋免疫诱抗＋理化诱控＋药剂组合＋高效器械”的全程绿色防控技术模式。

2. 技术示范推广情况

本技术模式在陕西省农业科技创新转化项目、国家重点研发计划“苹果农药减施增效技术大面积示范推广”等项目支持下，近5年建立示范基地150多个，累计推广应用面积1 500多万亩。2017—2019年连续3年被农业农村部列入全国农业主推技术。以本技术模式为核心的“苹果主要病虫绿色防控关键技术研究与应用”项目获2018年陕西省科学技术奖一等奖，“苹果主要病虫害绿色防控技术集成与示范应用”项目获2019年全国农牧渔业丰收奖一等奖。

3. 提质增效情况

示范区苹果病虫害总体防效达92%以上，减少化学农药使用量25%，平均亩挽回苹果产量180千克，商品果率提高3%以上，亩均增收450元以上，经济效益、社会效益和生态效益显著，为果业提质增效、果区农民增收和果园生态环境改善做出了积极贡献。

二、技术操作要点

1. 农业健身栽培

落实科学水肥管理、合理负载、规范树形等措施，培养健壮树势，抑制病虫发生。根据果树生育期分阶段、均衡施肥，总的原则是增施有机肥和生物菌肥，减氮稳磷补钾，适量补充中微量元素。每生产 100 千克苹果，平均按 N：P_2O_5：K_2O＝1：0.62：1.05 的比例施肥，不同果区根据目标产量、树龄、树势和土壤肥力等适当调整。秋季全园施足基肥，以有机肥为主，适当配比生物菌肥或土壤改良剂＋中微量元素＋部分速效化肥，施肥量占全年的 60%～70%。疏花疏果，合理负载。规范整理树形，及时保护剪锯口。苹果采收后，及时落实“剪、刮、涂、清、翻”技术。修剪的枝残体、病残体应及时清出，远离果园，或集中堆放在园外覆盖薄膜，压低病虫源基数。

2. 生态调控

果树行间种植三叶草、毛苕子、紫花苜蓿等豆科植物或鼠茅草、早熟禾等禾本科草本植物，单一种植或混播，于春季 4 月上中旬或秋季 8 月中旬至 9 月中旬撒播；或行间蓄留狗尾草、牛筋草、地锦、婆婆纳、繁缕等浅根性自然杂草。果园四周种植油菜、黑豆等作物，或金盏菊等其他显花蜜源植物，增加果园生态区域内的植物多样性，改善果园生态小环境，涵养瓢虫、草蛉等自然天敌，抑制病虫害发生。生（蓄）草高度超过 30 厘米应及时刈割，留茬约 10 厘米，割下的草覆在树盘下，随秋季施基肥深埋入地下。

3. 蜜蜂授粉

选择适宜授粉的中华蜜蜂或意大利蜜蜂。苹果花开 5%～10%时蜜蜂入场，按每 2 亩 1 箱的密度放置蜂箱，蜂群势 8 脾以上，授粉蜂群以 20～30 箱为 1 组，均匀摆放。蜂场与授粉田距离小于 100 米。蜂箱巢门背风向阳，视果园地形和面积摆放。放蜂期间，注意蜂箱保温和提供干净充足的水源，及时采收蜂蜜和花粉，提高蜜蜂出勤率和访花积极性。授粉期间，蜂场 3 千米范围内禁止施药。落花后蜂群离场。

4. 免疫诱抗

全程使用 3～4 次，分别在苹果树开花前、落花后、幼果期和果实膨大期，选用氨基寡糖素、大丽轮枝蛋白等免疫诱抗剂，按推荐用量，叶面喷雾，预防倒春寒，保花保果，促进生长。田间施用时可与药剂组合混用，在其他药剂配好后，最后加入稀释好的诱抗剂，混匀喷施，激发果树自身抗病抗逆性。

5. 理化诱控

（1）性信息素诱杀。田间悬挂性诱捕器。果树开花前后，上年鳞翅目害虫如金纹细蛾、苹小卷叶蛾、桃小食心虫等发生较重果园，选择相应性诱剂及其配套诱捕器诱杀成虫。每亩 5～8 个诱捕器，悬挂于树冠中外部，距地面高度约 1.5 米，棋盘式布局，相邻诱捕器间隔 15～20 米，连片使用时果园外围布置密度适当高于内圈和中心。及时更换诱芯和粘虫板。

（2）糖醋液诱杀。苹果开花期，园内五点布局放置糖醋液诱杀盆，诱杀食花金龟甲等趋光、趋化性害虫。杀虫灯或诱杀盆中的虫体集中深埋。

（3）捆绑诱虫带。害虫越冬前（8 月下旬～9 月），果树第一分枝下 10～20 厘米处树干绑扎诱虫带，或固定在其他大枝基部 5～10 厘米处，诱集害虫在其中越冬。翌年早春害虫出蛰前解除诱虫带集中烧毁。

（4）灯光诱杀。金龟甲发生重的果园，果树开花前，按照 20～30 亩 1 盏灯的密度安装杀虫灯，果园外围适当多些，杀虫灯接虫口高出树冠上部 50～60 厘米，于成虫发生期（一般是开花期和果实膨大初期）每天傍晚开灯诱杀。

6. 天敌防治

根据果品生产目标，有机果品生产园可人工释放捕食螨或赤眼蜂等天敌产品控制害螨、卷叶蛾等害虫。

（1）释放捕食螨。释放前 2 周，采用阿维菌素、多抗霉素等选择性药剂，全园细致喷雾 1 次。果园生草或蓄草为捕食螨提供栖息环境。一般于 6 月初越冬代叶螨雌成螨还处于内膛集中阶段时，平均单叶害螨（包括卵）量小于 2 只时释放。选择傍晚或阴天，将装有捕食螨的包装袋用图钉钉在每棵果树的第一枝干交叉处背阴面，每株 1 袋。果园挂螨后 1 月内禁止使用杀螨剂，杀虫剂、杀菌剂。

（2）释放赤眼蜂。于卷叶蛾越冬代成虫产卵初期（一般是成虫出现高峰后第 3～5 天）开始第一次放蜂。将蜂卡固定在果树树冠外围小枝上，避免阳光直接照射蜂卡。每亩均匀设置 8～12 个放置点。每亩每次放蜂总量 1 万头，每代放蜂 3～4 次，每隔 5～7 天放蜂 1 次，在 5：00～7：00 或 16：00～18：00 释放最佳。

7. 药剂组合防治

在准确做好病虫情监测预报的基础上，根据作物生育期、病虫害发生规律和危害特点，综合考虑药剂作用特性、气候条件、天敌数量、防治指标、蜜蜂安全性等因素，优先选用生物农药，对症选择高效、低毒、低残留等环境友好型杀菌剂、杀虫剂、杀螨剂品种或剂型，科学组合药剂，坚持达标防治，适期用药，精准用药，尽量减少用药次数和用药品种。严格遵守《农药合理使用准则》国家标准和《农药安全使用规范 总则》《绿色食品农药使用准则》行业标准。

（1）萌芽前。冬前未药剂清园的喷施 1 次石硫合剂。

（2）开花前。开花前 10～15 天，优先选用生物药剂，对症选用对蜜蜂低毒、残效期较短的治疗性杀菌剂和渗透性强的触杀性杀虫剂各 1 种，最后加入免疫诱抗剂，混合后叶面喷雾。若开花期遇雨，上年霉心病重发果园，需加喷多抗霉素。禁止选用对蜜蜂剧毒或高毒的氟硅唑、阿维菌素、甲氨基阿维菌素苯甲酸盐、氯氟氰菊酯、甲氰菊酯、新烟碱类如吡虫啉等药剂。刮除腐烂病病斑，并选用甲基硫菌灵糊剂或噻霉酮膏剂涂抹病处，超过树干 1/4 的大病斑及时桥接复壮。

（3）落花后。落花后 7～10 天：采用代森锰锌＋甲氨基阿维菌素苯甲酸盐＋哒螨灵或吡唑醚菌酯＋氟啶虫酰胺＋噻螨酮药剂组合防治，白粉病重发园加入四氟醚唑，按推荐用量叶面喷雾。如花期遇雨，防治时间提前至落花 80％时施药，预防霉心病。

（4）套袋前。可选用氯氟・吡虫啉＋噁唑菌酮・锰锌喷雾，尽量选用水分散粒剂、悬浮剂等水性化剂型。

（5）套袋后至果实膨大期。根据病虫发生和天气变化情况，对症选用丙森锌＋戊唑醇＋唑螨酯、代森锰锌＋多抗霉素＋高效氯氰菊酯＋螺螨酯等组合，最后加入氨基寡糖素，混配后叶面喷雾；降雨多时单独喷施 1 次倍量式或等量式波尔多液，防治早期落叶病。注意不同作用机理的药剂交替或轮换使用。

（6）果实采收后一周。选用长持效杀虫剂与广谱性杀菌剂农药品种组合全树喷雾，压低越冬病虫源基数。

8. 药剂涂干预防腐烂病

果树春梢停长期（6 月下旬），刮除主杆和大枝粗老翘皮后，选用戊唑醇或苯醚甲环唑等药剂 200～300 倍液涂刷 2～3 次，间隔 10～15 天，防止腐烂病病原菌侵染。秋末冬初果树落叶后，对当年的新发小病斑刮除表面溃疡后，用 3％甲基硫菌灵糊剂原膏或 20％丁香菌酯悬浮剂 100～150 倍液涂抹病斑，防止病害进一步扩展。

9. 高效施药技术

以减施增效为目标，精准施药、规范施药。矮化密植、间伐果园尽量使用自走风送式果林喷雾机、履带自走风送式喷雾机等雾化好的新型高效施药器械，传统种植模式的果园选用节药、雾化好的高效喷枪或改良喷头。施药时遵守《农药安全使用规范总则》。认真阅读药剂标签，按使用浓度要求配制好药液。把握适宜施药液量，结果盛期树亩施药液量 100～150 千克，根据树龄、生育期适当调整。注重雾化效果，根据施药液量、施药器械或喷枪的出水量确定喷药时的行走速度，喷到叶面湿润欲滴即可。注意喷幅对接精确，避免重喷、漏喷。禁止喷淋式施药。

三、适宜区域

西北黄土高原苹果产区。其他苹果产区可根据当地病虫发生情况参考应用。

四、注意事项

各苹果主产区因气候、生态环境的差异，病虫害发生种类、危害程度有所不同，可根据区域实际和生产目标，针对性地选择适宜技术组合，调整应用时期。规模化种植果园、管理水平较好，对新技术接受较快的地区更适合推广。

五、技术依托单位

陕西省植物保护工作总站

联系地址：陕西省西安市莲湖区习武园27号
联系人：王亚红、冯小军
联系电话：029-87321497、13709282375
电子邮箱：wyahong2002@163.com

苹果病虫害

苹果病虫害绿色防控减药增效技术

生态调控果园

蜜蜂授粉

理化诱控

释放天敌昆虫防治

药剂结合防治

喷雾机作业

静宁县苹果病虫害绿色防控技术模式

静宁县位于甘肃省东部，地处黄土高原丘陵沟壑区，土壤主要以黄绵土为主，占全县土壤面积的91.18%。土壤中有机质含量为0.92%，全氮含量为0.072%，速效磷为8.24ppm，速效钾170.1ppm。属暖温带半湿润半干旱气候，四季分明，气候温和，光照充足，年均气温7.1℃，无霜期159天，年均日照时数2 238小时。降水夏季较多，冬春季节较少，年均降水量为450.8毫米，年蒸发量为1 469毫米。独特的地域、气温、土壤特点，非常有利于苹果生产，静宁县被农业农村部评为“黄土高原优生苹果最佳栽植区域”。静宁苹果为甘肃省静宁县特产，中国国家地理标志产品。

20世纪80年代至今，静宁苹果种植面积逐年扩大，由最初的零星果园发展到现在的100万亩，2022年农民人均果品收入7 500元，占到了全县农民人均纯收入的70%，苹果产业已成为静宁县发展农村经济、加快新农村建设和增加农民收入的一大主导产业。

但是随着苹果种植面积的增加，病虫害日益明显，严重影响果品产业发展。经过多年探索，静宁县农业技术推广中心先后开展了多项试验研究，通过建立绿色防控示范区，研究制定了苹果标准化生产病虫害绿色防控技术模式，达到了保护生物多样性，减少病虫害暴发的目的，同时促进了苹果标准化生产，提升了农产品质量安全，降低了使用农药面源污染的风险，对保护生态多样性和农业可持续发展具有重要意义。

一、技术概述

1. 技术基本情况

农业措施+物化及生物诱控技术（包括黄板、杀虫灯、性诱剂、糖醋液、利用天敌、果实套袋等）+地面覆盖技术（包括铺沙、覆草、覆黑膜）+涂抹剂阻隔技术+化学防控技术。

2. 技术示范推广情况

按照静宁县农作物种植布局，苹果示范区主要分布在中南部乡镇，核心示范区为余湾、城川、李店3个乡镇，建成1万亩示范区，辐射带动区为仁大、甘沟、双岘、贾河、深沟、治平、新店、雷大、威戎等9个乡镇。在余湾、城川、李店等乡镇，以苹果种植大户、家庭农场、合作社、农业龙头企业等新型经营主体为重点，对于集中连片地块，提高建设标准，充分发挥示范带动和引领作用，示范展示病虫害绿色防控新模式，确保示范区农产品绿色优质，将示范区打造成农业绿色生产展示区。

3. 提质增效情况

以苹果生产为主，建立果树主要病虫害绿色防控示范区，示范区农产品农药残留检测达绿色食品指标要求，高效低毒低残留农药、生物天敌、理化诱控等绿色防控产品及技术使用面积占比100%。通过示范推广，辐射带动全县主要农作物病虫害绿色防控覆盖率在45%以上，农作物病虫害造成的损失率控制在5%以下。减少化学农药使用量10%以上，亩防治成本平均降低10%。优质果率提高5%，果园生态环境得到改善，天敌种群数量明显增多。

二、技术操作要点

1. 农业措施

（1）清洁田园。在果树休眠期彻底剪除带虫蛀、虫孔、有虫卵和长势弱、发病严重的枝条，及时扫除地面枯枝、落叶、落果与杂草，集中烧毁。

（2）刮除树皮。一是防控虫害。冬季和早春果树萌发前，选择无风天气，彻底刮除主干及主枝上的翘皮、粗皮，集中烧毁，可消灭藏在枝干粗皮、翘皮或粗皮缝隙中的叶螨、苹小卷叶蛾等越冬虫害。及时刮除病斑、病皮。对于树皮病症较轻者只需去枯死老翅皮，重者应刮至皮层微露黄绿色为宜，尽量不伤及树干木质部。刮后将刮下来的老翅皮、粗皮及时集中处理。二是防治腐烂病。从2月中下旬至5月上中旬、8月下旬夏梢稳定至秋梢生长期，要定期检查，发现病疤及时刮治。刮治时要彻底刮尽病部组织（带菌木质部），在其周围刮去0.5～1.0厘米宽的健康皮，刮后伤口呈梭形，刮面要光滑。刮后随即在病部涂药，涂药超出病疤外5～8厘米，1个月后再涂1次药。病皮及时收集，带出果园烧毁。3～4月果树萌芽前7～10天喷3～5波美度石硫合剂，刮治腐烂病疤，追施锌肥、铁肥。每次对剪锯口消毒保护，修剪后用甲基硫菌灵30倍液刷洗树干。

（3）地面覆盖技术。一是铺沙。春季在果园内覆盖细沙，可以防除杂草，保持土壤水分，阻止地下越冬害虫向树上迁移，同时阻止越冬杂草萌芽生长危害果园。二是行间生草（黑麦草或油菜或自然生草）。减少果园水分蒸发，降低地表温度，改善生态环境，有利于捕食螨等天敌栖息繁殖。三是在果园内覆盖黑膜或地布，防除杂草，阻止地下越冬害虫羽化和向树上迁移，降低虫口密度，静宁县果园覆盖率达90%以上。

（4）诱虫带诱集。秋季在树干基部捆绑诱虫带，诱杀越冬害虫。于翌年早春解冻前取下诱虫带烧毁，可有效降低虫卵基数。

（5）果实套袋技术。疏花疏果后准备套袋，一般在主要蛀果害虫造成危害前，在5月中下旬开始。苹果着袋为期100天后，采摘前15天解开果袋，让果实见光着色。

（6）树干涂白。越冬前对果树树干进行涂白，可防治日灼和冻害，延迟果树的萌芽与开花，避免晚霜的危害，而且还能兼治虫害和防治腐烂病，阻止成虫产卵或杀死在树皮内隐藏的越冬虫卵。适期使用碧护，提高树体抗逆性，采用氨基寡糖素等免疫诱抗剂提高树体抗病性。

2. 物理及生物诱控技术

（1）悬挂黄板。利用昆虫的趋光性，采取在果树悬挂黄色粘虫板的方式防治蚜虫、白粉虱、蝇类等害虫，粘虫板规格为250毫米×300毫米，双面带胶，于4月中下旬悬挂，每棵树悬挂1片，悬挂在树冠部分高度120厘米左右的树枝上。10月上旬收板，要集中彻底回收处理，防止造成环境污染。

（2）安装杀虫灯。频振式杀虫灯诱虫谱广、诱虫量大，对苹果园主要害虫均有诱杀效果，尤其对鳞翅目害虫的控害效果尤为明显。于4月上旬安装，每3公顷安装1盏，灯间距200米，开灯日期自4月中旬至10月中旬，采用光湿控智能开关装置，白天雨天关灯，晚上开灯，装灯高度根据树高确定，以灯底座低于树梢30～50厘米为宜。

（3）利用性诱剂。性诱剂对靶标害虫的选择性较好，不伤害益虫，是一种防治效率较高的诱杀生物措施。以当地普遍造成危害的梨小食心虫、苹小卷叶蛾、桃小食心虫、金纹细蛾等为靶标害虫，选择相应的橡皮头诱芯。为了田间使用方便，全部采用三角盒诱捕器，盒底固定粘板，用细铁丝把橡皮头诱芯悬挂在盒内粘板上方1.5厘米处，田间悬挂期为4月上旬至10月上旬，将诱捕器挂在树冠外围高1.2米左右的树枝上，为了提高防效，诱捕器需保持自然下垂，以便于性诱剂的扩散，橡皮头诱芯每2月更换1次，粘虫板每月刷生物胶1次，每公顷悬挂200个。

（4）利用糖醋液。糖醋液可以诱杀对糖醋酒等气味有一定敏感性的昆虫，如梨小食心虫、梨大食心虫、金龟子、卷叶蛾等。配方为红糖：醋：水为1：4：16，将配好的糖醋液放置容器内（敞口瓶和盆），以占容器体积1/2为宜。虫口密度较小时，每1～2棵树悬挂1个容器，虫口密度较大时，每棵树可悬挂2个容器。要注意及时清理虫体，并补充糖醋液。

（5）释放天敌。一是释放捕食螨。在春季害螨危害早期，释放捕食螨控制害螨，达到以螨治螨的效果。捕食螨品种为胡瓜钝绥螨，纸袋包装，每袋净含量≥2 500只，1树1袋。释放捕食螨时将袋上口剪开，用图钉将袋体固定在树干阴面第一个大分枝处，袋底托在枝上，袋体紧贴树干，以利于捕食螨释放扩散。二是释放赤眼蜂。春季下旬释放赤眼蜂控制叶螨等害虫。赤眼蜂5 000头/袋，用牙签将袋体固定在树干阴面不易淋雨处。释放捕食螨和赤眼蜂后，要严格控制喷洒杀螨剂农药，如必须喷洒，可采用生物源农药，以减小对捕食螨的伤害。

（6）涂抹剂阻隔技术。早春害螨出蛰向树体迁移时，在果树主干及大枝基部涂抹阻隔剂，形成阻隔带，阻止苹果叶螨等害虫上树危害，减少虫口基数。阻隔带幅宽15厘米，环绕主干及大枝基部，涂抹均匀，不要留有空隙，阻隔剂要黏性好，持效久。

（7）化学防控。在综合苹果生长发育规律、物候期、病虫发生态势的基础上，抓住病虫害防治的关键期，结合天气状况防治。如果其他防治措施难以达到理想的防治效果时，要及时开展以喷施高效、低毒、低残留农药为主的统防统治和群防群治。主要防治对象为腐烂病、斑点落叶病、锈病、黄化病、白粉病、黑红点病等病害，以及各类蚜虫、叶螨、金纹细蛾、卷叶蛾、食心虫、大青叶蝉、介壳虫、金龟子等虫害。

结合静宁县实际，静宁县苹果病虫害防治主要抓住以下几个关键时期：即萌芽前后、花后、套袋前、麦收前后及拆袋前。萌芽前后是防治各种越冬病虫害的用药关键期，有效用药可降低越冬病虫基数，为当年的防治奠定基础；花后是防治白粉病、锈病、斑点落叶病、叶螨、卷叶蛾、金纹细蛾、康氏粉蚧的用药关键期；套袋前是防治斑点落叶病、褐斑病、果实黑红点病、黄蚜、叶螨、金纹细蛾、介壳虫的用药关键期；麦收前后是防治褐斑病、叶螨的用药关键期；拆袋前应视园内褐斑病、叶螨等的发生情况酌情用药。

关键时期使用的药剂有：

①花前花后（4 月下旬至 5 月上旬）：使用苦参碱 1 000 倍液＋35％甲基硫菌灵 1 000 倍液＋氨基酸钙 800 倍液或哒螨·灭幼脲 3 000 倍液＋甲基硫菌灵 1 000 倍液或多抗霉素 500 倍液＋补钙乳 500 倍液。

②花后生理落果期（5 月中下旬至 6 月上旬）：使用甲基硫菌灵 1 000 倍液＋阿维菌素 3 000倍液＋吡虫啉 3 000 倍液＋多元微肥。多抗霉素 500 倍液＋阿维菌素 5 000 倍液＋补钙乳＋叶面肥等。

③果实膨大期（6 月下中旬至 7 月上旬）：使用多抗霉素 500 倍液或 70％甲基硫菌灵 1 000 倍液＋吡虫啉 3 000 倍液＋氨基酸钙。

④早熟品种成熟期（8 月中旬至 9 月上旬）：使用 70％甲基硫菌灵 1 000 倍液（多抗霉素 500 倍液、50％多菌灵 800 倍液）＋吡虫啉 3 000 倍液＋阿维菌素 5 000 倍液。根据田间病虫害发生情况，选用以上 1 种或几种农药喷防。在果实生长后期，要严格执行农药使用安全间隔期，以免影响果品质量安全。

三、适宜区域

该技术模式适用于 500 亩以上集中连片果园开展。

四、注意事项

①施药时应避开早上露水天气、晴天正午高温天气、雨天、大风天，以防降低药效或发生药害。

②苹果同一器官在不同生长发育阶段对农药的要求不同，花期避免用药，幼果期（未脱毛）避免乳油类药剂，拆袋后尽量不施药，防止污染果实。

③在防治过程中，尽可能做到防虫、治病和树体营养补充相结合。

④及时清除使用过的农药包装废弃物，避免再次污染。

五、技术依托单位

1. 静宁县农业技术推广中心

联系地址：甘肃省平凉市静宁县北环路 19 号
联系人：樊红霞、高亚飞

2. 甘肃省植保植检站

联系地址：甘肃省兰州市城关区嘉峪关西路 708 号农业大厦
联系人：李丽芳、左佳妮、王得毓
联系电话：15009334942、18993161286
电子邮箱：584305107@qq. com、gszbfzk@163. com

江苏睢宁县梨病虫害绿色防控技术模式

睢宁县是江苏省梨栽培最适区之一，历史上“睢宁青梨”“水壶子”等地方名品享誉黄河故道地区，被命名为“中国三水梨之乡”。全县梨栽培面积4.3万亩，主要品种为丰水、酥梨、秋月、苏翠1号等。近年来睢宁县一直秉承“质量兴农、绿色兴农、品牌强农”的发展理念，围绕优质梨主导产业，依托南京农业大学等科研院所建设睢宁梨产业研究院，大力推广病虫害绿色防控技术，建设了3.6万亩高标准国家级无公害果品基地，4个省级梨病虫害绿色防控示范区。梨产品获得梨绿色食品证书6个，注册的商标“南许酥梨”获得地理标志证明商标，“利生”三水梨获得“江苏名牌产品”称号。

一、技术概述

1. 技术基本情况

秉承“绿色植保、公共植保”的理念，针对梨不同生育期病害虫发生特点，采取以农业和生物防治为基础，理化诱控为核心，科学使用化学农药的综合防治方法，在梨产区推广“清洁田园＋生态调控＋理化诱控＋科学用药”的绿色防控模式，示范区每季减少用药次数3～4次，产品农残监测合格率100％，多次在江苏省优质梨评鉴活动中获得金奖。实现了提高梨果品质、保护生态环境、增加经济效益的目的。

2. 技术示范推广情况

依托南京农业大学、江苏省农业科学院、江苏省植保植检站等科研院所技术团队，构建“产学研”平台，建成梨产业研究院、梨重大技术协同推广睢宁专家指导站。在万亩果园核心区建设江苏省农业科学院优质梨示范基地及南京大学张绍玲工作站。建设4个江苏省级梨病虫害绿色防控示范区。集成创新了《‘苏翠1号’梨生产技术规程》（DB 32/T 4160）、《梨树病虫害绿色防控月历》《梨树主干形栽培月历》《梨病虫害绿色减量防控技术规程》（DB 32/T 3838）等技术规范，近3年累计推广绿色防控技术应用面积10.8万亩次。

3. 提质增效情况

通过梨树病虫害绿色防控技术的推广应用，有效控制了病虫危害，取得了显著的社会效益、经济效益和生态效益。

（1）社会效益。通过绿色防控技术的宣传培训及推广示范，主体品种、主推技术应用率大幅度提高，农民的科学用药及绿色防控意识明显增强，示范区产品农残检测合格率100％。示范区梨产品获得绿色食品认证，近三年在省级早熟梨评比活动中获得13个金奖。产品以订单形式输送到上海商超，形成了完整的产业链，示范带动农业产业振兴。

（2）经济效益。示范区内投入的物理杀虫设备及安装维护成本 370 元/亩。示范区内共用药 6 次，减少 4 次用药，节约农药及施药成本 65 元/亩；生产出的优质果数量增加，示范区内亩产优质果 2 500 千克，示范区外优质果亩产 1 750 千克，优质果售价 5 元/千克，一般果 2.4 元/千克，亩增收产值 1 950 元，去除增加投入的物理防控设备及人工成本亩纯增收 1 500 元左右。

（3）生态效益。绿色防控核心示范区与常规防治区相比，化学农药用量减少 40.8%，病虫害防控效果达 93.3%，危害损失率为 2.97%。通过推广应用病虫害绿色防控技术，有效保障了农产品质量安全和农业生态环境安全。

二、技术操作要点

1. 清洁田园

在冬季病虫越冬期间，清理梨园枯枝落叶，对梨树的主要枝干以及其侧枝进行修剪，剪掉被病虫害侵蚀较多的枝干，以保证春季梨树枝干的生长。在夏季，对梨树受病虫危害的花朵、枝条进行采摘、修剪，以及对梨树的成果进行挑拣，增强果树的树势，提高果树的抗病虫能力。剪除的枝叶、果实集中带出园外处理或使用枝条粉碎机粉碎后无害化处理。

2. 生态调控

推广果园生草技术，在梨园种植牧草、二月兰、花生或自然生草。通过这些绿色植被的种植，不仅能有效地改善梨园的土壤结构，补充土壤有机质肥料，还能吸引害虫，涵养天敌。

3. 理化诱控

（1）杀虫灯诱杀。在害虫发生期利用其趋光性，进行灯光诱杀，每 20 亩安装 1 盏太阳能杀虫灯，诱杀金龟子、蝼蛄及鳞翅目夜蛾类害虫。开灯时间 4 月底至 9 月中旬。

（2）性信息素迷向。每亩悬挂 40 根梨小食心虫迷向丝，在 3 月底至 4 月初悬挂，系在树体高 2/3 处的枝条上。

（3）色板诱杀。在花期以后至采收前、9～10 月两个虫害高峰期，每亩悬挂 20～30 块黄色粘虫板、蓝色粘虫板，用于诱杀梨蚜、梨木虱、梨茎蜂、绿盲蝽和蓟马等微体害虫，悬挂在距离地面 1.5 米左右的树枝上。

4. 科学用药

（1）越冬前树干涂白，控制病虫基数。重点涂抹树冠不完整的大树、病树树干的南面及大枝杈向阳处，消灭在树干翘皮和裂缝中越冬的病虫。涂白剂的配制：清水 30 份、生石灰 8 份、食盐 1.5 份或使用专用涂白剂，树干涂白高度 60～80 厘米。

（2）在病虫害发生初期，应用生物农药。使用 1.5%多抗霉素 300 倍液、2%春雷霉素600倍液、0.5%苦参碱水剂700倍液防治梨黑星病、轮纹病、炭疽病等病害，用5%阿维菌素4 000倍液、100亿芽孢/毫升苏云金芽孢杆菌悬浮剂200倍液等防治梨小食心虫、梨木虱、叶螨等。

（3）科学用药。在果树不同生育期，根据病虫发生情况，重点进行药剂防治。在萌芽初期、开花前、谢花时、谢花后1周和采收后轮换使用12.5%烯唑醇可湿性粉剂3 000倍液、10%苯醚甲环唑水分散粒剂6 000倍液、30%己唑醇悬浮剂6 000倍液、50%醚菌酯水分散粒剂3 000倍液、50%克菌丹可湿性粉剂500倍液等防治梨黑星病、轮纹病、炭疽病等病害，梨锈病在萌芽初期即用药防治；应用40%螺虫乙酯悬浮剂8 000倍液、20%噻虫胺悬浮剂2 000倍液、240克/升虫螨腈悬浮剂1 500倍液防治梨蚜、梨木虱，用2.5%高效氯氟氰菊酯水乳剂或25克/升溴氰菊酯乳油2 500倍液防治梨小食心虫、叶螨等。

三、适宜区域

该技术适宜苏北区域梨树种植区。

四、注意事项

①及时清理接虫器内的虫体。

②梨开花前7天禁止喷施农药，花期严禁使用对蜜蜂高毒的阿维菌素、甲氨基阿维菌素苯甲酸盐和烟碱类农药。

③注意合理轮换选择不同作用机理的药剂，延缓抗药性的产生。

④注意安全用药间隔期，采收前20天禁止用药。

五、技术依托单位

1. 睢宁县农业技术推广中心

联系地址：江苏省徐州市睢宁县商务中心13楼

联系人：张欣芳

电子邮箱：nongyeju21@163.com

2. 江苏省植保植检站

联系地址：江苏省徐州市南京市鼓楼区凤凰西街277号

联系人：褚姝频

联系电话：025-86263841

应用梨小食心虫性信息素迷向技术

杀虫灯诱杀害虫

果园生草（种植二月兰）

黄、蓝粘虫板诱杀技术

砀山酥梨病虫害绿色防控技术模式

砀山拥有近百万亩连片生态果园，砀山县水果种植面积达70万亩，其中砀山酥梨种植面积40万亩，百年以上老梨树留存6万余株，是砀山酥梨原产地，被誉为“世界梨都”“中国酥梨之乡”。年产各类水果30亿斤，其中砀山酥梨15亿斤左右，是酥梨生产国家农业标准化示范区，设有国家梨产业技术体系成果转移转化中心——砀山分中心，砀山酥梨先后获国家农产品地理标志认证、中国驰名商标、全国百强农产品区域公用品牌等，被列入国家首批特色产业集群。受病虫害基数、种植模式和天气等综合因素影响，砀山梨每年因病虫害造成损失20万吨左右。为有效保障梨产业生产安全、质量安全和生态安全，我们探索了以农业防控技术、理化诱控技术、生物防控技术和安全科学用药技术集成应用新模式，有效促进了果业增效和果农增收。

一、技术概述

1. 技术基本情况

依据砀山酥梨生物学特性、砀山酥梨病虫害发生规律、危害特点、预测预报和预防控制的实际情况，坚持“预防为主，综合防治”，重点推广使用农业防控技术、理化诱控技术、生物防控技术和安全科学用药技术集成应用，有效保障了砀山酥梨的生产安全、产品质量安全和果园生态环境安全，促进了果业增效和果农增收。

2. 技术示范推广情况

2021年，砀山县打造万亩精品酥梨园，推广应用砀山酥梨病虫害绿色防控技术集成应用模式面积1万亩，2022年推广应用面积3万亩，2023年推广应用面积8万亩，3年全县累计示范应用面积12万亩，辐射带动面积40万亩。至2023年砀山酥梨病虫害绿色防控技术集成已在全国酥梨主要产区大范围推广应用，推广面积近150万亩。

3. 提质增效情况

通过推广砀山酥梨病虫害绿色防控技术集成应用，果园化学农药用量减少30%以上；病虫害综合防控效果在90%以上，病虫危害损失率控制在3%以内；果农接受绿色防控培训技术的比例在90%以上，技术普及率显著上升，带动效应显著，有效助力了砀山酥梨品牌知名度的提升和品牌价值的提升，也大幅度推动了绿色、优质农产品品牌的发展。农药检测合格率达100%；果园药剂防治过程中，未发生人畜中毒伤亡事故、未发生重大的环境污染事件、未发生严重药害等事故。砀山县故道地区果园生态环境得到显著改善，虫害天敌种群数量明显增多；砀山酥梨绿色高质高效技术示范区内单位面积经济效益，较自防区提高了63.63%。

二、技术操作要点

1. 农业防控技术

（1）健身栽培技术。均衡施肥：增施有机肥、菌肥等，增加树体营养积累，提高抗病能力；采果后一般每亩施优质有机肥 4 000 千克。减少化学肥料使用量，推广使用生物菌肥。

合理修剪：实行简化修剪技术，改善果园通风透光条件，调节树体负荷，使树体生长健壮，增强对病虫的抵抗能力。

合理负载：根据砀山梨的树龄、树势、土壤营养状况等条件，疏除病虫花，早期疏除畸形果，调整树体负载量，亩产控制在 3 000 千克/亩。

清洁田园：彻底清扫枯枝落叶，集中烧毁或深埋，降低病虫基数。

刮树皮：刮除主干、主枝等部位粗老翘皮，降低病虫越冬基数。

树干涂白：落叶后至萌芽前，喷涂松尔膜或涂白剂（生石灰 10 份、硫黄 1 份、食盐 0.2 份、水 40 份配制），防冻防日灼阻隔病虫。

（2）生态调控技术。果树行间种植三叶草、黑麦草等或自然生草，为昆虫天敌提供繁殖场所。

（3）冬耕翻土。提高土壤的理化性能，同时破坏害虫的越冬生存场所。

2. 理化诱控技术

（1）色板诱杀技术。3 月中下旬田间挂黄色粘虫板诱杀梨木虱、蚜虫、梨茎蜂、梨瘿蚊成虫。树干缠黄色诱虫带阻止害虫（螨）上树危害。一般每亩挂黄色粘虫板 25～30 片，用悬挂丝穿过粘虫板的悬挂孔，将其固定好，将粘虫板两端拉紧垂直悬挂在枝干上，悬挂高度一般在树体中部，当粘虫板上粘虫面积达 60%或持续使用 30 天时需更换新板。

（2）性信息素诱杀技术。3 月下旬果园悬挂性信息素诱捕器或迷向丝，有效控制梨小食心虫危害。一般每亩挂诱捕器 3～5 个，1 个月更换 1 次诱芯。迷向丝每亩 50 根，持续期 6 个月；6 月下旬采用蛋白饵剂等诱剂防治实蝇类害虫。

（3）灯光诱杀技术。3 月下旬梨园安装杀虫灯诱杀鳞翅目、鞘翅目等害虫。

3. 生物防控技术

（1）保护和利用自然天敌。在砀山酥梨园区内释放花蝽、瓢虫、草蛉、食蚜蝇和捕食螨等害虫的天敌，控制寄生性和捕食性害虫。同时采取梨园生草的方法，为害虫天敌创造适宜生长、繁殖的生态环境。

（2）利用天敌和生物农药防治。优先选用捕食螨、昆虫病原线虫、寡雄腐霉菌、天然除虫菊素、多抗霉素、印楝素等天敌和生物药剂防治病虫害。

4. 科学化控技术

（1）免疫诱抗技术。果树开花前 7～10 天、花后 7～10 天、幼果期和果实膨大期叶面喷施氨基寡糖素等免疫诱抗剂各1次，提高树体抗病抗逆力，促增产、提品质。

（2）新型植保机械应用技术。使用自走风送式果园喷雾机或植保无人机，提高作业效率，减少农药使用量，降低用工成本。

（3）安全科学用药。在做好病虫害预测预报的基础上，选择高效、低毒、低残留农药适时适量用药，同时选择正确的施药方法和农药混用技术、注意轮换用药，严格执行农药安全间隔期。

三、适宜区域

该技术模式适用于全国梨主产区。

四、技术依托单位

1. 安徽省植保总站

联系地址：安徽省合肥市滨湖新区洞庭湖路3355号安徽农业大厦19层
联系人：邱坤
联系电话：18956048038

2. 国家梨产业体系砀山综合试验站

联系地址：安徽省合肥市庐阳区农科南路40号
联系人：高正辉
联系电话：13705698246

3. 砀山县植保植检服务中心

联系地址：安徽省宿州市砀山县华府街58号
联系人：李建东
联系电话：15856700139

刮梨树翘皮

树干涂白

果园深翻

柑橘小实蝇诱捕器

梨小食心虫迷向智能设备

梨小食心虫诱捕器

梨小食心虫迷向丝

黄色粘虫板诱杀害虫

灯光诱杀

应用现代植保机械

秭归县柑橘全生育期病虫害绿色防控技术模式

一江春水绿，两岸橙花香，三峡平湖美，四季百业兴。秭归县是著名的“中国脐橙之乡”，近年来，秭归县始终坚持以市场为导向，积极推进柑橘产业供给侧结构性改革，形成了春有伦晚、夏有夏橙、秋有九月红、冬有纽荷尔“一年四季产鲜橙”的产业发展格局。截至目前，全县共12个乡镇、122个村、611个小组、5.9万户、18万人种植柑橘，种植面积达40万亩，产量100万吨，综合产值突破200亿元，造就柑橘产值亿元村12个，5 000万元村27个，1 000万元村18个，秭归县成为全国柑橘产业30强县，柑橘产业已真正成为秭归县的“致富果、黄金果”。

秭归县牢固树立“公共植保、绿色植保”理念，坚持质量兴橙、效益兴橙、科技兴橙，以“秭归脐橙三年品质提升”行动为切入口，探索全生育期病虫害绿色防控技术，不断提高绿色防控覆盖率，促进农药减量增效和农产品质量安全，为柑橘产业健康可持续发展保驾护航。

一、技术概述

1. 技术基本情况

本技术聚焦柑橘全生育期病虫害，以农业防治为基础，保护利用自然天敌，大力推广生物防治、物理防治、生态调控等非化学防治技术，合理使用化学用药，达到减肥减药减工及增产增质增效目的，促进柑橘产业向资源节约型、生态友好型、优质高效型发展。

2. 技术示范推广情况

该技术已在秭归县部分柑橘产区推广应用，2023年示范推广面积5万亩，近三年累计推广面积10万亩。

3. 提质增效情况

作物生长季农药施用次数减少2～3次，化学农药使用量减少20%～30%，果园生态环境有效改善，瓢虫、食蚜蝇及蜘蛛等天敌数量增加，自然控害能力提升，病虫害造成的损失率控制在5%以下，每亩节本增效300元以上。

二、技术操作要点

1. 农业防治

（1）起垄栽培。平地和地下水位高的田块，可先起垄后定植。垄基宽度不小于2.5

米，栽植面不得低于2米，垄高以60厘米左右为宜。

（2）疏株间伐。对种植密度较大的老果园，根据情况采取隔株间伐的方式进行改造，改善通风透光条件。改造后的果园密度不超过60株/亩。

（3）适度修剪。一般在采果2周后开始全面修剪，先是对过高过密的树冠进行压顶、开窗，回缩交叉重叠枝；其次是剪除徒长枝、骑马枝；再次是剪除病虫枝、弱枝、干枯枝，消灭树上越冬害虫。修剪后将疏除的枝梢及清园后的杂物及时集中烧毁或堆沤还田。

（4）冬春清园。在果园修剪后，使用刷子或小笤帚将涂白剂从上至下均匀涂抹于主干和大型的分枝上。涂白剂可直接购买成品，也可自行配制，推荐配方：食盐0.25千克＋油脂0.5千克＋石硫合剂1千克＋生石灰6千克＋水8～10千克。在果园修剪后和春季萌芽前各喷雾1次2～3波美度的石硫合剂或矿物油，要全面均匀喷雾。

（5）中耕松土。采果后至12月底前或春季萌芽前用山区小型微耕机对柑橘园进行中耕松土，每2年1次，杀灭橘园中越冬害虫，降低虫口基数，减轻翌年病虫害发生程度。

（6）水肥管理。根据测土结果，合理施用氮、磷、钾和中微量元素肥料，增施有机肥，种植绿肥，增强果树长势，提高抗逆力。雨季应及时开沟排水，或地面覆膜，降低土壤湿度。旱季应培土和树盘覆盖保水，适时灌水。

（7）落果处理。在柑橘树果实发育的中后期，及早采摘“三果”，即产卵迹象明显的青果、被幼虫蛀害的未熟黄果、落在树冠下的虫果，所有废弃果置入厚度不低于0.12毫米的蛆果处理专用袋中，密封闷杀15天以上。

2. 生态调控

柑橘园的天敌种类多、数量大，是控制害虫群落的重要因素。实行果园生草栽培，适度留草或周边种植光叶苕子、白三叶、红小豆、藿香蓟等，增加土壤肥力水平，提高水分保蓄能力，改善果园生态环境，并给害虫天敌提供替代寄主、食料和庇护所。

3. 生物防治

（1）生物农药。选用苦参碱、印楝素、烟碱、藜芦碱、除虫菊素等植物源农药以及苏云金芽孢杆菌、春雷霉素、阿维菌素等微生物农药防治柑橘叶螨、蚜虫等病虫害。

（2）以螨治螨。于9月中下旬的傍晚或阴天，温度在20～25℃时释放捕食螨，结果树每棵挂1袋。释放时将纸袋沿虚线撕开一个小口，用薄膜覆盖袋口防雨水，然后挂在树干近树冠的荫蔽处。释放前7～10天，提前施药将病虫基数控制在2头/叶以内，保障捕食螨释放效果。

4. 理化诱控

（1）光诱。4月上旬到果实成熟期，在田间安装频振式诱杀灯，每30亩安装1盏，利用昆虫的趋光性，诱杀果园桃蛀螟、吸果夜蛾、潜叶蛾等害虫。

（2）色诱。在抽梢期每亩悬挂黄色粘虫板20张左右，诱蝇球15个左右，诱杀柑橘蚜虫、黑刺粉虱、柑橘大实蝇等害虫，色板悬挂在高于树冠3厘米左右处。

（3）性诱。于果实转色期，在果树中上部树冠边缘处悬挂诱捕器，每亩4个左右，配备定向诱芯，诱杀柑橘潜叶蛾、小实蝇等害虫。

（4）食诱。4月下旬（柑橘花期结束后，鳞翅目害虫发生始期）和果实成熟期，在果园悬挂糖醋液诱杀柑橘大实蝇、吸果夜蛾等害虫。每隔15米悬挂1个，高度为距离地面60厘米左右。6～7月，果园喷施糖醋诱杀液等食诱剂，每隔5～7天喷1次，连喷4次以上。糖醋液每亩按“红糖500克＋80％敌百虫30克＋酒或醋30毫升＋水15千克”的配方进行配制，先将红糖和水加热溶解后冷却，再加入酒或醋和药。

5. 科学用药

根据病虫害监测情况，在最佳施药时间，应用高效器械施用对路农药，合理使用化学药剂。杀菌剂可选用吡唑醚菌酯、苯甲·醚菌酯、吡唑·代森联、苯醚甲环唑、戊唑醇等，杀虫剂可选用虫螨腈、氯虫苯甲酰胺、啶虫脒、噻虫嗪、吡蚜酮等，杀螨剂可选用乙螨唑、螺螨酯、联苯肼酯等。

6. 植物检疫

严格执行检疫措施，落实柑橘果品市场检疫与苗木、砧木和接穗产地及调运检疫，阻截检疫性病虫（溃疡病、黄龙病）传入。

三、适宜区域

秭归县柑橘产区。

四、注意事项

灯光诱杀技术要注意开关灯时间；释放捕食螨后30天内果园不可喷洒农药，30天后防治其他病虫害时应使用杀伤性小的药剂；生物农药应在病虫害发生初期使用；要注重交替轮换用药，避免抗药性产生；遇到灾害性气候或其他农业灾害，灵活采用应急技术措施。

五、技术依托单位

1. 湖北省植物保护总站

联系地址：湖北省武汉市洪山区珞狮南路509号
联系人：万利
联系电话：19945013542

2. 秭归县农业科技服务中心

联系地址：湖北省宜昌市秭归县茅坪镇屈原路10号
联系人：韩庆忠

联系电话：13972010408

悬挂食诱器

理化诱控示范园

释放捕食螨

利用糖醋液诱杀

无人机飞防

临猗县冬枣病虫害绿色防控技术模式

临猗县位于山西省西南部，耕地10万公顷，其中冬枣种植面积达1.3万公顷，占全国冬枣面积的16.3%，全国排名第三；年产量达20亿千克左右，产量占全国冬枣总量的26.2%，排名第二，全国冬枣市场占有率达25%。跨入“全国枣业十强县”行列，先后获得“全国农作物病虫害绿色防控示范县”“全国农作物病虫害统防统治百强县”等荣誉称号。多年来，本县农业生产为了贯彻农业绿色发展要求，提升农产品质量安全，降低农产品农药残留，在农作物病虫害防控方面，不断加大宣传“预防为主、绿色安全、提质增效”理念，积极引导农民转变病虫害防控方式，大力推广实施绿色防控技术，示范带动科技新产品新技术新模式的应用，最终实现了农药减量控害，农产品提质增效，农民增产增收，全面助力生态文明建设和乡村振兴战略，取得了良好的生态效益、社会效益和经济效益。

一、技术概述

1. 技术基本情况

从冬枣整个生态系统出发，坚持“预防为主，综合防治”的植保方针，强化“科学植保、公共植保、绿色植保”理念，围绕“绿色安全，提质增效”这一主题，以病虫系统调查为依据，结合临猗县病虫害历年发生规律，集成应用农业防控（科学施肥＋清洁田园＋合理修剪）＋生物防治（以螨治螨）＋理化诱控（害虫阻隔＋灯诱＋性诱＋色诱）＋生态调控（蜜蜂授粉＋树下养殖鸡鹅）＋科学用药（智能测报＋新型植保器械＋合理使用）＋枣农素质提升等为一体的综合技术措施，突出绿色防控技术，积极保护利用自然天敌，恶化病虫生存条件，提高农作物的抗病虫能力，以及科学安全用药优化用药时间、药剂种类、施药方法等，达到降低农作物病虫害损失，保持生态平衡和生物多样性调控能力，全面促进枣果提质、枣农增收、农药减量，枣产业持续、健康、绿色发展。

2. 技术示范推广情况

为更好地展示绿色防控新技术、新产品的宣传带动作用，推广枣树病虫害绿色防控新技术，从2018年开始连续5年在临猗县建立5个冬枣病虫害绿色防控及农药减量增效示范基地，示范基地集中连片建设面积5 000亩以上。病虫害防控方面围绕农民关心的病虫害防治难、防治成本高的问题开展试验，提质增效方面围绕以提高坐果率和枣果品质为目的的氨基寡糖、碧护等产品开展试验，让农民更直观地看到明显的对比，有利于更好更快地推广实施绿色防控技术。实现示范基地绿色防控措施到位率在95%以上，病虫危害损失率控制在5%以内，减少化学农药使用量30%以上，达到提质增效、减药控害效果。

3. 提质增效情况

为验证提质增效情况，在示范基地开展氨基寡糖、碧护等产品的提质增效试验。从枣果抗病性、枣果品质及增加产量方面进行考察分析，同一枣园同一生育期实验枣树抗病性明显提高，枣果果型、硬度、糖度、叶绿素含量、口感等品质明显提升，增产幅度高达10%左右。

二、技术操作要点

1. 农业防控技术

（1）科学施肥。秋季冬枣落叶前，减施大化肥，增施有机肥，提高树体营养积累。

（2）清洁田园。休眠期清除树上病枝、病枣及田间枯枝、落叶，刮去树干粗翘皮，带出田外烧毁或深埋。

（3）合理修剪。冬枣休眠期去除老枝及多余枝条，增加通风透光条件。

2. 理化诱控技术

（1）害虫阻隔技术。利用害虫、害螨在树干及浅土层潜藏越冬，冬枣萌芽期出蛰沿树干爬行上树危害的习性，将其粘杀在粘虫带上。害虫、害螨出蛰前（2 月下旬至 3 月上旬）在枣园树干绑粘虫带。

（2）性诱剂诱杀。悬挂绿盲蝽性诱捕器，按行布局，15 米挂 1 套，每亩挂 3～4 个，悬挂于树冠外中部背阴面树枝上，树高 2/3 处，每月更换 1 次诱芯，悬挂时间为 3 月初至 10 月上旬。

（3）灯光诱杀技术。利用害虫的趋光性、趋波性，对绿盲蝽、灰暗斑螟（甲口虫）等枣园主要害虫进行诱杀。棚外安装太阳能风吸式杀虫灯，每 25～30 亩安装 1 盏。棚内安装直流电频振式杀虫灯，每 2 亩安装 1 盏。开灯时间为 4～9 月。

（4）色板诱杀技术。在冬枣园内悬挂可降解黄色粘虫板、含蓟马性信息素蓝色粘虫板诱杀蚜虫、飞虱、蓟马等枣园主要害虫，粘虫板规格为 20 厘米×25 厘米，每亩悬挂 30～50 张，每月更换 1 次。悬挂时间为 4 月初至 6 月下旬，注意避开蜜蜂授粉时间。

3. 生物防治技术

推广以螨治螨技术。在叶螨处于内膛集中阶段时，在傍晚或阴天将装有捕食螨的包装袋用图钉钉在每棵枣树的第一枝干与主干分叉处背阴面，每株 1 袋。注意在释放前 2 周，采用选择性杀螨剂全园细致喷雾 1 次，压低害螨基数。

4. 蜜蜂授粉提高坐果率技术

选择意大利蜜蜂等西方蜜蜂品种进行授粉。蜂群摆放密度以授粉冬枣面积为依据，鉴于冬枣花量大，以 2 亩放 1 箱蜜蜂为宜。摆放时可选择单箱排列、多箱排列或 U 形排列，可视场地面积和地形而定，可置于田地中央或一边。摆放时，巢门背风向阳。冬枣花开

10%时蜂群入场，10～15 天后离场。注意事项：放蜂期间，保证蜂群有干净充足的水源；注意及时采收蜂蜜和花粉，提高蜜蜂访花的积极性。蜜蜂入场前 10 天和蜜蜂授粉期间蜂场半径 3 千米内其他作物禁止施药。

5. 生态调控技术

推广鸡鹅控草技术。在 8 月枣果进入成熟期时，每个棚内放养 1 只鹅和 5 只鸡来控制枣园杂草生长，同时有助于提高枣园土壤有机质含量。

6. 昆虫性诱智能测报技术

在集中连片区域每 3 000 亩安装昆虫性诱智能测报系统 1 套，主要进行枣树绿盲蝽监测，每天通过手机后台，实时观测发生动态，在发生高峰及时发布防治信息，为科学指导防治提供依据。监测时间为 3～10 月。

7. 新型植保器械农药减量技术

为实现农药减量和节本增效目标，在常规密植枣园推广使用自走式风送喷雾机，在设施冬枣棚内推广使用超高效弥雾喷雾系统，通过喷雾器械的改变来增加雾化程度，提高农药使用率和利用率，达到农药减量和节本增效目标。

8. 枣农素质提升技术

在病虫害发生关键时期，及时组织农民开展病虫害识别防治与绿色防控技术培训，不断提高农民科学防治病虫害技术水平，切实提升绿色防控普及率。

9. 科学施药技术

①在冬枣生产过程中绝对禁止使用高毒、剧毒农药。

②全程推荐使用生物农药、高效低毒化学农药。

③冬枣休眠期，以冬枣红皮疱斑病为主要防治对象，全园喷施 45%的施纳宁水剂 100～150 倍液，历年发生严重的枣园加喷 1 次。

④蜜蜂授粉枣园，在冬枣萌芽前到蜜蜂离场前，严禁使用吡虫啉、噻虫嗪、阿维菌素、戊唑醇、敌敌畏、氰戊菊酯等对蜜蜂高毒的杀虫剂、杀菌剂。

⑤科学施药。萌芽到开花前以冬枣绿盲蝽、蓟马、盗毒蛾、枣瘿蚊、细菌性疮痂病为主攻对象。推荐药剂有多杀菌素、苦参碱、吡丙醚、吡蚜酮、甲氨基阿维菌素苯甲酸盐、联苯菊酯、春雷霉素、宁南霉素、中生菌素、多抗霉素、氨基寡糖素、苯醚甲环唑等农药。

幼枣到成熟期以冬枣锈病、褐斑病、炭疽病、缩果病、绿盲蝽、叶螨、枣步曲、蓟马、介壳虫、枣瘿蚊、桃小食心虫等为主攻对象。推荐药剂有：春雷霉素、多抗霉素、中生菌素、吡唑醚菌酯、戊唑醇、咪鲜胺、灭幼脲、苦参碱、甲氨基阿维菌素苯甲酸盐、联苯菊酯、氯虫苯甲酰胺、虫螨腈、虱螨脲、乙唑螨腈、螺螨酯、吡蚜酮等农药，结合实际发生情况制定防治技术配方。

三、适宜区域

适合山西省和陕西省露地及设施冬枣。

四、注意事项

本技术可以单项或者数项技术集合应用，根据病虫害发生实际情况，可以增加或者减少使用量。在应用生物防治技术时，由于生物防治受温度影响较大，在应用时可以结合当地温度小面积试验，验证可行后再进行推广应用。

五、技术依托单位

1. 山西省植物保护植物检疫中心

联系地址：山西省太原市迎泽区双塔西街98号
联系人：张东霞
联系电话：0351-7821149

2. 山西省运城市临猗县农业农村局

联系地址：山西省运城市临猗县南环西路1141号
联系人：周世荣
联系电话：0359-4028117

开展技术培训

刮去树皮干粗翘皮

清洁田园

合理修剪

树干绑粘虫带

性诱剂诱杀

灯光诱杀

色板诱杀

释放天敌昆虫防治

鸡鹅控草技术

喷雾器械作业

蜜蜂授粉

昆虫性诱智能测报系统

江苏省新沂市水蜜桃病虫害绿色防控技术模式

水蜜桃是新沂市的特色优势产业，“新沂水蜜桃”是国家地理标志产品，规模种植已有20多年历史，现全市种植面积8万多亩，生产的水蜜桃在中国园艺学会等举办的桃品会上多次获奖。为解决水蜜桃生产过程中病虫害重、防控难，对化学防治依赖程度高等问题，新沂市连续多年开展水蜜桃病虫害绿色防控技术的研究与试验示范，总结集成了以“农业防治＋生态调控＋理化诱控＋科学用药”为主线的水蜜桃全生育期病虫害综合防控技术模式并在全市推广应用，技术实用性强、经济效益好，对于提升全市水蜜桃绿色防控水平、农产品质量安全水平和农民增收发挥了重要作用。

一、技术概况

1. 技术基本情况

新沂地区水蜜桃主要病虫害有蚜虫、梨小食心虫、金龟子、绿盲蝽、细菌性穿孔病、褐斑穿孔病、流胶病等。集成应用农业防治、清园控害、果实套袋、理化诱控和科学用药等技术。

2. 技术示范推广情况

2018年以来，累计在新沂市不同桃园建设水蜜桃绿色防控示范区17个，核心面积2 000余亩。通过宣传、培训、指导，推广应用面积达2万余亩。

3. 提质增效情况

（1）有效提升了果品和效益。生物农药和高效、低毒、低风险农药得以示范推广应用，优质果比例增加，桃果单价较常规管理区每千克高出1元以上，亩增产达2 000元以上。

（2）实现了化学农药的减量使用。病虫害防治效果提高，减少了农药使用次数和化学农药用量，农药减施率达30%以上。结合使用微灌水肥一体化技术，减肥、减药、增产“双减一增”效果突出。

（3）取得了明显的社会效益。通过科学用药进万家专题培训、高素质农民培育以及微信媒体等多种渠道，扩大了水蜜桃病虫害绿色防控技术的知晓率和覆盖面，提高了广大桃农的绿色防控意识和技术应用水平。

二、技术操作要点

1. 农业措施

（1）水肥管理。应用微灌技术满足萌芽至花前期、硬核期、果实膨大期及秋后冬前等主要时期对水的需求。通过测土配方施肥，因地因品种施肥，合理调控氮、磷、钾肥施用水平，注意钙、镁、硼、锌、铁肥的配合施用，培育健康植株。

（2）清园控害。冬季利用“剪、刮、涂、清、翻”等措施，降低桃树病虫害越冬基数，减轻翌年病虫危害程度。

①剪。在 10 月至翌年 2 月的桃树休眠越冬期，彻底清园。结合冬季修剪，剪除带虫蛀道、虫孔、虫卵和长势弱、发病重的枝条，并及时打扫落叶、落果和树枝。

②刮。刮除主干分枝以下的粗皮、翘皮，杀灭藏在枝条粗皮、翘皮或裂缝中的叶螨等越冬害虫。对检查出的干腐、根癌、干枯等病害，及时刮除病斑、病皮。刮除时不能过重，深度应控制在 1 毫米左右，刮后树干呈现“黄一块绿一块”，尽量不伤及树干木质部。刮前树下铺塑料膜，及时收集刮下的老翘皮、病皮带出园外。

③涂。即树干涂白。进入秋冬季，桃树落叶后至土壤封冻前，在刮病皮和粗皮后，对树干和大枝刷上涂白剂，可使用石硫合剂或专用涂白剂。

④清。即桃树落叶后清理树下、树上、园外、路边等处的僵果，连同落叶、残枝、杂草等，集中埋入土中，深度 45 厘米以上，减少菌源和越冬虫源。

⑤翻。即深翻土壤。清扫桃园后至土壤封冻前，结合施肥，将桃树周围树冠下深翻 20～30 厘米，把病虫害翻到地表，结合灌水，改变土壤的环境条件，破坏梨小食心虫、金龟子等害虫的越冬场所，减少越冬虫源。

（3）果实套袋。疏果、定果后进行套袋，时间应掌握在主要蛀果害虫蛀入果实之前，新沂市早熟桃一般在 5 月上中旬花后小果开始，喷药后及时进行全果套袋，成熟时将果和袋一起摘下，然后拆除袋皮，将果按重量分级包装销售。

2. 生物防控

（1）种植吸引害虫天敌的寄主植物、蜜源植物。将周围环境植被上的瓢虫、草蛉、食蚜蝇及蜜蜂等天敌吸引到桃园，使之定殖并建立种群。

（2）采用对有益生物种群影响小的防治技术控制病虫害。一是人工释放天敌，如瓢虫、赤眼蜂等；二是在天敌高峰期避免使用化学农药，如麦收期间正值天敌向果园转移，不喷广谱杀虫剂，使用选择性药剂防治害虫。如防治桃蚜不使用菊酯类农药，可采用局部用药的方式，避免对天敌造成伤害。

3. 理化诱控

（1）色板诱杀。在春季成蚜始盛期、迁飞前后以及 9 月桃蚜迁回桃园时，将黄板悬挂于树冠外围朝南中间部位，每棵树或每两棵树挂 1 块。

（2）杀虫灯诱杀。一般在 4 月底，害虫越冬代成虫或第一代成虫发生前开始安装使用，10 月底关灯。

（3）性信息素迷向。在监测到第一头梨小食心虫成虫时绑挂，每亩挂 33～40 根持效期 6 个月以上的性信息素迷向产品，悬挂位置在离树顶的 1/3 处，实现一次使用、全年防治的效果。

4. 科学用药

根据病虫监测结果，综合分析各类病虫害的发生情况，抓住防治适期，适时使用氟啶虫酰胺、螺虫乙酯、苦参碱、中生菌素、春雷霉素等单剂及其复配剂防治病虫害。

三、适宜区域

本技术模式适宜新沂及周边具有相似气候条件的地区。

四、注意事项

①科学轮换使用农药，严格遵守农药安全使用间隔期标准。
②防治病害掌握在达防治指标的发病初期，防治害虫掌握在达防治指标的低龄幼虫（若虫）期。
③性信息素迷向剂连片应用面积至少在30亩以上。
④精准测报，推行病虫害机械化统防统治服务。

五、技术依托单位

1. 新沂市农业技术推广中心

联系地址：江苏省徐州市新沂市北沟街道新东路101号
联系人：程大勇
联系电话：18252191289

2. 江苏省植保植检站

联系地址：江苏省南京市鼓楼区凤凰西街277号
联系人：褚姝频
联系电话：13913959116

3. 江苏省农业科学院

联系地址：江苏省南京市玄武区钟灵街50号
联系人：王冬兰
电子邮箱：wangdonglan2013@163.com

果园生草涵养天敌

应用梨小食心虫性信息素迷向产品

杨梅全生育期病虫害绿色防控技术模式

浙江省仙居县是全国杨梅种植第一大县，杨梅生产环境得天独厚。多年来，仙居县始终坚持“绿水青山就是金山银山”理念，构建杨梅全生育期病虫害绿色防控技术集成应用体系，有效促进病虫害可持续治理，切实保障农产品质量安全，13.25 万亩杨梅基地获评全国绿色食品原料标准化生产基地。同时，形成了具有仙居特色的杨梅农耕文化和杨梅经济现象，仙居杨梅复合种养殖系统先后获评中国重要农业文化遗产、全球重要农业文化遗产，“仙居杨梅”区域公共品牌价值 24.98 亿元，在杨梅品类中稳居全国第一，提质增效显著。

一、技术概述

1. 技术基本情况

仙居杨梅全生育期病虫害绿色防控技术集成应用体系坚持“预防为主，综合防治”的植保方针，综合应用健身栽培、理化诱控、生态调控、科学用药等各项绿色防控措施，并通过“亲农在线”平台数字化赋能农业技术服务，不断扩大技术应用范围，有效控制杨梅白腐病、褐斑病、肉葱病、枝叶凋萎病、赤衣病、癌肿病及杨梅果蝇、介壳虫、卷叶蛾、蓑蛾、尺蠖、白蚁等主要病虫害。

2. 技术示范推广情况

2023 年仙居县杨梅种植面积 14.5 万亩，深化实施《仙居杨梅生产技术规程》《仙居杨梅设施栽培生产技术规程》等地方技术性规范，绿色防控技术培训覆盖 450 家杨梅专业合作社和 3.3 万中小农户，杨梅绿色防控实施面积 13.3 万亩，覆盖率 91.4%；统防统治以东魁杨梅为主，实施面积 9.7 万亩，覆盖率 66.9%，全县建成 1 个省级现代农业园区、10 个高标准示范园区、50 个绿色标准化示范基地、950 亩智能杨梅大棚。

3. 提质增效情况

2023 年杨梅产量 12 万吨，达到绿色食品 A 级标准，鲜果产值 11 亿元，促进梅农户均增收 3.46 万元。

二、技术操作要点

1. 健身栽培

培育健壮树势，增强树体抗性是绿色防控的基本条件，也是防控杨梅枝叶凋萎病的重要手段。

（1）土壤改良。杨梅属浅根性根系，主根不明显，发达的须根集中分布在浅层土中，结合施肥进行培土护根是解决土壤重茬的有效手段。11 月至翌年 2 月施基肥，以腐熟羊粪、商品有机肥等有机肥为主，辅施氮、磷、钾比例为 1∶0.3∶4 的配方复合肥，以及黄腐酸钾、豆磷脂等土壤改良剂、微生物菌剂，每 2～3 年结合施基肥进行 1 次深翻改土，深度 15～25 厘米，改良土壤理化性状；4 月上旬杨梅幼果期结合病虫害防治叶面喷施水溶肥壮果促梢；果实采收后 7～10 天进行 1 次浅松土，深度 3～5 厘米，同时施用施硫酸钾型复合肥或草木灰恢复树势。

（2）水分管理。果实膨大期、花芽分化期以及季节性旱涝期要注意加强水分管理，以"促夏梢控秋梢，促进花芽分化，硬核期、转色期至成熟期控水"为总体原则，7～9 月高温干旱来临前可进行地面覆盖，减少水分蒸发，果实膨大期及时排水可有效减少杨梅肉葱病发生。

（3）栽培管理。多花树在春季萌芽前进行适度修剪，疏掉过密、过弱的花枝，尤其是树冠上部的花枝，以减少花量，促发抽生春梢，确保挂果适量，盛花后期可根据实际情况喷施适宜浓度石硫合剂疏花。疏果遵循"强树多果、弱树少果"原则，在生理落果期结束后进行，分 2～3 次疏果，在果实迅速膨大期前完成，疏除病虫果、畸形果、小果，根据不同品种及结果枝粗壮程度、长度合理留果。成熟期及时捡拾落果防止果蝇滋生。夏秋季合理修剪，以疏删和短截相结合，剪除徒长枝、弱枝、病虫枝、交叉枝，保持树冠上部通风透光。

2. 理化诱控

（1）食源诱控。果蝇是杨梅成熟期最主要的害虫，其繁殖能力强、世代历期短，对成熟水果的酸香味趋性明显，而趋光性和趋色性则相对较弱，且无有效的性诱剂，因此食源诱杀是果蝇绿色防控的主要手段，可有效降低虫源基数。基于果蝇飞行能力较弱的特性，诱捕器悬挂适宜高度为 0.5～1.0 米，在杨梅转色期每树悬挂 1 个，诱捕器选择中间开口型，提高诱杀效率，诱剂可购买商品食诱剂或者使用糖醋液、杨梅汁、香蕉皮粉末等食源添加适量阿维菌素配制成诱饵，同时可兼治杨梅卷叶蛾等鳞翅目害虫。荸荠种等早熟品种可仅采用食源诱杀控害，东魁等晚熟品种和高山杨梅需要结合科学用药综合防控。

（2）杀虫灯诱控。杀虫灯是诱杀趋光性害虫的主要手段，可在杨梅园制高点每 10 亩安装风吸式太阳能杀虫灯 1 盏，5～6 月每天 18：00～24：00 开灯，杨梅采摘结束后停止使用，主要用于防治金龟子、尺蠖、蓑蛾、卷叶蛾、黑翅土白蚁等虫害，接虫瓶应配置基于天敌特性的益虫逃生通道，防止误杀益虫。

（3）黄板诱控。黄板主要用于诱控趋黄性显著的害虫，在杨梅生长期每树 1.5 米高处悬挂 1～2 块黄色粘虫板，可有效诱控白粉虱、烟粉虱、蚜虫等害虫，同时还能诱控蚊科害虫，显著改善农事操作环境。

（4）设施栽培。设施栽培可通过避雨控水和物理阻隔有效减轻病虫害发生程度，配置智能管理系统的联栋大棚，通过促早栽培措施可实现杨梅提早 7～15 天上市，普通设施大棚则只配备避雨顶棚和防虫网，在杨梅转色期之前覆盖可有效阻隔果蝇，减少落果和其他病虫滋生，糖度较露地杨梅提高 3°以上。

3. 生态调控

（1）生草栽培。实行季节性自然生草，有条件的果园间作套种伴生植物，保护和利用自然天敌控害。杂草治理一般在采摘前、采后施肥、施基肥改土时进行，结合松土施肥进行人工除草，通过连根拔除恶性杂草筛选果园草种，普通杂草采用机械割除，减少除草剂使用。伴生作物应选择浅根、矮秆且与杨梅无共生性病虫害的苜蓿、紫云英等豆科植物为宜，同时绿肥还田，提高土壤肥力。

（2）生物防治。利用寄生蜂、瓢虫、草蛉、蜘蛛等防治卷叶蛾、尺蠖、粉虱和蚜虫；利用瓢虫、扑虱蚜小蜂等持续控制介壳虫；利用蝇蛹金小蜂、短稳杆菌等防治果蝇；利用核型多角体病毒、白僵菌等防治蓑蛾。

（3）复合种养。仙居县以杨梅种植为核心的“梅-茶-鸡-蜂”古杨梅群复合种养系统，基于生物链原理实现不同生物特性的高度契合与完美互补，构建了极具地方特色的复合型山地农业模式，2015 年被农业农村部认定为第三批中国重要农业文化遗产，2023 年被联合国粮食及农业组织认定为全球重要农业文化遗产。

4. 科学用药

杨梅病虫害发生程度在不同区域、不同年份差异极大，发生严重时采用单一的绿色防控技术措施往往很难达到理想效果，需要多种技术综合应用并结合实际情况科学用药，从而实现农药减量控害增效。科学用药应当按照“生产必须、防治有效、安全为先、风险最小”的原则，优先选用杨梅登记农药，不能满足病虫害防治需要时可在《绿色食品生产允许使用的农药和其他植保产品清单》（NY/T 393）范围内选择使用农药。仙居县农业农村局根据实际情况制定印发《杨梅科学用药建议清单》，在农药经营门店设置杨梅绿色农药专柜销售，指导全县农户科学用药，并在东魁杨梅转色期这一关键时期通过政府购买服务模式实施统防统治，政府出资统一采购乙基多杀菌素、吡唑醚菌酯等高效、低毒、环境友好型农药配送各村，村级植保员组织农户实施统防统治，从源头保障杨梅质量安全。

三、适宜区域

全国杨梅产区。

四、注意事项

①适度规模发展设施栽培，促早栽培在杨梅开花授粉期高温闷棚会导致当年绝产，棚内温度不能超过 35℃，温度过高要及时通风降温。

②杨梅临近成熟期使用农药必须严格遵守安全间隔期。

五、技术依托单位

1. 浙江省植保检疫与农药管理总站

联系地址：浙江省杭州市江干区秋涛北路 131 号
联系人：殷琛
联系电话：13958153957

2. 仙居县植物保护检疫站

联系地址：浙江省台州市仙居县省耕西路 77 号商务楼中楼 240 室
联系人：应俊杰
电子邮箱：defendluna@qq. com

3. 仙居县特产技术推广中心

联系地址（邮编）：浙江省台州市仙居县省耕西路 77 号商务楼东楼 201 室
联系人：应铮峥
电子邮箱：1916931328@qq. com

4. 仙居县耕地质量与肥料监测站

联系地址（邮编）：浙江省台州市仙居县省耕西路 77 号商务楼东楼 204 室
联系人：叶放
电子邮箱：yeff1985@126. com

疏果提质增效

食源诱控杨梅果蝇

数字化联栋大棚

“梅-茶-鸡-蜂”古杨梅群复合种养系统

商水县葡萄病虫害全程绿色防控技术模式

商水县属周口市，位于河南省东南部，周口市西南部，地处冲积洪积平缓平原过渡区，地势平坦，西北高东南低，地处暖温带南部，属亚热带向暖温带过渡区，为季风半湿润气候，全年温度适宜，四季分明。商水县常年果树种植面积3.2万亩，其中葡萄种植面积1.2万亩，占果树总面积的37.5%。为了推进县域果树病虫害绿色防控工作，促进果品质量安全和农业生态环境安全，商水县连续4年建设超500亩葡萄病虫害绿色防控示范区，辐射带动面积2 000亩。核心示范区种植阳光玫瑰、红提、黑提、贵人香、宝石无核、美人指等优质葡萄品种，土质皆为壤土，全为水浇地。商水县从实施生态农业无害农业、绿色农业出发，以预测预报为依据，以农业措施为基础，以生态、物理防治为主要手段，推广使用无公害生物农药。通过几年的试验示范，集成了一套葡萄绿色防控技术模式。大大提升了果品质量和经济效益，引导果品生产走向无害、优质、高效轨道。

一、技术概述

1. 技术基本情况

模式名称：商水县葡萄病虫害全程绿色防控技术模式

研发人员：李新良、张新振、侯雪红、贾凤侠、王华伟。

研发时间：2017年11月至2020年11月。

防治效果：2016—2020年，4年调查数据汇总，平均病虫害综合防治效果82.6%，比果农自防区提高了12.2%。其中，绿盲蝽防效示范区防治效果比果农自防区提高了18.8%；东方灰蚧防效示范区比果农自防区防治效果提高了8.3%；甜菜夜蛾防效示范区防治效果比果农自防区提高了15.8%；黑痘病防效示范区比果农自防区防治效果提高了8.7%。

2. 技术示范推广情况

2016—2020年，4年商水县累计示范推广8.6万亩，提高了商水县广大葡萄种植户绿色防控意识和技术水平。

3. 提质增效情况

（1）降低了投入。根据估算，示范区及示范带动区每年每亩农业生态控制、物理防治费用118.8元，药剂防治费用82.8元，人工成本120元，合计每年每亩防治费用321.6元；与果农自防区每年每亩药剂防治费用368.9元相比，每亩可减少投资47.3元。核心示范区及示范带动区共2 500亩果园，每年可减少投入11.8万元。

（2）增加了收益。示范区及辐射带动区生产的果品表面光洁细腻，口味纯正，符合无公害果品的标准，优质果品率超过 90%，每亩纯收益 1.18 万元，比非示范区每亩增收 1 653.4 元。2 500 亩每年合计增收 413.35 万元。

（3）生态和社会效益明显。葡萄绿色防控技术的示范应用，减少了农药的使用次数和用量，控制了果品的农药残留，提升了果品质量；同时，改善了果园生态环境，促进了生态平衡。

二、技术操作要点

1. 农业生态控制

（1）清洁果园。结合冬季修剪，剪除病、虫枝，刮除树干老皮、翘皮、粗皮，彻底清理果园内枯枝、落叶、杂草、病僵果，减少越冬菌源；生长季节及时捏杀虫、卵，疏花、疏果，改善果园通风通光条件，增强树势，提高抗病虫能力。

（2）树干涂白。每年在早春树芽萌动前、晚秋落叶后至土壤结冻前各涂白 1 次。涂白的部位以主干和主枝基部为主，枝梢不涂。涂白剂配制方法：水 10 份、生石灰 3 份、食盐 0.5 份、硫黄粉 0.5 份、黏土少许，混合拌匀，调至干稀适中，以涂刷时不流失为宜。果树涂白可以防止树体温度变化过快，造成冻害或日灼，树干涂白可消灭多种在树干翘皮、裂皮内越冬的害虫。

（3）人工刷枝防治东方灰蚧。在春、夏生长期发现有个别枝条或叶片有东方灰蚧发生时，及时开展人工刷枝，用软刷轻轻刷除枝条和叶片上的介壳虫。

（4）秋施基肥。秋季葡萄树落叶前 1 个月进行施肥。一般每亩施肥 3 000～3 500 千克，以有机肥为主，科学配肥，将需要补充的过磷酸钙、硫酸锌、硼砂、铁肥等加入有机肥中，混合后施入主干周围 40～60 厘米的土壤中。

（5）合理浇水。遵循“冬季浇饱，春季浇足，生长季节浇巧”的原则。幼果膨大期浇水掌握勤浇、少浇及早浇，避免长期干旱后饱浇。果实膨大盛期多采用喷灌、滴灌或渗灌，预防后期裂果。

2. 物理防治

（1）放置频振式杀虫灯。每年 4 月 10 日开始，在果园内每 30 亩安装频振式杀虫灯 1 盏，4 月上旬开灯至 9 月中旬，集中诱杀金龟子、棉铃虫、甜菜夜蛾、桃蛀螟等害虫。

（2）搭建避雨棚。5 月中下旬，雨季来临前，及时搭建避雨棚。避雨棚成行搭建在葡萄树上方，一般棚膜距葡萄叶片 30～50 厘米，每年搭建面积 500 亩。以避免雨水淋洗，减轻葡萄病害。

（3）果穗套袋。6 月下旬至 7 月上旬，及时对葡萄果穗进行套袋。

3. 药剂防治

示范区果园全年用药次数控制在 3～4 次。防治用药以生物制剂和植物源、矿物源制剂为主。

①4 月中下旬，绿盲蝽发生时，每亩使用 0.2%苦参碱水剂 100 克，兑水 50 千克进行叶

面喷雾，防治绿盲蝽等害虫。

②5月上旬、6月中旬，东方灰蚧发生时，每亩使用95%矿物油乳油500毫升，兑水50～60千克进行整株喷雾2次，防治东方灰蚧。

③7月上旬，每亩使用25%络氨铜水剂100毫升，兑水60千克进行叶面喷雾，防治黑痘病。

④7月中旬，甜菜夜蛾发生时，每亩使用60克/升乙基多杀菌素悬浮剂20毫升，兑水50～60千克进行叶面喷雾，防治甜菜夜蛾。

三、适宜区域

（1）适用范围。适用于黄淮海中东部地区，砂姜黑土、两合土、沙壤土。

（2）适用品种。阳光玫瑰、红提、黑提、贵人香、宝石无核、美人指等。

（3）适用农产品。绿色农产品生产。

（4）适用病虫发生情况。主要病虫为东方灰蚧、绿盲蝽、棉铃虫、甜菜夜蛾、蚜虫、葡萄黑痘病、霜霉病。

四、注意事项

针对特殊自然状况及病虫问题，果园应采取灵活应变的管理措施。

五、技术依托单位

商水县植保植检站

联系地址：商水县富商路与商庆路交叉口
联系人：李新良
联系电话：13839406469

搭建避雨篷

果穗套袋

地膜覆盖

荔枝龙眼病虫害绿色防控技术模式

荔枝龙眼是华南地区最著名和最具特色的水果作物，种植面积合计近 1 300 万亩，在农业经济中占有重要地位。为推进乡村振兴，广东省委省政府牵头在 2021 年初印发《广东荔枝产业高质量发展三年行动计划》，强调荔枝龙眼产业在广东乡村振兴以及农业现代化建设中的主导作用，荔枝龙眼在农业经济中的地位更加凸显。同时，省委省政府也对荔枝龙眼产业发展提出了更高要求，实现病虫防控绿色化是荔枝产业发展的主要目标。随着粤港澳大湾区战略深度实施和《区域全面经济伙伴关系协定》（RCEP）生效，荔枝龙眼作为广东最具特色和代表性的农产品，打破绿色贸易壁垒，推动荔枝龙眼在大湾区和 RCEP 中的贸易流通，对果农增收和农村产业振兴具有重要意义。因此，推动荔枝龙眼病虫害绿色防控已成为中山农业产业发展和乡村振兴工作的迫切需求。

目前，荔枝龙眼病虫防控存在盲目用药、乱用滥用现象，对果品质量安全威胁巨大。为确保防效，果农不得不通过喷“保险药”和加大药剂用量保障防效，进一步加剧了质量安全风险隐患。为保障荔枝龙眼的生产安全、果品质量安全和生态环境安全，围绕产业绿色化，项目组将生态调控、生物防治、理化诱控、物理干扰和科学用药等技术措施组装配套，集成应用，形成荔枝龙眼病虫害绿色防控技术模式，为荔枝龙眼生产安全提供技术保障。

一、技术概述

1. 技术基本情况

荔枝龙眼病虫害绿色防控技术模式包含五类措施：生态调控、生物防治、理化诱控、物理干扰和科学用药。

（1）生态调控（农业防治）。①培育高光效树形。在荔枝采摘后，通过开天窗、去直留斜和回缩短截等措施，提高树冠有效光区面积，抑制病菌、害虫生长，并将修剪下的枝叶进行还田。结合果园生草，增加地表覆盖，为天敌提供栖息场所，增强天敌自然控制作用，并起到保水保土保肥和平衡地表温度的作用。②冬季清园。冬至到大寒期间，通过刮树皮、树干涂白、撒石灰和清除病虫枝，减少荔枝园越冬病虫源，降低病虫源基数。

（2）生物防治。①以菌治虫。梢期喷施苏云金芽孢杆菌防治荔枝尺蛾和卷叶蛾等鳞翅目害虫。②以虫治虫。椿象产卵始盛期释放平腹小蜂防治荔枝椿象。

（3）理化诱控。挂设杀虫灯，诱捕荔枝尺蛾、夜蛾、卷叶蛾、椿象、天牛、金龟子等害虫。

（4）物理干扰。通过夜间照明，改变果园光暗小环境，干扰害虫生活习性，防治荔枝蒂蛀虫。

（5）科学用药。施用符合行业标准《绿色食品　农药使用准则》（NY/T 393—2020）的杀虫剂和杀菌剂。监测荔枝蒂蛀虫和荔枝椿象发生情况，及时掌握虫情，预测防治适期，为实施精准防控提供依据。在虫情监测基础上，开花前施用辛硫磷防治荔枝椿象，施用吡唑醚菌酯防治荔枝霜疫霉病和炭疽病。谢花坐果后，施用啶虫脒防治荔枝蒂蛀虫和荔枝椿象，施用氟吡菌胺和霜霉威混剂防治荔枝霜疫霉病，施用氟吡菌酰胺和肟菌酯的混剂防治荔枝炭疽病。果实采摘前，施用乙基多杀菌素防治荔枝蒂蛀虫，施用氰霜唑防治荔枝霜疫霉病，施用腈菌唑的混剂防治荔枝炭疽病。

2. 技术示范推广情况

2019—2022年，技术模式在中山市、东莞市、广州市和惠州市等荔枝产区推广应用达22.5万亩，累计指导防控面积达405万亩次，4 000多户农户使用。其中荔枝蒂蛀虫预测预报技术入选2020—2022年广东省农业主推技术，荔枝椿象预测预报技术入选2023年广东省农业主推技术。

3. 提质增效情况

实施此技术模式，荔枝龙眼全年农药使用量减少了40%～42%，每亩每年节省防治药剂和施药劳力成本90～100元。科学用药还减少了防治过程中误伤蜜蜂等传粉昆虫的问题，荔枝龙眼授粉受精效率提高，每年每亩增加25～30千克产量，每增产1千克，效益增加8元。荔枝龙眼果品质量提升，售价比常规种植每千克售价高2元。三项合并，每亩每年合计增收节支共340～400元。

二、技术操作要点

1. 高光效树形培养

保持充足行株距，确保树与树之间有充足光照，平地缓坡地行株距为6米×7米或6米×8米，每亩约15株树，山地行株距为5米×6米或6米×6米，每亩约20株树。控制分枝数量，无叶骨干枝侧枝分级数控制在5～6级，第七级分枝长叶片，每级分枝保留2～3条枝条。去除直立枝，保留斜长和平长枝条。保留开张角大于45°的平长和斜长枝条。

2. 以虫治虫技术

荔枝花期一般不使用农药，在荔枝扬花授粉期即荔枝椿象产卵始盛期前释放平腹小蜂，提前让成蜂在园中扩散，提高寄生率。平腹小蜂卵卡每卡500粒卵，每株树（树冠直径4～5米）放1张卵卡，树冠大的树株可放2张卵卡。

3. 以菌治虫技术

从秋梢萌动至小叶完全展开，施用8 000IU/毫克苏云金芽孢杆菌悬浮剂和80亿孢子/毫升金龟子绿僵菌可分散油悬浮剂，防治荔枝尺蛾和卷叶蛾等梢期害虫，每隔10～15天喷施 1 次，每梢喷施 2～3 遍。

4. 灯光干扰技术

每行荔枝树安装一排 LED 白光灯（每盏 15 瓦），网格化排布，每盏灯间隔 5 米，灯高于树冠 0.5 米以上，确保光线充分散射，让树间平均光强保持在 10 勒克斯以上。排布灯绳前安装支架，拉钢丝绳固定支架，灯绳沿钢丝绳排布。

5. 荔枝蒂蛀虫和荔枝椿象预测预报技术

一是虫情调查。在荔枝龙眼中期落果期，定期收集落果，剖捡落果中的荔枝蒂蛀虫幼虫，统计一至五龄幼虫数量，计算各龄幼虫占比；在花穗期定期捕捉荔枝椿象越冬雌虫，剖检卵巢，统计各等级卵巢数量，计算各等级卵巢占比。二是推算防治适期。综合气温和幼虫发育历期，推算荔枝蒂蛀虫成虫高峰期和卵孵化高峰期，在这两个时期施药防治效率最高；综合气温和卵巢发育历期，推算大部分荔枝椿象雌虫卵巢发育至第四级的时间，在此之前施药防效最高。

6. 科学用药技术

通过预测预报，适时优先选用微生物农药、植物源农药和矿物源农药等环境友好型药剂。遇到极端天气和病虫害突发等情况，应急对症施用高效低风险农药。严格遵守农药安全使用的相关规定，做好农药废弃物回收。

三、适宜区域

广东、广西、海南、云南、福建、四川等地区荔枝种植区。

四、注意事项

①在荔枝花果期，加强荔枝蒂蛀虫和荔枝椿象虫情监测和预测预报。
②花期释放平腹小蜂和放蜂授粉时，不能使用杀虫剂。
③严格遵守农药安全间隔期的相关规定。

五、技术依托单位

1. 中山市农业科技推广中心

联系地址：广东省中山市桂园东路 8 号
联系人：柳浩
联系电话：0760-88221373
电子邮箱：zszhibao@163.com

2. 广东省农业科学院植物保护所

联系地址：广东省广州市天河区五山金颖路7号
联系人：董易之
联系电话：020-87590733
电子邮箱：dongyizhi@126.com

生态果园

以虫治虫

挂设杀虫灯

夜间照明

重庆市“巫山脆李”病虫害绿色防控技术模式

“巫山脆李”是巫山县重点打造的“1＋3＋2”现代农业主导产业之一，目前种植规模达30万亩，先后荣获“中国脆李之乡”“中华名果”“全国优质李生产基地县”“全国优质李金奖”“中国气候好产品”“国家区域优势公用品牌”“全国名特优新农产品”“中国品牌·典范100”等称号，2023年成功创建国家“巫山脆李”标准化示范区、“巫山脆李”全国绿色食品原料标准化生产基地。

一、技术概况

1. 技术基本情况

按照生态调控＋理化诱控＋生物防治＋科学用药＋减量助剂技术模式，推广应用绿色防控技术，开展统防统治，有效控制病虫危害损失，减少化学农药使用量，达到农药减量控害、提质增效的目的。

2. 技术示范推广情况

2020—2022年巫山县植保站连续3年实施李农药减量控害增效示范片建设项目，累计实施面积4 350亩，实施李病虫害绿色防控与统防统治融合推进应用补贴试点项目，累计实施面积11 430亩，推广使用太阳能杀虫灯、可降解粘虫板、性诱剂、农药减量助剂、生物农药等一批绿色防控产品，集成了一套可复制推广的“巫山脆李”病虫害绿色防控技术措施。2023年，巫山县成功创建“巫山脆李”全国绿色食品原料标准化生产基地，在有基地规模优势、产业发展基础好、生态环境优越的曲尺、两坪等10个乡镇“巫山脆李”生产基地，推广应用“巫山脆李”病虫害绿色防控技术12.09万亩。

3. 提质增效情况

根据2020—2022年示范区调查结果，通过应用太阳能杀虫灯、可降解黄板、性诱剂、低用量农药、生物农药等绿色防控技术产品，科学使用农药开展统防统治，对李小食心虫、叶螨、红点病、细菌性穿孔病、袋果病等病虫害综合防治效果达90%以上，防治效果明显。项目区每亩人工及物化投入成本310元，产量1 010千克，单价6元/千克，亩收益5 750元。常规防治区每亩人工及物化投入成本230元，产量980千克，单价5元/千克，亩收益4 670元。与常规防治相比，示范区每亩人工及物化投入成本增加80元，亩增产30千克，亩增收1 080元，果品质量明显提高，效益明显增加。

二、技术操作要点

1. 生态调控

对于密度较大的果园，实行密改稀和大枝修剪措施，促进花芽分化，并注意田间排水，降低湿度，改善通风透光条件；生草栽培，在3～4月铲除恶性杂草，保留良性杂草，改善果园小气候，促进李生长并为多种天敌提供栖息地和补充食物；结合修剪，开展田园清洁，清除病残体，降低越冬虫源。

2. 理化诱控

（1）太阳能杀虫灯诱杀技术。每30亩安装太阳能杀虫灯1盏，连片设置，4月上旬统一开灯，10月下旬关灯，诱杀李小食心虫、桃蛀螟等趋光性害虫成虫，降低成虫产卵量，压低虫口基数。

（2）降解黄（蓝）板诱杀技术。李树初花期，每亩悬挂20张降解黄（蓝）色粘虫板，诱杀蚜虫、粉虱、蓟马等害虫，悬挂高度高于树冠30厘米左右。可将害虫性诱剂与粘虫板结合，提升诱杀效果。若粘板上虫过多，影响光泽或黏度，需及时更换。

（3）性诱剂诱杀技术。3月下旬至4月上旬，每亩安装3套李小食心虫诱捕器诱杀李小食心虫成虫，每30天左右更换1次诱芯，或在树冠中上部悬挂李小食心虫性信息素迷向散发器，干扰雌虫与雄虫的交配，大幅减少产卵量，每亩悬挂不少于40根。

3. 生物防治

保护和利用自然天敌，为天敌创造良好的繁殖环境，发挥天敌的自然控制作用，利用自然天敌寄生蜂类、瓢虫类、蜘蛛类、捕食螨类、寄生蝇类、草蛉和粉蛉类以及寄生菌类，控制害虫。推广使用乙基多杀菌素、春雷霉素、芸苔素内酯、藜芦胺等生物农药。

4. 科学用药

（1）清园。果实采摘后，于9月下旬至10月上旬，施用99%矿物油＋苯甲・嘧菌酯清园，李落叶修剪后的12月至翌年1月喷施石硫合剂再次清园。

（2）开花前期预防。3月初，喷施吡萘・嘧菌酯＋噻唑锌，预防袋果病、细菌性穿孔病等。

（3）谢花80%预防。3月下旬至4月上旬，喷施苯甲・嘧菌酯＋氯虫苯甲酰胺・噻虫嗪＋噻唑锌，预防袋果病、细菌性穿孔病等。

（4）谢花后预防。4月下旬（谢花后20天），喷施吡萘・嘧菌酯＋藜芦胺等，用于防治李红点病、李树流胶病及叶螨、李小食心虫等。

（5）果实膨大期预防。5月中下旬，喷施腈苯唑＋噻唑锌＋乙唑螨腈，根据监测情况，可间隔7天后再喷1次烯肟・戊唑醇＋春雷・噻唑锌，防治细菌性穿孔病、李子褐腐病、叶螨等。

（6）果实成熟前期预防。6月上中旬期，喷施春雷霉素＋吡萘・嘧菌酯＋乙基多杀菌素，防治细菌性穿孔病、李褐腐病、食心虫等。

三、适宜区域

巫山、巫溪、奉节、云阳、万州等三峡地区“巫山脆李”种植区域。

四、注意事项

①理化诱控产品应集中连片使用，使用规模宜在50亩以上；②根据病虫监测及天气情况确定施药时间和是否需要施药；③增配减量助剂并开展统防统治，实现减量控害增效。

五、技术依托单位

重庆市植物保护站

联系地址：重庆市渝北区黄山大道东段186号
联系人：牛小慧
联系电话：023-89133462

巫峡镇示范区

龙溪镇示范区

太阳能杀虫灯诱杀

黄板诱杀

性诱剂诱杀成虫

迷向散发器干扰成虫交配

开展统防统治

猕猴桃主要病虫害全程绿色防控技术模式

猕猴桃产业是陕西区域经济和乡村振兴的支柱产业和长效产业，也是极具竞争力的优势产业，产业规模约占全国的40%，种植面积和产量均居中全国第一，是我国最大的猕猴桃优质生产区。然而，猕猴桃常见病虫害有细菌性溃疡病、灰霉病、褐斑病、黑点病、软腐病、蝽类、金龟甲类、叶蝉类、小薪甲等10多种。其中，细菌性溃疡病危害部位多、影响周期长、流行频次高、防控难度大；绿盲蝽危害隐蔽、扩散能力强；软腐病生长期侵染，贮藏期发病，造成果品损失大，这“二病一虫”危害损失占到病虫危害总损失的60%以上，成为产业发展的主要限制性因素之一。

为此，陕西省植物保护工作总站联合西北农林科技大学，系统监测绿盲蝽发生危害规律，研究溃疡病菌入侵致害特点与田间流行规律，开展生物药剂和化学药剂组合、性信息素诱杀等关键防治技术研究，集成猕猴桃主要病虫害全程绿色防控技术模式，并在全省猕猴桃主产区进行大面积示范应用。

一、技术概述

1. 技术基本情况

本技术模式以“二病一虫”（细菌性溃疡病、软腐病和绿盲蝽）为主要防控对象，兼顾其他病虫；坚持“技术配套，减量安全、提质增效”的原则，以健身栽培、生态调控为基础，优先采用免疫诱抗和理化诱杀措施，抓住开花前、落花后、幼果期、壮果期、采果前、采果后落叶前等六个关键时期，进行生物药剂和化学药剂协同防治，集成猕猴桃全程绿色防控技术模式。

2. 技术示范推广情况

本技术模式依托全省植保系统、科研院所试验站、猕猴桃专业合作社等新型经营主体，分区域建立示范区，通过点上试验示范与面上技术推广相结合、线上与线下培训相结合、理论培训与实践指导相结合等多种形式，以陕西秦岭南北猕猴桃主产区为核心，进行了大面积应用推广，5年来累计应用面积330多万亩，有效控制了病虫危害，促进了全省猕猴桃果品的提质增效，保障了产业高质量发展。

3. 提质增效情况

本技术模式示范应用后，有效控制了猕猴桃细菌性溃疡病、黑点病、软腐病、绿盲蝽等主要病虫害，示范应用区病虫总体防效90%以上，减少化学农药使用量25%左右，平均亩挽回猕猴桃产量160多千克，商品果率提高3%以上，取得了显著的经济效益、社会效益和生态效益，为巩固发展乡村振兴支柱产业、果业提质增效、果区农民增收和果园生态环境改善做出了积极贡献。

二、技术操作要点

1. 落叶后—萌芽前（12月至3月上旬）

（1）清洁田园。结合冬季整形修剪，剔除病虫枝，抹除枝干上的桑盾蚧、斑衣蜡蝉等越冬虫卵。修剪枝条及园内枯枝落叶全部带出园外无害化集中处理。

（2）药剂清园。一般果园，于萌芽前10～15天全树喷施3～5波美度石硫合剂清园。上年绿盲蝽和溃疡病发生重果园，于萌芽前3～5天，选用菊酯类或烟碱类及其复配剂如氯氟·吡虫啉+春雷霉素等组合，全树喷雾，防治越冬病虫害。

2. 展叶至开花前（3月中下旬至5月上旬）

（1）害虫诱杀。金龟甲发生重的果园，安装太阳能杀虫灯，诱杀金龟甲等。园内种植胡萝卜、香菜等伞形花科植物，诱集茶翅蝽等蝽类害虫，集中捕杀。

（2）药剂组合。生物杀菌剂如春雷霉素/中生菌素/噻霉酮/枯草芽孢杆菌等+苦参碱/藜芦碱+免疫诱抗剂大丽轮枝菌蛋白/氨基寡糖素，预防花腐、低温“倒春寒”，促进授粉坐果等。

3. 落花后（5月中下旬）

（1）理化诱杀。悬挂绿盲蝽、茶翅蝽性诱芯及其配套诱捕器，5套/亩，W形布设，悬挂于结果枝干阴面通风处，诱杀成虫。

（2）药剂组合。保护性杀菌剂如代森锰锌、丙森锌+春雷·噻唑锌+氟啶虫胺氰/新烟碱类杀虫剂等，预防细菌性叶斑、褐斑病以及斑衣蜡蝉和椿象等病虫害。如果花期遇雨，雨后及时施用香芹酚或吡唑醚菌酯或异菌脲、腐霉利等预防灰霉病。

（3）配套措施。果园行间生草或蓄留自然杂草。施用中氮低磷高钾型幼果膨大肥。

4. 幼果期（6～7月）

（1）药剂组合。保护性杀菌剂+苯并咪唑类杀菌剂+酰胺类杀虫剂+氨基寡糖素或大丽轮枝菌蛋白等免疫诱抗剂，尽量选用水性化剂型如水分散粒剂、悬浮剂等，防治褐斑病、斑衣蜡蝉和椿象等病虫害。

（2）配套措施。按持效期及时更换性诱芯，清理虫体。疏除双连果，合理定果、负载，预防小薪甲危害，增强树势。叶面喷施微肥。行间生草及时刈割，留茬5～10厘米，割下的草铺设行间。

5. 壮果期（8月至9月上旬）

（1）药剂防治。根据病虫发生动态，坚持达标用药。褐斑病病叶率达5%、叶螨和叶蝉活动虫口500头/百叶，特别是果实黑点病病果率0.3%时开展药剂防治。干旱时重点预防叶螨，多雨时注意预防果实软腐病。选用甲氧基丙烯酸酯类或唑类杀菌剂+氨基寡糖素等，喷施1～2次。

(2) 配套措施。适量追肥，叶面喷肥。重视夏秋修剪，保持架面通风透光。及时灌溉，控制园间生草高度5～10厘米。及时更换性诱芯，清理诱虫桶中虫体。

6. **采收前**（9月中旬至10月上中旬）

(1) 生物药剂防治。上年软腐病发生重果园或阴雨天气多时，注意预防果实软腐病及叶蝉、椿象等病虫害，注意农药安全间隔期。对症选用生物药剂如双丙环虫酯、苦参碱、藜芦碱、短稳杆菌等任一种防治蝽类、小薪甲、蝉类、鳞翅目类害虫，减少伤口，控制病菌侵染果实。

(2) 配套措施：架面修剪，保持架面通风透光，控制园间生草高度5～10厘米。

7. **采果后—落叶前**（10月下旬至11月）

(1) 药剂清园。果实采收后1周药剂清园，压低以溃疡病、蝽类为主的越冬病虫源基数。选用铜制剂如氢氧化铜或春雷·噻菌铜等+菊酯类或烟碱类杀虫剂等，按推荐用量混配后全树喷雾。

(2) 药液淋（涂）干。选用铜制剂如氢氧化铜或噻菌铜及其复配剂等喷淋或涂刷主干、大枝2～3次，间隔10～15天，喷淋药剂浓度可比生长期使用浓度提高8～10倍，预防枝干发病。

(3) 秋施基肥。10月底到11月中旬，秋施基肥深松改良土壤，增施有机肥，提高土壤有机质含量；成龄园每年每亩施用腐熟粪肥4 000～5 000千克，或优质商品有机肥1 500～2 000千克，以及生物菌肥及中微量元素、低氮高磷低钾化学复合肥，增强树势，提高植株的抗逆性，为来年稳产丰收奠定基础。

(4) 清洁果园。落实“剪、刮、清、涂、翻”等农业技术措施，修剪下的枝条等做无害化处理。

三、适宜区域

该技术模式适宜秦岭南北猕猴桃主产区推广应用。

四、注意事项

各猕猴桃主产区因气候、土壤、生态环境等区域条件的差异，猕猴桃生育期、病虫发生种类或危害程度有所不同，应根据区域实际，适当调整防治技术组合和应用时期。

五、技术依托单位

1. 陕西省植物保护工作总站

联系地址：陕西省西安市莲湖区习武园27号

联系人：王亚红、冯小军
联系电话：029-87321497、13709282375
电子邮箱：wyahong2002@163. com

2. 西北农林科技大学

联系地址：陕西省杨凌区邰城路3号
联系人：黄丽丽、刘巍
联系电话：029-87091312、13319277939
电子邮箱：huanglili@nwsuaf. edu. cn

细菌性溃疡病危害猕猴桃枝干、叶片、花蕾

绿盲蝽危害猕猴桃叶片、果实

理化诱控

喷雾机作业

采果后至落叶前主干、大枝喷淋涂刷药剂

释放螟黄赤眼蜂防治甘蔗螟虫技术模式

加快推进农药减量、病虫害绿色防控技术，引领农业绿色发展，事关农业高质量发展和农业可持续发展。广西糖料蔗种植面积和总量均占全国的60%以上，甘蔗螟虫是糖料蔗生产的第一大害虫，是造成甘蔗糖分含量和产量下降的最主要因素。经测定，螟害造成苗期枯心率达5%～20%时，每亩减产175～530千克，枯心率达25%～35%时，每亩减产664～902千克。近20年来，对甘蔗螟虫防治主要依赖化学农药，自从特效药剂特丁硫磷被禁用后，其他药剂效果不理想；大量化学农药使用使甘蔗螟虫产生了抗药性；经过连年积累，螟虫基数越来越高，危害越来越重，化学农药用量越来越大。螟虫危害阶段（幼虫）的大部分时间生活在蔗茎内，触杀型农药很难生效；世代重叠也使得施药适期难以确定，甘蔗封行后用药难度更大。螟黄赤眼蜂是甘蔗螟虫最优势天敌，释放螟黄赤眼蜂防治甘蔗螟虫，是目前广西长期和稳定地控制螟虫危害、实现增产、增收和促进化学农药使用量减量以及保护环境、提升食品安全的绿色防控关键技术措施，也是促进糖业产业高质量发展的重要途径。

一、技术概述

1. 技术基本情况

螟黄赤眼蜂是甘蔗螟虫优势天敌，可在卵期高效寄生螟卵，有效减少螟虫发生数量。虽然蔗田里自然存在螟黄赤眼蜂，但在甘蔗生长初期的早春，其（越冬后的）数量有限，不足以有效控制甘蔗螟虫的数量，因而必须通过人工大量繁育并释放到田间，达到控制甘蔗螟虫虫口密度，进而减少枯心苗和螟蛀节的目的，实现增产增收。然而，由于米蛾卵工厂化生产和赤眼蜂规模化高效扩繁存在技术瓶颈，一直未能大规模应用，2011年广西开展了米蛾卵扩繁、螟黄赤眼蜂技术研发和大面积应用实践，经过十年的探索实践，形成了一套规范的放蜂治虫技术模式。2015年制定发布了广西地方标准《螟黄赤眼蜂防治甘蔗螟虫技术规程》，制定的农业行业标准《释放赤眼蜂防治害虫技术规程第2部分：甘蔗田》2025年正式公布，明确了释放适期、释放时间、释放蜂量、释放密度、释放方法等。相关放蜂治螟技术课题先后获得南宁市科学技术进步奖一等奖、全国农牧渔业丰收奖二等奖、中国侨界贡献奖创新成果奖。

2. 技术示范推广情况

广西在蔗田开展了大面积放蜂治螟示范应用及集成技术创新，改变千家万户传统的分散防治的方式，实行“统一蜂源、统一时间、统一技术、统一培训、分户放蜂”的“四统一分”、统分结合的放蜂模式，并在实践中创新形成了公共财政出一点、糖企出一点、农场出一点、蔗农出一点的“多个一”投入机制，建立多方联动、产-研-推结合的长效推广机制，提高了放蜂的效率、效果和效益。同时，研发出具有自主知识产权的赤眼蜂释放球、飞镖形释放器和植保无人机智能投放技术，解决了过去大田防治效果欠佳、效率低下的技术难题，较传统人工化学防治省工百倍以上。2012 年来已在广西累计放蜂治螟 1 369.46 万亩次，覆盖了所有糖料蔗区。

3. 提质增效情况

根据实施农场、糖企、植保部门、甘蔗种植者多方联合调查和自治区相关专家现场查定，放蜂区相比常规农药防治对照区，各项主要技术和经济指标均表现优异，根据专家查定，放蜂区甘蔗螟害节率平均降低 45%，平均每亩增产 1.18 吨，糖分平均提高 0.71 个百分点，平均每亩增糖 0.18 吨，放蜂蔗区蔗农每亩平均增收 531 元。截至 2022 年，广西甘蔗上实施放蜂治螟 1 369.46 万亩次，纯收益 5 亿元以上，减少化学农药用量 600 吨以上，取得了“蔗田增产、蔗农增收、糖企增利、财政增税、农药减量、生态改善”“四增一减一改善”的显著成效，是广西防治甘蔗螟虫可靠、可行、科学、安全、高效的最佳途径，是广西推进农业绿色、高质量发展进程中最具区域特色和引领作用的优质高效技术。在甘蔗产业发展、甘蔗螟虫加重发生和生态环境日益被重视的形势下，利用赤眼蜂生物防治替代化学农药是持续控制螟害、减少农药用量的最优选择，防治效果和经济效益显著，而其所产生的生态效益和社会效益远大于经济效益。

二、技术要点

1. 释放适期

在田间首次监测到越冬代甘蔗螟虫成虫时释放第一次，5～7 天后释放第二次，第二次释放后 5～7 天释放第三次。在二点螟、条螟发生严重的蔗区，当螟卵寄生率＜70%、枯心率≥5%时，在第二代螟虫羽化率 20%时释放第四次，羽化率 50%时释放第五次。

2. 释放蜂量

采用粘贴式防蚂蚁蜂卡人工放蜂，每公顷蔗田每次释放赤眼蜂 7.5 万头，释放 5 次；采用植保无人机投放飞镖放蜂器、球形放蜂器，每公顷蔗田每次释放赤眼蜂 9 万头，释放 4 次。

3. 释放密度

采用粘贴式防蚂蚁蜂卡人工放蜂，每公顷蔗田设 75 个释放点，均匀分布，每个点释放 1 张蜂卡；采用植保无人机投放飞镖放蜂器、球形放蜂器，每公顷蔗田设 60 个释放点，均匀分布，每个点投放 1 个飞镖放蜂器或球形放蜂器。

4. 释放时间

放蜂避免在中大雨、强风或 48 小时内预报有中大雨的天气进行。高温天气 16：00 以后放蜂为宜。

5. 释放方法

①粘贴式防蚂蚁蜂卡。将蜂卡粘贴在甘蔗植株中上部的叶片中段背面，使蜂卡的正面（赤眼蜂附着面）朝下。②飞镖放蜂器和球形放蜂器。利用植保无人机定速度、定行距、定高度，将飞镖放蜂器或球形放蜂器均匀投放田间。

三、适宜区域

适用于南方糖料蔗种植区。

四、注意事项

（1）人工释放赤眼蜂防治害虫技术，需坚持“预防为主，综合防治”的防治方针，注重“防小防早”。

（2）严格控制化学杀虫剂使用。使用赤眼蜂后禁止使用化学杀虫剂。一是因为按照正确的使用方法，赤眼蜂能有效控制害虫，无须使用杀虫剂；二是因为赤眼蜂对化学杀虫剂较为敏感，盲目用药会被大量杀伤，使其失去控害作用。

五、技术依托单位

1. 广西壮族自治区植物保护站

联系地址：广西南宁市新竹路38-18号新竹小区76栋
联系人：陈丽丽
联系电话：0771-5868258
电子邮箱：gxfz@vip.163.com

2. 广西南宁合一生物防治技术有限公司

联系地址：广西南宁市吴圩镇光明南路34号玉米研究所实验楼
联系人：宋一林
联系电话：0771-4737839、13977157667
电子邮箱：syl@heyisf.com

人工释放赤眼蜂

无人机投放赤眼蜂

飞镖放蜂器

九华黄精病虫害全程绿色防控技术模式

九华黄精是指产于安徽省池州市青阳县九华山地区的多花黄精，叶形为卵圆形或卵状披针形，根状茎为节结状或姜形，拉丁学名为 *Polygonatum cyrtonema* Hua，是青阳县九华山地区道地中药材之一。

九华黄精是药食两用植物，富含黄精多糖，具有补中气、强筋骨、降三高功效，能增强人体免疫力，素有“北有长白人参，南有地藏黄精”。在自然环境条件下生长的九华黄精病虫害总体较少，但由于其药用功效日益受到人们的重视，市场需求越来越大，人工种植规模也随之扩大，病虫害发生也呈逐年加重趋势。采用病虫害绿色防控技术控制病虫害，减少农药使用量，提高九华黄精品质，对九华黄精产业的发展具有积极的影响。

一、技术概述

1. 技术基本情况

九华黄精为喜阴植物，有喜温暖、畏炎热、忌强光、怕旱又怕涝（渍）的特性。采取林下种植，利用天然林或人工林的林荫条件，使黄精获得良好的生长环境，创造有利于黄精正常生长而不利于病虫发生的田间小气候环境，采取农业措施、理化诱杀、生物防治等绿色防控技术措施，减轻病虫发生危害，减少化学农药的使用，提高黄精质量和安全性。

2. 技术示范推广情况

近年来随着大健康产业的发展，各地掀起了人工栽培黄精的热潮。但黄精在大田栽培情况下，由于缺乏遮阳条件，极易受到高温和强日照灼伤，导致叶片早枯，影响产量和品质，同时病虫害造成的损失加重。2013 年以来，在青阳县九华中药材科技有限公司黄精种植基地开展林下种植，实施病虫害绿色防控示范 350 公顷，取得了良好的经济、社会和生态效益。

2017 年九华黄精获中华人民共和国农业部“农产品地理标志”；2018 年池州市将九华黄精产业作为池州市旅游产品大力发展；2023 年 5 月“青阳县九华黄精栽培系统”入选农业农村部“第七批中国重要农业文化遗产名录”。

3. 提质增效情况

实施黄精病虫害绿色防控，每亩（每茬 4～5 年）可以节约土地租赁成本 1 200 元左右，降低病虫防治成本 400 元左右，减少农药使用量 2 千克以上，降低病虫害造成的损失 25％以上，节本增效 4 000 元左右。

二、技术操作要点

九华黄精的主要病虫害有叶斑病、白绢病、黑斑病、炭疽病、软腐病、枯萎病等，其中以叶斑病最为常见，白绢病造成的损失最重；虫害主要有蛴螬、地老虎、金针虫、叶螨及食芽瘿蚊等。九华黄精的病虫害绿色防控通过植物检疫及选育抗病性强的品种或品系、科学管理、合理施肥等措施，综合利用农业防治、物理防治和生物防治，将有害生物和微生物控制在经济允许范围内。

1. 选用无病种苗

外地引种必须实施植物检疫，防止种苗带病；栽植前先剔除变色腐烂等染病种苗，再进行药剂处理。采用50%多菌灵500倍液浸渍0.5小时，晾干后再栽植。

2. 农业防治

（1）遮阳与覆盖。黄精为喜阴植物，选湿润肥沃的林间地、林缘地等为宜，林下种植以中、下坡位，透光率50%～60%的林地最好，林下种植可以与杉木、桃、李、杏、板栗及紫薇等绿化苗木进行间作，也可适当套种玉米等高秆作物，有条件的也可采用遮阳网覆盖栽培。对畦面可以用粉碎的稻草、麦秆及干净的菜籽壳、谷壳（无杂草种子）等进行覆盖，不仅可以有效抑制杂草生长，避免水土流失，保持土壤水分和养分，改善土壤环境，还能提高黄精产量和品质。

（2）合理施肥和田间管理。黄精施肥应以有机肥为主，不施或少施化肥，翻耕整地时每亩施腐熟饼肥或商品有机肥200千克，追肥一般每亩可施用45%硫酸钾复合肥10～15千克，施肥要氮磷钾配合，防止偏施氮肥，增强植株抗病和抗逆能力。每年4～10月视草情除草2～3次，防止杂草危害，要注意培土壅根，防止雨水冲刷导致根状茎外露，遭受机械损伤和病虫害，特别是梅雨季节要注意排水，防止栽培地块积水，造成黄精根茎腐烂。

3. 理化诱杀

采用频振式灭虫灯、风吸式灭虫灯诱杀金龟子（蛴螬成虫）等趋光性害虫。视不同地形，每2公顷安装1盏，4～10月天黑开灯，天亮关灯。人工控制或电子时控可安排在24：00前关灯，以节省电力，减少对天敌昆虫的伤害。

地老虎发生较重的地区，可用蔗糖1份、米醋4份、白酒1份、水16份，加90%晶体敌百虫原药0.1份，配成糖醋诱液，每90～150米^{2}放置1盆，可有效诱杀地老虎成虫。

4. 生物防治

（1）蛴螬。发生较重的地块，可在黄精栽植时，用1克含2亿孢子的金龟子绿僵菌颗粒剂4～6千克/亩撒施于土中；或在金龟子卵孵盛期后，用80亿孢子/毫升绿僵菌油悬浮剂40～60毫升/亩，兑水30千克喷雾。

（2）叶螨。主要是保护和利用叶螨的天敌，如小黑瓢虫、小花蝽、中华草蛉、拟长毛钝绥螨、胡瓜钝绥螨、智利小植绥螨等。在早春黄精萌芽出土前，采用3～4波美度石硫合剂进行清园，防病治虫。

（3）白绢病。栽种前施用生物菌肥（土传病害专用型）。发病初期采用生物菌肥或5%井冈霉素水剂1 000倍稀释液灌根处理，每株（穴）淋灌0.4～0.5升，7～10天后再浇灌1次。

（4）叶斑病、叶枯病。发病初期采用80%乙蒜素乳油2 000倍液喷施，或采用枯草芽孢杆菌、多抗霉素等进行防治。

5. 化学防治

采用林下栽培的黄精病虫害都较轻，一般不需采用化学药剂防治。但在旱地连作或管理不当的情况下白绢病、蛴螬、叶枯病等可能发生较重，需要进行重点防控。黄精已被列入药食同源目录，病虫防治用药要严格按照绿色食品生产标准进行；严禁使用剧毒、高残留农药，严格控制使用次数、安全间隔期和使用量。

三、适宜区域

本技术适宜在安徽省皖南山区和大别山区等多花黄精适生区推广应用。

四、技术依托单位

1. 青阳县农业技术推广中心

联系地址：安徽省池州市青阳县蓉城镇西峰路10号
联系人：鲍康阜
联系电话：18956680086
电子邮箱：372225755@qq.com

2. 池州市农业科学院植保站

联系地址：安徽省池州市长江南路106号长江大厦16楼
联系人：姚卫平、杜长春
联系电话：18956618470
电子邮箱：czszbz@163.com

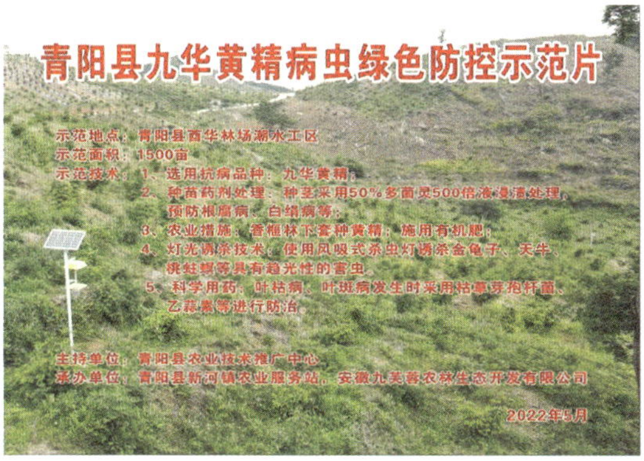

九华黄精病虫害绿色防控示范片

林下仿野生栽培黄精

紫薇林下种植黄精

安装风吸式灭虫灯诱杀金龟子

新化县黄精病虫害全程绿色防控技术模式

黄精又名鸡头黄精、黄鸡菜，是一种比较常见的中草药，有补脾、润肺、生津的作用。2009 年新化县率先开展林下仿野生栽培，经过 10 多年的技术探索和产业培育，到 2022 年，新化县黄精种植面积达 6 667 公顷，发展从事黄精产业的专业合作社和企业达 80 多家，综合产值达 8.2 亿元。新化县被国家林学会认定为“中国黄精之乡”，“新化黄精”已荣获中国地理标志证明商标，成为新化县脱贫攻坚和乡村振兴支柱产业，是新化县中药材产业中的标志性产业。多年人工种植黄精，给农民带来了较高经济收益，但易感染病虫害，连作障碍突出。为了推动黄精产业高质量发展，将新县化打造成名副其实的全国黄精生产强县，新化县大力推广应用绿色防控集成技术模式。

一、技术概述

1. 技术基本情况

随着新化县黄精种植规模不断扩大，从外地调种较多较杂，加上连作病虫害逐年加重，引起品质变异较大、植株良莠不齐、药材质量不稳、产量减产明显，严重影响黄精的药效、安全性、稳产性和农民的种植效益。新化县农业农村局高度重视这一情况，紧紧围绕“生态、特色、优质、安全”生产目标，遵循“预防为主，综合防治”的原则，根据《多花黄精种苗繁殖技术规程》（DB43/T 1433—2018），积极组织新化县绿源农林科技有限公司、新化县颐朴源黄精科技有限公司、新化县天龙山农林科技有限公司、新化县唐奇中药材种植专业合作社、新化县熠峰中药材种植专业合作社等企业、合作社，在奉家、石冲口、文田、水车、荣华、大熊山、圳上、古台山等乡镇，建立标准化示范基地 15 个，逐步形成“农业措施保障＋害虫立体防控＋病害综合治理＋农药增效减量使用”的黄精绿色防控集成技术，大力示范应用“检—诱—调—熏—减”的绿色防控模式。

2. 技术示范推广情况

一是做好病虫害调查监测，摸清了新化县黄精的主要病虫害：叶斑病、黑斑病、炭疽病、疫病、根腐病、枯萎病、蚜虫、叶蝉、地老虎、蛴螬、蝗虫等。二是开展黄精用药试验示范，筛选出茶枯、苦参碱、敌百虫、吡虫啉、咪鲜胺、氟唑唑、百菌清等多种可安全使用的药剂。三是制定黄精主要病虫害防治药剂名录及包含交替轮换科学使用、农药减量增效等生产技术的操作规程，优化集成“黄精病虫害绿色防控技术模式”，建立“农业部门＋科研院所＋黄精公司＋生产基地＋服务组织”的“产研推服”协同一体的新型推广体系。在槎溪、天龙山、天门、金凤等地，建立黄精育苗基地 40 公顷，培育优质健康无毒种苗9 000多万株。举办技术培训班 11 期，培训种植户和农民 1 300 多人次；建立 4 个核心示范片，示范面积 1 000 公顷，辐射带动应用绿色防控集成技术 2 667 公顷，大大减少了化学农药的使用。

3. 提质增效情况

通过生态调控、生物防治、理化诱控、科学用药等绿色防控措施的落实，减少用药次数，提高控害效果，实现稳产保产的目标，取得了良好的成效。2019—2022 年，在黄精的生长周期内（4 年），农药使用次数比非示范区减少 8 次，农药使用量减少 15%以上，黄精平均单产高于传统栽培 10%以上，平均每亩减损增收 1 800 元，累计新增产值 7 200 万元，节约防治成本 160 万元，累计产生直接经济效益 7 360 万元。示范区鲜黄精农药残留检测合格率达 100%，收购价比农民自防的高出 2 元/千克。

二、技术操作要点

1. 培育优质种苗

从外地调种时，加强种苗检查和鉴别，避免品种混杂、种质退化、种苗带病。自繁留种时，繁殖材料严格择优弃劣，选择母株健壮、无病虫害、果实饱满的种子和无病虫害、无腐烂、无机械损伤的根茎。

2. 做好消毒处理

繁殖种苗前，要对苗床土壤消毒。苗床整理前撒施生石灰 50～100 千克/亩，或整理完后用噁霉灵、多菌灵、甲基硫菌灵等杀菌剂 500～1 000 倍液喷淋。

3. 进行熏蒸净化

育苗期间，用三氯异氰脲酸气化熏蒸，净化育苗棚，密闭熏蒸 6～8 小时，从源头上预防病害，可显著减轻黄精发病率，达到培育无病适龄健壮种苗的目的。

4. 实行带药移栽

根茎移栽时，将伤口蘸草木灰，或整个根茎浸入多菌灵或甲基硫菌灵 800～1 200 倍液中 15～30 分钟，捞出沥干。挖穴后，用生石灰点施，或用多菌灵 500 倍液喷施后，即可移栽。

5. 加强田间管理

苗床起垄作畦，大田开挖排水沟，便于及时排积水。清除田间杂草，适时进行浇灌，控制土壤湿度，防止沤根腐烂。若苗床湿度较大，可撒施少量草木灰或干细火土进行调节。

6. 合理进行施肥

施足底肥，增施磷、钾肥。待苗出齐后，追施水溶性齐苗肥，培育壮苗，增强抗病和抗逆能力。少施未腐熟的有机肥，减少蛴螬的危害。

7. 做好田园清理工作

翻耕整地时捡拾蛴螬，清理土壤中的杂质。平时做好大田生长情况观察调查，发现零星病叶和病株时及时清除，用硫酸铜 500 倍液浇灌病区，防止病原菌的滋生和传播。收获后清洁田园，将枯枝病残体集中无害化处理，减少越冬病原。

8. 合理轮套种作物

在黄精四周或行间，套种大豆、花生、三叶草等固氮作物，培肥地力，改良土壤，增加生物多样性。与芝麻、油菜、麻类等直根系作物轮作，减少地下害虫。

9. 诱杀害虫

4～7 月，每亩安装 1 盏风吸式杀虫灯，诱杀地老虎成虫。将糖、醋、酒、水按 1∶4∶1∶6 的比例，配制成糖醋酒液，或用敌百虫混入香饵里，于傍晚每隔 1 米投放 1 小堆，诱杀地老虎幼虫。每亩悬挂 40～60 张黄色粘虫板，粘杀蚜虫、叶蝉等。

10. 应用生物药剂

应用 500～800 倍茶枯浸泡液，连续喷施 2～3 次，防治地老虎；使用蛴螬专用型白僵菌拌细土，施于黄精根部，防治蛴螬；喷施鱼藤酮、苦参碱、绿僵菌、白僵菌、苏云金芽孢杆菌等生物杀虫剂，防治蚜虫、叶蝉、蛴螬、地老虎等害虫；使用枯草芽孢杆菌、木霉菌、中生菌素、多粘类芽孢杆菌等生物杀菌剂，防治叶斑病、黑斑病、炭疽病、疫病、根腐病等病害。

11. 合理化学防治

选用高效、低毒、低残留的化学农药，如咪鲜胺、氟硅唑、百菌清、吡虫啉、辛硫磷等，在病害流行初期和低龄幼虫期防治。可使用一定量的波尔多液，前期连续喷施 3 周（每周 1 次），可防治黑斑病、叶斑病、炭疽病等。可用二嗪磷颗粒剂和辛硫磷颗粒剂兑干细土，拌匀撒施土中，防治地老虎、蛴螬等害虫。

三、适宜区域

海拔 200～1 500 米的黄精种植区域。

四、注意事项

①提倡轮换使用农药。每种化学农药在一年内最多允许使用 1～2 次，严格遵守农药安全间隔期，采收前 60 天禁止使用农药。

②禁止使用化学除草剂，禁止使用剧毒、高毒、高残留或者具有致癌、致畸、致突变的农药。

五、技术依托单位

1. 新化县植保植检站

联系地址：湖南省娄底市新化县上度街道办梅苑北路6号
联系人：邹美汝
联系电话：13875473270

2. 娄底市植保植检站

联系地址：湖南省娄底市乐坪东街665号
联系人：颜健红
联系电话：13875490109

3. 湖南省植保植检站

联系地址：湖南省长沙市枫林一路9号
联系人：陈越华
联系电话：0731-84420052

4. 湖南农业大学

联系地址：湖南省长沙市芙蓉区农大路1号
联系人：曾建国
联系电话：13808453398

5. 浙江农林大学

联系地址：浙江省杭州市临安区武肃街666号
联系人：刘京晶
联系电话：18258183852

新化县被中国林学会授予“中国黄精之乡”

新化县黄精种植大户共商黄精发展大计

新化黄精种植及病虫害绿色防控技术培训

蕲春县蕲艾病虫害绿色防控技术模式

蕲艾是艾草的一种，属桔梗目菊科蒿属多年生草本，略呈半灌木状，全草入药；叶片宽大肥厚，被毛密而长；淡青色或灰白色，色泽一致；香气浓郁。蕲艾作为中草药，是湖北省蕲春县特产，中国国家地理标志产品。蕲春县涉蕲艾企业工商注册总量超过2 000家，开发出蕲艾条、艾炷、日化、精油、灸贴等近千个健康养生产品，在市场需求和地方政府的推动下，蕲艾常年种植面积达 20 万亩，年产干艾叶超 30 万吨，产值近百亿元，在助力乡村振兴及产业扶贫中发挥了重要作用。随着蕲艾大规模连年连片种植，田间出现多种病虫危害，经初步调查，主要病害有煤污病、白粉病等，主要虫害有蚜虫、菊天牛、甘薯叶甲、白粉虱、蛴螬、小绿叶蝉等。在各级技术部门和专家帮助指导下，蕲春县对蕲艾种植坚持全程实施绿色防控集成技术，以农业防治、物理防治为基础，根据病虫害特点和发生规律，辅以生物防治，有效控制病虫害，通过控制蚜虫等虫害，减轻煤污病发生。

一、技术概述

1. 技术基本情况

（1）及时清园，科学施肥。蕲艾基地每年冬春季都做好清园工作，同时基肥增施有机肥和生物有机肥，淘汰以尿素为主的速效氮肥的使用。

（2）春季间苗，控制田间密度。春季结合新基地建设，通过间苗（苗移栽自用或出售），控制田间密度，创建有利于蕲艾健康生长的环境。

（3）改变种植模式，改善田间环境。整个基地全部进行宽厢改窄厢高垄工程，垄面宽 80 厘米，两行定植，沟宽 20～30 厘米、深 30～40 厘米，改善田间通风透光条件，减轻病虫害发生。

（4）安装太阳能杀虫灯。每 20～30 亩 1 盏，每年 4 月初开始亮灯，关灯时间设定在 12：00 左右，减少对田间益虫的杀伤比例，利用灯光诱杀害虫，降低其基数。

（5）安插可降解粘虫板。4 月上中旬安插可降解粘虫板（黄板、蓝板），每亩 30～40 片，诱杀蕲艾田间蓟马、粉虱、叶蝉及蚜虫等害虫。

（6）释放天敌昆虫。每年 4 月中旬释放天敌异色瓢虫、草蛉等，控制蕲艾园中蚜虫等虫害。

（7）基地间套作诱集植物。基地间套作诱集植物玉米和豆科植物苜蓿等，诱集蚜虫，集中歼灭，减轻田间蚜虫危害。

（8）使用植物源性生物农药。选用植物源性生物农药藜芦碱、苦参碱、苏云金芽孢杆菌、白僵菌、绿僵菌和印楝素等，应用植保无人机防治蚜虫、叶甲等害虫，减轻煤污病的发生。

(9) 改变收割时间。提早收割,减轻后期病虫害的猖獗。将基地蕲艾最早收割时间由传统的端午节6月中下旬提前到5月上旬,既减轻了当季的病虫害,更为下茬和翌年减少病虫害基数。

2. 技术示范推广情况

蕲春县在赤东镇五斗地、王垸、童心、黄通八、徐亮、竹瓦、赤东等7个村建立县级蕲艾绿色防控核心示范区10 200亩,辐射带动全县蕲艾绿色防控面积12.5万亩。

3. 提质增效情况

绿色防控示范区种植的蕲艾病虫危害轻、长势好、艾叶产量高、质量好、艾精油含量高、艾绒出绒率好,鲜艾收割亩产量超过1 500千克,较常规种植增产20%以上,亩平均增收超过300元。

二、技术操作要点

1. 色板诱杀技术

根据蚜虫等小型昆虫的趋色性进行诱捕。目前主要使用的有黄板和蓝板,黄板可诱杀粉虱、蚜虫等害虫,蓝板诱杀蓟马等害虫,部分新型色板添加信息素后诱杀效果更明显。常用规格为26厘米×30厘米,在田间每隔5~7米悬挂1片,粘虫板底边略高于作物,在田间呈棋盘式分布,每亩悬挂30~40片,安插时间在4月上中旬。

2. 灯光诱杀技术

每20~30亩安装1盏。连片安装涉及多家农户,要增强责任心,落实好日常管理,否则影响灭虫效果。

3. 生物农药技术

一是确定适宜的施药时间。生物杀虫剂与化学杀虫剂相比,杀虫药效一般挥发较慢,施药时间要适当提前。预防和发病初期用药效果显著。二是选择适宜的气候条件。生物农药的活性与温度有关。一般在温度为20~25℃,相对湿度为85%以上时活性最高,施用效果好,避免强光照,以下午16:00以后施用为宜,阴天可全天施用,如施药后遇雨应补喷。三是混用注意事项。部分生物类农药不可以和杀菌剂和碱性农药混用。

4. 农业防治技术

选用抗病虫品种,合理布局,科学水肥管理,及时清洁田园。

三、适宜区域

该技术适宜蕲春连片种植蕲艾的区域。

四、注意事项

①蕲艾作为中药材，病虫害防治应坚持全程绿色防控，以农业防治、物理防治为基础，根据病虫害特点和发生规律，辅以生物防治，有效控制病虫害。重点防治蚜虫、甘薯叶甲等害虫，以减轻煤污病的发生，药剂选用上以植物源生物农药藜芦碱、苦参碱、苏云金芽孢杆菌、白僵菌、绿僵菌和印楝素等为主，应用植保无人机进行统防统治。

②连片种植小于100亩的基地不建议安装杀虫灯。

五、技术依托单位

1. 湖北省植物保护总站

联系地址：湖北省武汉市洪山区珞狮路521号省植保总站211室
联系人：张求东、万利
联系电话：13397103869、19945013542

2. 湖北省农业科学院植保土肥研究所

联系地址：湖北省武汉市洪山区南湖大道18号
联系人：张舒、吕亮
联系电话：13638607652、18971281770

蕲艾基地深沟高垄、基施有机肥

蕲艾示范基地安装太阳能杀虫灯

蕲艾示范基地安插可降解粘虫板

释放异色瓢虫

蕲艾基地间套作玉米等诱集蚜虫

蕲艾基地使用无人机喷施生物农药

蕲春蕲艾绿色防控示范基地

湖北省农作物绿色防控技术培训班100多人观摩蕲春县蕲艾绿色防控现场

达孜区农作物病虫害绿色防控技术模式

为做好2023年达孜区农作物病虫害绿色防控工作，确保农作物病虫害绿色防治工作各项关键技术措施落实到位，特制定本技术模式。

一、技术概述

1. 技术基本情况

在农业生产的前、中、后期都要坚持病虫草害防治工作，要坚持“预防为主，综合防治”的植保方针，充分利用农业防治和化学防治相结合的方法控制作物病虫害的发生与传播。同时，要加强农作物日常田间管理，深入田间地头，开展作物苗情、墒情和病虫情监测和调查，及时做好科学施肥和浇灌、病虫害防治等工作，确保作物健康生长。

2. 技术示范推广情况

目前达孜区推广农作物病虫害绿色防控技术面积达5.2万亩，其中塔杰乡建设了青稞病虫害绿色防控核心区0.2万亩，由点带面辐射带动五乡一镇实施绿色防控技术5万亩。绿色防控核心区和辐射带动区均为集中连片种植区，面积在500亩以上，水利设施齐全，耕地地力中上等，交通便利。

3. 提质增效情况

（1）病虫损失率显著下降，产量及质量明显提高。历年严重发生的蚜虫、地下害虫、蝗虫、黑穗病等通过采取各种措施得到有效掌控。全程用药削减2次以上，每亩降低用药和用工本钱100元以上，提高了种植的青稞品质，符合绿色农产品要求。

（2）削减了病虫防治本钱。一是节省农药和人工费，示范区每亩节省农药15～20元，节省人工费40～50元。二是削减用药量和用药次数，示范区削减2～3次用药，少用20%左右药量。

（3）提高了病虫防治效果。通过各项绿色防控技术的实施，取得了良好的社会效益和经济效益，获得了农户的好评。既提高了病虫防治效果，同时病虫防治本钱比历年降低约15%，农药使用量较历年削减20%～30%，为农业增产、农民增收做出了积极奉献。

二、技术操作要点

1. 种植作物主要技术规程

（1）选择抗病性强、产量高的优良品种。如藏青2000、藏青3000、苏拉青2号、喜马拉 22。

（2）种子精选。选取籽粒大、籽粒饱满的种子，要求纯度不低于 95%，净度不低于 96%，发芽率不低于 85%。对种子进行包衣。种子包衣可采用人工包衣、机械包衣，包衣率达 100%。

（3）选地与施肥。选择肥力、灌溉条件较好的土地，同时在墒情适宜时进行耕地，随耕随耙，做好精细整地工作，以青稞种植为主，每亩施农家肥 1 500 千克左右，复混肥（$N-P_2O_5-K_2O$ 22-13-10）22 千克，保障农作物基肥十足，同时做好田间管理。

（4）病虫草害防治。利用戊唑·吡虫啉、灭菌唑对种子进行包衣，防治种传病。利用高效氯氰菊酯、氟氯·噻虫啉、氯氟·吡虫啉、吡虫啉、噻虫啉等防治虫害，利用唑啉草酯、2 甲·氯·双氟、精噁唑禾草灵、氟氯吡啶酯、啶吡草唑等除草剂为除草。

2. 防治病虫草害的主要技术规程

（1）严格杂草检疫制度，精选种子。严加控制农田杂草的输入，在调种时认真检查，严肃处理。在每年农作物播种前必须进行种子精选，特别是新垦农田，以减少田间农田杂草来源。

（2）清除地边、路旁的杂草。消灭地边、路旁、渠道上的杂草，减少田间草籽来源，清洁灌溉水，有利于减少田间杂草。

（3）种子包衣。利用灭菌唑（药：水：种子为 1：2：100）、戊唑·吡虫啉（1：2：100）等种衣剂进行机械或人工包衣，包衣率达到 100%。

（4）土壤处理。在播前清除田间杂草和残留作物，播前土地翻耕，并利用喷雾器等标准施药仪器喷施适宜药剂，做好土壤药剂处理。

（5）土壤“京玛蘖”处理。根据当地气温、海拔等条件，确定土壤“京玛蘖”时间。一般早春，当最低气温上升到 2℃、地面解冻时浇水，待田间湿度适宜时，浅耕细耙，使土壤增湿、疏松、保墒，为土壤中野燕麦等杂草种子萌发创造有利条件，诱发野燕麦等杂草种子大量出苗，待长到 2～3 片叶时深耕，将已出苗的杂草翻入土中闷死，接着播种，从而达到综合治理杂草的目的。土壤“京玛蘖”时间不少于 25 天。

（6）高温堆肥。

①秋收后，每户根据自家农家肥需求量，挖一个深度 40 厘米的土坑，把秋收后收回来的农作物秸秆、杂草和厩肥等放进坑里，一边堆一边撒入少量尿素，然后用泥土或塑料薄膜把堆肥糊起来，糊土厚度至少保证 3 厘米。

②腐熟的有机肥料，必须经过 50～70℃高温堆沤 1 个月以上才能使用，以杀死农家肥中农田杂草种子的发芽力。

（7）秋耕深翻。利用各种耕翻、耙、中耕松土等措施进行播种前、出苗前及各生育期等不同时期除草，能杀除已出土的杂草或将草籽深埋，或将地下茎翻出地面使之干死或冻死。所有冬春作物，要求秋耕深翻，耕翻时必须要用 50～130 匹马力的中型、重型拖拉机，耕翻深度 20～25 厘米，不能用小拖拉机耕翻（耕翻深度一般只有 10～15 厘米）。同时在农作物播种前，在耕翻时要尽量捡净田里的然巴草，拣出的然巴草要远离农田和水渠，并晾干（然巴草只要有 1～2 厘米没死，一遇水泡胀就又会恢复活力）用火烧死。

(8) 轮作倒茬。轮作倒茬是防治土传病害的关键措施。通过轮作倒茬可充分利用土壤养分，能够改变病虫的生活条件，达到减轻病虫草害的目的。

(9) 中耕除草。当田间杂草生长至2～3片叶时，用适量的唑啉草酯、2甲·氯·双氟、精噁唑禾草灵，均匀喷洒在田间，同时结合人工中耕除草。

(10) 加强蚜虫等虫害防治。利用2.5%溴氰菊酯（100毫升/瓶）、4.5%高效氯氰菊酯（500毫升/瓶）、20%噻虫啉微囊悬浮剂、10%氟氯·噻虫啉悬浮剂、7.5%氯氟·吡虫啉悬浮剂等杀虫剂防治，做到早发现早防治。

(11) 人工除草。人工除草也是消除田间杂草的重要一环。通过种子精选、高温堆肥、田间耕作、化学除草等多种措施仍没有完全消灭的田间杂草，应通过人工拔草的方式予以解决。除草时期应在田间杂草未成熟前，如果杂草的种子已经成熟，拔出来的农田杂草应该用火烧掉。

三、适宜区域

达孜区“五乡一镇”。

四、注意事项

(1) 四准。施药时间准、施药量准、施药方法准和施药地块面积准。一亩地喷洒30～45千克药液，上午10：00前、17：00以后施药。

(2) 四看。看苗情、草情、天气、土质施药，未扎根或瘦弱苗不宜施药，根据杂草的种类及生长情况用药，气温低时施药用上限，风速大于4米/秒不喷药，黏重和有机质含量高的土壤用药量高些，沙质土壤用药量少些，土壤干燥时不用封闭处理剂。

(3) 四不。苗弱、苗倒不施药，土壤太干时不施药，大雨、田间积水或叶上有露水时不施药，作物敏感期不施药。

(4) 轮换选用除草剂避免抗药性产生。长期在一个地方施用一种除草剂，会使对此药敏感的杂草减少而对该药具有抗性的杂草种类增加。如长期施用2甲·氯·双氟，阔叶杂草减少了，禾本科杂草却增加了。在生产中应重视农田中杂草群落的演变，注意除草剂轮用和混用等，以防止杂草抗药性的出现。

五、技术依托单位

达孜区农业技术推广站

联系地址：西藏自治区拉萨市达孜区德庆镇镇江路44号达孜区农业农村局
联系人：陈俐、普琼、赵富晓、尼玛次仁、德吉卓嘎、扎西顿珠
联系电话：18989016455

乃东区农作物病虫害绿色防控技术模式

为贯彻落实农业绿色发展理念，持续推进农药减量增效，实现农作物病虫害可持续治理，将继续开展绿色防控示范区建设，推广农作物病虫害绿色防控技术，保障农业生产安全，结合乃东区实际，特制定本方案。

一、技术概述

1. 技术基本情况

该技术主要是以农业防治为基础，大力推广物理防治、生物防治、科学用药等绿色防控技术，减少化学农药的使用量，降低农产品农药残留量，提高农产品质量和竞争力，实现病虫害的可持续控制，保障农作物生产安全和农业生态环境安全。按照《全国农技中心关于开展全国农作物病虫害绿色防控“双百”遴选工作通知》（农技植保〔2023〕72号）文件内容，乃东区集成以小麦、青稞、油菜等作物为主线的绿色防控技术模式，坚持“以农业防治为基础，优先采用生物防治，协调利用物理防治，科学合理应用化学防治”的绿色防治技术措施，创造有利于农作物生产，不利于病虫害发生的生态环境。

2. 技术示范推广情况

（1）小麦绿色防控技术。首先做好农业防治措施的落实。压麦扩油，深翻改土，精耕细作，合理施肥，对地块中、渠边、路旁杂草进行清理，减少草籽随麦播种，降低杂草基数。改善农田生态环境，降低病虫基数，推广抗病品种山冬7号。其次做好化学防治措施的落实，掌握好重大病虫害防治的关键时期。全面推广40%辛硫磷进行土壤处理，推广包衣种子，翻犁播种防地下害虫，兼治苗期蚜虫；在小麦三叶期后，用“唑啉草酯+2甲·氯·双氟”及时进行化学除草，减轻苗期杂草危害，确保苗齐苗壮。重点抓小麦返青拔节期和抽穗扬花期两个关键环节的化学防治措施落实。小麦返青、拔节初期用7.5%氯氟·吡虫啉悬浮剂，防治蚜虫、叶螨等。

（2）青稞防控技术。①利用成虫的趋光性，安装频振式杀虫灯，利用黑光灯在夜间诱杀成虫。5月至6月在往年易发生虫害的区域内设置杀虫灯，集中诱杀第一代成虫。②提倡利用大型收割机进行机械收获，将作物秸秆粉碎后还田，机械收获后所留作物根茬短，对大面积防治越冬幼虫起到良好的防治效果。

3. 提质增效情况

（1）病虫损失率显著下降，产量及质量明显提高。青稞历年发生的黄矮病、黄条花叶病等通过各种措施的实施得到有效控制。经现场测产，青稞绿色防控示范区平均产量达

433千克/亩。不仅经济效益显著，而且农药使用量减少，农药残留期缩短，农产品质量提高，显著提高了生态效益和社会效益。

（2）提高了病虫防治效果。通过强化示范区建设、推进技术集成创新和实施全程管理，使示范区总体绿色防控覆盖率达60%以上，绿色防控覆盖区化学农药用量减少30%以上，病虫害综合防控效果达80%以上，危害损失率控制在5%以下，并推动绿色、优质农产品品牌发展，提升农产品质量安全水平。同时病虫防治成本比往年有所降低，农药使用量较往年明显减少，为农业增产、农民增收做出了积极努力。

（3）加速了新型植保器械推广，提高了植保技术的到位率。专业化防治以植保新技术为纽带，以新药械为手段，优先应用植保新技术、新机械。同时，统一组织货源，全部施用低毒、低残留农药，从源头上控制了污染问题，用药次数也大为减少，从而降低了农药残留量，确保了农产品质量安全。

（4）解决了农民防病治虫难的问题，促进了劳动力的转移。植保专业化统防统治有效解决了部分农户劳动力缺乏、进城务工农民病虫防治难的问题，让外出务工人员可以放心打工，有效平衡了“务工与务农”的时间，解除了后顾之忧，有效促进了农民增收。

二、技术操作要点

1. 农业防控技术

采取推广抗病品种，优化作物布局，改善水肥等健身栽培措施，并结合作物间套种。在越冬幼虫化蛹羽化前，通过在“京玛蘖”（扎扭）时期处理田间的作物秸秆、根茬和穗轴，消灭越冬幼虫，以降低虫源基数。

2. 物理防治

参照420页技术示范推广情况（2）青稞防控技术。

3. 化学防治

①在害虫大面积严峻发生时，选用高效、低毒、低残留的农药，在防治的关键时期，积极组织开展药剂统防统治工作。②作物五叶一心前，选用氯氟·吡虫啉、高效氯氰菊酯等防治，禁用呋喃丹等剧毒农药。

三、适宜区域

适宜乃东区各种农作物种植区应用（除水稻）。

四、注意事项

绿色防控技术单一使用效果有可能不明显，应尽可能多措施、全生育期配套使用，确保防效。

五、技术依托单位

西藏自治区山南市乃东区农业农村局

联系人：隆英、王建、吴国金、米玛次仁、土旦次仁、土丹坚增、向磊、古桑卓玛
联系电话：18189036882
电子邮箱：ndqnmjbgs@163.com